中文版 Dreamweaver 基础培训教程

数字艺术教育研究室◎编著

人 民 邮 电 出 版 社
北 京

图书在版编目（ＣＩＰ）数据

中文版Dreamweaver基础培训教程 / 数字艺术教育研究室编著. -- 北京 : 人民邮电出版社, 2015.1
ISBN 978-7-115-37358-8

Ⅰ. ①中… Ⅱ. ①数… Ⅲ. ①网页制作工具－技术培训－教材 Ⅳ. ①TP393.092

中国版本图书馆CIP数据核字(2014)第258368号

内 容 提 要

本书全面系统地介绍了Dreamweaver CC的基本操作方法和网页设计制作技巧，包括初识Dreamweaver CC、文本与文档、图像和多媒体、超链接、使用表格、ASP、CSS样式、模板和库、使用表单、行为、网页代码和商业案例实训等内容。

本书内容均以课堂案例为主线，通过对各案例的实际操作，学生可以快速上手，熟悉软件功能和艺术设计思路。书中的软件功能解析部分使学生能够深入学习软件功能。课堂练习和课后习题，可以拓展学生的实际应用能力，提高学生的软件使用技巧。商业案例实训，可以帮助学生快速掌握商业网页的设计理念和设计元素，顺利达到实战水平。

本书适合作为院校和培训机构艺术专业课程的教材，也可作为Dreamweaver CC自学人员的参考用书。

◆ 编　　著　数字艺术教育研究室
责任编辑　杨　璐
责任印制　程彦红

◆ 人民邮电出版社出版发行　　北京市丰台区成寿寺路 11 号
邮编　100164　　电子邮件　315@ptpress.com.cn
网址　http://www.ptpress.com.cn
北京铭成印刷有限公司印刷

◆ 开本：787×1092　1/16
印张：20.5
字数：603 千字　　　　2015 年 1 月第 1 版
印数：1－4 000 册　　　2015 年 1 月北京第 1 次印刷

定价：35.00 元（附光盘）

读者服务热线：(010) 81055410　印装质量热线：(010) 81055316
反盗版热线：(010) 81055315

前 言

Dreamweaver CC 是由 Adobe 公司开发的网页设计与制作软件，它功能强大、易学易用，深受网页制作爱好者和网页设计师的喜爱，已经成为这一领域最流行的软件之一。目前，我国很多院校和培训机构的艺术专业，都将 Dreamweaver 作为一门重要的专业课程。为了帮助院校和培训机构的教师比较全面、系统地讲授这门课程，使学生能够熟练地使用 Dreamweaver CC 进行网页设计，数字艺术培训研究室组织院校中从事 Dreamweaver 教学的教师和专业网页设计公司经验丰富的设计师共同编写了本书。

我们对本书的编写体系做了精心的设计，按照“课堂案例—软件功能解析—课堂练习—课后习题”这一思路进行编排，力求通过课堂案例演练使学生快速熟悉软件功能和网页设计思路；力求通过软件功能解析使学生深入学习软件功能和制作特色；力求通过课堂练习和课后习题，拓展学生的实际应用能力。在内容编写方面，我们力求通俗易懂、细致全面；在文字叙述方面，我们注意言简意赅、重点突出；在案例选取方面，我们强调案例的针对性和实用性。

本书配套光盘中包含了书中所有案例的素材及效果文件。另外，如果您是老师，购买本书作为授课教材，请联系我们（QQ：2291089868），我们将为您提供教学大纲、备课教案、教学 PPT，以及课堂实战演练和课后综合演练操作答案等相关教学资源包。本书的参考学时为 66 学时，其中实践环节为 25 学时，各章的参考学时参见下面的学时分配表。

章　序	课程内容	学时分配	
		讲　授	实　训
第 1 章	初识 Dreamweaver CC	2	1
第 2 章	文本与文档	2	1
第 3 章	图像和多媒体	2	2
第 4 章	超链接	2	1
第 5 章	使用表格	3	2
第 6 章	ASP	3	1
第 7 章	CSS 样式	6	3
第 8 章	模板和库	4	1
第 9 章	使用表单	5	3
第 10 章	行为	4	2
第 11 章	网页代码	2	2
第 12 章	商业案例实训	6	6
课时总计		41	25

由于时间仓促，编者水平有限，书中难免存在错误和不妥之处，敬请广大读者批评指正。

编　者

2014 年 11 月

Dreamweaver 教学辅助资源及配套教辅

素材类型	名称或数量	素材类型	名称或数量
教学大纲	1 套	课堂实例	33 个
电子教案	12 单元	课后实例	45 个
PPT 课件	12 个	课后答案	45 个
第 2 章 文本与文档	青山别墅网页	第 9 章 使用表单	留言板网页
	西点美食网页		健康测试网页
	电器城网店		OA 登录系统页面
	艺术摄影网页		放飞梦想留言板
	葡萄酒网页		个人日志页面
	快乐购物网页		问卷调查网页
	养生食品网页		会员登录界面
第 3 章 图像和多媒体	建筑工程网页	第 10 章 行为	婚戒网页
	五谷杂粮网页		全麦面包网页
	营养美食网页		佳佳生鲜网页
	休闲时刻网		清凉啤酒网页
	野生动物网页		海上运动杂志订阅
第 4 章 超链接	实木地板网页	第 11 章 网页代码	商业公司网页
	温泉度假网页		精品房产网页
	网购鲜花网页	第 12 章 商业案例实训	小飞飞的个人网页
	口腔护理网页		李明个人网站
	摩托车改装网页		张美丽的个人网页
	美容护肤网页		张发的个人网页
	金融投资网页		李梅的个人网站
第 5 章 使用表格	租车网页		锋芒游戏网页
	健康美食网页		娱乐星闻网页
	电子科技网页		综艺频道网页
	有机蔬菜网页		百货商城网
	OA 办公系统网页		星运奇缘网页
第 6 章 ASP	建筑信息咨询网页		户外运动网页
	运动休闲网页		瑜伽休闲网页
	会员注册表网页		滑雪运动网页
	卡玫摄影网页		休闲生活网页
第 7 章 CSS 样式	山地车网页		篮球运动网页
	地球在线网页		精品房产网页
	科技公司网页		焦点房产网页
	足球在线网页		热门房产网页
	旅游出行网页		房产信息网页
第 8 章 模板和库	食用菌类网页		购房中心网页
	老年生活频道		戏曲艺术网页
	美极养生网页		国画艺术网页
	精品沙发网页		古乐艺术网页
	车行天下网页		书法艺术网页
	用户注册页面		太极拳健身网页

目 录

第1章 初识 Dreamweaver CC

本章介绍

网页是网站最基本的组成部分，网站之间并不是杂乱无章的，它们通过各种链接相互关联，从而描述相关的主题或实现相同的目的。本章讲述了网站的建设基础，包括 IP 地址与域名、动态数据库开发以及 Dreamweaver CC 的工作界面，最后重点讲述了管理站点的方式。

学习目标

- 掌握 Dreamweaver CC 的工作界面
- 掌握站点管理器、创建文件夹、定义新站点、创建和保存网页
- 掌握站点的打开、编辑、复制、删除、导出和导入
- 掌握关键字、作者和版权信息、刷新时间、描述信息等其他文件头的设置

技能目标

- 熟练掌握站点管理器的使用
- 熟练掌握站点的应用和编辑
- 熟练掌握文件头的设置

1.1 Dreamweaver CC 的工作界面

Dreamweaver CC 的工作区将多个文档集中到一个窗口中，不仅降低了系统资源的占用，还可以更加方便地操作文档。Dreamweaver CC 的工作窗口由五部分组成，分别是“菜单栏”、“插入”工具栏、“文档”窗口、面板组和“属性”面板。Dreamweaver CC 的操作环境简洁明快，可大大提高设计效率。

1.1.1 友善的开始页面

启动 Dreamweaver CC 后，首先看到的画面就是开始页面，供用户选择新建文件的类型，或打开已有的文档等，如图 1-1 所示。

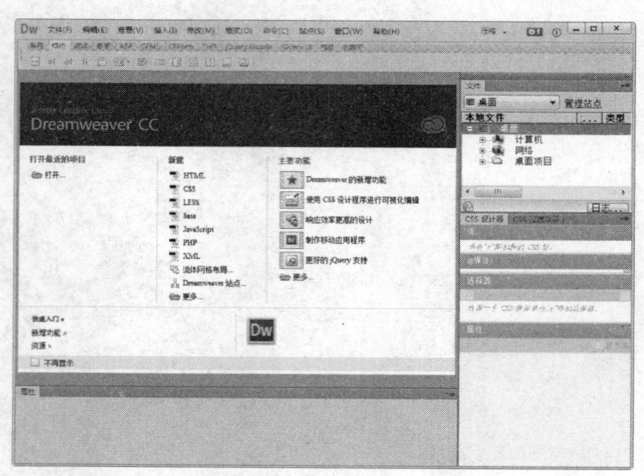

图 1-1

对于老用户可能不太习惯开始页面，可选择“编辑 > 首选项”命令，或按 Ctrl+U 组合键，弹出“首选项”对话框，取消选择“显示欢迎屏幕”复选框，如图 1-2 所示。单击“确定”按钮完成设置。当用户再次启动 Dreamweaver CC 后，将不再显示开始页面。

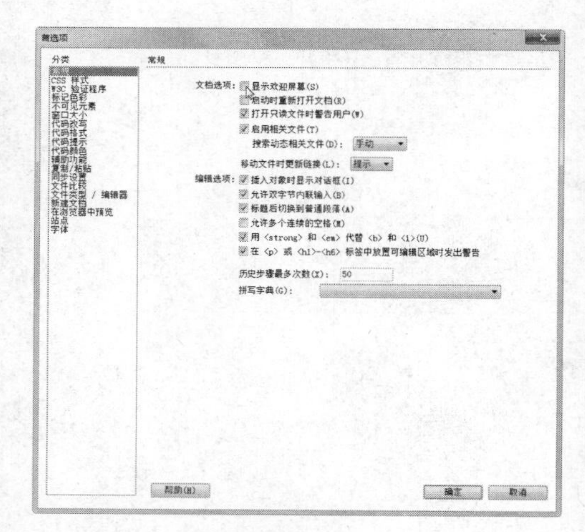

图 1-2

1.1.2 不同风格的界面

Dreamweaver CC 的操作界面新颖淡雅，布局紧凑，为用户提供了一个轻松、愉悦的开发环境。

若用户想修改操作界面的风格，切换到自己熟悉的开发环境，可选择“窗口 > 工作区布局”命令，弹出其子菜单，如图 1-3 所示，在子菜单中选择“压缩”或“扩展”命令。选择其中一种界面风格，页面会发生相应的改变。

1.1.3 伸缩自如的功能面板

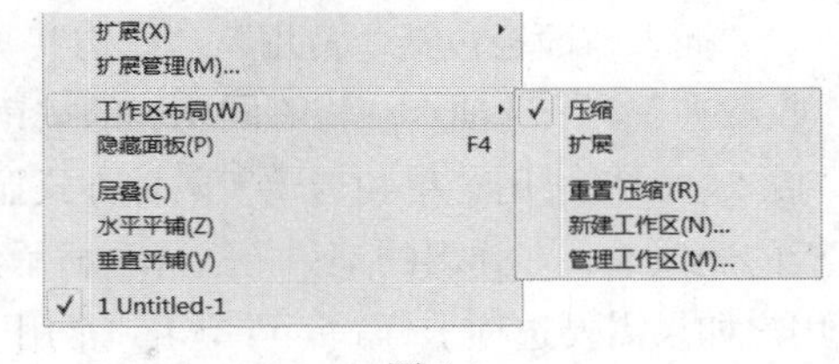

图 1-3

在浮动面板的右上方单击按钮▸▸，可以隐藏或展开面板，如图 1-4 所示。

如果用户觉得工作区不够大，可以将鼠标指针放在文档编辑窗口右侧与面板交界的框线处，当鼠标指针呈双向箭头时拖曳鼠标，调整工作区的大小，如图 1-5 所示。若用户需要更大的工作区，可以将面板隐藏。

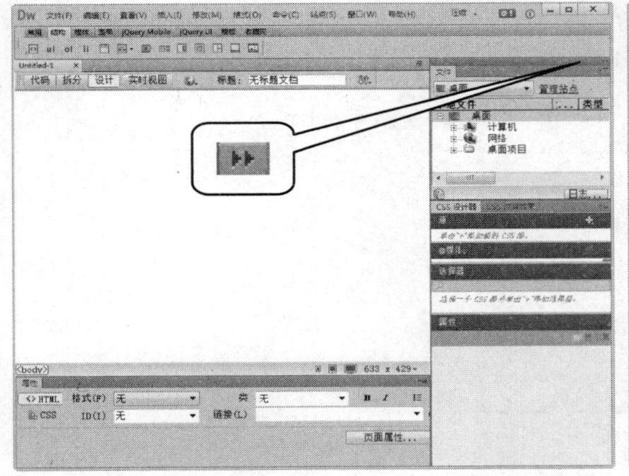

图 1-4

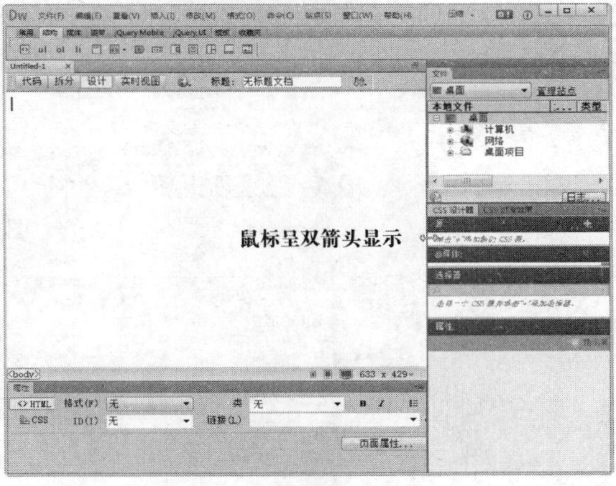

图 1-5

1.1.4 多文档的编辑界面

Dreamweaver CC 提供了多文档的编辑界面，将多个文档整合在一起，方便用户在各个文档之间切换，如图 1-6 所示。用户可以单击文档编辑窗口上方的选项卡，切换到相应的文档。通过多文档的编辑界面，用户可以同时编辑多个文档。

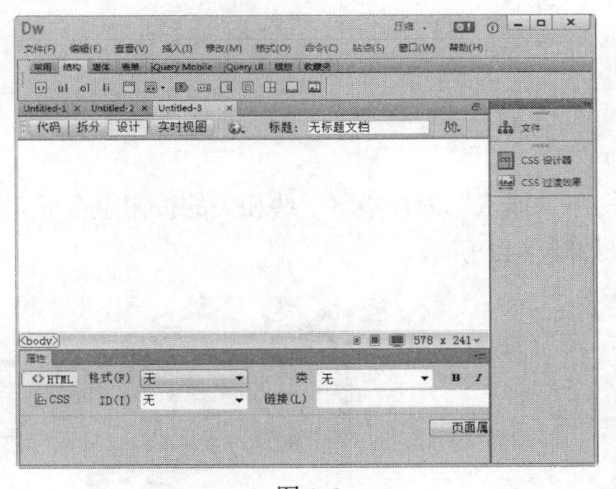

图 1-6

1.1.5 新颖的“插入”面板

Dreamweaver CC 的“插入”面板可放在菜单栏的下方，如图 1-7 所示。

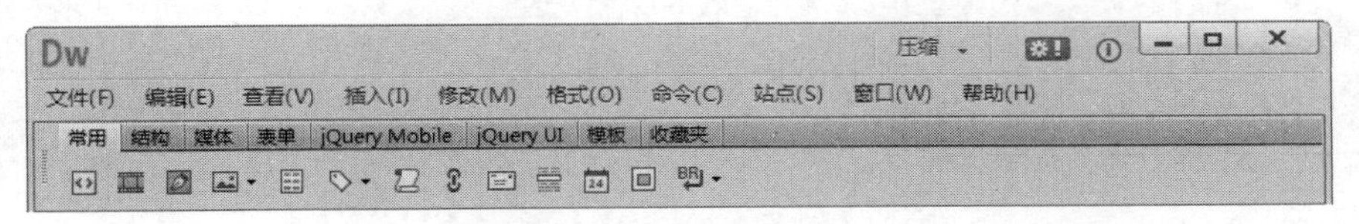

图 1-7

“插入”面板包括“常用”、“结构”、“媒体”、“表单”、“jQuery Mobile”、“jQuery UI”、“模板”、“收藏夹”8 个选项卡，将不同功能的按钮分门别类地放在不同的选项卡中。在 Dreamweaver CC 中，“插入”面板可用菜单和选项卡两种方式显示。如果需要菜单样式，用户可用鼠标右键单击“插入”面板的选项卡，在弹出的菜单中选择“显示为菜单”命令，如图 1-8 所示，更改后的效果如图 1-9 所示。用户如果需要选项卡样式，可单击“常用”按钮上的黑色三角形，在下拉菜单中选择“显示为制表符”命令，如图 1-10 所示，更改后的效果如图 1-11 所示。

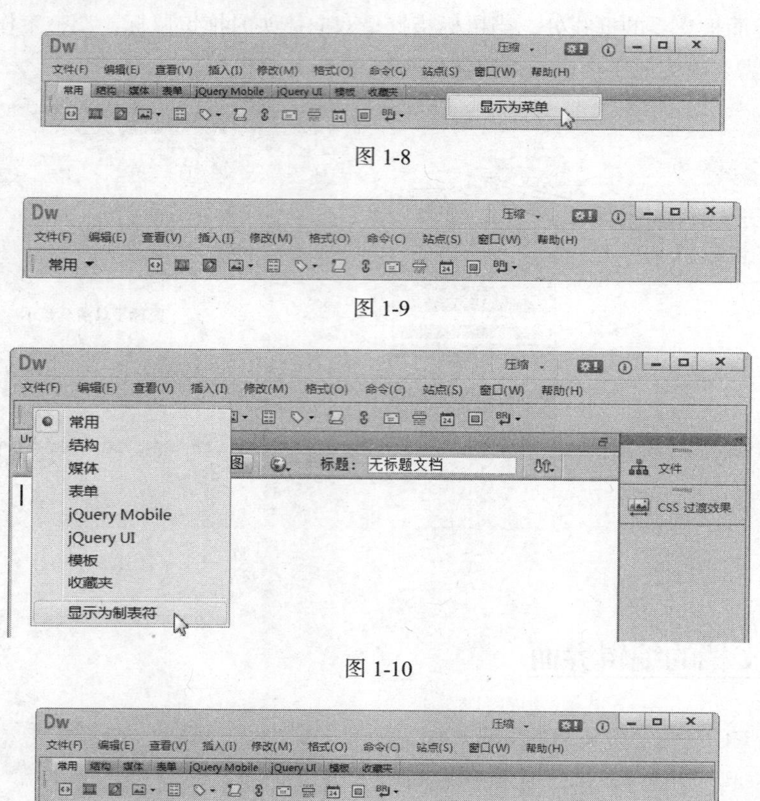

图 1-8

图 1-9

图 1-10

图 1-11

“插入”面板中将一些相关的按钮组合成菜单，当按钮右侧有黑色箭头时，表示其为展开式按钮，如图 1-12 所示。

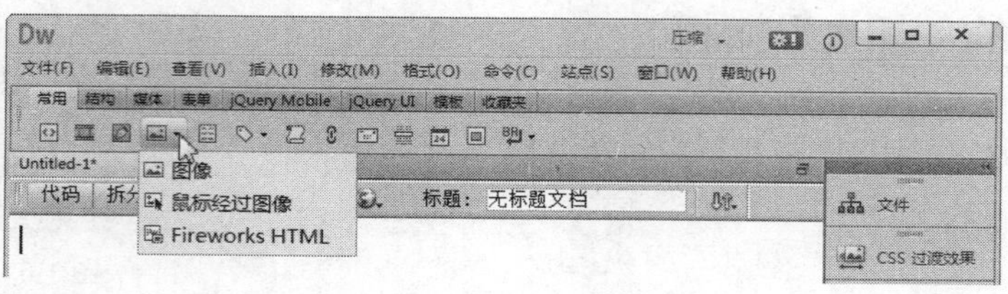

图 1-12

1.1.6 更完整的 CSS 功能

传统的 HTML 所提供的样式及排版功能非常有限，因此，现在复杂的网页版面主要靠 CSS 样式来实现。而 CSS 样式表的功能较多，语法比较复杂，需要一个很好的工具软件有条不紊地整理复杂的 CSS 源代码，并适时地提供辅助说明。Dreamweaver CC 就提供了这样方便有效的 CSS 功能。

“属性”面板提供了 CSS 功能。用户可以通过“属性”面板中“目标规则”选项的下拉列表对所选的对象应用样式或创建和编辑样式，如图 1-13 所示。若某些文字应用了自定义样式，当用户调整这些文字的属性时，会自动生成新的 CSS 样式。

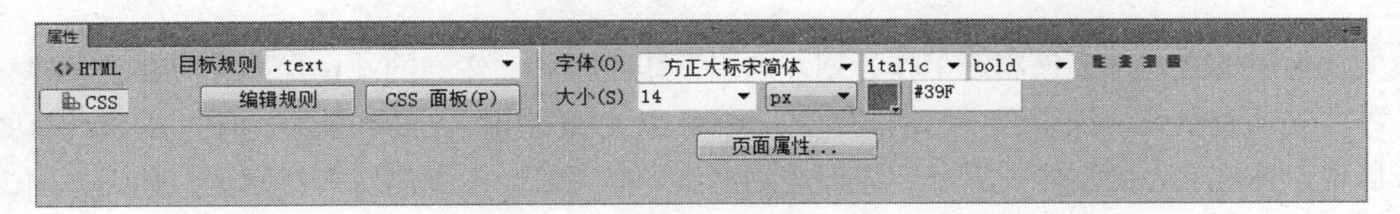

图 1-13

“页面属性”按钮也提供了 CSS 功能。单击“属性”面板中的“页面属性”按钮，弹出“页面属性”对话框，如图 1-14 所示。用户可以在“分类”列表的“链接”选项卡中的“下划线样式”选项的下拉列表中设置超链接的样式，这个设置会自动转化成 CSS 样式，如图 1-15 所示。

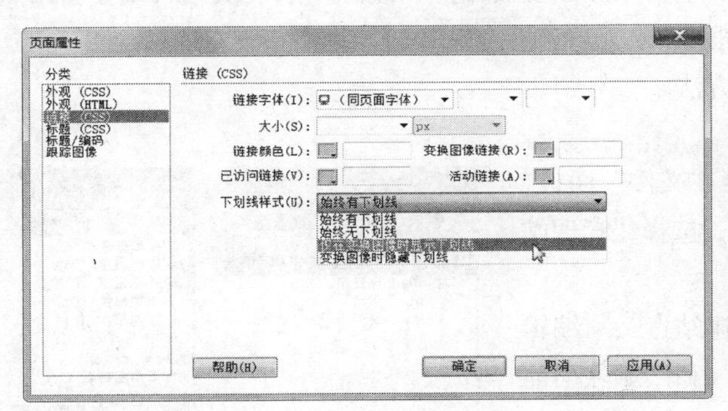

图 1-14

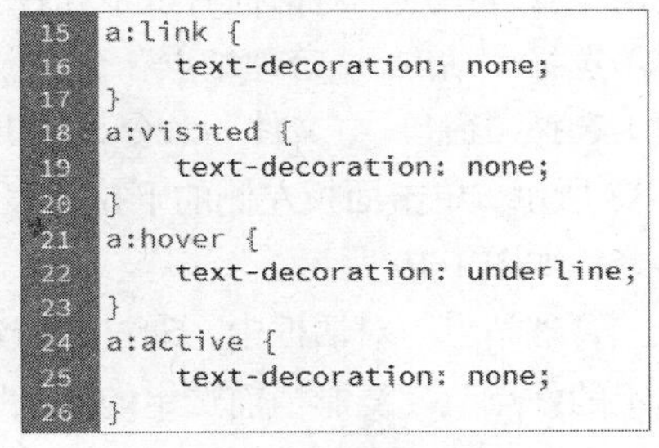

```
15 a:link {
16     text-decoration: none;
17 }
18 a:visited {
19     text-decoration: none;
20 }
21 a:hover {
22     text-decoration: underline;
23 }
24 a:active {
25     text-decoration: none;
26 }
```

图 1-15

Dreamweaver CC 除了提供如图 1-16 所示的“CSS 设计器”面板外，还提供了如图 1-17 所示的“CSS 样式”面板。“CSS 属性”面板使用户能够轻松查看规则的属性设置，并可快速修改嵌入在当前文档或通过附加的样式表链接的 CSS 样式。可编辑的网格使用户可以更改显示的属性值。对选择所做的更改都将立即应用，这使用户可以在操作的同时预览效果。

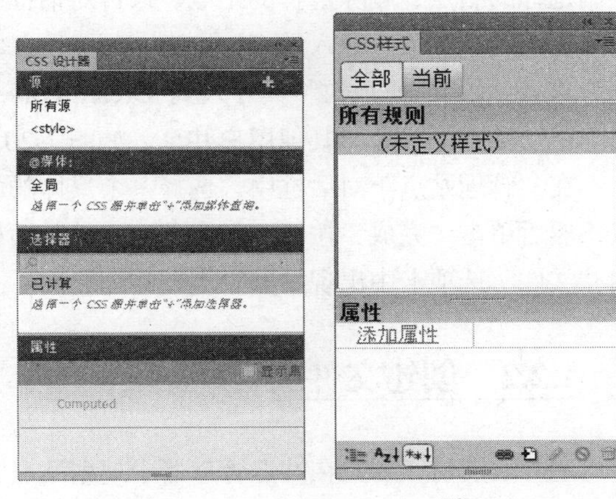

图 1-16　　图 1-17

1.2 创建网站框架

所谓站点，可以看作是一系列文档的组合，这些文档通过各种链接建立逻辑关联。用户在建立网站前必须要建立站点，修改某网页内容时，也必须打开站点，然后修改站点内的网页。在 Dreamweaver CC 中，站点一词是下列任意一项的简称。

Web 站点：从访问者的角度来看，Web 站点是一组位于服务器上的网页，使用 Web 浏览器访问该站点的访问者可以对其进行浏览。

远程站点：从创作者的角度来看，远程站点是远程站点服务器上组成 Web 站点的文件。

本地站点：与远程站点上的文件对应的本地磁盘上的文件。通常，先在本地磁盘上编辑文件，然后再将它们上传到远程站点的服务器上。

Dreamweaver CC 站点定义：本地站点的一组定义特性，以及有关本地站点和远程站点对应方式的信息。

在做任何工作之前都应该制定工作计划并画出工作流程图，建立网站也是如此。在动手建立站点之前，需要先调查研究，记录客户所需的服务，然后以此规划出网站的功能结构图（即设计草图）及其设计风格以体现站点的主题。另外，还要规划站点导航系统，避免浏览者在网页上迷失方向，找不到要浏览的内容。

1.2.1 站点管理器

站点管理器的主要功能包括新建站点、编辑站点、复制站点、删除站点以及导入或导出站点。若要管理站点，必须打开“管理站点”对话框。

弹出“管理站点”对话框有以下几种方法。

（1）选择“站点 > 管理站点”命令。

（2）选择“窗口 > 文件”命令，弹出“文件”面板，如图 1-18 所示。单击面板左侧的下拉列表，选择“管理站点”命令，如图 1-19 所示。

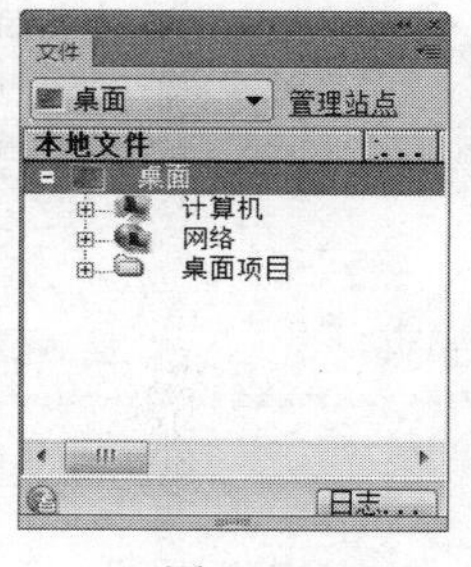

图 1-18

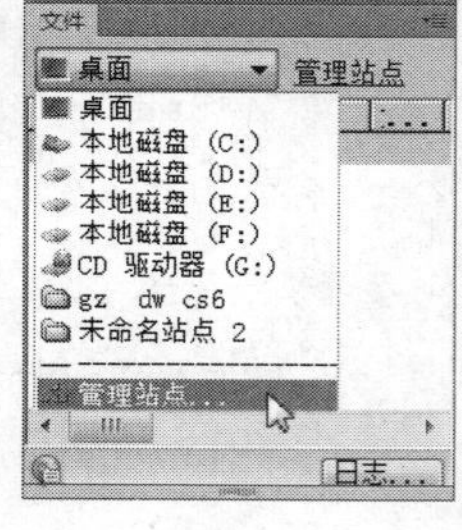

图 1-19

在“管理站点”对话框中，通过“新建站点”、“编辑当前选定的站点”、“复制当前选定的站点”和“删除当前选定的站点”按钮，可以新建一个站点、修改选择的站点、复制选择的站点、删除选择的站点。通过对话框的“导出当前选定的站点”、“导入站点”按钮，用户可以将站点导出为 XML 文件，然后再将其导入到 Dreamweaver CC。这样，用户就可以在不同的计算机和产品版本之间移动站点，或者与其他用户共享，如图 1-20 所示。

在“管理站点”对话框中，选择一个具体的站点，然后单击“完成”按钮，就会在“文件”面板的“文件”选项卡中出现站点管理器的缩略图。

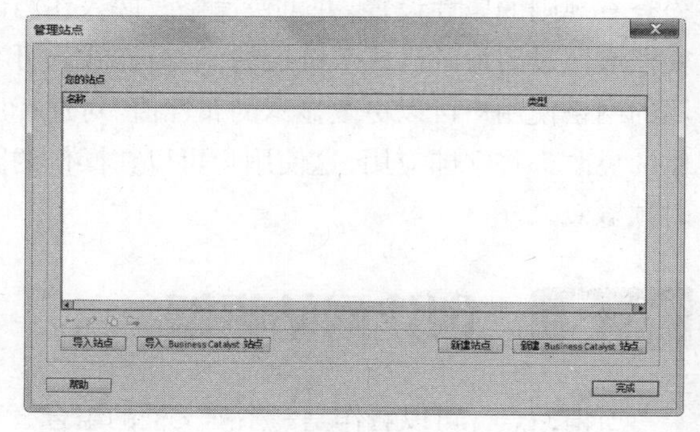

图 1-20

1.2.2 创建文件夹

建立站点前，要先在站点管理器中规划站点文件夹。

新建文件夹的具体操作步骤如下。

（1）在站点管理器的右侧窗口中单击选择站点。

（2）通过以下几种方法新建文件夹。

① 选择“文件 > 新建文件夹”命令。

② 用鼠标右键单击站点，在弹出的菜单中选择“新建文件夹”命令。

（3）输入新文件夹的名称。

一般情况下，若站点不复杂，可直接将网页存放在站点的根目录下，并在站点根目录中，按照资源的种类建立不同的文件夹存放不同的资源。例如，image 文件夹存放站点中的图像文件，media 文件夹存放站点的多媒体文件等。若站点复杂，需要根据实现不同功能的板块，在站点根目录中按板块创建子文件夹存放不同的网页，这样可以方便网站设计者修改网站。

1.2.3 定义新站点

建立好站点文件夹后用户就可定义新站点了。在 Dreamweaver CC 中，站点通常包含两部分，即本地站点和远程站点。本地站点是本地计算机上的一组文件，远程站点是远程 Web 服务器上的一个位置。用户将本地站点中的文件发布到网络上的远程站点，使公众可以访问它们。在 Dreamweaver CC 中创建 Web 站点，通常先在本地磁盘上创建本地站点，然后创建远程站点，再将这些网页的副本上传到一个远程 Web 服务器上，使公众可以访问它们。本节只介绍如何创建本地站点。

1. 创建本地站点的步骤

（1）选择“站点 > 管理站点”命令，弹出“管理站点”对话框。

（2）在对话框中单击“新建站点”按钮，弹出“站点设置对象 未命名站点 2”对话框，在对话框中，设计者通过“站点”选项卡设置站点名称，如图 1-21 所示；单击“高级设置”选项，在弹出的选项卡中根据需要设置站点，如图 1-22 所示。

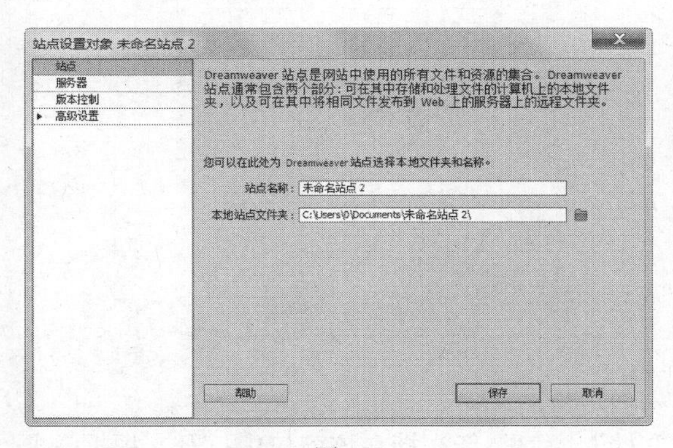

图 1-21

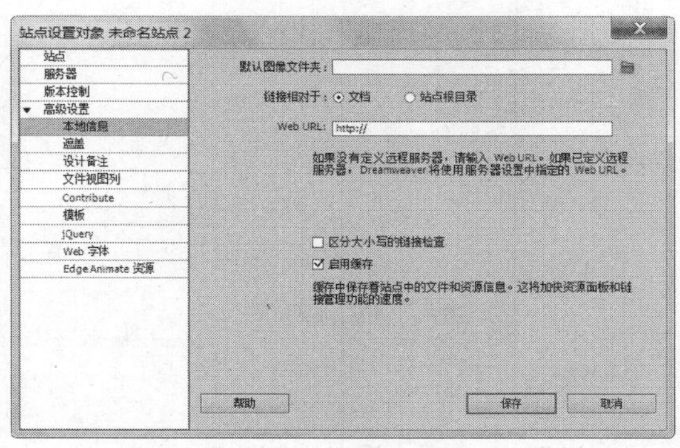

图 1-22

2. 各选项的作用

“默认图像文件夹”选项：在文本框中输入此站点默认图像文件夹的路径，或者单击“浏览文件夹”按钮，在弹出的“选择图像文件夹”对话框中，查找到该文件夹。例如，将非站点图像添加到网页中时，图像会自动添加到当前站点的默认图像文件夹中。

“链接相对于”选项组：选择“文档”选项，表示使用文档相对路径来链接，选择“站点根目录”选项，表示使用站点根目录相对路径来链接。

“Web URL”选项：在文本框中，输入已完成的站点将使用的 URL。

“区分大小写的链接检查”选项：选择此复选框，则对使用区分大小写的链接进行检查。

“启用缓存”选项：指定是否创建本地缓存以提高链接和站点管理任务的速度。若选择此复选框，则创建本地缓存。

1.2.4 创建和保存网页

创建站点后，用户需要创建网页来组织要展示的内容。合理的网页名称非常重要，一般网页文件的名称应容易理解，能反映网页的内容。

在网站中有一个特殊的网页是首页，每个网站必须有一个首页。访问者每当在 IE 浏览器的地址栏中输入网站地址，如在 IE 浏览器的地址栏中输入“www.sina.com.cn”时会自动打开新浪网的首页。一般情况下，首页的文件名为“index.htm”、“index.html”、“index.asp”、“default.asp”、“default.htm”或“default.html”。

在标准的 Dreamweaver CC 环境下，建立和保存网页的操作步骤如下。

（1）选择“文件 > 新建”命令，或按 Ctrl+N 组合键，弹出“新建文档”对话框，选择“空白页”选项，在“页面类型”选项框中选择“HTML”选项，在“布局”选项框中选择“无”选项，创建空白网页，设置如图 1-23 所示。

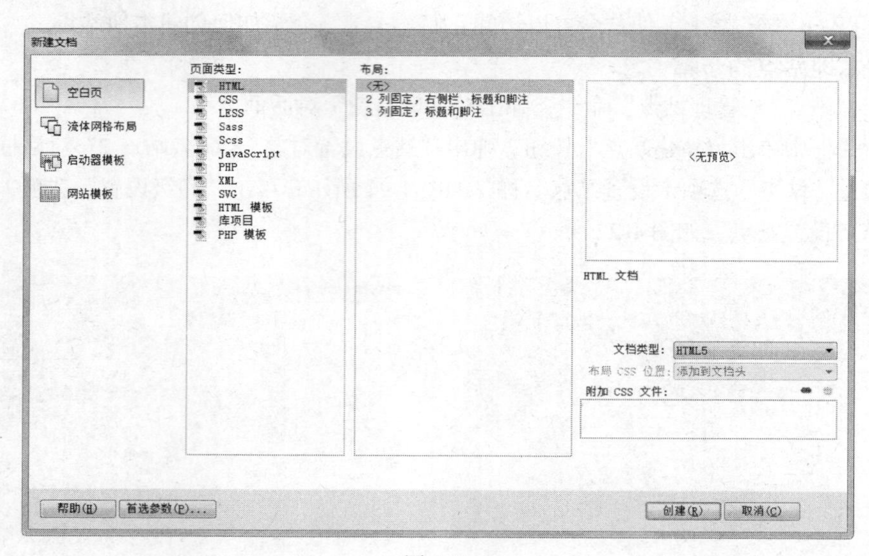

图 1-23

（2）设置完成后，单击“创建”按钮，弹出“文档”窗口，新文档在该窗口中打开。根据需要，在“文档”窗口中选择不同的视图设计网页，如图 1-24 所示。

“文档”窗口中有 3 种视图方式，这 3 种视图方式的作用如下。

“代码”视图：对于有编程经验的网页设计用户而言，可在“代码”视图中查看、修改和编写网页代码，以实现特殊的网页效果，“代码”视图的效果如图 1-25 所示。

“设计”视图：以所见即所得的方式显示所有网页元素，“设计”视图的效果如图 1-26 所示。

“拆分”视图：将文档窗口分为左右两部分，左侧部分是代码部分，显示代码；右侧部分是设计部分，显示网页元素及其在页面中的布局。在此视图中，网页设计用户通过在设计部分单击网页元素的方式，快速地定位到要修改的网页元素代码的位置，进行代码的修改，或在“属性”面板中修改网页元素的属性。“拆分”视图的效果如图 1-27 所示。

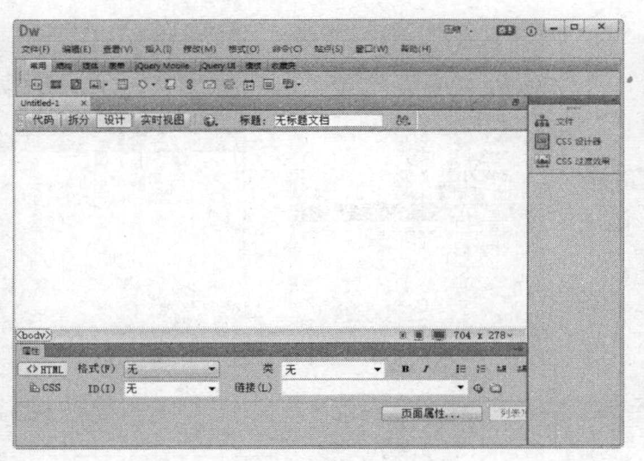

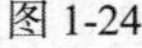

图 1-24

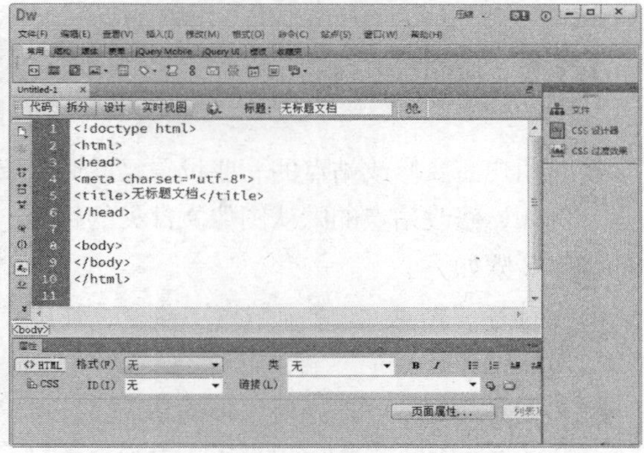

图 1-25

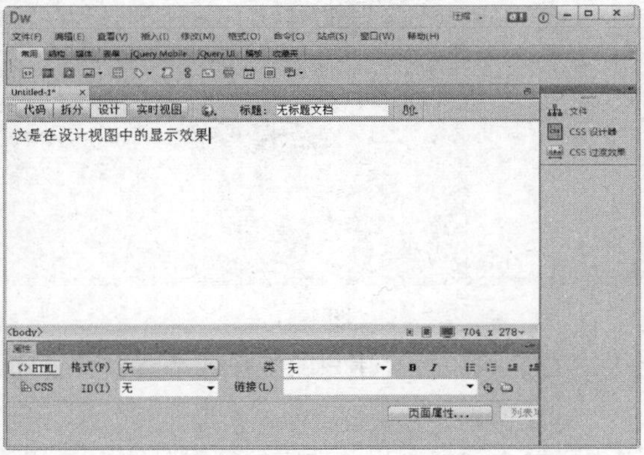

图 1-26

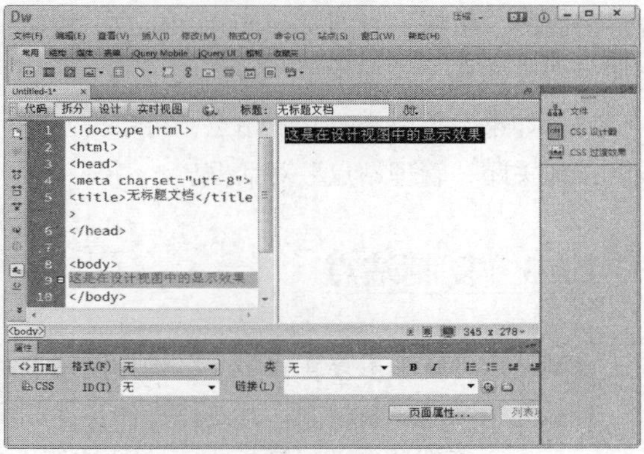

图 1-27

（3）网页设计完成后，选择“文件 > 保存”命令，弹出“另存为”对话框，在“文件名”选项的文本框中输入网页的名称，如图 1-28 所示，单击“保存”按钮，将该文档保存在站点文件夹中。

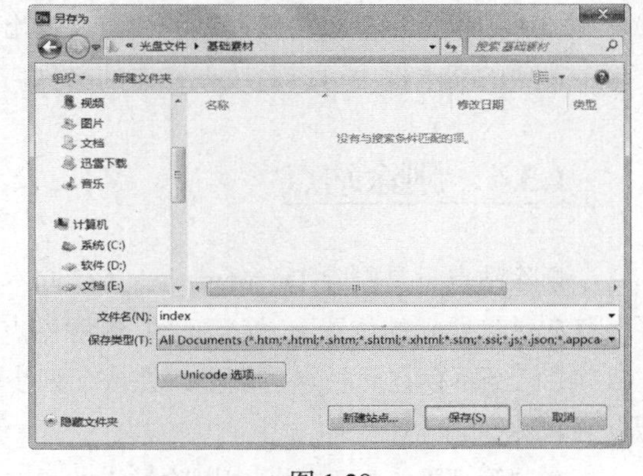

图 1-28

1.3 管理站点

在建立站点后，可以对站点进行打开、修改、复制、删除、导入、导出等操作。

1.3.1 打开站点

当要修改某个网站的内容时，首先要打开站点。打开站点就是在各站点间进行切换。打开站点的具体操作步骤如下。

（1）启动 Dreamweaver CC。

（2）选择“窗口 > 文件”命令，或按 F8 键，弹出“文件”面板，在其中选择要打开的站点名，打开站点，如图 1-29 和图 1-30 所示。

1.3.2 编辑站点

有时用户需要修改站点的一些设置，此时需要编辑站点。例如，修改站点的默认图像文件夹的路径，其具体的操作步骤如下。

（1）选择“站点 > 管理站点”命令，弹出“管理站点”对话框。

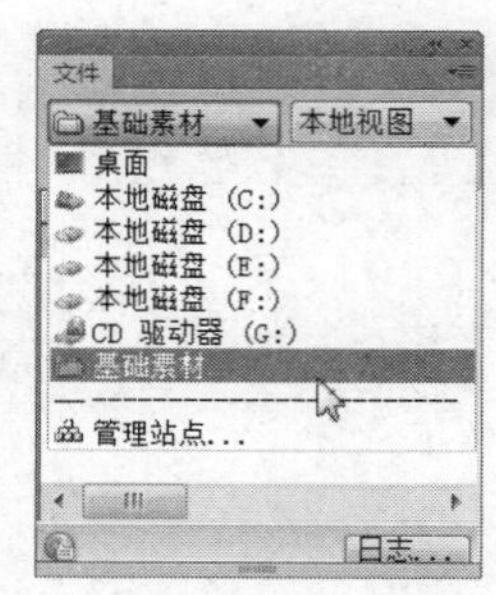

图 1-29

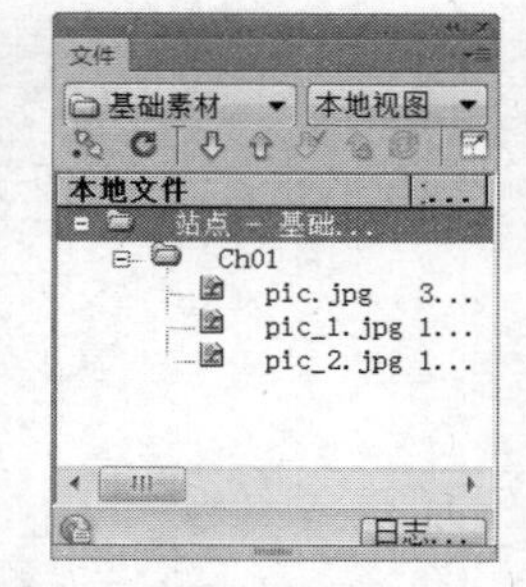

图 1-30

（2）在对话框中，选择要编辑的站点名，单击“编辑当前选定的站点”按钮，在弹出的对话框中，选择“高级设置”选项，此时可根据需要进行修改，如图 1-31 所示，单击“保存”按钮完成设置，回到“管理站点”对话框。

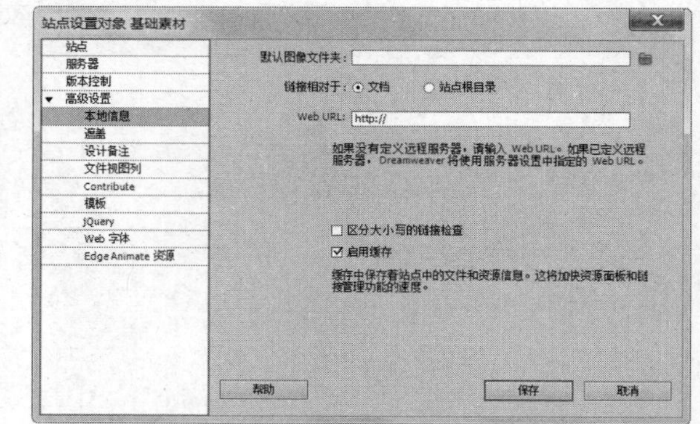

图 1-31

（3）如果不需要修改其他站点，可单击“完成”按钮关闭“管理站点”对话框。

1.3.3 复制站点

复制站点可省去重复建立多个结构相同站点的操作步骤，可以提高用户的工作效率。在“管理站点”对话框中可以复制站点，其具体操作步骤如下。

（1）在“管理站点”对话框左下方的按钮选项组中，单击“复制当前选定的站点”按钮进行复制。

（2）用鼠标左键双击新复制的站点，弹出“站点设置对象 基础素材 复制”对话框，在“站点名称”选项的文本框中可以更改新站点的名称。

1.3.4 删除站点

删除站点只是删除 Dreamweaver CC 同本地站点间的关系，而本地站点包含的文件和文件夹仍然保存在磁盘原来的位置上。换句话说，删除站点后，虽然站点文件夹保存在计算机中，但在 Dreamweaver CC 中已经不存在此站点。例如，在按下列步骤删除站点后，在“管理站点”对话框中，不存在该站点的名称。

在“管理站点”对话框中删除站点的具体操作步骤如下。

（1）在“管理站点”对话框左下方的按钮选项组中，单击“删除当前选定的站点”按钮进行删除。

（2）单击“删除当前选定的站点”按钮即可删除选择的站点。

1.3.5 导入和导出站点

如果在计算机之间移动站点，或者与其他用户共同设计站点，可通过 Dreamweaver CC 的导入和导出站点功能实现。导出站点功能是将站点导出为“.ste”格式文件，然后在其他计算机上将其导入到 Dreamweaver CC 中。

1. 导出站点

（1）选择“站点 > 管理站点”命令，弹出“管理站点”对话框。在对话框中，选择要导出的站点，单击“导出当前选定的站点”按钮，弹出“导出站点”对话框。

（2）在该对话框中浏览并选择保存该站点的路径，如图 1-32 所示，单击“保存”按钮，保存扩展名为“.ste”的文件。

（3）单击“完成”按钮，关闭“管理站点”对话框，完成导出站点的设置。

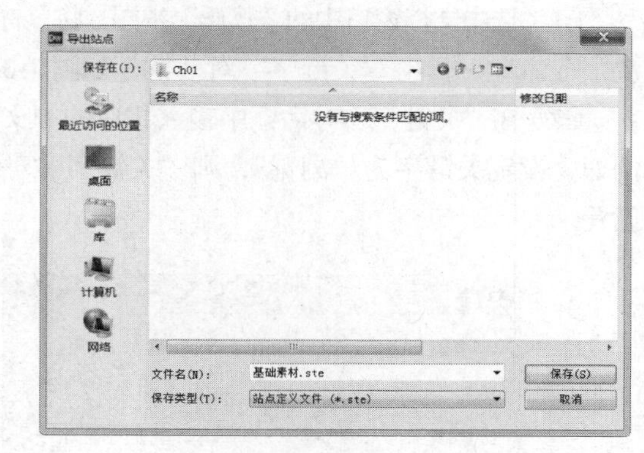

图 1-32

2. 导入站点

导入站点的具体操作步骤如下所示。

（1）选择“站点 > 管理站点”命令，弹出“管理站点”对话框。

（2）在对话框中，单击“导入站点”按钮，弹出“导入站点”对话框，浏览并选定要导入的站点，如图 1-33 所示，单击“打开”按钮，站点被导入，如图 1-34 所示。

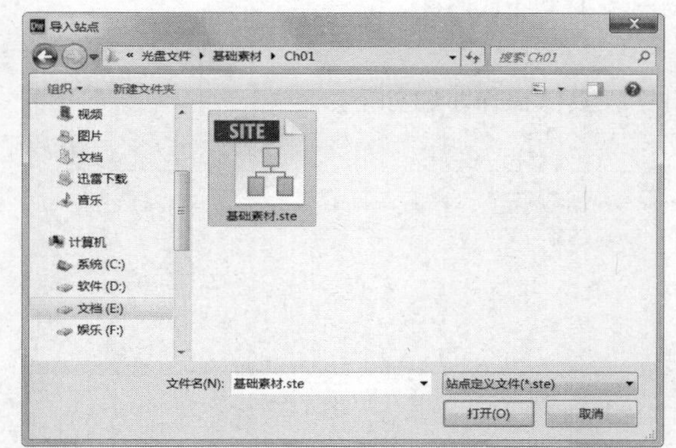

图 1-33

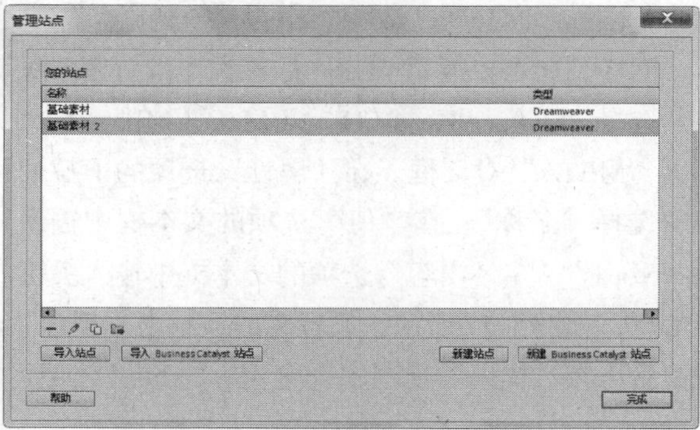

图 1-34

（3）单击“完成”按钮，关闭“管理站点”对话框，完成导入站点的设置。

1.4 网页文件头设置

文件头标签在网页中是看不到的，它包含在网页中的<head> … </head>标签之间，所有包含在该标签之间的内容在网页中都是不可见的，文件头标签主要包括 META、关键字、说明、刷新、基础和链接等。

1.4.1 插入搜索关键字

在万维网上通过搜索引擎查找资料时，搜索引擎自动读取网页中<meta>标签的内容，所以网页中的搜索关键字非常重要，它可以间接地宣传网站，提高访问量。但搜索关键字并不是字数越多越好，因为有些搜索引擎限制索引的关键字或字符的数目，当超过了限制的数目时，它将忽略所有的关键字，所以最好只使用几个精选的关键字。一般情况下，关键字是对网页的主题、内容、风格或作者等内容的概括。

设置网页搜索关键字的具体操作步骤如下。

（1）选中文档窗口中的“代码”视图，将鼠标指针放在<head>标签中，选择“插入 > Head（H） > 关键字”命令，弹出“关键字”对话框，如图 1-35 所示。

（2）在“关键字”对话框中输入相应的中文或英文关键字，但注意关键字间要用半角的逗号分隔。例如，设定关键字为“浏览”，则“关键字”对话框的设置如图 1-36 所示，单击“确定”按钮，完成设置。

图 1-35

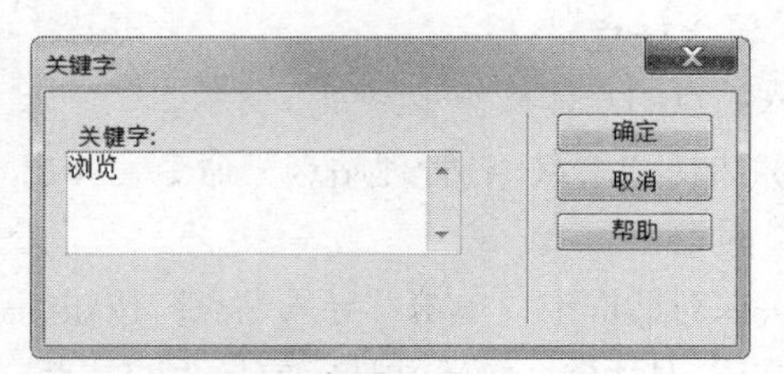

图 1-36

（3）此时，观察“代码”视图，发现<head>标签内多了下述代码。

“<meta name="keywords" content="浏览">”

同样，还可以通过<meta>标签实现设置搜索关键字，具体操作步骤如下。

选择“插入 > Head（H） > Meta（M）”命令，弹出“META”对话框。在“属性”选项的下拉列表中选择“名称”，在“值”选项的文本框中输入“keywords”，在“内容”选项的文本框中输入关键字信息，如图 1-37 所示，设置完成，单击“确定”按钮后可在“代码”视图中查看相应的 html 标记。

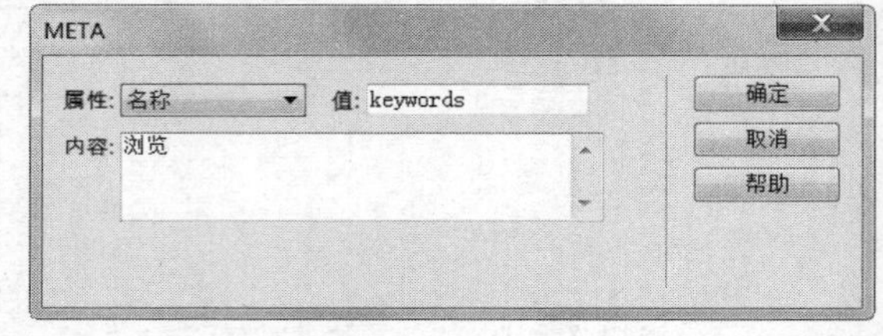

图 1-37

1.4.2 插入作者和版权信息

要设置网页的作者和版权信息，可选择“插入 > Head（H） > Meta（M）”命令，弹出“META”对话框。在“值”选项的文本框中输入“／x.Copyright”，在“内容”选项的文本框中输入作者名称和版权信息，如图 1-38 所示，完成后单击“确定”按钮。

图 1-38

此时，在“代码”视图中的<head>标签内可以查看相应的 html 标记。

“<meta name="／x.Copyright" content="作者：ABC 版权所有">”

1.4.3　设置刷新时间

要指定载入页面刷新或者转到其他页面的时间，可设置文件头部的刷新时间项，具体操作步骤如下。

选择“插入 ＞Head（H）＞Meta（M）”命令，弹出“META”对话框。在“属性”选项的下拉列表中选择“HTTP-equivalent”选项，在“值”选项的文本框中输入“refresh”，在“内容”选项的文本框中输入需要的时间值，如图 1-39 所示，完成后单击“确定”按钮。

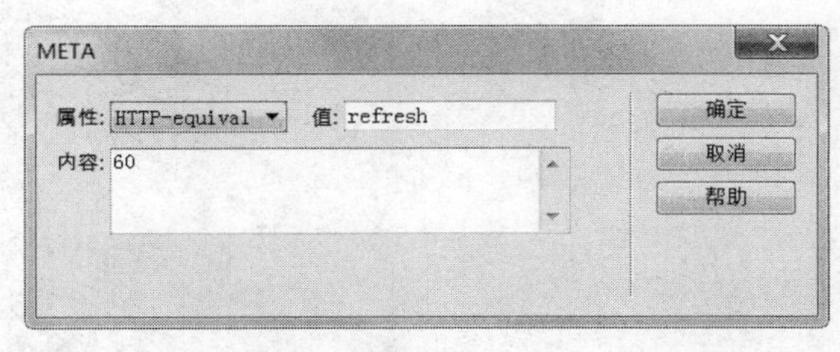

图 1-39

此时，在“代码”视图中的<head>标签内可以查看相应的 html 标记。

“<meta http-equiv="refresh" content="60">”

1.4.4　设置描述信息

搜索引擎也可通过读取<meta> 标签的说明内容来查找信息，但说明信息主要是设计者对网页内容的详细说明，而关键字可以让搜索引擎尽快搜索到网页。设置网页说明信息的具体操作步骤如下。

（1）选中文档窗口中的“代码”视图，将鼠标指针放在<head>标签中，选择“插入 ＞Head（H）＞ 说明”命令，弹出“说明”对话框。

（2）在“说明”对话框中设置说明信息。

例如，在网页中设置为网站设计者提供“利用 ASP 脚本，按用户需求进行查询”的说明信息，对话框中的设置如图 1-40 所示。

此时，在“代码”视图中的<head>标签内可以查看相应的 html 标记。

“<meta name="description" content="利用 ASP 脚本，按用户需求进行查询">”

同样，还可以通过<meta>标签实现，具体设置如图 1-41 所示。

图 1-40

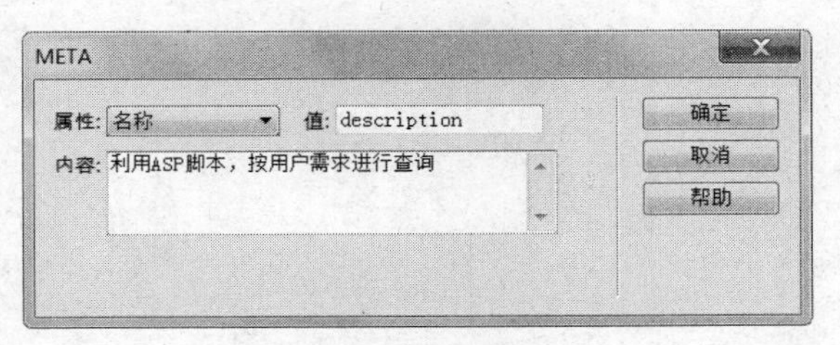

图 1-41

第2章 文本与文档

本章介绍

不管网页内容如何丰富，文本自始至终都是网页中最基本的元素。由于文本产生的信息量大，输入、编辑起来方便，并且生成的文件小，容易被浏览器下载，不会占用太多的等待时间，因此掌握好文本的使用，对于制作网页来说是最基本的要求。

学习目标

- 掌握文字的输入、连续空格的输入
- 掌握页边距、网页的标题、网页默认格式的设置
- 掌握设置文字的大小、颜色、字体、对齐方式和段落样式等的设置
- 掌握项目符号或编号、文本缩进、插入日期、特殊字符和换行符的使用
- 掌握水平线、显示和隐藏网格和标尺的应用

技能目标

- 掌握“青山别墅网页”的制作方法
- 掌握“西点美食网页”的制作方法
- 掌握“电器城网店”的制作方法
- 掌握“艺术摄影网页”的制作方法

2.1 文本与文档

文本是网页中最基本的元素。它不仅能准确表达网页制作者的思想，还有信息量大、输入修改方便、生成文件小、易于浏览下载等特点，因此，对于网站设计者而言，掌握文本的使用方法非常重要，但是与图像及其他相比，文本很难激发浏览者的阅读兴趣，所以用户制作网页时，除了要在文本的内容上多下功夫外，排版也非常重要。在文档中灵活运用丰富的字体、多种段落格式以及赏心悦目的文本效果，对于一个专业的网站设计者而言，是必不可少的一项技能。

命令介绍

设置文本属性：利用文本属性可以方便地修改选中文本的字体、字号、样式、对齐方式等，以获得预期的显示效果。

输入连续的空格：在默认状态下，Dreamweaver CC 只允许网站设计者输入一个空格，要输入连续多个空格则需要进行设置或通过特定操作才能实现。

2.1.1 课堂案例——青山别墅网页

【案例学习目标】使用“修改”命令，设置页面外观、网页标题等效果；使用“编辑”命令，设置允许多个连续空格、显示不可见元素效果。

【案例知识要点】使用“页面属性”命令，设置页面外观、网页标题效果；使用“首选参数”命令，设置允许多个连续空格，如图 2-1 所示。

【效果所在位置】光盘/Ch02/效果/青山别墅网页.html。

1．设置页面属性

（1）选择“文件 > 打开”命令，在弹出的“打开”对话框中选择“光盘 > Ch02 > 素材 > 青山别墅网页 > index.html”文件，单击“打开”按钮打开文件，如图 2-2 所示。

图 2-1

图 2-2

（2）选择“修改 > 页面属性”命令，弹出“页面属性”对话框，如图 2-3 所示，在“页面属性”对话框左侧的“分类”选项列表中选择“外观”，将右侧的“大小”设置为 12，“文本颜色”设置为白色，“左边距”、“右边距”、“上边距”、“下边距”均设置为 0，如图 2-4 所示。

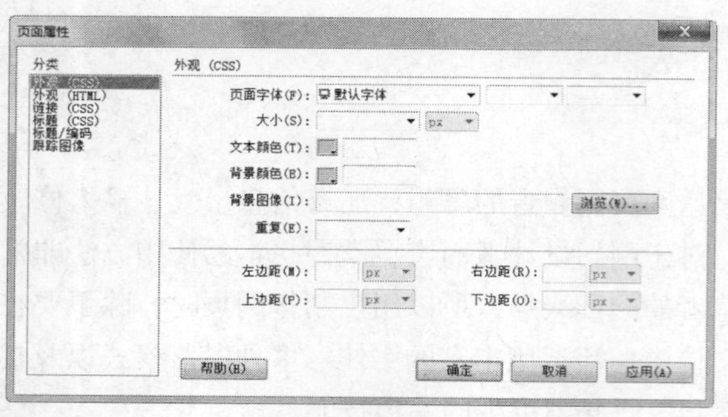

图 2-3

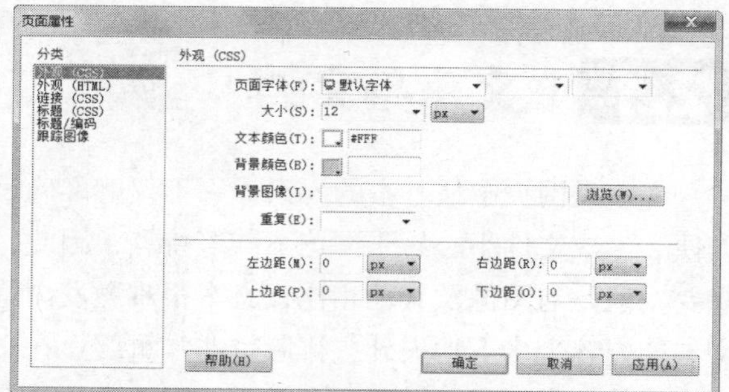

图 2-4

（3）在“分类”选项列表中选择“标题/编码”选项，在“标题”选项文本框中输入“青山别墅网页”，如图 2-5 所示，单击“确定”按钮，效果如图 2-6 所示。

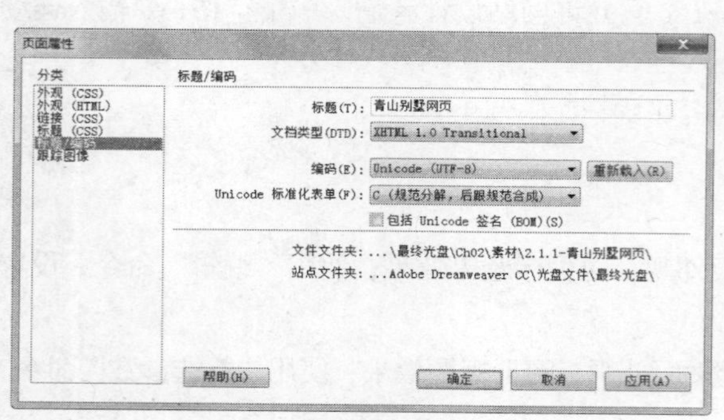

图 2-5

图 2-6

2．输入空格和文字

（1）选择“编辑 > 首选项”命令，在“首选项”对话框左侧的分类列表中选择“常规”，在右侧的“编辑选项”中选择“允许多个连续的空格”复选框，如图 2-7 所示，单击“确定”按钮完成设置。

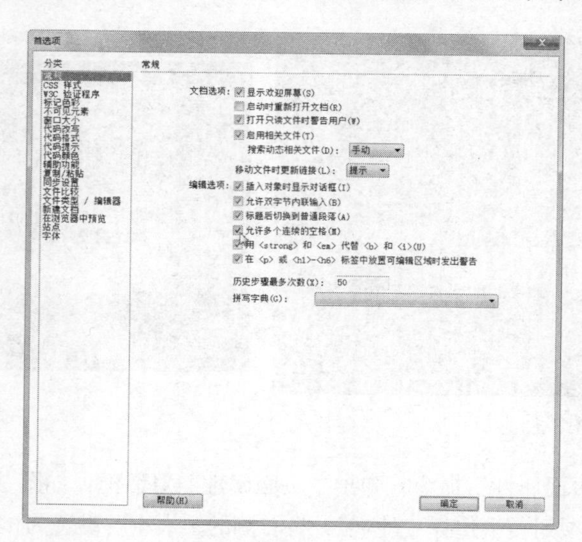

图 2-7

（2）将光标置于如图 2-8 所示的单元格中。在光标所在的位置输入文字“首页”，如图 2-9 所示。

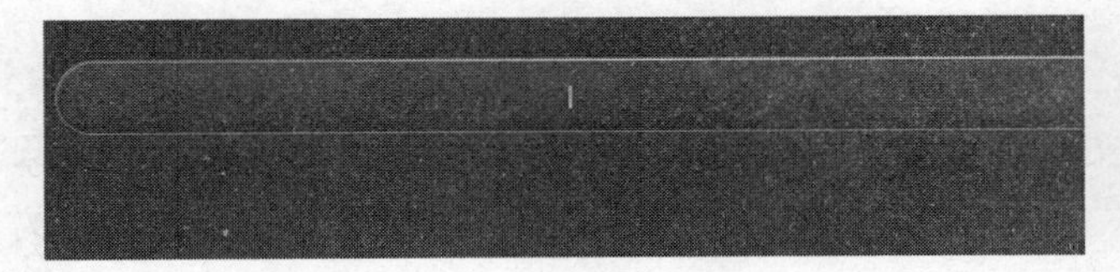

图 2-8

图 2-9

（3）按 5 次 Space 键，输入空格，如图 2-10 所示。在光标所在的位置输入文字“关于我们”，如图 2-11 所示。

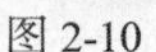

图 2-10

图 2-11

（4）用相同的方法输入其他文字，如图 2-12 所示。保存文档，按 F12 键预览效果，如图 2-13 所示。

图 2-12

图 2-13

2.1.2　输入文本

应用 Dreamweaver CC 编辑网页时，在文档窗口中光标为默认显示状态。要添加文本，首先应将光标移动到文档窗口中的编辑区域，然后直接输入文本，就像在其他文本编辑器中一样。打开一个文档，在文档中单击鼠标左键，将光标置于其中，然后在光标后面输入文本，如图 2-14 所示。

图 2-14

提示 除了直接输入文本外，也可将其他文档中的文本复制后，粘贴到当前的文档中。需要注意的是，粘贴文本到 Dreamweaver CC 的文档窗口时，该文本不会保持原有的格式，但是会保留原来文本中的段落格式。

2.1.3 设置文本属性

利用文本属性可以方便地修改选中文本的字体、字号、样式、对齐方式等，以获得预期的效果。

选择“窗口 > 属性”命令，弹出“属性”面板，在 HTML 和 CSS 属性面板中都可以设置文本的属性，如图 2-15 和图 2-16 所示。

图 2-15

图 2-16

“属性”面板中各选项的含义如下。

“格式”选项：设置所选文本的段落样式。例如，使段落应用“标题 1”的段落样式。

“ID”选项：设置为所选元素的 ID 名称。

“类”选项：为所选元素添加 CSS 样式。

“链接”选项：为所选元素添加超链接效果。

“目标规则”选项：设置已定义的或引用的 CSS 样式为文本的样式。

“字体”选项：设置文本的字体组合。

“大小”选项：设置文本的字级。

“颜色”按钮：设置文本的颜色。

“粗体”按钮 B、“斜体”按钮 I：设置文字格式。

“左对齐”按钮、“居中对齐”按钮、“右对齐”按钮、“两端对齐”按钮：设置段落在网页中的对齐方式。

“项目列表”按钮、“编号列表”按钮：设置段落的项目符号或编号。

“删除内缩区块”按钮、“内缩区块”按钮：设置段落文本向右凸出或向左缩进一定距离。

2.1.4 输入连续的空格

在默认状态下，Dreamweaver CC 只允许网站设计者输入一个空格，要输入连续多个空格则需要进行设置或通过特定操作才能实现。

1. 设置“首选项”对话框

（1）选择“编辑 > 首选项”命令，或按 Ctrl+U 组合键，弹出“首选项”对话框，如图 2-17 所示。

（2）在“首选项”对话框左侧的“分类”列表中选择“常规”选项，在右侧的“编辑选项”选项组中选择“允许多个连续的空格”复选框，单击“确定”按钮完成设置。此时，用户可连续按 Space 键在文档编辑区内输入多个空格。

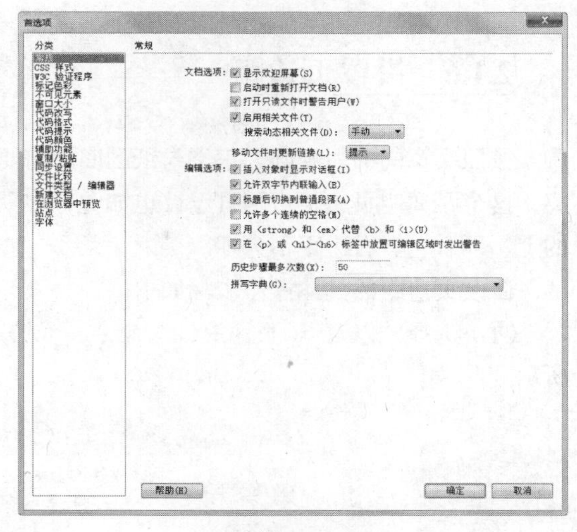

图 2-17

2．直接插入多个连续空格

在 Dreamweaver CC 中插入多个连续空格，有以下几种方法。

（1）选择“插入”面板中的“常用”选项卡，单击“字符”展开式按钮，选择“不换行空格”按钮。

（2）选择“插入 > 字符 > 不换行空格”命令，或按 Ctrl+Shift+Space 组合键。

将输入法转换到中文的全角状态下。

2.1.5　设置是否显示不可见元素

在网页的设计视图中，有一些元素仅用来标志该元素的位置，而在浏览器中是不可见的。例如，脚本图标是用来标志文档正文中的 Javascript 或 Vbscript 代码的位置；换行符图标是用来标志每个换行符
 的位置等。在设计网页时，为了快速找到这些不可见元素的位置，常常改变这些元素在设计视图中的可见性。

显示或隐藏某些不可见元素的具体操作步骤如下。

（1）选择“编辑 > 首选项”命令，弹出“首选项”对话框。

（2）在“首选项”对话框左侧的“分类”列表中选择“不可见元素”选项，根据需要选择或取消选择右侧的多个复选框，以实现不可见元素的显示或隐藏，如图 2-18 所示，单击“确定”按钮完成设置。

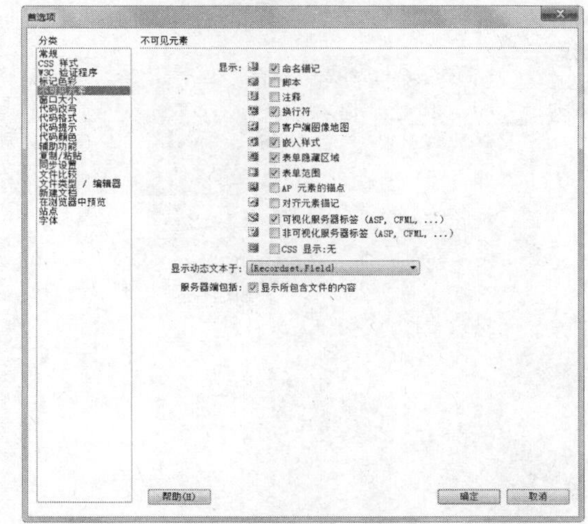

图 2-18

最常用的不可见元素是换行符、脚本、命名锚记、层锚记和表单隐藏区域，一般将它们设为可见。

但细心的网页设计者会发现，虽然在“首选项”对话框中设置某些不可见元素为显示状态，但在网页的设计视图中却看不见这些不可见元素。为了解决这个问题，还必须选择“查看 > 可视化助理 > 不可见元素”命令，选择“不可见元素”选项后，效果如图 2-19 所示。

提示　要在网页中添加换行符不能只按 Enter 键，而要按 Shift+Enter 组合键。

2.1.6 设置页边距

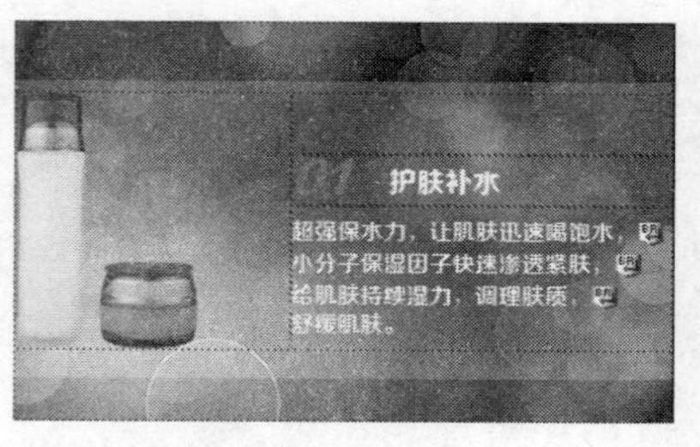

图 2-19

按照文章的书写规则，正文与纸的四周需要留有一定的距离，这个距离叫页边距。网页设计也如此，在默认状态下文档的上、下、左、右边距不为零。

修改页边距的具体操作步骤如下。

（1）选择“修改 > 页面属性”命令，或按 Ctrl+J 组合键，弹出“页面属性”对话框，如图 2-20 所示。

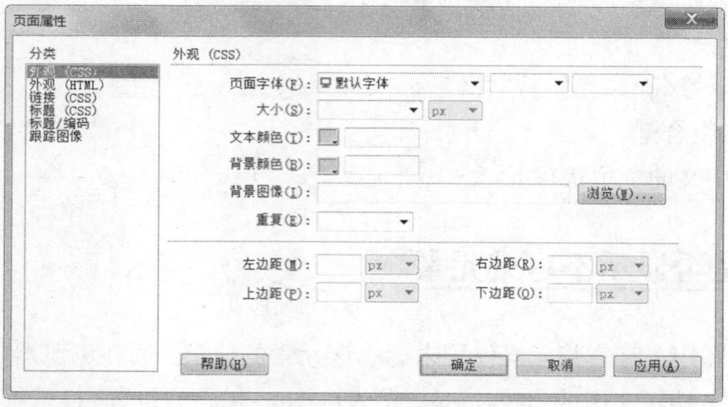

图 2-20

提示 在“页面属性”对话框中选择“外观（HTML）”选项，“页面属性”对话框提供的界面将发生改变，如图 2-21 所示。

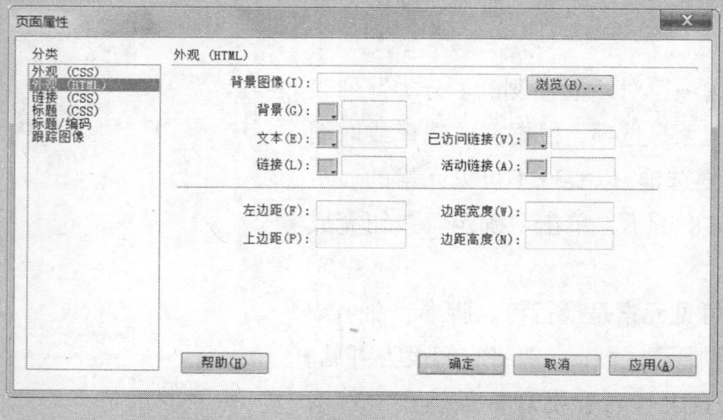

图 2-21

（2）根据需要在对话框的“左边距”、“右边距”、“上边距”、“下边距”、“边距宽度”和“边距高度”选项的数值框中输入相应的数值。这些选项的含义如下。

“左边距”、“右边距”：指定网页内容浏览器左、右页边距的大小。

“上边距”、“下边距”：指定网页内容浏览器上、下页边距的大小。

“边距宽度”：指定网页内容 Navigator 浏览器左、右页边距的大小。

“边距高度”：指定网页内容 Navigator 浏览器上、下页边距的大小。

2.1.7 设置网页的标题

HTML 页面的标题可以帮助站点浏览者理解所查看网页的内容，并在浏览者的历史记录和书签列表中标记页面。文档的文件名是通过保存文件命令保存的网页文件名称，而页面标题是浏览者在浏览网页时浏览器标题栏中显示的信息。

更改页面标题的具体操作步骤如下。

（1）选择“修改 > 页面属性”命令，弹出“页面属性”对话框。

（2）在对话框的“分类”选项框中选择“标题/编码”选项，在对话框右侧“标题”选项的文本框中输入页面标题，如图 2-22 所示，单击“确定”按钮，完成设置。

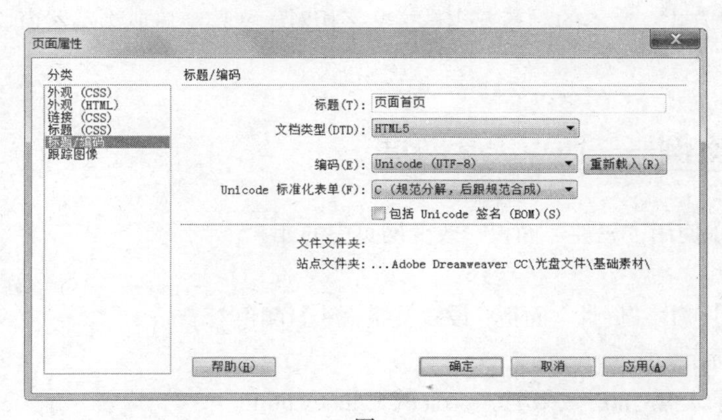

图 2-22

2.1.8 设置网页的默认格式

用户在制作新网页时，页面都有一些默认的属性，比如网页的标题、网页边界、文字编码、文字颜色和超链接的颜色等。若需要修改网页的页面属性，可选择“修改 > 页面属性”命令，弹出“页面属性”对话框，如图 2-23 所示。对话框中各选项的作用如下。

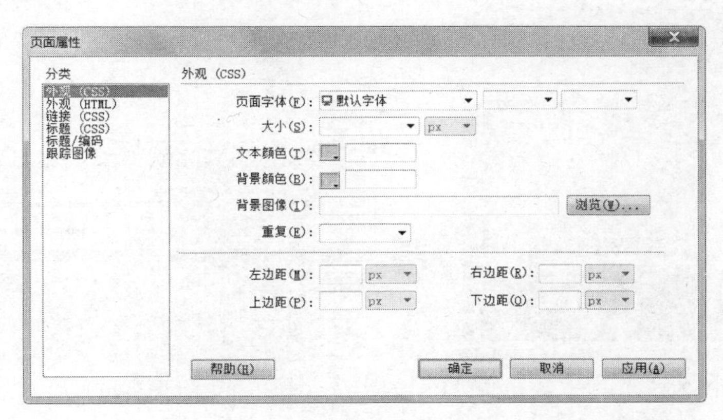

图 2-23

“外观”选项组：设置网页背景色、背景图像，网页文字的字体、字号、颜色和网页边界。

“链接”选项组：设置链接文字的格式。

“标题”选项组：为标题 1 至标题 6 指定标题标签的字体大小和颜色。

“标题/编码”选项组：设置网页的标题和文字编码。一般情况下，将网页的文字编码设定为简体中文 GB2312 编码。

“跟踪图像”选项组：一般在复制网页时，若想使原网页的图像作为复制网页的参考图像，可使用跟踪图像的方式实现。跟踪图像仅作为复制网页的设计参考图像，在浏览器中并不显示出来。

命令介绍

改变文本的颜色：在“文本颜色”选项中选择文本颜色时，可以在颜色按钮右边的文本框中直接输入文本颜色的十六进制数值。

改变文本的对齐方式：文本的对齐方式是指文字相对于文档窗口或浏览器窗口在水平位置的对齐方式。

2.1.9 课堂案例——西点美食网页

【案例学习目标】使用“属性”面板，改变网页中的元素，使网页变得更加美观。

【案例知识要点】使用“属性”面板，设置文字大小、颜色及字体，如图 2-24 所示。

图 2-24

【效果所在位置】光盘/Ch02/效果/西点美食网页/index.html。

1．添加字体

（1）选择“文件 > 打开”命令，在弹出的“打开”对话框中选择“光盘 > Ch02 > 素材 > 西点美食网页 > index.html”文件，单击“打开”按钮打开文件，如图 2-25 所示。

（2）在“属性”面板中单击“字体”下拉列表，在弹出的列表中选择“管理字体...”，如图 2-26 所示。

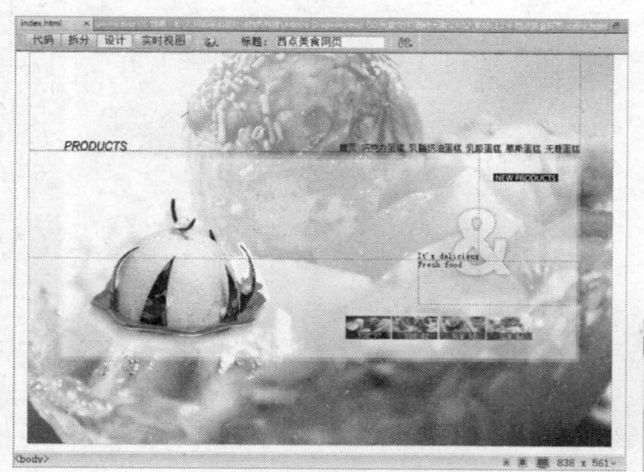

图 2-25

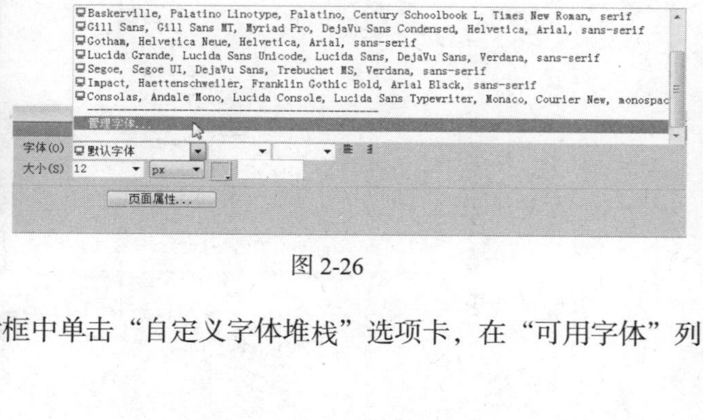

图 2-26

（3）弹出“管理字体”对话框，在对话框中单击“自定义字体堆栈”选项卡，在“可用字体”列表中选择“幼圆”字体，然后单击按钮 << ，将其添加到“字体列表”中，再次单击按钮 + ，如图 2-27 所示。使用相同的方法再次添加“Myriad Pro”和“Korinna BT”字体，效果如图 2-28 所示，单击“完成”按钮完成设置。

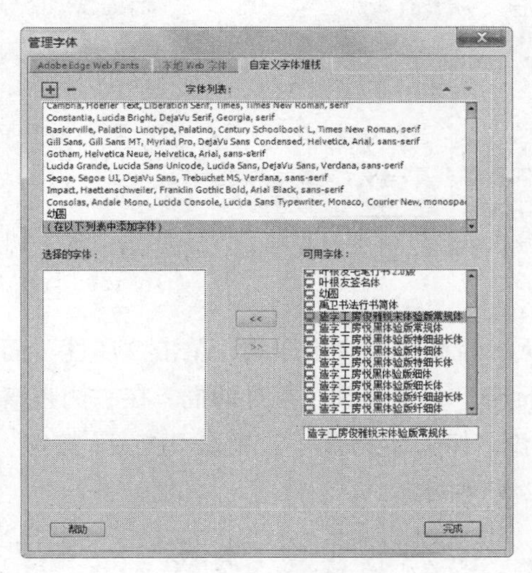

图 2-27

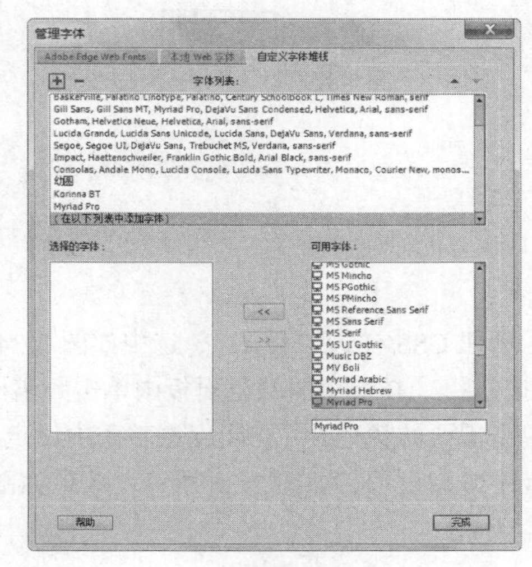

图 2-28

2. 改变文字外观

（1）选择“窗口 > CSS 设计器”命令，弹出“CSS 设计器”面板，单击“选择器”选项组中的“添加选择器”按钮 + ，在“选择器”选项组中的文本框中输入“.text1”，如图 2-29 所示，按“Enter”键确认文字的输入，效果如图 2-30 所示。

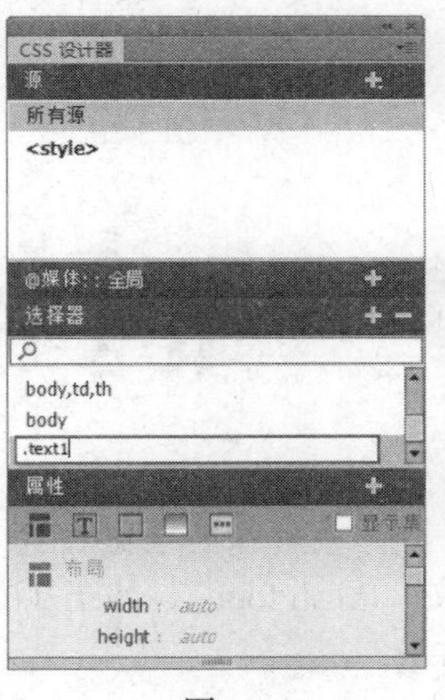

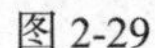

图 2-29

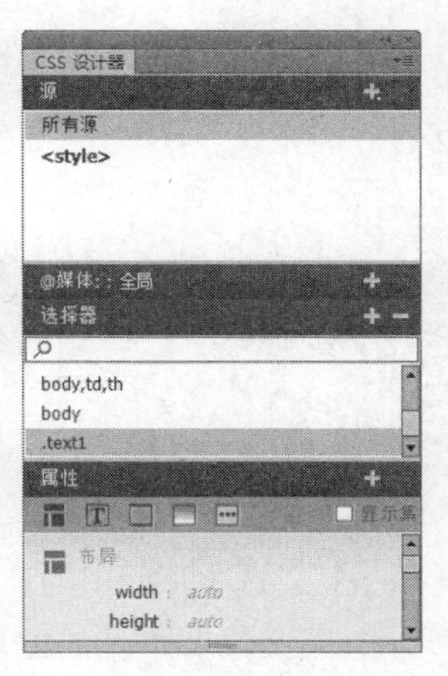

图 2-30

（2）选中如图 2-31 所示的文字，在“目标规则”选项下拉列表中选择刚刚定义的样式“.text1”，应用样式，在“属性”面板中，将“大小”设置为 14，在“字体”下拉列表中选择新添加的字体，如图 2-32 所示，效果如图 2-33 所示。

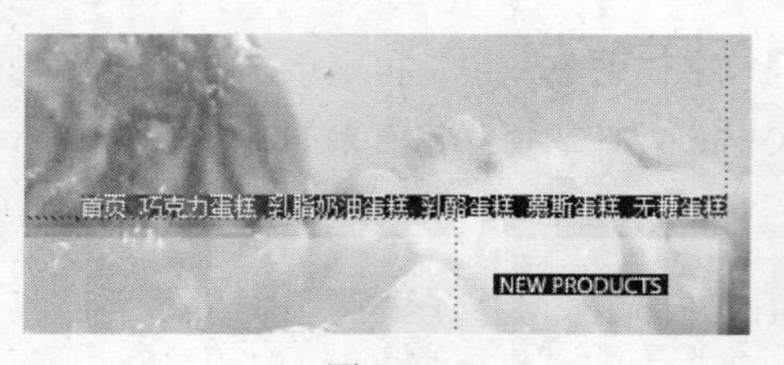

图 2-31

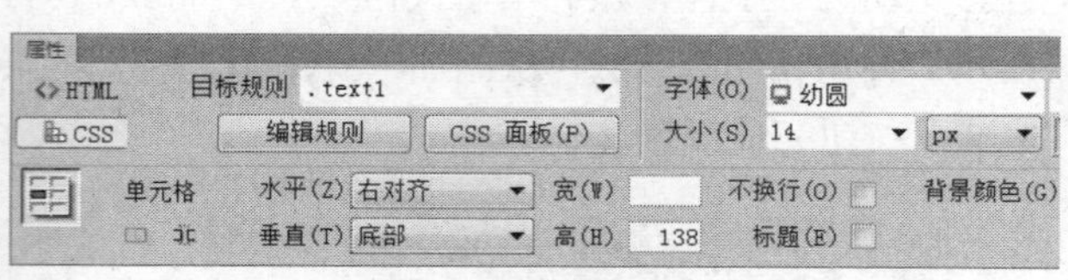

图 2-32

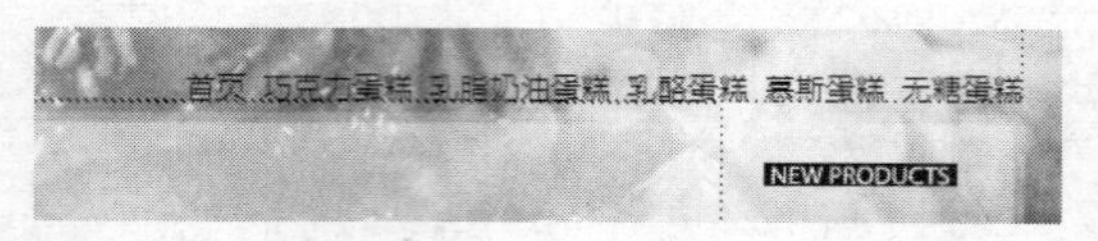

图 2-33

（3）新建 CSS 样式“.text2”，选中如图 2-34 所示的英文，应用样式，单击“属性”面板中的“color”按钮，在弹出的颜色面板中单击频谱图标，弹出“颜色”对话框，在右侧频谱中用鼠标左键单击需要的颜色，并在明度调整条中设定亮度，如图 2-35 所示。单击“确定”按钮，在“属性”面板中进行设置，如图 2-36 所示，效果如图 2-37 所示。

图 2-34

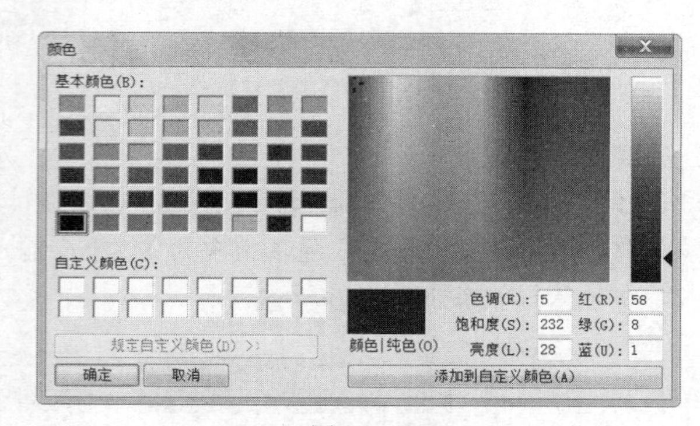

图 2-35

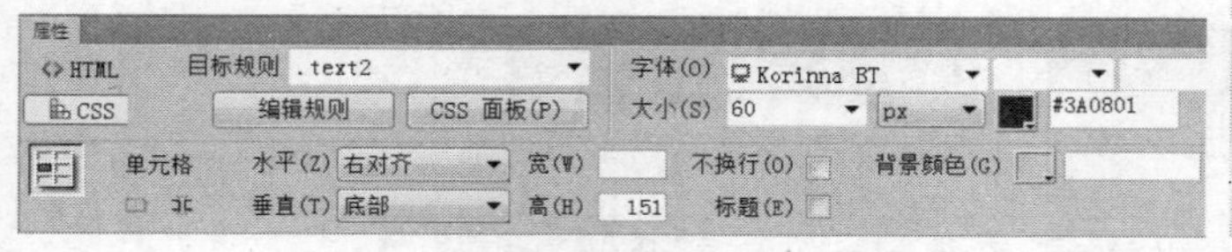

图 2-36

图 2-37

（4）新建 CSS 样式“.text3”，选中页面中的英文“Fresh food”，如图 2-38 所示，在“属性”面板中进行设置，如图 2-39 所示，英文效果如图 2-40 所示。

图 2-38

图 2-39

图 2-40

（5）保存文档，按 F12 键预览效果，如图 2-41 所示。

图 2-41

2.1.10　改变文本的大小

Dreamweaver CC 提供了两种改变文本大小的方法，一种是设置文本的默认大小，另一种是设置选中文本的大小。

1．设置文本的默认大小

（1）选择“修改 > 页面属性”命令，弹出“页面属性”对话框。

（2）在“页面属性”对话框左侧的“分类”列表中选择“外观（CSS）”选项，在右侧的“大小”选项中根据需要选择文本的大小，如图 2-42 所示，单击“确定”按钮完成设置。

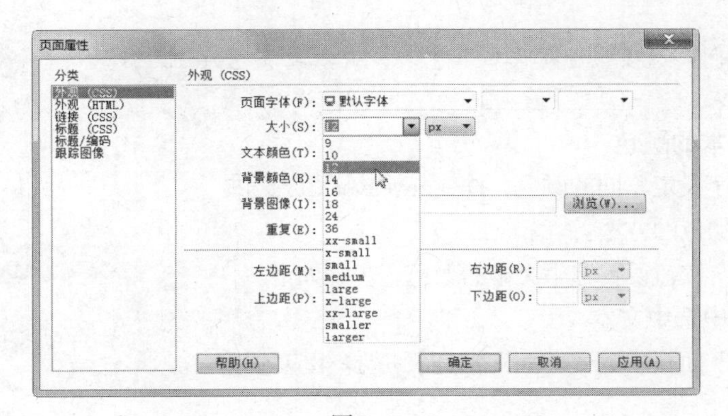

图 2-42

2. 设置选中文本的大小

在 Dreamweaver CC 中，可以通过“属性”面板设置选中文本的大小，步骤如下。

（1）在文档窗口中选中文本，如图 2-43 所示。

（2）在“属性”面板中，单击“大小”选项的下拉列表中选择相应的值，如图 2-44 所示。

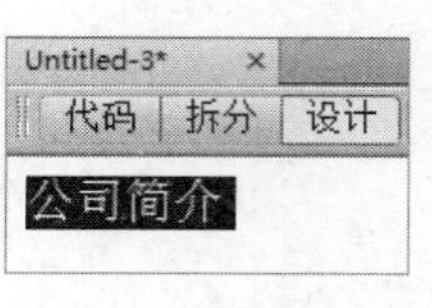

图 2-43

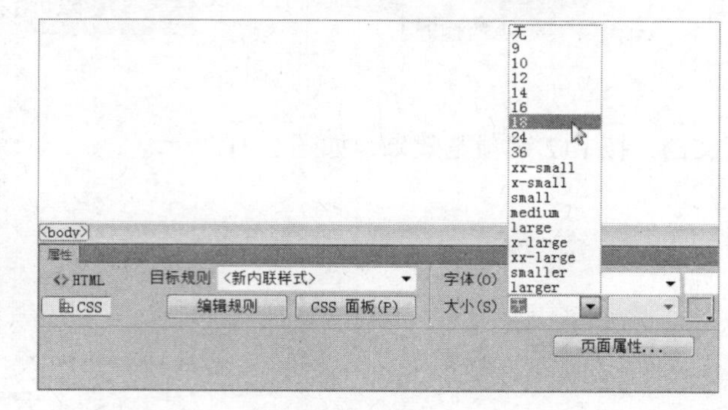

图 2-44

2.1.11 改变文本的颜色

丰富的视觉色彩可以吸引用户的注意，网页中的文本不仅可以是黑色，还可以呈现为其他色彩，最多时可达到 16 777 216 种颜色。颜色的种类与用户显示器的分辨率和颜色值有关，所以，通常在 216 种网页色彩中选择文字的颜色。

在 Dreamweaver CC 中提供了两种改变文本颜色的方法。

1. 设置文本的默认颜色

（1）选择“修改 > 页面属性”命令，弹出“页面属性”对话框。

（2）在左侧的“分类”列表中选择“外观（CSS）”选项，在右侧的“文本颜色”选项中选择具体的文本颜色，如图 2-45 所示，单击“确定”按钮完成设置。

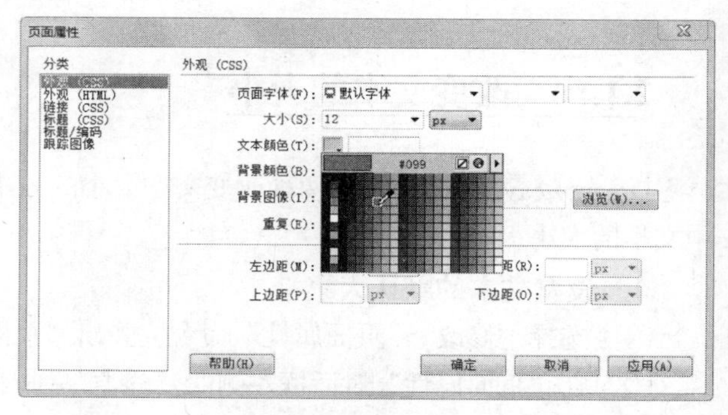

图 2-45

> **提示** 在“文本颜色”选项中选择文本颜色时，可以在颜色按钮右边的文本框中，直接输入文本颜色的十六进制数值。

2. 设置选中文本的颜色

为了对不同的文字设定不同的颜色，Dreamweaver CC 提供了两种改变选中文本颜色的方法。

通过“文本颜色”按钮设置选中文本的颜色，步骤如下。

（1）在文档窗口中选中文本。

（2）单击“属性”面板中的“color”按钮选择相应的颜色，如图 2-46 所示。

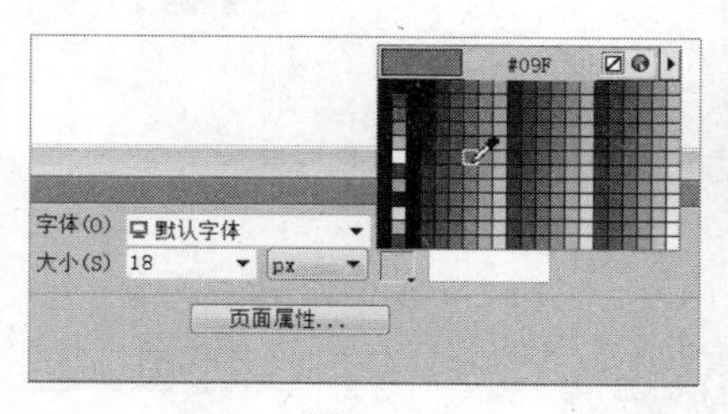

图 2-46

2.1.12　改变文本的字体

Dreamweaver CC 提供了两种改变文本字体的方法，一种是设置文本的默认字体，一种是设置选中文本的字体。

1．设置文本的默认字体

（1）选择“修改 > 页面属性”命令，弹出“页面属性”对话框。

（2）在左侧的“分类”列表中选择“外观（CSS）”选项，在右侧选择“页面字体”选项，弹出其下拉列表，如果列表中有合适的字体组合，可直接单击选择该字体组合，如图 2-47 所示。否则，需选择“管理字体”选项，在弹出的“管理字体”对话框中自定义字体组合。

图 2-47

（3）单击“管理字体”对话框中的“自定义字体堆栈”选项卡，单击按钮，在“可用字体”列表中选择需要的字体，如图 2-48 所示，然后单击按钮，将其添加到“字体列表”中，如图 2-49 所示。在“可用字体”列表中再选中另一种字体，再次单击按钮，在“字体列表”中建立字体组合，单击“确定”按钮完成设置。

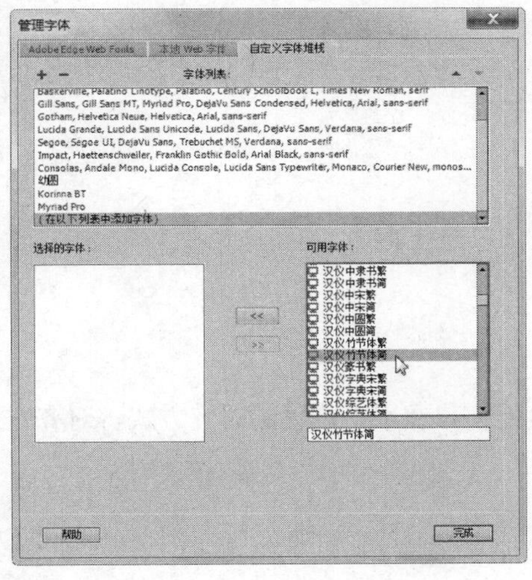

图 2-48

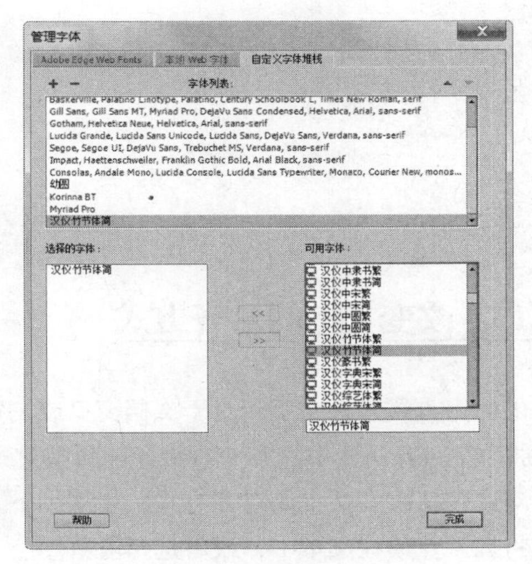

图 2-49

（4）重新在“页面属性”对话框中“页面字体”选项的下拉列表中选择刚建立的字体组合作为文本的默认字体。

2．设置选中文本的字体

为了将不同的文字设定为不同的字体，Dreamweaver CC 提供了两种改变选中文本字体的方法。

通过“字体”选项设置选中文本的字体，步骤如下。

（1）在文档窗口中选中文本。

（2）选择“属性”面板，在“字体”选项的下拉列表中选择相应的字体，如图 2-50 所示。

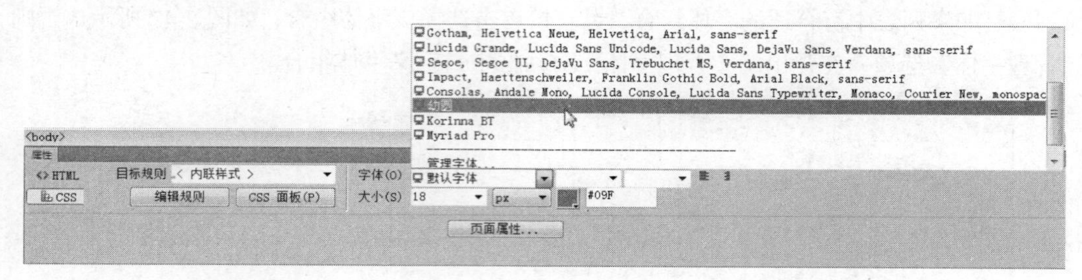

图 2-50

通过“字体”命令设置选中文本的字体，步骤如下。

（1）在文档窗口中选中文本。

（2）单击鼠标右键，在弹出的菜单中选择“字体”命令，在弹出的子菜单中选择相应的字体，如图 2-51 所示。

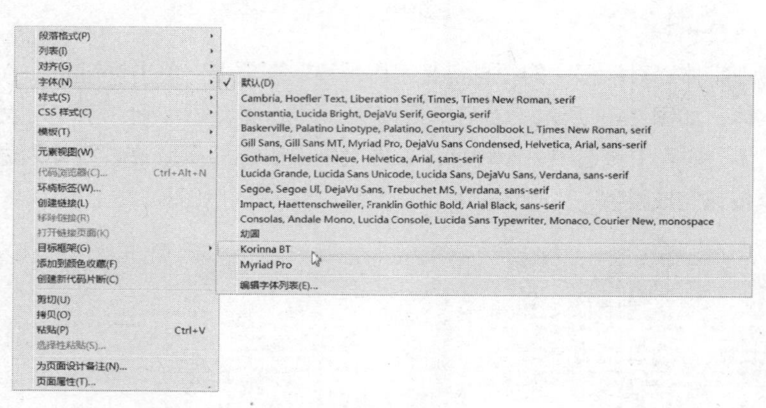

图 2-51

2.1.13 改变文本的对齐方式

文本的对齐方式是指文字相对于文档窗口或浏览器窗口在水平位置的对齐方式。对齐方式按钮有 4 种，分别为左对齐、居中对齐、右对齐和两端对齐。

通过对齐按钮改变文本的对齐方式，步骤如下。

（1）将插入点放在文本中，或者选择段落。

（2）在“属性”面板中单击相应的对齐按钮，如图 2-52 所示。

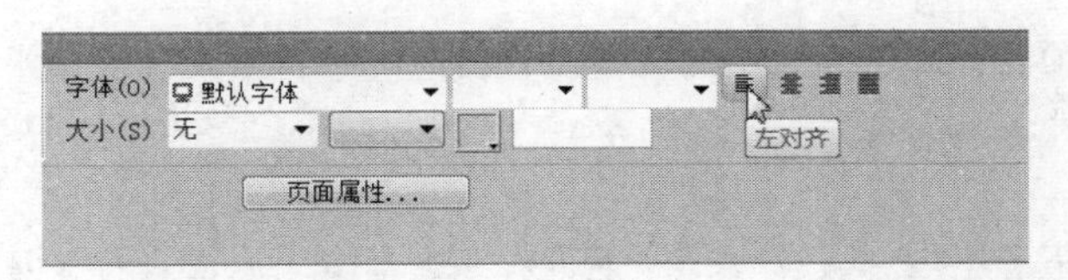

图 2-52

对段落文本的对齐操作，实际上是对<p>标记的 align 属性设置。align 属性值有 3 种选择，其中 left 表示左对齐，center 表示居中对齐，而 right 表示右对齐。例如，下面的 3 条语句分别设置了段落的左对齐、居中对齐和右对齐方式，效果如图 2-53 所示。

<p align="left">左对齐</p>

<p align="center">居中对齐</p>

<p align="right">左对齐</p>

通过对齐命令改变文本的对齐方式，步骤如下。

（1）将插入点放在文本中，或者选择段落。

（2）选择“格式 > 对齐”命令，弹出其子菜单，如图 2-54 所示，选择相应的对齐方式。

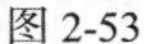

图 2-53

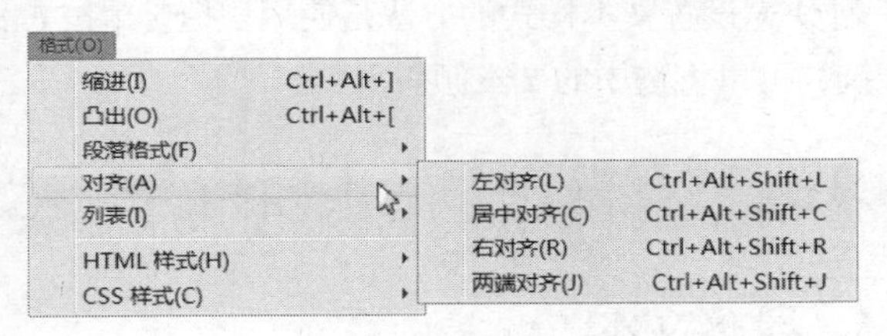

图 2-54

2.1.14　设置文本样式

文本样式是指字符的外观显示方式，例如加粗文本、倾斜文本和文本加下划线等。

1．通过“样式”命令设置文本样式

（1）在文档窗口中选中文本。

（2）选择“格式 >HTML 样式”命令，在弹出的子菜单中选择相应的样式，如图 2-55 所示。

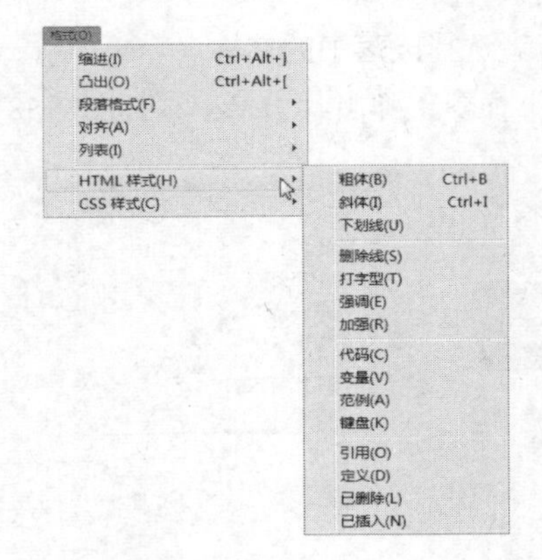

图 2-55

（3）选择需要的选项后，即可为选中的文本设置相应的字符格式，被选中的菜单命令左侧会带有选中标记✓。

如果希望取消设置的字符格式，可以再次打开子菜单，取消对该菜单命令的选择。

2．通过“属性”面板快速设置文本样式

单击“属性”面板中的“粗体”按钮 **B** 和“斜体”按钮 *I* 可快速设置文本的样式，如图 2-56 所示。如果要取消粗体或斜体样式，再次单击相应的按钮。

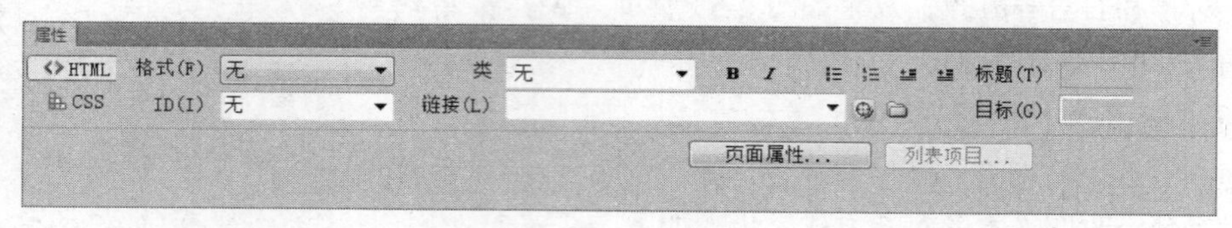

图 2-56

3．使用快捷键快速设置文本样式

另外一种快速设置文本样式的方法是使用快捷键。按 Ctrl+B 组合键，可以将选中的文本加粗；按 Ctrl+I 组合键，可以将选中的文本倾斜。

再次按相应的快捷键，则可取消文本样式。

2.1.15 段落文本

段落是指描述一个主题并且格式统一的一段文字。在文档窗口中，输入一段文字后按 Enter 键，这段文字就显示在<P>…</P>标签中。

1．应用段落格式

通过格式选项应用段落格式，步骤如下。

（1）将插入点放在段落中，或者选择段落中的文本。

（2）选择“属性”面板，在“格式”选项的下拉列表中选择相应的格式，如图 2-57 所示。

通过段落格式命令应用段落格式，步骤如下。

（1）将插入点放在段落中，或者选择段落中的文本。

（2）选择“格式 > 段落格式”命令，弹出其子菜单，如图 2-58 所示，选择相应的段落格式。

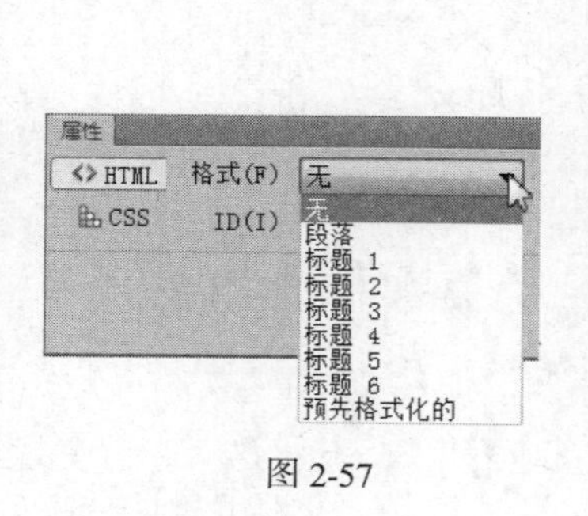

图 2-57

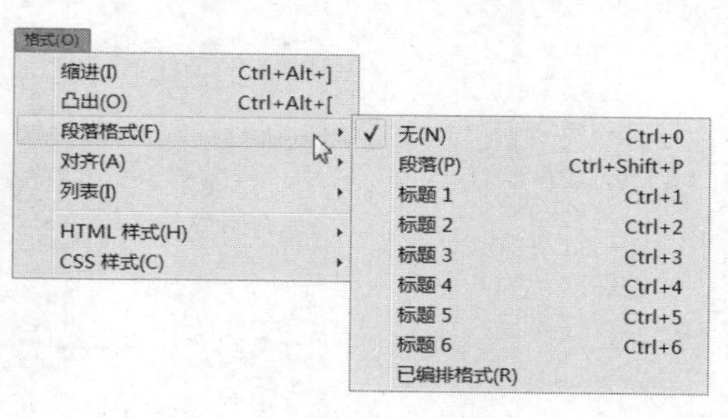

图 2-58

2．指定预格式

预格式标记是<pre>和</pre>。预格式化是指用户预先对<pre>和</pre>的文字进行格式化，以便在浏览器中按真正的格式显示其中的文本。例如，用户在段落中插入多个空格，但浏览器却按一个空格处理。为这段文字指定预格式后，就会按用户的输入显示多个空格。

通过“格式”选项指定预格式，步骤如下。

（1）将插入点放在段落中，或者选择段落中的文本。

（2）选择“属性”面板，在“格式”选项的下拉列表中选择“预先格式化的”选项，如图 2-59 所示。

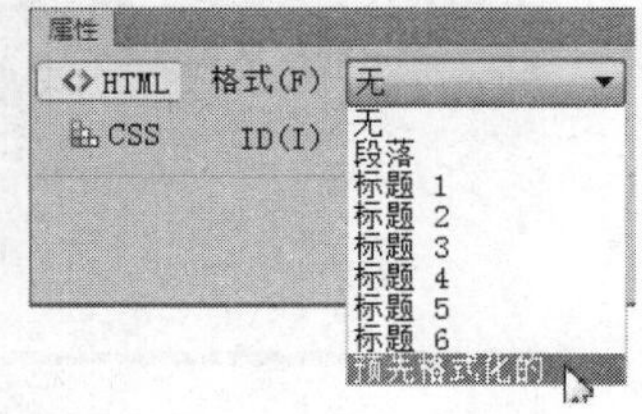

图 2-59

通过已编排格式按钮指定预格式，单击“插入”面板“文本”选项卡中的“已编排格式”按钮PRE，指定预格式。

提示　若想去除文字的格式，可按上述方法，将“格式”选项设为“无”。

2.2　项目符号和编号列表

项目符号和编号可以表示不同段落的文本之间的关系，因此，在文本上设置编号或项目符号并进行适当的缩进，可以直观地表示文本间的逻辑关系。

命令介绍

设置项目符号或编号：项目符号和编号用以表示不同段落的文本之间的关系，因此，在文本上设置编号或项目符号并进行适当的缩进，可以直观地表示文本间的逻辑关系。

插入日期：在网页中插入系统的日期和时间，当用户在不同时间浏览该网页时，总是显示当前的日期和时间。

特殊字符：特殊字符包含换行符、不换行空格、版权信息、注册商标等。当在网页中插入特殊字符时，在“代码”视图中显示的是特殊字符的源代码，在“设计”视图中显示的是一个标记，只有在浏览器中才能显示真面目。

2.2.1　课堂案例——电器城网店

【案例学习目标】使用文本命令改变列表的样式。

【案例知识要点】使用“项目列表”按钮，创建列表；使用“日期”按钮，插入日期时间，如图 2-60 所示。

【效果所在位置】光盘/Ch02/效果/电器城网店/index.html。

1．整理列表

（1）选择“文件 > 打开”命令，在弹出的“打开”对话框中选择“光盘 > Ch02 > 素材 > 电器城网店 > index.html”文件，单击“打开”按钮打开文件，如图 2-61 所示。

（2）选中如图 2-62 所示的文字，单击“属性”面板中的“编号列表”按钮，列表前生成“1”符号，效果如图 2-63 所示。

图 2-60

图 2-61

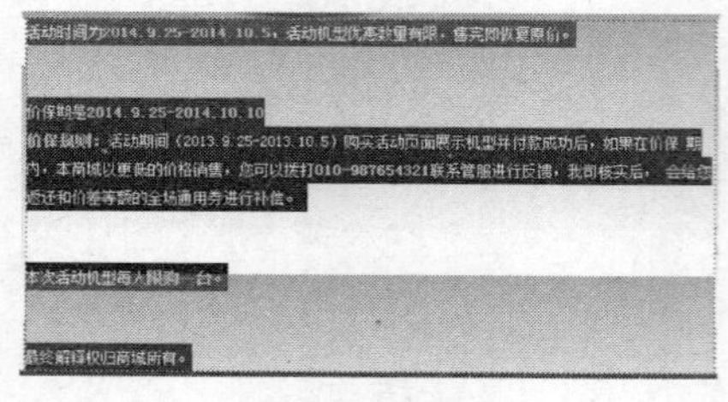

图 2-62

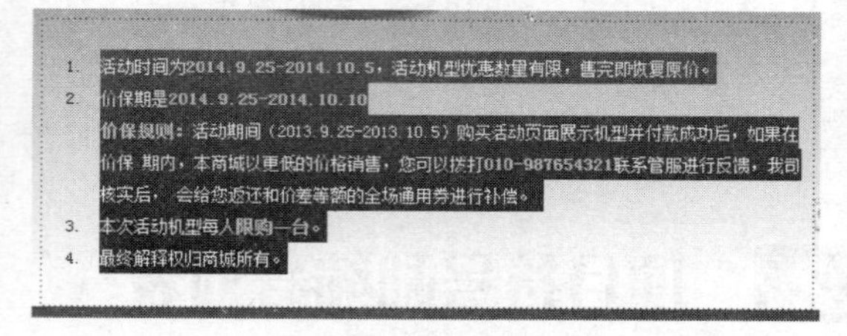

图 2-63

2．插入日期

（1）将光标置于如图 2-64 所示的位置，单击“插入”面板“常用”选项卡中的“日期”按钮，在弹出的“日期”对话框中进行如图 2-65 所示的设置，单击“确定”按钮，效果如图 2-66 所示。

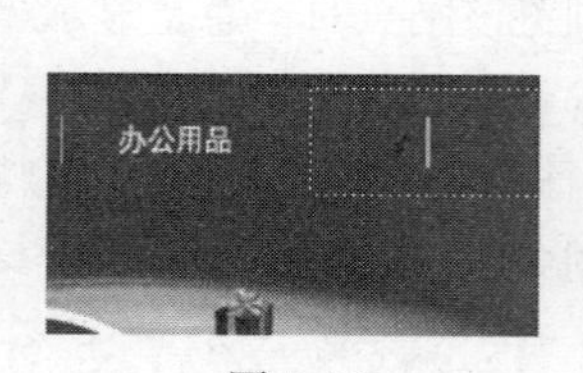

图 2-64

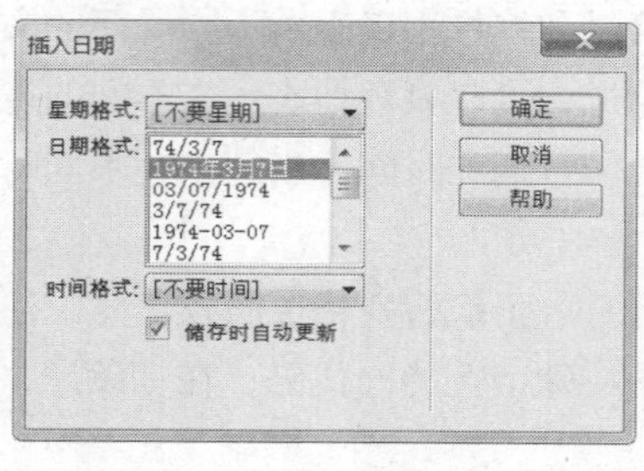

图 2-65

图 2-66

（2）保存文档，按 F12 键预览效果，如图 2-67 所示。

图 2-67

2.2.2　设置项目符号或编号

通过项目列表或编号列表按钮设置项目符号或编号，步骤如下。

（1）选择段落。

（2）在“属性”面板中，单击“项目列表”按钮 或“编号列表”按钮 ，为文本添加项目符号或编号。设置了项目符号和编号后的段落效果如图 2-68 所示。

通过列表设置项目符号或编号，步骤如下。

（1）选择段落。

（2）选择“格式 > 列表”命令，弹出其子菜单，如图 2-69 所示，选择“项目列表”或“编号列表”命令。

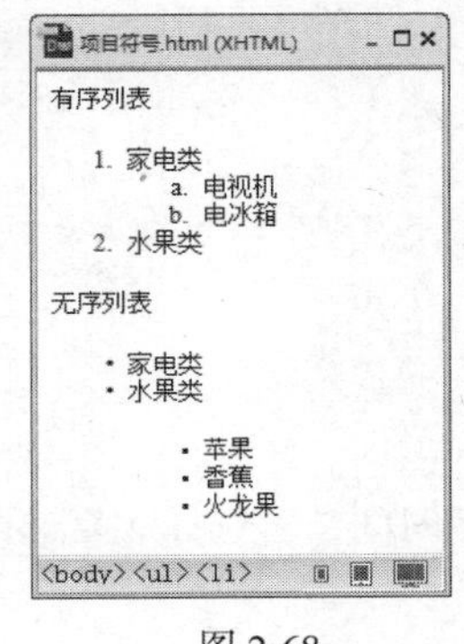

图 2-68

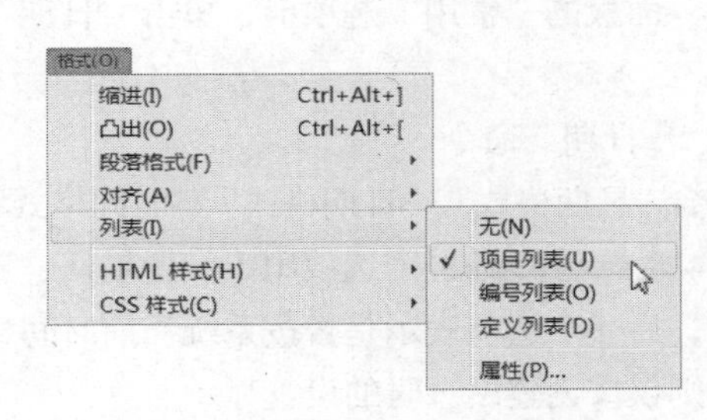

图 2-69

2.2.3　修改项目符号或编号

（1）将插入点放在设置项目符号或编号的文本中。

（2）通过以下几种方法启动“列表属性”对话框。

单击“属性”面板中的“列表项目...”按钮 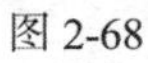。

选择“格式 > 列表 > 属性”命令。

在对话框中，先选择“列表类型”选项，确认是要修改项目符号还是编号，如图 2-70 所示。然后在“样式”选项中选择相应的列表或编号的样式，如图 2-71 所示。单击“确定”按钮完成设置。

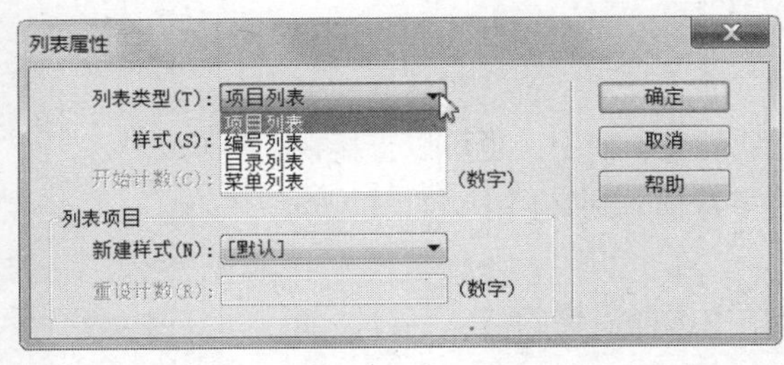

图 2-70

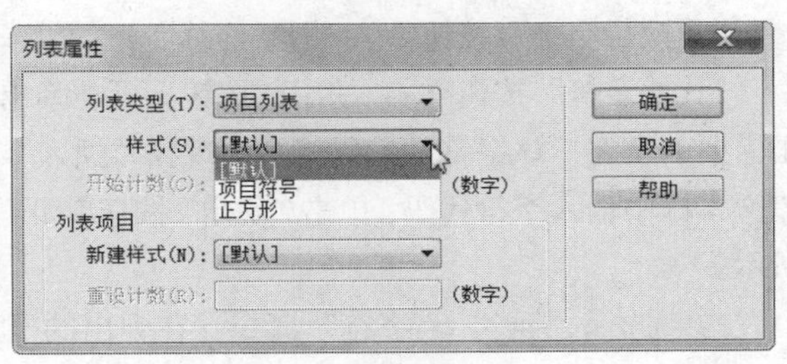

图 2-71

2.2.4 设置文本缩进格式

设置文本缩进格式有以下几种方法。

（1）在“属性”面板中单击“缩进”按钮或“凸出”按钮，使段落向右移动或向左移动。

（2）选择“格式 > 缩进”或“格式 > 凸出”命令，使段落向右移动或向左移动。

（3）按 Ctrl+Alt+] 组合键或 Ctrl+Alt+ [组合键，使段落向右移动或向左移动。

2.2.5 插入日期

（1）在文档窗口中，将插入点放置在想要插入对象的位置。

（2）通过以下几种方法启动“插入日期”对话框，如图 2-72 所示。

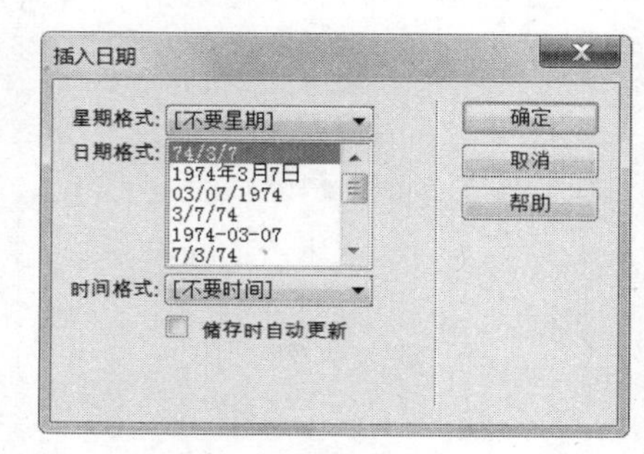

图 2-72

选择“插入”面板的“常用”选项卡，单击“日期”工具按钮。

选择“插入 > 日期”命令。

对话框中包含“星期格式”、“日期格式”、“时间格式”、“储存时自动更新”4 个选项。前 3 个选项用于设置星期、日期和时间的显示格式，后一个选项表示是否按系统当前时间显示日期时间，若选择此复选框，则显示当前的日期时间，否则仅按创建网页时的设置显示。

（3）选择相应的日期和时间的格式，单击“确定”按钮完成设置。

2.2.6 特殊字符

在网页中插入特殊字符，有以下几种方法。

（1）单击“字符”展开式工具按钮。

（2）选择“插入”面板的“常用”选项卡，单击“字符”展开式工具按钮，弹出其他特殊字符按钮，如图 2-73 所示。在其中选择需要的特殊字符的工具按钮，即可插入特殊字符。

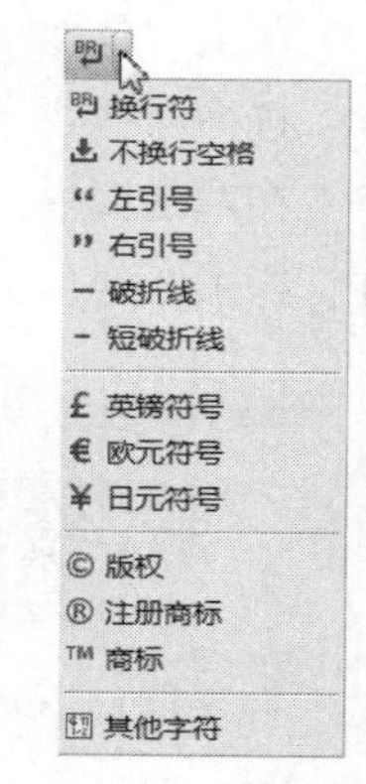

图 2-73

“换行符”按钮：用于在文档中强行换行。

“不换行空格”按钮：用于连续空格的输入。

“其他字符”按钮：使用此按钮，可在弹出的“插入其他字符”对话框中单击需要的字符，该字符的代码就会出现在“插入”选项的文本框中，也可以直接在该文本框中输入字符代码，单击“确定”按钮，即可将字符插入到文档中，如图 2-74 所示。

（3）选择“插入 > 字符”命令，在弹出的子菜单中选择需要的特殊字符，如图 2-75 所示。

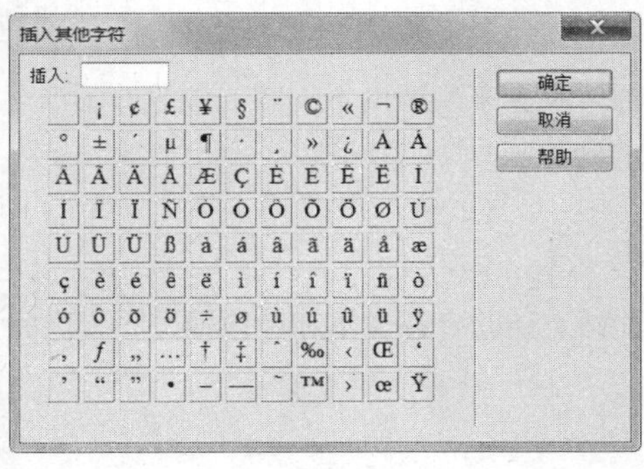

图 2-74

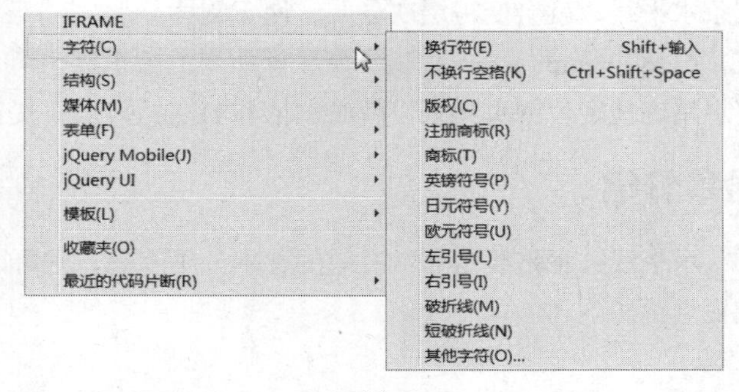

图 2-75

2.2.7　插入换行符

为段落添加换行符有以下几种方法。

（1）选择“插入”面板的“常用”选项卡，单击“字符”展开式工具按钮，选择“换行符”按钮。

（2）按 Shift+Enter 组合键。

（3）选择“插入 > 字符 > 换行符”命令。

在文档中插入换行符的操作步骤如下。

（1）打开一个网页文件，输入一段文字，如图 2-76 所示。

（2）按 Shift+Enter 组合键，光标换到另一个段落，如图 2-77 所示。按 Shift+Ctrl+Space 组合键，输入空格，输入文字，如图 2-78 所示。

（3）使用相同的方法，输入换行符和文字，效果如图 2-79 所示。

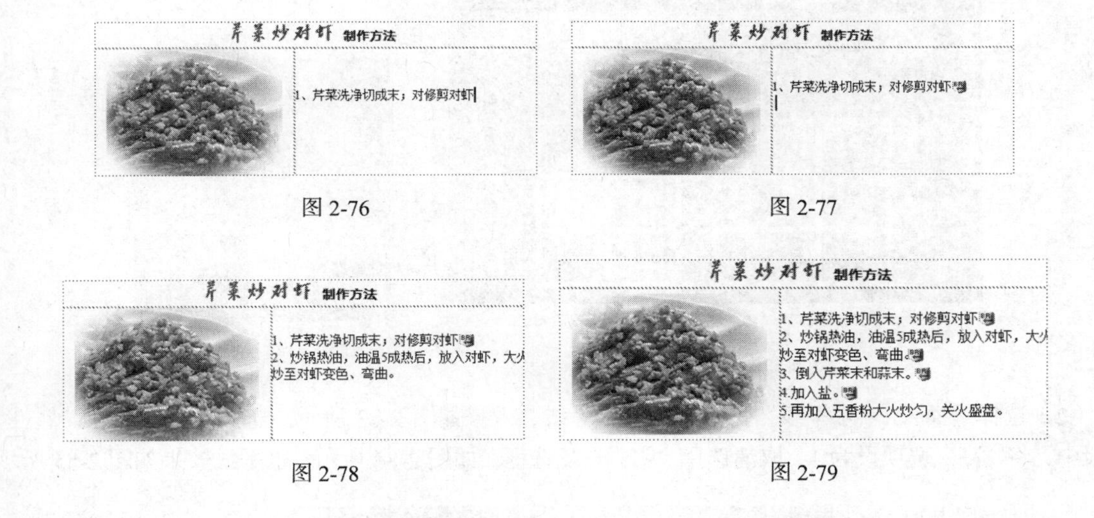

图 2-76　图 2-77

图 2-78　图 2-79

2.3 水平线、网格与标尺

水平线可以将文字、图像、表格等对象在视觉上分割开。一篇内容繁杂的文档，如果合理地放置几条水平线，就会变得层次分明，便于阅读。

虽然 Dreamweaver 提供了所见即所得的编辑器，但是通过视觉来判断网页元素的位置并不准确。要想精确地定位网页元素，就必须依靠 Dreamweaver 提供的定位工具。

命令介绍

水平线：水平线是非常有效的文本分隔工具，它可以让站点访问者在文本和其他网页元素之间形成视觉距离。

2.3.1 课堂案例——艺术摄影网页

【案例学习目标】使用“插入”命令插入水平线。使用代码改变水平线的颜色。

【案例知识要点】使用“水平线”命令，在文档中插入水平线；使用“属性”面板，改变水平线的高度。使用代码改变水平线的颜色，如图 2-80 所示。

【效果所在位置】光盘/Ch02/效果/艺术摄影网页/index.html。

图 2-80

1．插入水平线

（1）选择“文件 > 打开”命令，在弹出的“打开”对话框中选择“光盘 > Ch02 > 素材 > 艺术摄影网页 > index.html”文件，单击“打开”按钮打开文件，如图 2-81 所示。将光标置于如图 2-82 所示的单元格中。

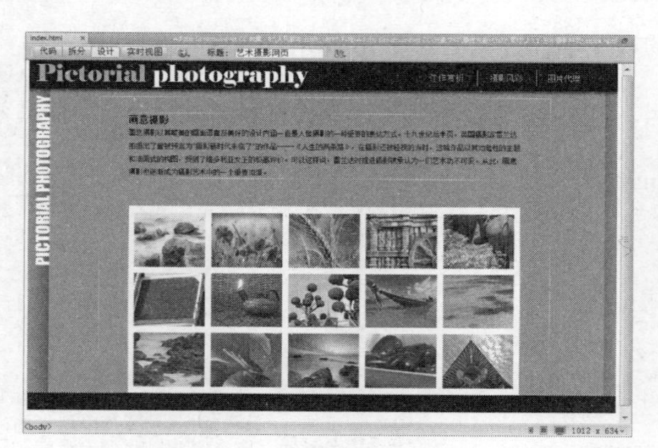

图 2-81

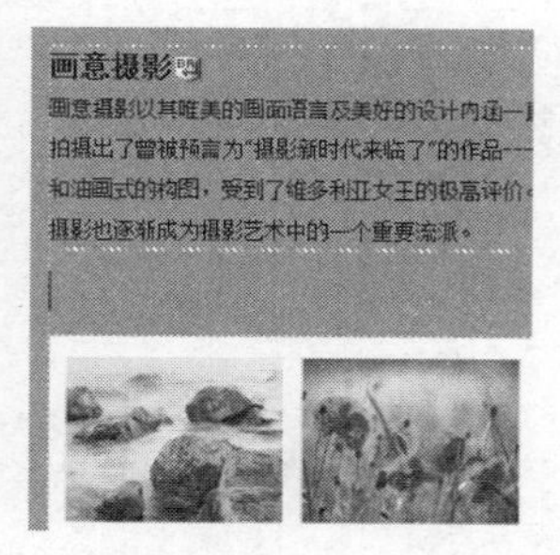

图 2-82

（2）选择“插入 > 水平线”命令，插入水平线，效果如图 2-83 所示。选中水平线，在“属性”面板中，将“高”选项设为 1，取消选择“阴影”复选框，如图 2-84 所示，水平线效果如图 2-85 所示。

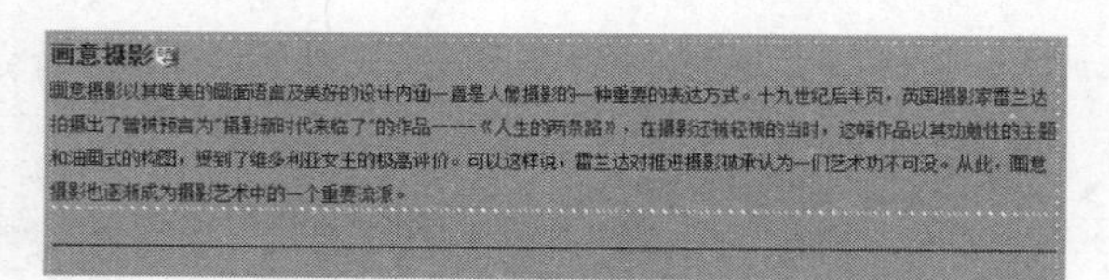

图 2-83

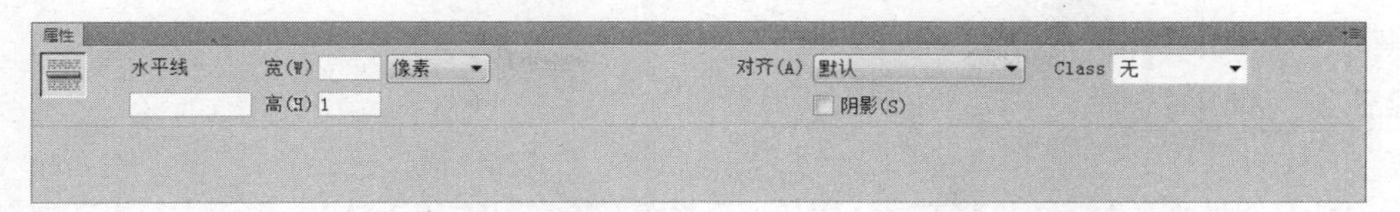

图 2-84

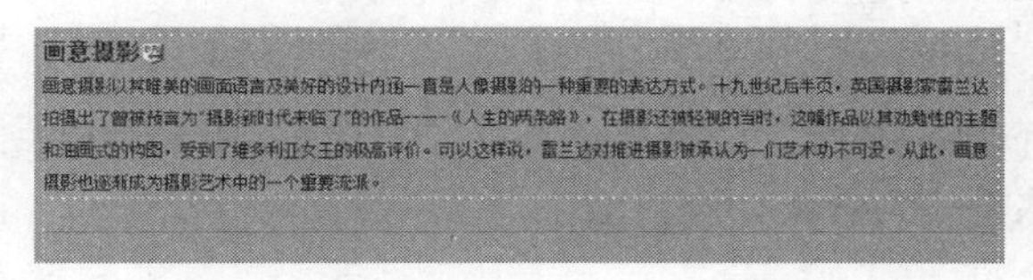

图 2-85

2．改变水平线的颜色

（1）选中水平线，单击文档窗口左上方的“拆分”按钮 拆分 ，在“拆分”视图窗口中的“noshade”代码后面置入光标，按一次空格键，标签列表中出现了该标签的属性参数，在其中选择属性“color”，如图 2-86 所示。

（2）插入属性后，在弹出的颜色面板中选择需要的颜色，如图 2-87 所示，标签效果如图 2-88 所示。

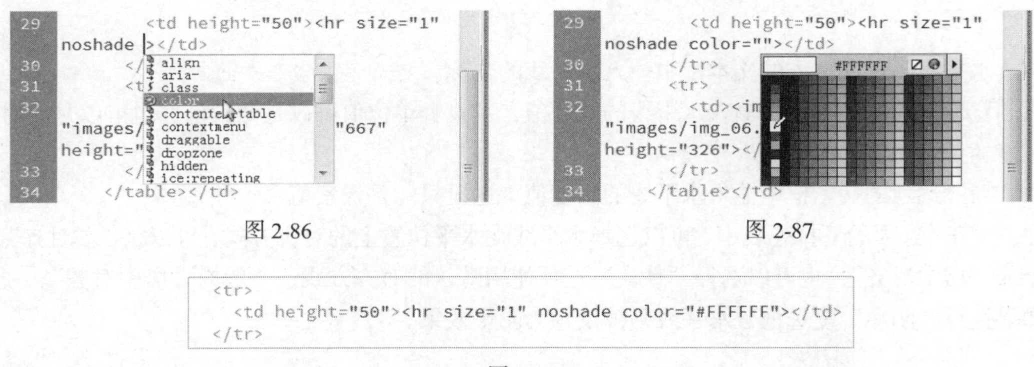

图 2-86　　　　图 2-87

```
<tr>
  <td height="50"><hr size="1" noshade color="#FFFFFF"></td>
</tr>
```

图 2-88

（3）水平线的颜色不能在 Dreamweaver CC 界面中确认，保存文档，按 F12 键预览效果，如图 2-89 所示。

图 2-89

2.3.2 水平线

分割线又叫做水平线，可以将文字、图像、表格等对象在视觉上分割开。一篇内容繁杂的文档，如果合理地放置几条水平线，就会变得层次分明，便于阅读。

1. 创建水平线

（1）选择“插入”面板的“常用”选项卡，单击“水平线”工具按钮。

（2）选择“插入 > 水平线”命令。

2. 修改水平线

在文档窗口中，选中水平线，选择“窗口 > 属性”命令，弹出“属性”面板，可以根据需要对属性进行修改，如图 2-90 所示。

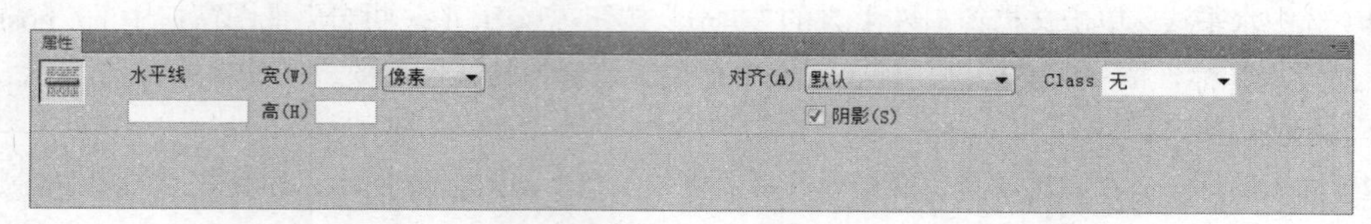

图 2-90

在“水平线”选项下方的文本框中输入水平线的名称。

在“宽”选项的文本框中输入水平线的宽度值，其设置单位值可以是像素值，也可以是相对页面水平宽度的百分比值。

在“高”选项的文本框中输入水平线的高度值，这里只能是像素值。

在“对齐”选项的下拉列表中，可以选择水平线在水平位置上的对齐方式，可以是“左对齐”、“右对齐”或“居中对齐”，也可以选择“默认”选项使用默认的对齐方式，一般为“居中对齐”。

如果选择“阴影”复选框，水平线则被设置为阴影效果。

2.3.3 显示和隐藏网格

使用网格可以更加方便地定位网页元素，在网页布局时网格也具有至关重要的作用。

1. 显示和隐藏网格

选择“查看 > 网格设置 > 显示网格”命令，或按 Ctrl+Alt+G 组合键，此时处于显示网格的状态，网格在“设计”视图中可见，如图 2-91 所示。

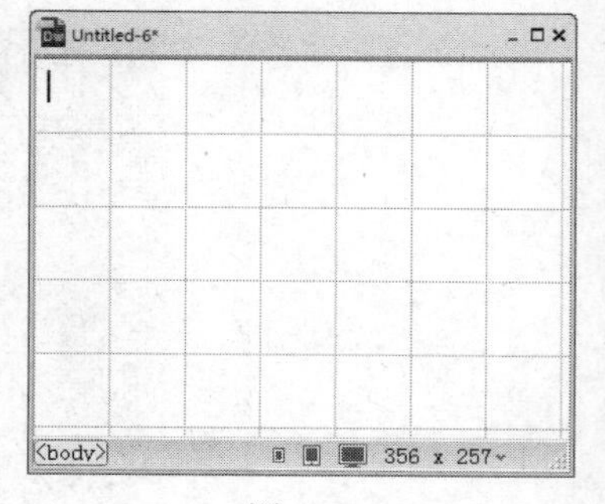

图 2-91

2. 设置网页元素与网格对齐

选择“查看 > 网格设置 > 靠齐到网格”命令，或按 Ctrl+Alt+Shift+G 组合键，此时，无论网格是否可见，都可以让网页元素自动与网格对齐。

3. 修改网格的疏密

选择“查看 > 网格设置 > 网格设置”命令，弹出“网格设置”对话框，如图 2-92 所示。在“间隔”选项的文本框中输入一个数字，并从下拉列表中选择间隔的单位，单击“确定”按钮关闭对话框，完成网格线间隔的修改。

4．修改网格线的形状和颜色

选择“查看 > 网格设置 > 网格设置”命令，弹出“网格设置”对话框。在对话框中，先单击“颜色”按钮并从颜色拾取器中选择一种颜色，或者在文本框中输入一个十六进制的数字，然后单击“显示”选项组中的“线”或“点”单选项，如图 2-93 所示，最后单击“确定”按钮，完成网格线颜色和线型的修改。

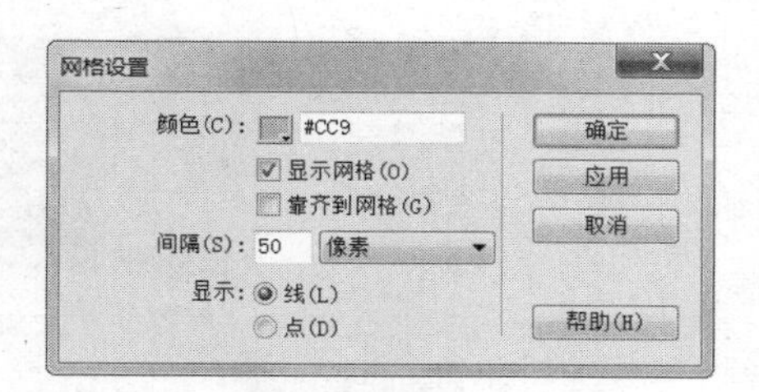

图 2-92

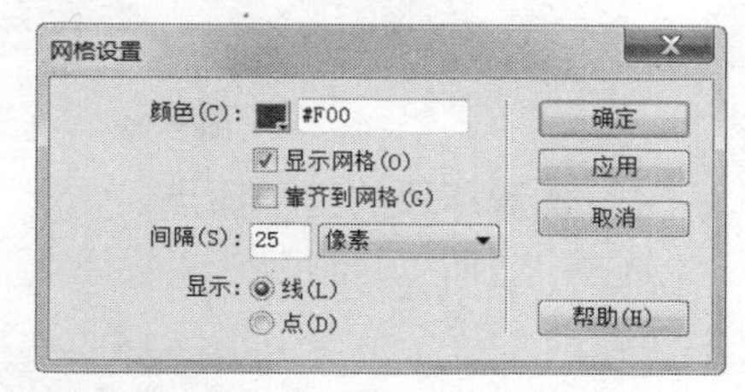

图 2-93

2.3.4　标尺

标尺显示在文档窗口的页面上方和左侧，用以标志网页元素的位置。标尺的单位分为像素、英寸和厘米。

1．在文档窗口中显示标尺

选择“查看 > 标尺 > 显示”命令，或按 Ctrl+Alt+R 组合键，此时标尺处于显示的状态，如图 2-94 所示。

2．改变标尺的计量单位

选择“查看 > 标尺”命令，在其子菜单中选择需要的计量单位，如图 2-95 所示。

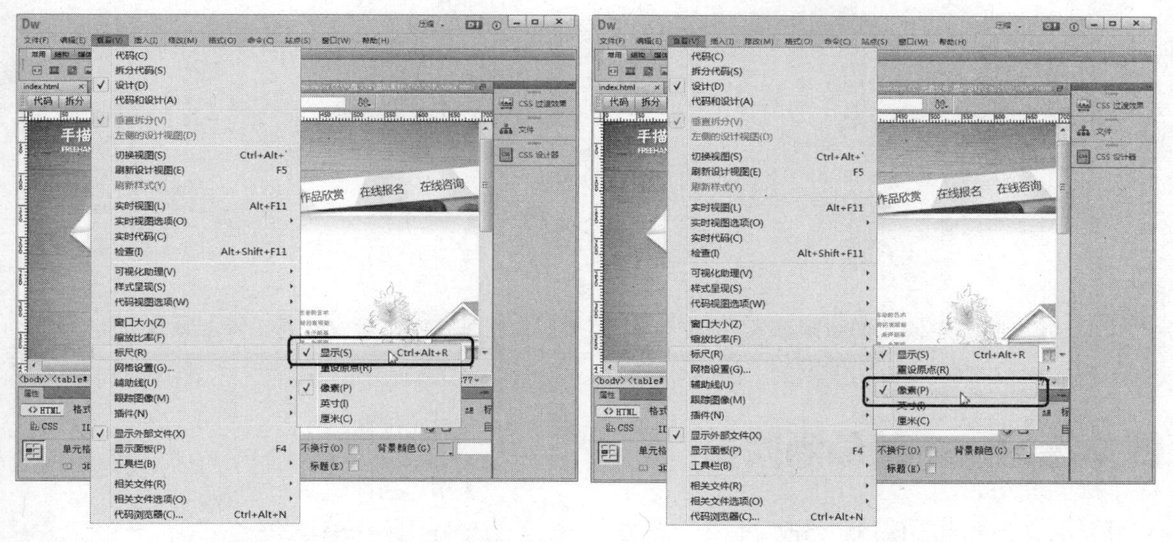

图 2-94　　　　图 2-95

3．改变坐标原点

用鼠标指针单击文档窗口左上方的标尺交叉点，鼠标的指针变为“+”形，按住鼠标左键向右下方拖曳鼠标，如图 2-96 所示。在要设置新的坐标原点的地方松开鼠标左键，坐标原点将随之改变，如图 2-97 所示。

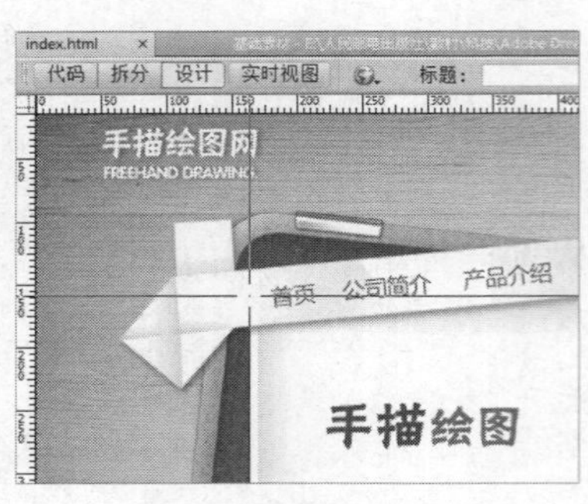

图 2-96

图 2-97

4．重置标尺的坐标原点

选择“查看 > 标尺 > 重设原点”命令，如图 2-98 所示，可将坐标原点还原成（0，0）点。

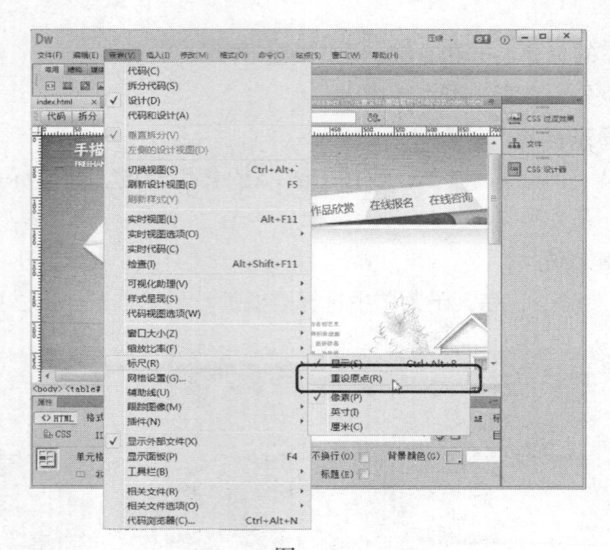

图 2-98

提示 将坐标原点恢复到初始位置，还可以通过用鼠标指针双击文档窗口左上方的标尺交叉点完成操作。

课堂练习——葡萄酒网页

【练习知识要点】使用“修改”命令，设置页面外观；使用“属性”面板，改变文字的大小，如图 2-99 所示。

【素材所在位置】光盘/Ch02/素材/葡萄酒网页/images。

【效果所在路径】光盘/Ch02/效果/葡萄酒网页/index.html。

图 2-99

课堂练习——快乐购物网页

【练习知识要点】使用“项目列表”按钮，创建列表；使用“属性”命令，改变列表的样式；使用“文本缩进”和“文本凸出”按钮，创建下级列表，如图 2-100 所示。

【素材所在位置】光盘/Ch02/素材/快乐购物网页/images。

【效果所在路径】光盘/Ch02/效果/快乐购物网页/index.html。

图 2-100

课后习题——养生食品网页

【习题知识要点】使用“水平线”按钮，插入水平线，如图 2-101 所示。

【素材所在位置】光盘/Ch02/素材/养生食品网页/images。

【效果所在位置】光盘/Ch02/效果/养生食品网页/index.html。

图 2-101

第3章 图像和多媒体

本章介绍

图像在网页中的作用是非常重要的，图像、按钮、标志可以使网页更加美观、形象生动，从而使网页中的内容更加丰富多彩。

所谓“媒体”是指信息的载体，包括文字、图形、动画、音频和视频等。在 Dreamweaver CC 中，用户可以方便快捷地向 Web 站点添加声音和影片媒体，并可以导入和编辑多个媒体文件和对象。

学习目标

- 掌握图像的格式
- 掌握图像的插入、图像的属性、添加文字说明和跟踪图像的应用
- 掌握 Flash 动画、Flv、Edge Animate 作品、音频和插入

技能目标

- 掌握“建筑工程网页”的制作方法
- 掌握“五谷杂粮网页”的制作方法

3.1 图像的插入

发布网站的目的就是要让更多的浏览者浏览设计的站点，网站设计者必须想办法去吸引浏览者的注意，所以网页除了包含文字外，还要包含各种赏心悦目的图像。因此，对于网站设计者而言，掌握图像的使用技巧是非常必要的。

命令介绍

设置图像属性：将图像插入到文档中，对插入的图像的属性进行设置或修改，并直接在文档中查看所做的效果。

插入图像占位符：在网页布局时，网站设计者需要先设计图像在网页中的位置，等设计方案通过后，再将这个位置变成具体图像。

3.1.1 课堂案例——建筑工程网页

【案例学习目标】使用“常用”面板，插入图像。

【案例知识要点】使用“图像”按钮，插入图像，如图 3-1 所示。

【效果所在位置】光盘/Ch03/效果/建筑工程网页/index.html。

（1）选择“文件 > 打开”命令，在弹出的“打开”对话框中选择“光盘 > Ch03 > 素材 > 建筑工程网页 > index.html”文件，单击“打开”按钮打开文件，如图 3-2 所示。

图 3-1

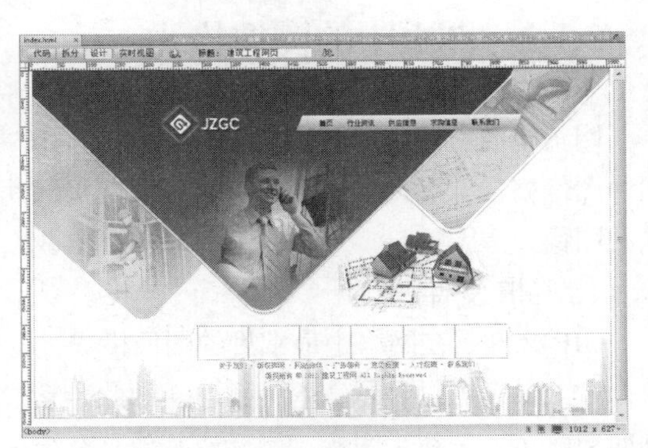

图 3-2

（2）将光标置于如图 3-3 所示的单元格中，单击“插入”面板“常用”选项卡中的“图像”按钮，在弹出的“选择图像源文件”对话框中，选择“光盘 > Ch03 > 素材 > 建筑工程网页 > images”文件夹中的“img_03.jpg”文件，单击“确定”按钮完成图片的插入，如图 3-4 所示。

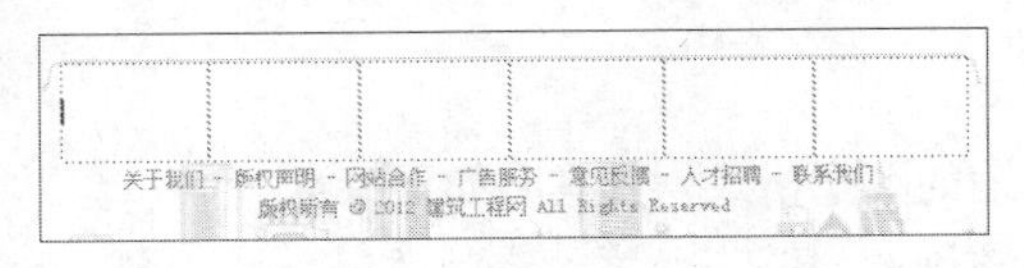

图 3-3

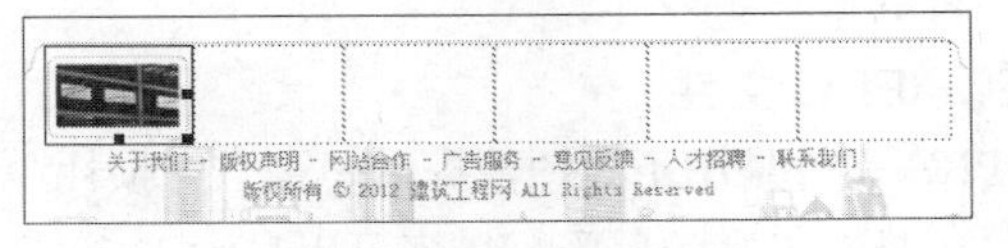

图 3-4

（3）将光标置入到如图 3-5 所示的单元格中，将“光盘 > Ch03 > 素材 > 建筑工程网页 > images”

文件夹中的图片“img_04.jpg”插入到该单元格中，效果如图 3-6 所示。

图 3-5

图 3-6

（4）使用相同的方法，将“img_05.jpg”、“img_06.jpg”、“img_07.jpg”、“img_08.jpg”图片插入到其他单元格中，效果如图 3-7 所示。保存文档，按 F12 键预览效果，如图 3-8 所示。

图 3-7

图 3-8

3.1.2 网页中的图像格式

网页中通常使用的图像文件有 JPEG、GIF、PNG 三种格式，但大多数浏览器只支持 JPEG、GIF 两种图像格式。因为要保证浏览者下载网页的速度，网站设计者也常使用 JPEG 和 GIF 这两种压缩格式的图像。

1. GIF 文件

GIF 文件是在网络中最常见的图像格式，其具有如下特点。

（1）最多可以显示 256 种颜色。因此，它最适合显示色调不连续或具有大面积单一颜色的图像，例如导航条、按钮、图标、徽标或其他具有统一色彩和色调的图像。

（2）使用无损压缩方案，图像在压缩后不会有细节的损失。

（3）支持透明的背景，可以创建带有透明区域的图像。

（4）是交织文件格式，在浏览器完成下载图像之前，浏览者即可看到该图像。

（5）图像格式的通用性好，几乎所有的浏览器都支持此图像格式，并且有许多免费软件支持 GIF 图像文件的编辑。

2. JPEG 文件

JPEG 文件是用于为图像提供一种“有损耗”压缩的图像格式，其具有如下特点。

（1）具有丰富的色彩，最多可以显示 1670 万种颜色。

（2）使用有损压缩方案，图像在压缩后会有细节的损失。

（3）JPEG 格式的图像比 GIF 格式的图像小，下载速度更快。

（4）图像边缘的细节损失严重，所以不适合包含鲜明对比的图像或文本的图像。

3．PNG 文件

PNG 文件是专门为网络而准备的图像格式，其具有如下特点。

（1）使用新型的无损压缩方案，图像在压缩后不会有细节的损失。

（2）具有丰富的色彩，最多可以显示 1670 万种颜色。

（3）图像格式的通用性差。IE 4.0 或更高版本和 Netscape 4.04 或更高版本的浏览器都只能部分支持 PNG 图像的显示。因此，只有在为特定的目标用户进行设计时，才使用 PNG 格式的图像。

3.1.3　插入图像

要在 Dreamweaver CC 文档中插入的图像必须位于当前站点文件夹内或远程站点文件夹内，否则图像不能正确显示，所以在建立站点时，网站设计者常先创建一个名叫“image”的文件夹，并将需要的图像复制到其中。

在网页中插入图像的具体操作步骤如下。

（1）在文档窗口中，将插入点放置在要插入图像的位置。

（2）通过以下几种方法启用“图像”命令，弹出“选择图像源文件”对话框，如图 3-9 所示。

图 3-9

① 选择“插入”面板中的“常用”选项卡，单击“图像”展开式工具按钮上的黑色三角形，在下拉菜单中选择“图像”选项。

② 选择“插入 > 图像 > 图像”命令。

③ 按 Ctrl+Alt+I 组合键。

（3）在对话框中，选择图像文件，单击“确定”按钮完成设置。

3.1.4　设置图像属性

插入图像后，在“属性”面板中显示该图像的属性，如图 3-10 所示。下面介绍各选项的含义。

“宽”和“高”选项：以像素为单位指定图像的宽度和高度。这样做虽然可以缩放图像的显示大小，但不会缩短下载时间，因为浏览器在缩放图像前会下载所有图像数据。

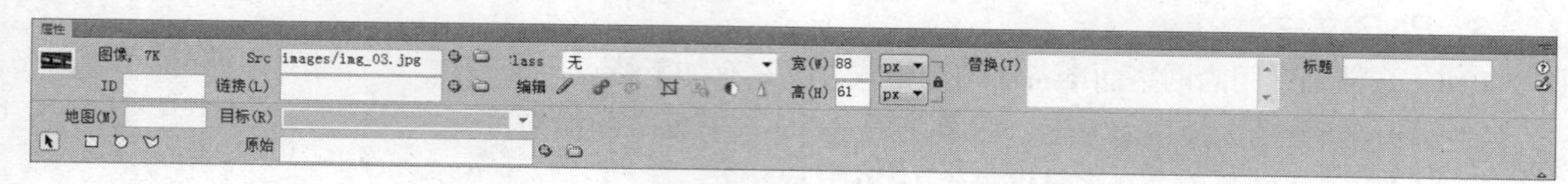

图 3-10

“图像 ID”选项：指定图像的 ID 名称。

“Src”选项：指定图像的源文件。

“链接”选项：指定单击图像时要显示的网页文件。

“Class”选项：指定图像应用 CSS 样式。

“编辑”按钮组：编辑图像文件，包括编辑、设置、从源文件更新、裁剪、重新取样、亮度和对比度和锐化功能。

“宽”和“高”选项：分别设置图像的宽和高。

“替换”选项：指定文本，在浏览设置为手动下载图像前，用它来替换图像的显示。在某些浏览器中，当鼠标指针滑过图像时也会显示替代文本。

“标题”选项：指定图像的标题。

“地图”和“热点工具”选项：用于设置图像的热点链接。

“目标”选项：指定链接页面应该在其中载入的框架或窗口，详细参数可见链接一章。

“原始”选项：为了节省浏览者浏览网页的时间，可通过此选项指定在载入主图像之前可快速载入的低品质图像。

3.1.5 给图片添加文字说明

当图片不能在浏览器中正常显示时，网页中图片的位置就变成空白区域，如图 3-11 所示。

图 3-11

为了让浏览者在不能正常显示图片时也能了解图片的信息，常为网页的图像设置“替换”属性，将图片的说明文字输入“替换”文本框中，如图 3-12 所示。当图片不能正常显示时，网页中的效果如图 3-13 所示。

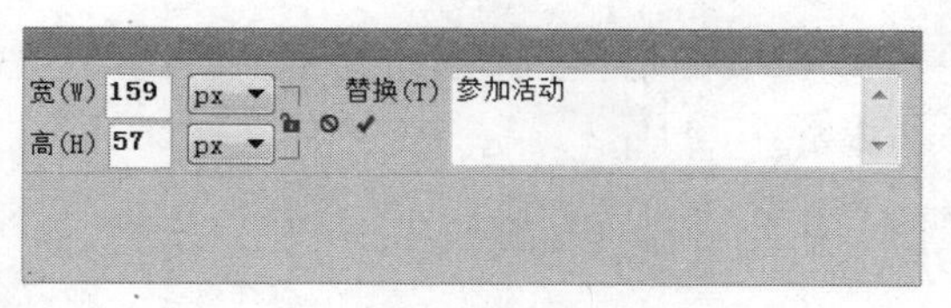

图 3-12

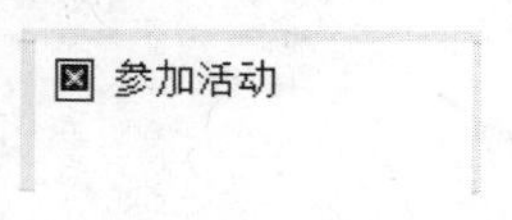

图 3-13

3.1.6　跟踪图像

在工程设计过程中，一般先在图像处理软件中勾画出工程蓝图，然后在此基础上反复修改，最终得到一幅完美的设计图。制作网页时也应采用工程设计的方法，先在图像处理软件中绘制网页的蓝图，将其添加到网页的背景中，按设计方案对号入座，等网页制作完毕后，再将蓝图删除。Dreamweaver CC 利用“跟踪图像”功能来实现上述网页设计的方式。

设置网页蓝图的具体操作步骤如下。

（1）在图像处理软件中绘制网页的设计蓝图，如图 3-14 所示。

图 3-14

（2）选择“文件 > 新建”命令，新建文档。

（3）选择“修改 > 页面属性”命令，弹出“页面属性”对话框，在“分类”列表中选择“跟踪图像”选项，转换到“跟踪图像”对话框，如图 3-15 所示。

（4）单击“跟踪图像”选项右侧的“浏览”按钮，在弹出的“选择图像源文件”对话框中找到步骤（1）中设计蓝图的保存路径，如图 3-16 所示，单击“确定”按钮，返回到“页面属性”对话框。

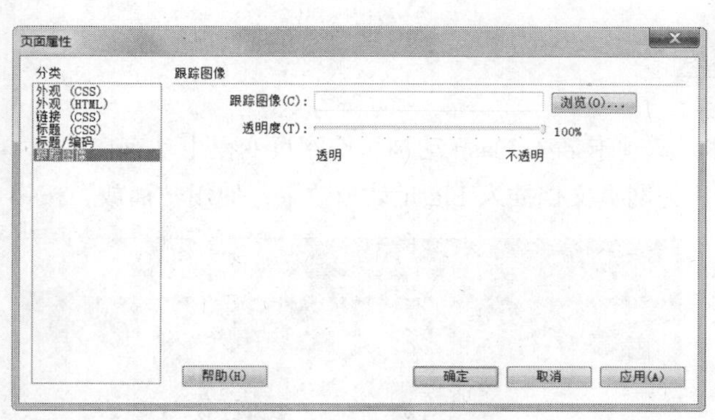

图 3-15

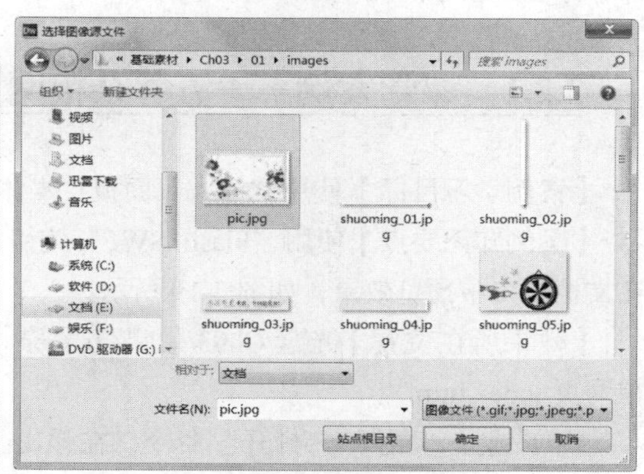

图 3-16

（5）在“页面属性”对话框中调节“透明度”选项的滑块，使图像呈半透明状态，如图 3-17 所示，单击“确定”按钮完成设置，效果如图 3-18 所示。

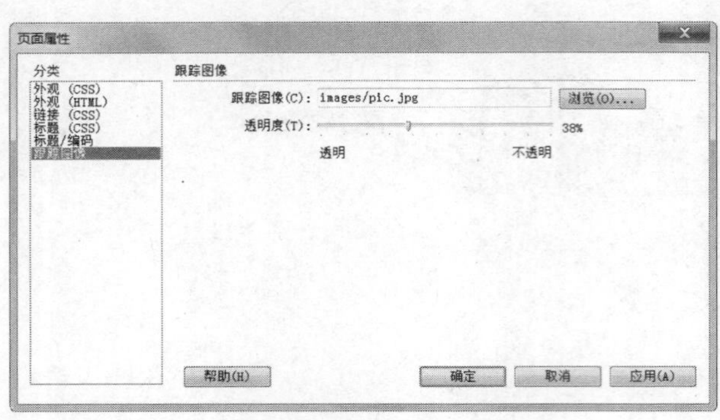

图 3-17

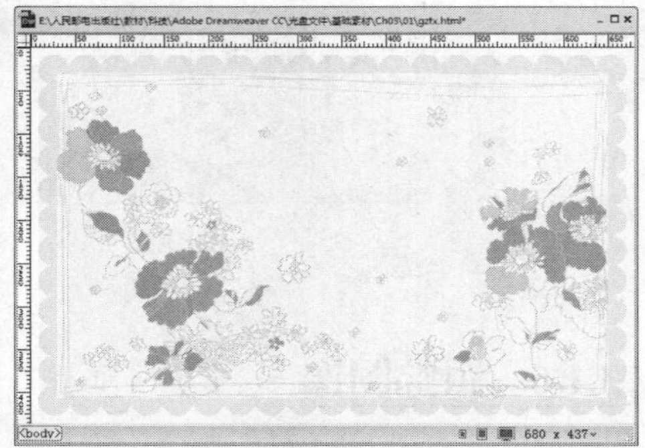

图 3-18

3.2 多媒体在网页中的应用

在网页中除了使用文本和图像元素表达信息外，用户还可以向其中插入 Flash 动画、Flv 视频、Edge Animate 作品等多媒体，以丰富网页的内容。虽然这些多媒体对象能够使网页更加丰富多彩，吸引更多的浏览者，但是有时必须以牺牲浏览速度和兼容性为代价。所以，一般网站为了保证浏览者的浏览速度，不会大量运用多媒体元素。

命令介绍

插入 Flash 动画：Dreamweaver CC 提供了使用 Flash 对象的功能，虽然 Flash 中使用的文件类型有 Flash 源文件（.fla）、Flash SWF 文件（.swf）、Flash 模板文件（.swt），但 Dreamweaver CC 只支持 Flash SWF（.swf）文件，因为它是 Flash 源文件（.fla）的压缩版本，已进行了优化，便于在 Web 上查看。

插入 Flash 文本：Flash 文本是指只包含文本的 Flash 影片。Flash 文本使用户利用自己选择的设计字体创建较小的矢量图形影片。

3.2.1 课堂案例——五谷杂粮网页

【案例学习目标】使用“插入”面板“媒体”选项卡插入 Flash 动画，使网页变得生动有趣。

【案例知识要点】使用“Flash SWF”按钮，为网页文档插入 Flash 动画效果；使用“播放”按钮在文档窗口中预览效果，如图 3-19 所示。

图 3-19

【效果所在位置】光盘/Ch03/效果/五谷杂粮网页/index.html。

（1）选择“文件 > 打开”命令，在弹出的“打开”对话框中选择“光盘 > Ch03 > 素材 > 五谷杂粮网页 > index.html”文件，单击“打开”按钮打开文件，如图 3-20 所示。

（2）将光标置于如图 3-21 所示的单元格中，在“插入”面板“媒体”选项卡中单击“Flash SWF”按钮，在弹出的“选择 SWF”对话框中选择“光盘 > Ch03 > 素材 > 五谷杂粮网页 > images”文件夹中的“dh.swf”文件，如图 3-22 所示，单击“确定”按钮完成 Flash 影片的插入，效果如图 3-23 所示。

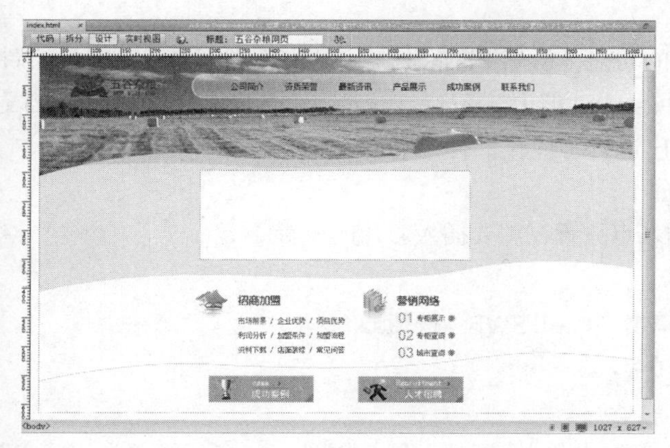

图 3-20

图 3-21

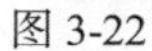

图 3-22

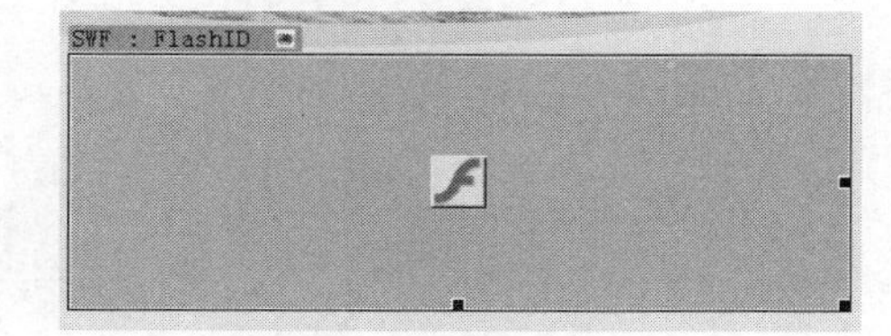

图 3-23

（3）选中插入的动画，单击“属性”面板中的“播放”按钮 播放，在文档窗口中预览效果，如图 3-24 所示。停止放映动画，单击“属性”面板中的“停止”按钮 停止，可以停止放映。保存文档，按 F12 键预览效果，如图 3-25 所示。

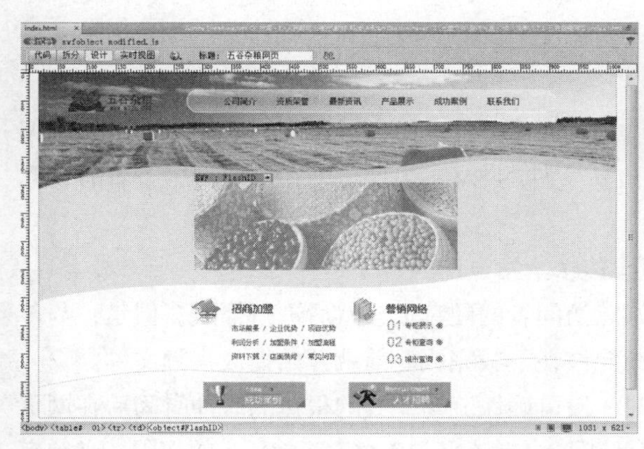

图 3-24

图 3-25

3.2.2 插入 Flash 动画

Dreamweaver CC 提供了使用 Flash 对象的功能，虽然 Flash 中使用的文件类型有 Flash 源文件(.fla)、Flash SWF 文件(.swf)、Flash 模板文件(.swt)，但 Dreamweaver CC 只支持 Flash SWF(.swf)文件，因为它是 Flash (.fla) 文件的压缩版本，已进行了优化，便于在 Web 上查看。

在网页中插入 Flash 动画的具体操作步骤如下。

（1）在文档窗口的“设计”视图中，将插入点放置在想要插入影片的位置。

（2）通过以下几种方法启用“Flash”命令。

① 在“插入”面板“媒体”选项卡中，单击“Flash SWF”按钮。

② 选择“插入 > 媒体 > Flash SWF”命令。

③ 按 Ctrl+Alt+F 组合键。

（3）弹出“选择 SWF”对话框，选择一个后缀为“.swf”的文件，如图 3-26 所示，单击“确定”按钮完成设置。此时，Flash 占位符出现在文档窗口中，如图 3-27 所示。

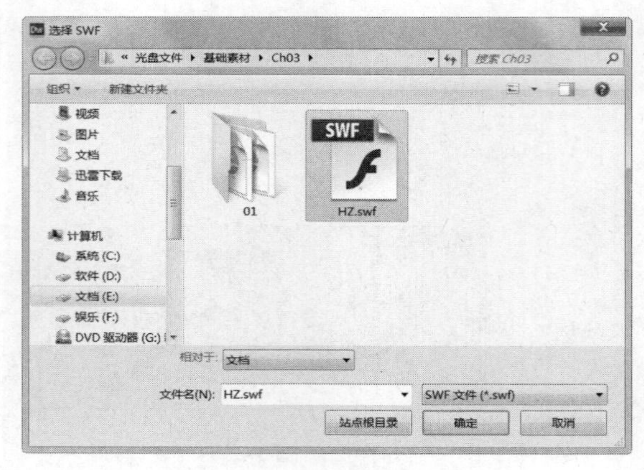

图 3-26

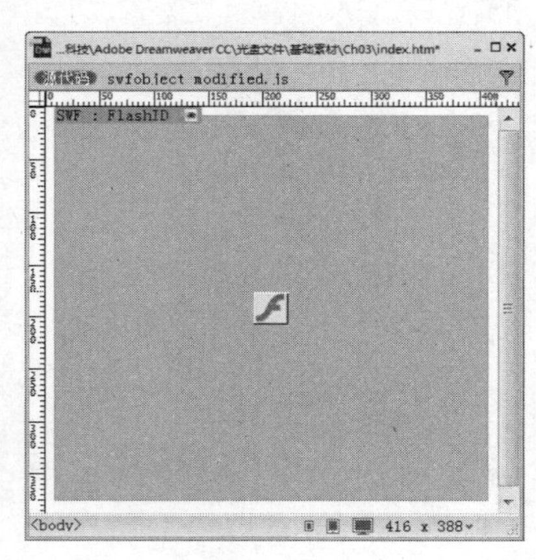

图 3-27

（4）选中文档窗口中的 Flash 对象，在“属性”面板中单击“播放”按钮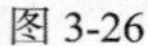，测试播放效果。

3.2.3 插入 FlV

在网页中可以轻松添加 FLV 视频，而无需使用 Flash 创作工具。但在操作之前必须有一个经过编码的 FLV 文件。使用 Dreamweaver 插入一个显示 FLV 文件的 SWF 组件，当在浏览器中查看时，此组件显示所选的 FLV 文件以及一组播放控件。

Dreamweaver 提供了以下选项，用于将 FLV 视频传送给站点访问者。

“累进式下载视频”选项：将 FLV 文件下载到站点访问者的硬盘上，然后进行播放。但是，与传统的“下载并播放”视频传送方法不同，累进式下载允许在下载完成之前就开始播放视频文件。

“流视频”选项：对视频内容进行流式处理，并在一段可确保流畅播放的很短的缓冲时间后在网页上播放该内容。若要在网页上启用流视频，必须具有访问 Adobe® Flash® Media Server 的权限，必须有一个经过编码的 FLV 文件，然后才能在 Dreamweaver 中使用它。可以插入使用以下两种编解码器（压缩/解压缩技术）创建的视频文件：Sorenson Squeeze 和 On2。

与常规 SWF 文件一样，在插入 FLV 文件时，Dreamweaver 将插入检测用户是否拥有可查看视频的正确 Flash Player 版本的代码。如果用户没有正确的版本，则页面将显示替代内容，提示用户下载最新版本的 Flash Player。

提示 若要查看 FLV 文件，用户的计算机上必须安装 Flash Player 8 或更高版本。如果用户没有安装所需的 Flash Player 版本，但安装了 Flash Player 6.0 r65 或更高版本，则浏览器将显示 Flash Player 快速安装程序，而非替代内容。如果用户拒绝快速安装，则页面会显示替代内容。

插入 FLV 对象的具体操作步骤如下。

（1）在文档窗口的"设计"视图中，将插入点放置在想要插入 FLV 的位置。

（2）通过以下几种方法启用"FLV"命令，弹出"插入 FLV"对话框，如图 3-28 所示。

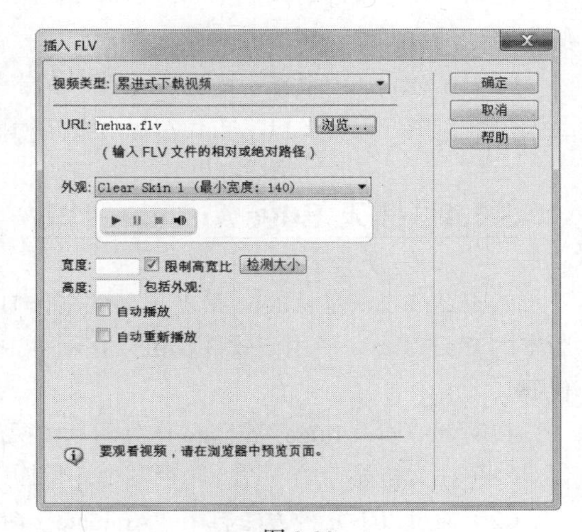

图 3-28

① 在"插入"面板"媒体"选项卡中，单击"Flash Video"按钮。

② 选择"插入 > 媒体 > Flash Video"命令。

设置累进式下载视频的选项作用如下。

"URL"选项：指定 FLV 文件的相对路径或绝对路径。若要指定相对路径（例如，mypath/myvideo.flv），则单击"浏览"按钮，导航到 FLV 文件并将其选定。若要指定绝对路径，则输入 FLV 文件的 URL（例如，http://www.example.com/myvideo.flv）。

"外观"选项：指定视频组件的外观。所选外观的预览会显示在"外观"弹出菜单的下方。

"宽度"选项：以像素为单位指定 FLV 文件的宽度。若要让 Dreamweaver 确定 FLV 文件的准确宽度，则单击"检测大小"按钮。如果 Dreamweaver 无法确定宽度，则必须输入宽度值。

"高度"选项：以像素为单位指定 FLV 文件的高度。若要让 Dreamweaver 确定 FLV 文件的准确高度，则单击"检测大小"按钮。如果 Dreamweaver 无法确定高度，则必须输入高度值。

提示 "包括外观"是 FLV 文件的宽度和高度与所选外观的宽度和高度相加得出的和。

"限制高宽比"复选框：保持视频组件的宽度和高度之间的比例不变。默认情况下会选择此选项。

"自动播放"复选框：指定在页面打开时是否播放视频。

"自动重新播放"复选框：指定播放控件在视频播放完之后是否返回起始位置。

设置流视频选项的作用如下。

"服务器 URI"选项：以 rtmp://www.example.com/app_name/instance_name 的形式指定服务器名称、应用程序名称和实例名称。

"流名称"选项：指定想要播放的 FLV 文件的名称（如 myvideo.flv）。扩展名.flv 是可选的。

"实时视频输入"复选框：指定视频内容是否是实时的。如果选择了"实时视频输入"，则 Flash Player

将播放从 Flash® Media Server 流入的实时视频流。实时视频输入的名称是在“流名称”文本框中指定的名称。

提示 如果选择了“实时视频输入”，组件的外观上只会显示音量控件，因为您无法操纵实时视频。此外，“自动播放”和“自动重新播放”选项也不起作用。

“缓冲时间”选项：指定在视频开始播放之前进行缓冲处理所需的时间（以秒为单位）。默认的缓冲时间设置为 0，这样在单击了“播放”按钮后视频会立即开始播放。（如果选择“自动播放”，则在建立与服务器的连接后视频立即开始播放）如果要发送的视频的比特率高于站点访问者的连接速度，或者 Internet 通信可能会导致带宽或连接问题，则可能需要设置缓冲时间。例如，如果要在网页播放视频之前将 15s 的视频发送到网页，请将缓冲时间设置为 15。

（3）在对话框中根据需要进行设置。单击“确定”按钮，将 FLV 插入到文档窗口中，此时，FLV 占位符出现在文档窗口中，如图 3-29 所示。

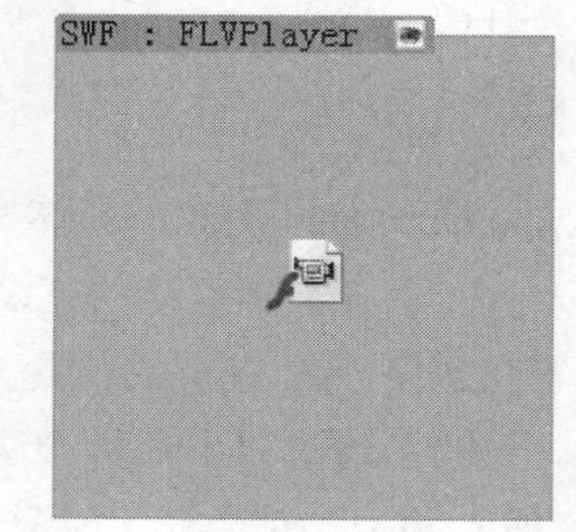

图 3-29

3.2.4 插入 Edge Animate 作品

Edge Animate 是 Adobe 最新出品的制作 HTML5 动画的可视化工具，简单的可以理解为 HTML5 版本的 Flash Pro。使用该软件，可以在网页中轻而易举的插入视频效果，而不需要编写烦琐复杂的代码。

在网页中插入 Edge Animate 作品的具体操作步骤如下。

（1）在文档窗口的“设计”视图中，将插入点放置在想要插入 Edge Animate 作品的位置。

（2）通过以下几种方法启用“Animate”命令。

① 在“插入”面板“媒体”选项卡中，单击“Edge Animate 作品”按钮。

② 选择“插入 > 媒体 > Edge Animate 作品”命令。

③ 或按 Ctrl+Alt+Shift+E 组合键。

（3）弹出“选择 Edge Animate 包”对话框，选择一个影片文件，单击“确定”按钮，在文档窗口中插入 Edge Animate 作品。

（4）保存文档，按 F12 键在浏览器中预览效果。

提示 “Edge Animate 作品”按钮，只能插入后缀为.oam，该格式是由 Edge Animate 软件发布的 Edge Animate 作品包。

3.2.5 插入音频

1．插入背景音乐

Html 中提供了背景音乐< bgsound >标签，该标签可以为网页实现背景音乐效果。

在网页中插入背景音乐的具体操作步骤如下。

（1）单击文档窗口左上方的“拆分”按钮 拆分，切换到“拆分”视图，将光标置于<body>

</body>标签中，如图 3-30 所示。

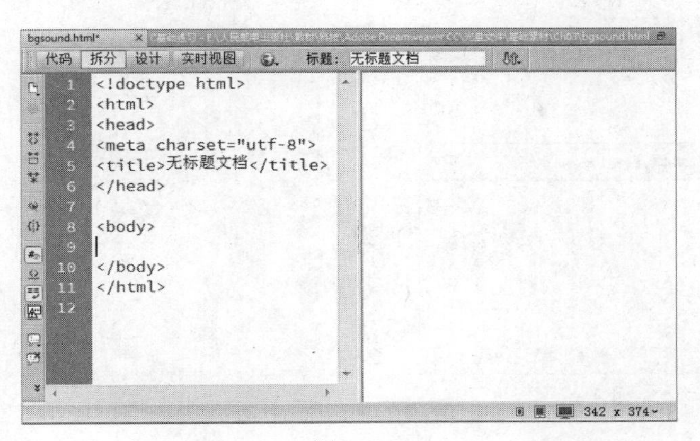

图 3-30

（2）在光标所在的位置手动输入代码，如图 3-31 所示。

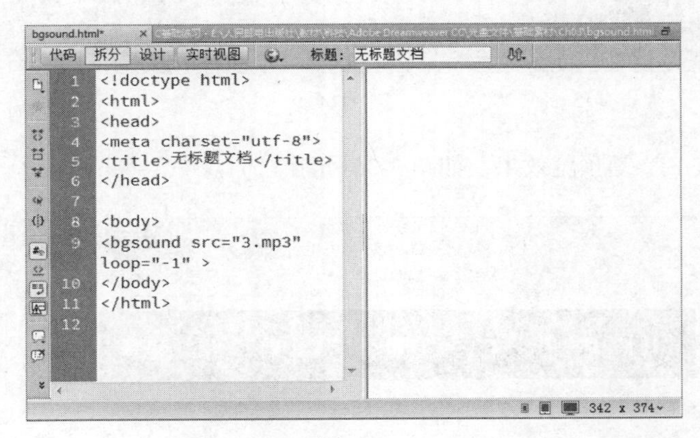

图 3-31

（3）保存文档，按 F12 键在浏览器中预听背景音乐效果。

提示 在网页中使用的声音主要有：mid、wav、aif、mp3 等格式。

2. 插入音乐

插入音乐和背景音乐的效果不同，插入音乐可以在页面中看到播放器的外观，如播放、暂停、定位和音量等按钮。

在网页中插入音乐的具体操作步骤如下。

（1）在文档窗口的“设计”视图中，将插入点放置在想要插入音乐的位置。

（2）通过以下几种方法插入音乐。

① 在“插入”面板“媒体”选项卡中，单击“HTML5 Audio”按钮。

② 选择“插入 > 媒体 > HTML5 Audio”命令。

（3）在页面中插入一个内部带有小喇叭形的矩形块，如图 3-32 所示。选中该图形，在“属性”面板中，单击“源”选项右侧的“浏览”按钮，在弹出的“选择音频”对话框中选择音频文件，如图 3-33 所示。单击“确定”按钮，完成音频文件的选择，“属性”面板如图 3-34 所示。

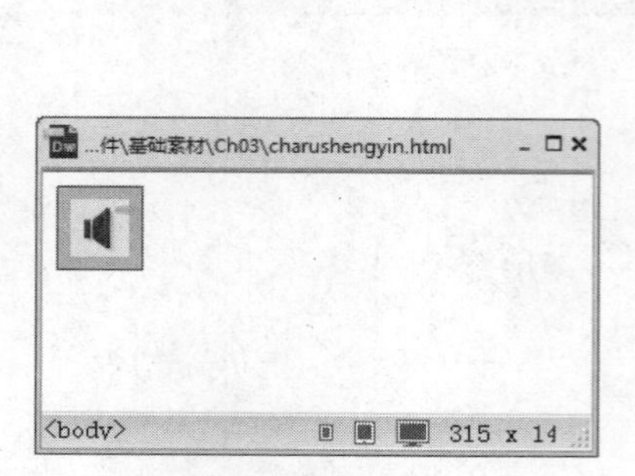

图 3-32

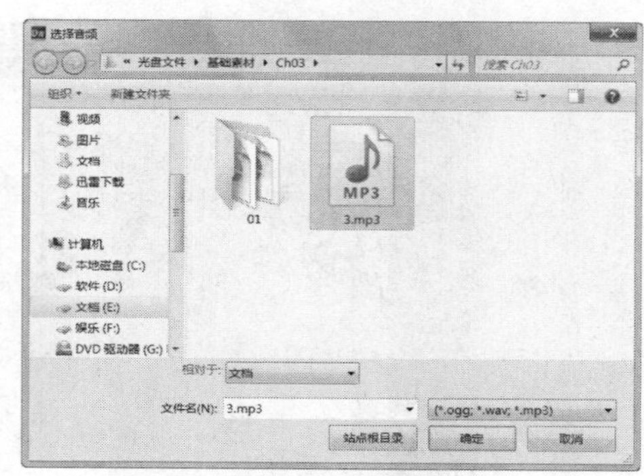

图 3-33

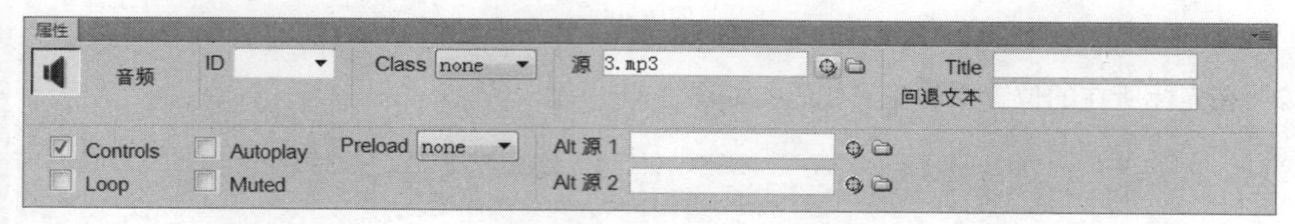

图 3-34

（4）保存文档，按 F12 键预览效果，如图 3-35 所示。

图 3-35

3．嵌入音乐

上面我们介绍了背景音乐及插入音乐，下面我们来讲解一下嵌入音乐。嵌入音乐和插入音乐相同，只不过嵌入音乐播放器的外观要比插入音乐播放器的外观多几个按钮。

在网页中嵌入音乐的具体操作步骤如下。

（1）在文档窗口的“设计”视图中，将插入点放置在想要嵌入音乐的位置。

（2）通过以下几种方法嵌入音乐。

① 在“插入”面板“媒体”选项卡中，单击“插件”按钮。

② 选择“插入 > 媒体 > 插件”命令。

（3）在弹出的“选择文件”对话框中选择音频文件，如图 3-36 所示，单击“确定”按钮，在文档窗口中会出现一个内部带有雪花的矩形图标，如图 3-37 所示。保存图标的选取状态，在“属性”面板中进行设置，如图 3-38 所示。

图 3-36

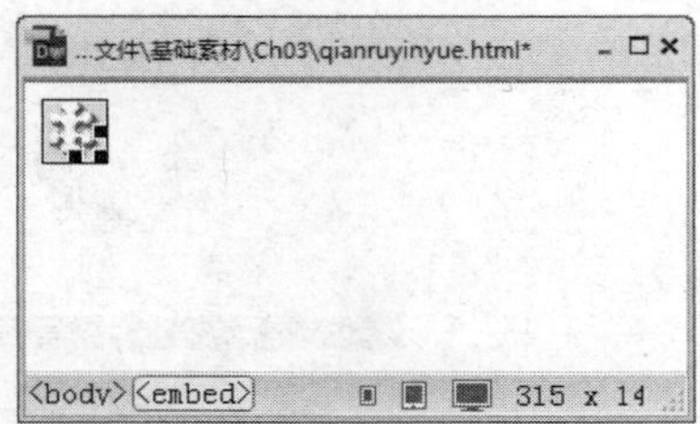

图 3-37

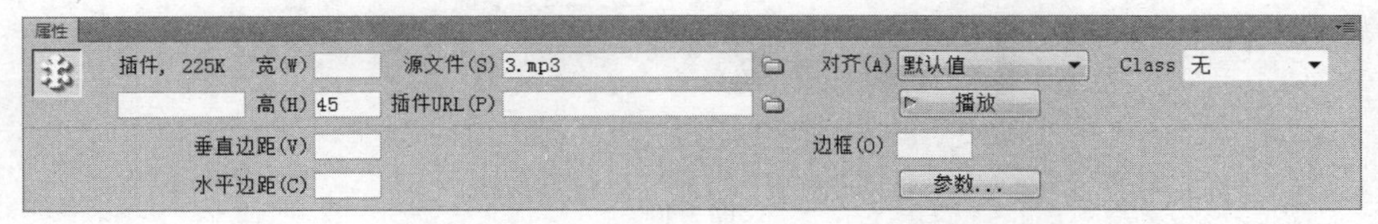

图 3-38

（4）保存文档，按 F12 键预览效果，如图 3-39 所示。

图 3-39

3.2.6　插入插件

利用“插件”按钮，可以在网页页面中插入.aiv、.mpg、.mov、.mp4 等格式的视频文件，还可以插入音频文件。

在网页中插入插件的具体操作步骤如下。

（1）在文档窗口的“设计”视图中，将插入点放置在想要插入插件的位置。

（2）通过以下几种方法弹出“插件”命令，插入插件。

① 在“插入”面板“常用”选项卡中，单击“插件”按钮。

② 选择“格式 > 媒体 > 插件”命令。

课堂练习——营养美食网页

【练习知识要点】使用“Flash SWF”按钮，插入 Flash 动画效果，如图 3-40 所示。

【素材所在位置】光盘/Ch03/素材/营养美食网页/index.html。

【效果所在位置】光盘/Ch03/效果/营养美食网页/index.html。

图 3-40

课堂练习——休闲时刻网

【练习知识要点】使用“图像”按钮，插入图像并为图像添加图片提示信息，如图 3-41 所示。
【素材所在位置】光盘/Ch03/素材/休闲时刻网/index.html。
【效果所在位置】光盘/Ch03/效果/休闲时刻网/index.html。

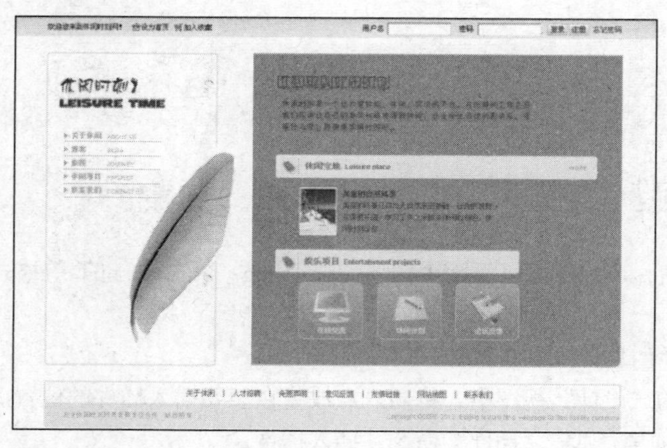

图 3-41

课后习题——野生动物网页

【习题知识要点】使用“Flash SWF”按钮，插入 Flash 动画效果，如图 3-42 所示。
【素材所在位置】光盘/Ch03/素材/野生动物网页/index.html。
【效果所在位置】光盘/Ch03/效果/野生动物网页/index.html。

野生动物保护 | 野生动物百科 | 野生动物趣闻
野生动物世界
WILDLIFE WORLD
专题首页 | 兽类 | 鸟类 | 两栖爬行 | 鱼类 | 昆虫 | 其他 | 野生动物图片
保护组织
· 中国野生动物保护协会
· 国际爱护动物基金会
· 拯救中国虎国际基金会
更多>>
相关法规
· 野生动物保护法(全文)
· 华盛顿公约(全文)
· 水生野生动物保护实施条例
更多>>

图 3-42

第4章 超链接

本章介绍

网络中的每个网页都是通过超链接的形式关联在一起的，超链接是网页中最重要、最根本的元素之一。浏览者可以通过鼠标单击网页中的某个元素，轻松地实现网页之间的转换或下载文件、收发邮件等。要实现超链接，还要了解链接路径的知识。下面对超链接进行具体的讲解。

学习目标

- 掌握超链接的概念与路径知识
- 掌握文本超链接、电子邮件超链接、下载文件链接的创建方法
- 掌握图片链接、鼠标经过图像链接的创建方法
- 掌握锚点链接、热点链接的创建方法

技能目标

- 掌握“实木地板网页”的制作方法
- 掌握“温泉度假网页”的制作方法
- 掌握“网购鲜花网页”的制作方法
- 掌握“空腔护理网页”的制作方法

4.1 超链接的概念与路径知识

超链接的主要作用是将物理上无序的内容组成一个有机的统一体。超链接对象上存放某个网页文件的地址，以便用户打开相应的网页文件。在浏览网页时，当用户将鼠标指针移到文字或图像上时，鼠标指针会改变形状或颜色，这就是在提示浏览者：此对象为链接对象。用户只需单击这些链接对象，就可完成打开链接的网页、下载文件、打开邮件工具收发邮件等操作。

4.2 文本超链接

文本链接是以文本为链接对象的一种常用的链接方式。作为链接对象的文本带有标志性，它标志链接网页的主要内容或主题。

命令介绍

创建文本链接：创建文本链接的方法非常简单，主要是在链接文本的“属性”面板中指定链接文件。指定链接文件的方法有 3 种。

文本链接的状态：一个未被访问过的链接文字与一个被访问过的链接文字在形式上是有所区别的，以提示浏览者链接文字所指向的网页是否被看过。

4.2.1 课堂案例——实木地板网页

【案例学习目标】使用“插入”面板的常用选项卡制作电子邮件链接效果。使用“属性”面板为文字制作下载文件链接效果。

【案例知识要点】使用“电子邮件链接”命令，制作电子邮件链接效果；使用“浏览文件”按钮，为文字制作下载文件链接效果，如图 4-1 所示。

【效果所在位置】光盘/Ch04/效果/实木地板网页/index.html。

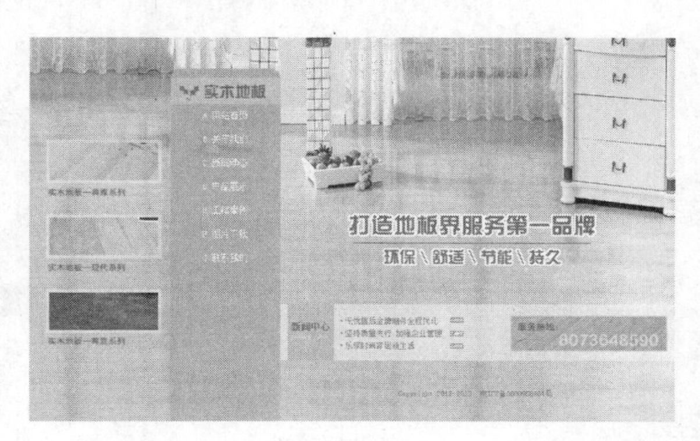

图 4-1

1．制作电子邮件超接

（1）选择“文件 > 打开”命令，在弹出的“打开”对话框中选择“光盘 > Ch04 > 素材 > 实木地板网页 > index.html”文件，单击“打开”按钮打开文件，如图 4-2 所示。

（2）选中文字“G 联系我们”，如图 4-3 所示。在“插入”面板的“常用”选项卡中单击“电子邮件链接”按钮，在弹出的“电子邮件链接”对话框中进行设置，如图 4-4 所示，单击“确定”按钮，文字的下方出现下划线，如图 4-5 所示。

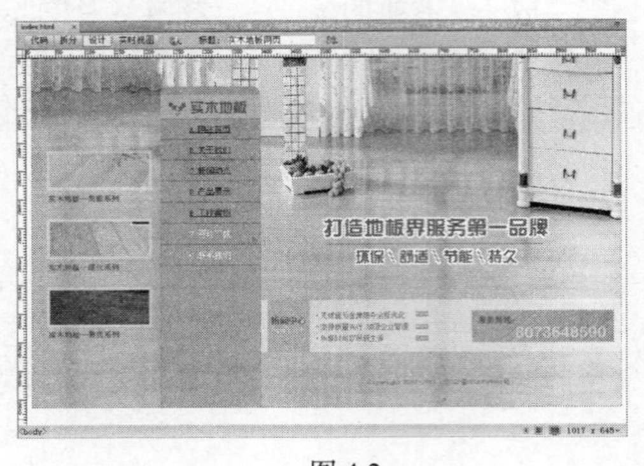

图 4-2

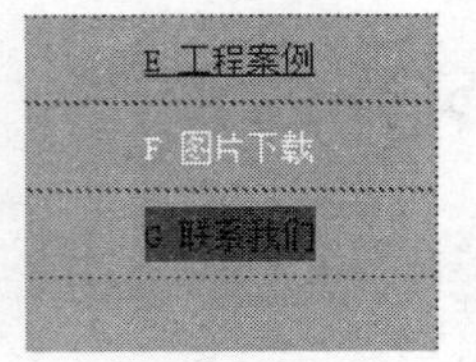

图 4-3

图 4-4

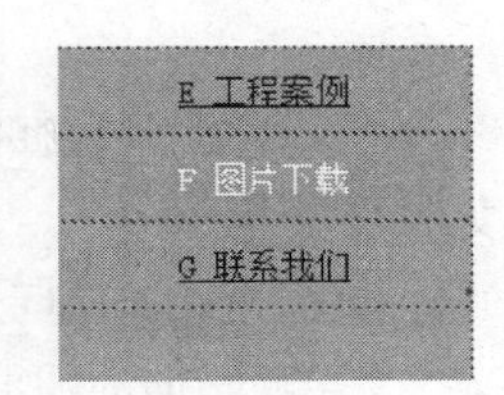

图 4-5

（3）选择“修改 > 页面属性”命令，弹出“页面属性”对话框，在左侧的“分类”列表中选择“链接”，将“链接颜色”设置为白色、“交换图像链接”设置为黄绿色（#d8ff00）、“已访问链接”设置为白色、“活动链接”设置为褐色（#a6571c），在“下划线样式”选项的下拉列表中选择“始终无下划线”，如图 4-6 所示，单击“确定”按钮，文字效果如图 4-7 所示。

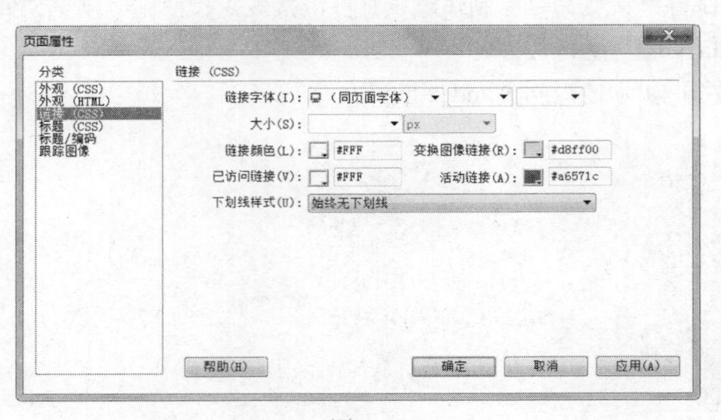

图 4-6

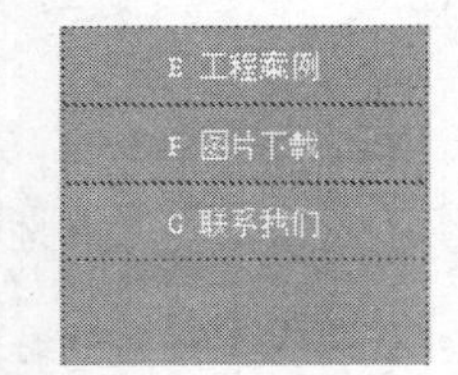

图 4-7

2．制作下载文件链接

（1）选中文字“F 图片下载”，如图 4-8 所示。在“属性”面板中单击“链接”选项右侧的“浏览文件”按钮，在弹出的“选择文件”对话框中，选择“光盘 > Ch04 > 素材 > 实木地板网页 > images”文件夹中的文件“tupain.zip”，如图 4-9 所示，单击“确定”按钮，将“tupain.zip”文件链接到文本框中，在“目标”选项的下拉列表中选择“_blank”，如图 4-10 所示。

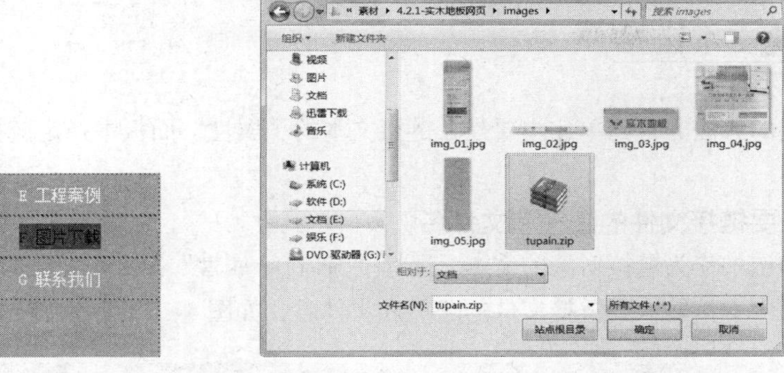

图 4-8　　　　图 4-9

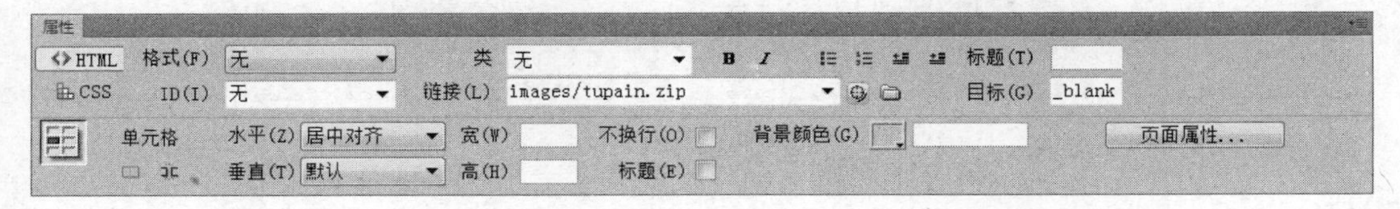

图 4-10

（2）保存文档，按 F12 键预览效果，如图 4-11 所示。单击插入的 E-mail 链接“G 联系我们”，效果如图 4-12 所示。单击“F 图片下载”，如图 4-13 所示，将弹出窗口，在窗口中可以根据提示进行操作，如图 4-14 所示。

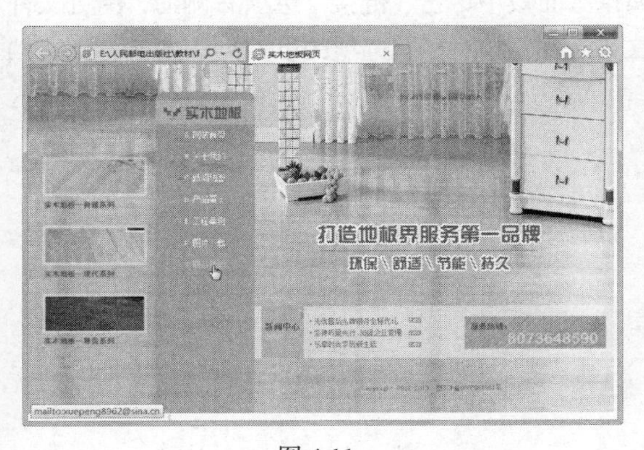

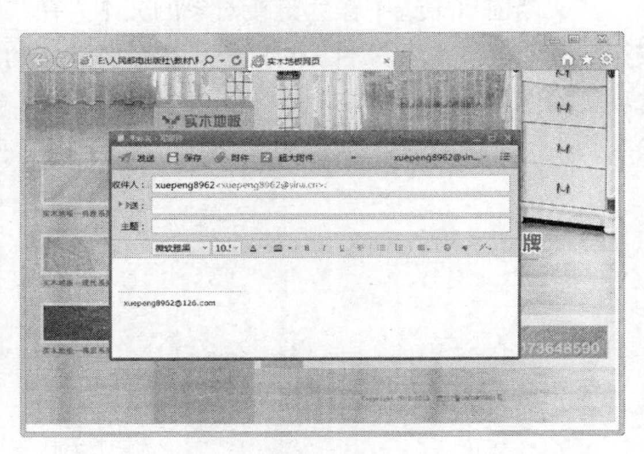

图 4-11　　　　图 4-12

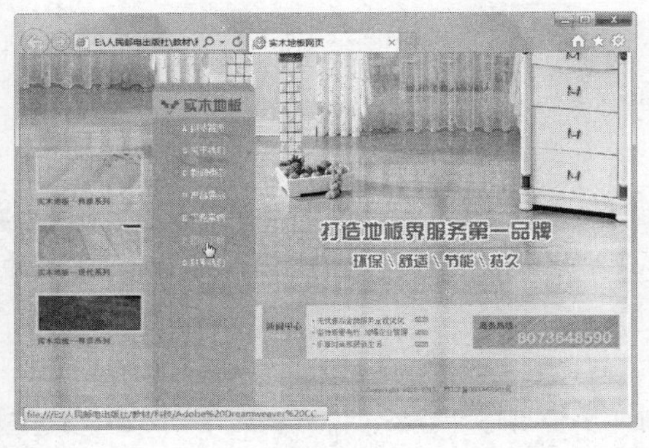

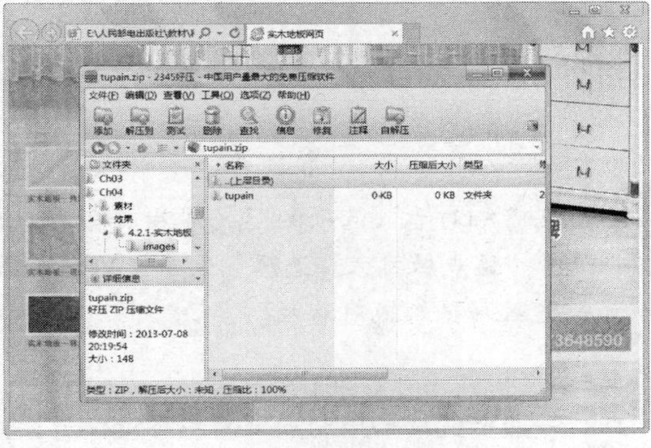

图 4-13　　　　图 4-14

4.2.2 创建文本链接

创建文本链接的方法非常简单，主要是在链接文本的“属性”面板中指定链接文件。指定链接文件的方法有 3 种。

1. 直接输入要链接文件的路径和文件名

在文档窗口中选中作为链接对象的文本，选择“窗口 > 属性”命令，弹出“属性”面板。在“链接”选项的文本框中直接输入要链接文件的路径和文件名，如图 4-15 所示。

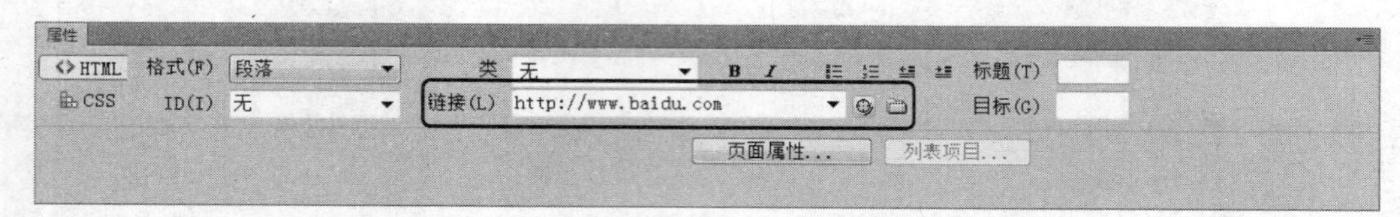

图 4-15

提示 要链接到本地站点中的一个文件，直接输入文档相对路径或站点根目录相对路径；要链接到本地站点以外的文件，直接输入绝对路径。

2. 使用“浏览文件”按钮

在文档窗口中选中作为链接对象的文本，在“属性”面板中单击“链接”选项右侧的“浏览文件”按钮，弹出“选择文件”对话框。选择要链接的文件，在“相对于”选项的下拉列表中选择“文档”选项，如图 4-16 所示，单击“确定”按钮。

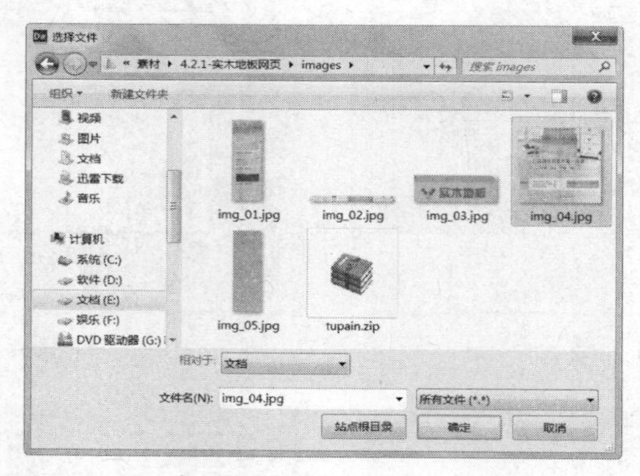

图 4-16

提示 在“相对于”选项的下拉列表中有两个选项。选择“文档”选项，表示使用文档相对路径来链接；选择“站点根目录”选项，表示使用站点根目录相对路径来链接。在“URL”选项的文本框中，可以直接输入网页的绝对路径。

技巧 一般要链接本地站点中的一个文件时，最好不要使用绝对路径，因为如果移动文件，文件内所有的绝对路径都将被打断，就会造成链接错误。

3．使用指向文件图标

使用“指向文件”图标，可以快捷地指定站点窗口内的链接文件，或指定另一个打开文件中命名锚点的链接。

在文档窗口中选中作为链接对象的文本，在“属性”面板中，拖曳“指向文件”图标指向右侧站点窗口内的文件，如图 4-17 所示。松开鼠标左键，“链接”选项被更新并显示出所建立的链接。

图 4-17

当完成链接文件后，“属性”面板中的“目标”选项变为可用，其下拉列表中各选项的作用如下。

“_blank”选项：将链接文件加载到未命名的新浏览器窗口中。

“new”选项：将链接文件加载到名为“链接文件名称”的浏览器窗口中。

“_parent”选项：将链接文件加载到包含该链接的父框架集或窗口中。如果包含链接的框架不是嵌套的，则链接文件加载到整个浏览器窗口中。

“_self”选项：将链接文件加载到链接所在的同一框架或窗口中。此目标是默认的，因此通常不需要指定它。

“_top”选项：将链接文件加载到整个浏览器窗口中，并由此删除所有框架。

4.2.3　文本链接的状态

一个未被访问过的链接文字与一个被访问过的链接文字在形式上是有所区别的，以提示浏览者链接文字所指示的网页是否被看过。下面讲解设置文本链接状态，具体操作步骤如下。

（1）选择“修改 > 页面属性”命令，弹出“页面属性”对话框，如图 4-18 所示。

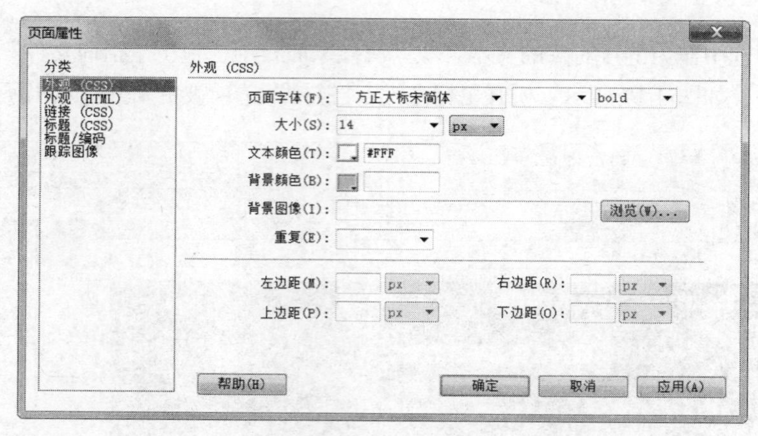

图 4-18

（2）在对话框中设置文本的链接状态。选择“分类”列表中的“链接”选项，单击“链接颜色”选项右侧的图标，打开调色板，选择一种颜色，来设置链接文字的颜色。

单击“已访问链接”选项右侧的图标，打开调色板，选择一种颜色，来设置访问过的链接文字的颜色。

单击“活动链接”选项右侧的图标，打开调色板，选择一种颜色，来设置活动的链接文字的颜色。

在“下划线样式”选项的下拉列表中设置链接文字是否加下划线，如图 4-19 所示。

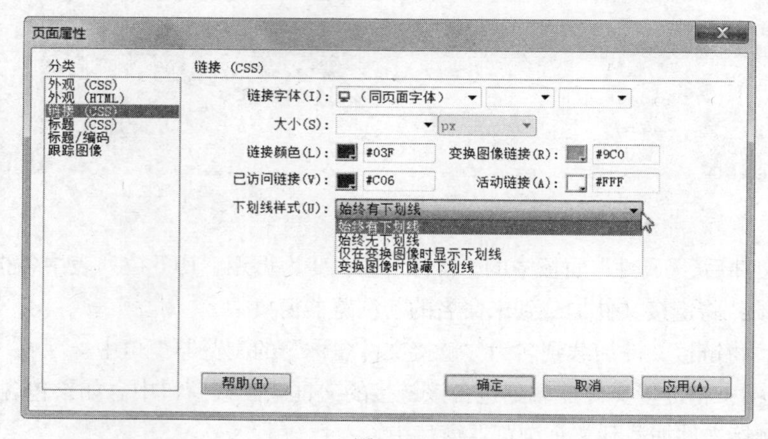

图 4-19

4.2.4 下载文件链接

浏览网站的目的往往是查找并下载资料，下载文件可利用下载文件链接来实现。建立下载文件链接的步骤如同创建文字链接，区别在于所链接的文件不是网页文件而是其他文件，如.exe、.zip 等文件。

建立下载文件链接的具体操作步骤如下。

（1）在文档窗口中选择需添加下载文件链接的网页对象。

（2）在“链接”选项的文本框中指定链接文件，详细内容参见 4.2.2 小节。

（3）按 F12 键预览网页。

4.2.5　电子邮件链接

网页只能作为单向传播的工具，将网站的信息传给浏览者，但网站建立者需要接收使用者的反馈信息，一种有效的方式是让浏览者给网站发送 E-mail。在网页制作中使用电子邮件超链接就可以实现。

每当浏览者单击包含电子邮件超链接的网页对象时，就会打开邮件处理工具（如微软的 Outlook Express），并且自动将收信人地址设为网站建设者的邮箱地址，方便浏览者给网站发送反馈信息。

1．利用“属性”面板建立电子邮件超链接

（1）在文档窗口中选择对象，一般是文字，如“请联系我们”。

（2）在“链接”选项的文本框中输入“mailto”网址。例如，网站管理者的 E-mail 地址是 xuepeng8962@sina.cn，则在“链接”选项的文本框中输入“mailto: xuepeng8962@sina.cn”，如图 4-20 所示。

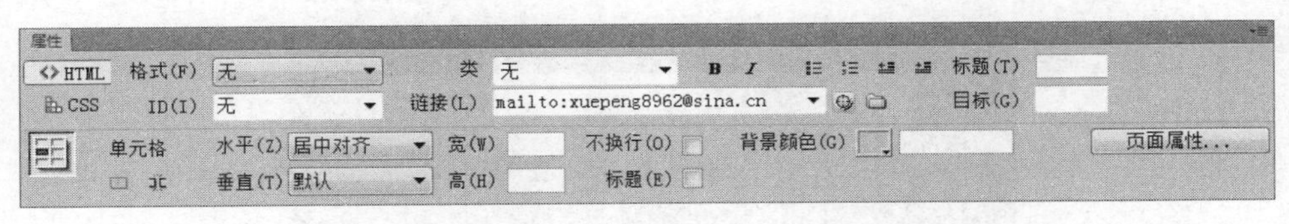

图 4-20

2．利用“电子邮件链接”对话框建立电子邮件超链接

（1）在文档窗口中选择需要添加电子邮件链接的网页对象。

（2）通过以下几种方法打开“电子邮件链接”对话框。

① 选择“插入 > 电子邮件链接”命令 。

② 单击“插入”面板中“常用”选项卡中的“电子邮件链接”按钮。

在“文本”选项的文本框中输入要在网页中显示的链接文字，并在“E-Mail”选项的文本框中输入完整的邮箱地址，如图 4-21 所示。

图 4-21

（3）单击“确定”按钮，完成电子邮件链接的创建。

4.3　图像超链接

所谓图像超链接就是以图像作为链接对象。当用户单击该图像时打开链接网页或文档。

命令介绍

鼠标经过图像链接：鼠标经过图像是一种常用的互动技术，当鼠标指针经过图像时，图像会随之发生变化。

图像超链接：所谓图像超链接就是以图像作为链接对象。当用户单击该图像时打开链接网页或文档。

4.3.1 课堂案例——温泉度假网页

【案例学习目标】使用“插入”面板“常用”选项卡，为网页添加导航效果；使用“属性”面板，制作超链接效果。

【案例知识要点】使用“鼠标经过图像”按钮，为网页添加导航效果；使用“链接”选项，制作超链接效果，如图 4-22 所示。

【效果所在位置】光盘/Ch04/效果/温泉度假网页/index.html。

图 4-22

1．为网页添加导航

（1）选择“文件 > 打开”命令，在弹出的“打开”对话框中选择“光盘 > Ch04 > 素材 > 温泉度假网页 > index.html”文件，单击“打开”按钮打开文件，如图 4-23 所示。将光标置于如图 4-24 所示的单元格中。

图 4-23

图 4-24

（2）单击“插入”面板“常用”选项卡中的“鼠标经过图像”按钮，弹出“插入鼠标经过图像”对话框，单击“原始图像”选项右侧的“浏览”按钮，弹出“原始图像”对话框，选择“光盘 > Ch04 > 素材 > 温泉度假网页 > images”文件夹中的图片“ye-a.jpg”，单击“确定”按钮，效果如图 4-25 所示。

（3）单击“鼠标经过图像”选项右侧的“浏览”按钮，弹出“鼠标经过图像”对话框，选择“光盘 > Ch04 > 素材 > 温泉度假网页 > images”文件夹中的图片“ye-b.jpg”，单击“确定”按钮，效果如图 4-26 所示。单击“确定”按钮，文档效果如图 4-27 所示。

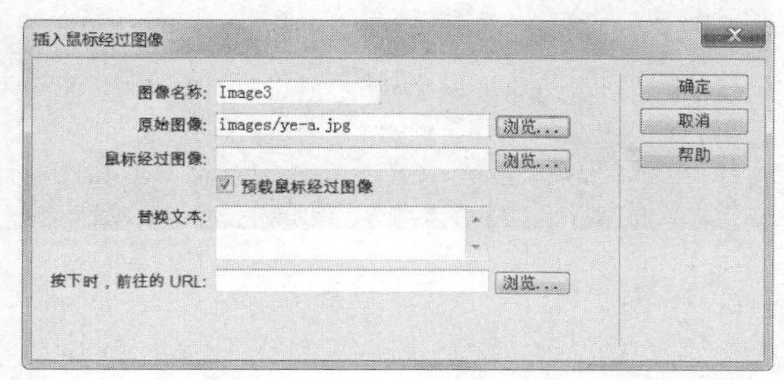

图 4-25

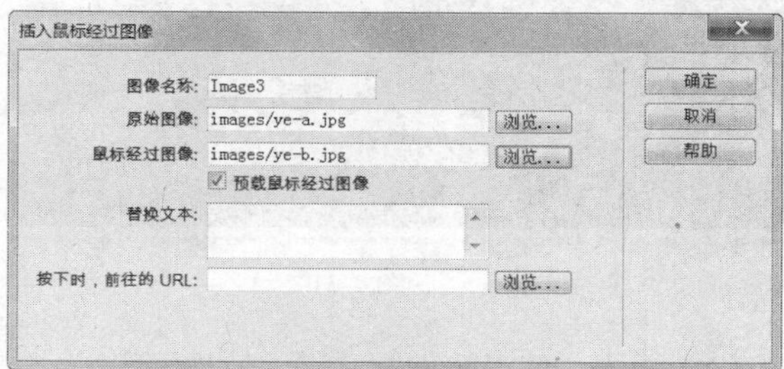

图 4-26

图 4-27

（4）用相同的方法为其他单元格插入鼠标经过图像，如图 4-28 所示的效果。

图 4-28

2．为图片添加链接

（1）选择“联系我们”图片，如图 4-29 所示。在“属性”面板“链接”选项右侧的文本框中输入网站地址“mailto:xuepeng8962@sina.cn”，在“目标”选项的下拉列表中选择“_blank”，如图 4-30 所示。

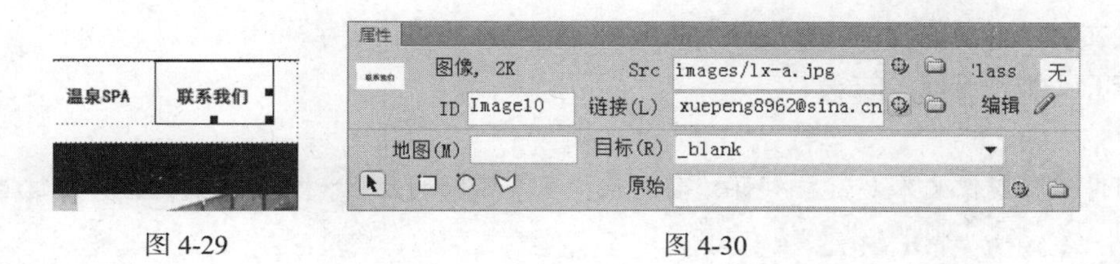

图 4-29　　图 4-30

（2）保存文档，按 F12 键预览效果，如图 4-31 所示。把鼠标指针移动到菜单上时，图像发生变化，效果如图 4-32 所示。

图 4-31

图 4-32

（3）单击“联系我们”文字，效果如图 4-33 所示。

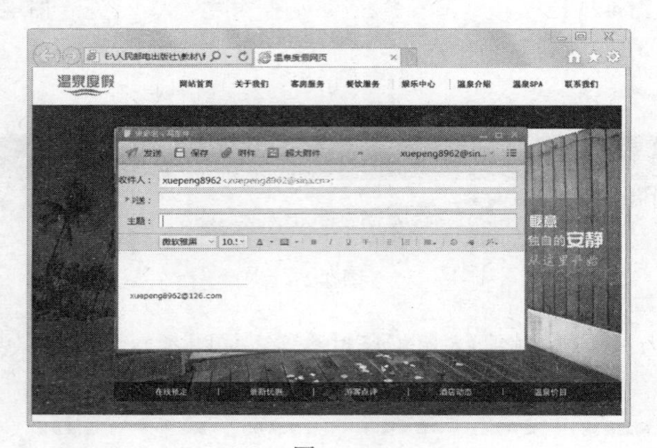

图 4-33

4.3.2 图像超链接

建立图像超链接的操作步骤如下。

（1）在文档窗口中选择图像。

（2）在“属性”面板中，单击“链接”选项右侧的“浏览文件”按钮，为图像添加文档相对路径的链接。

（3）在“替代”选项中可输入替代文字。设置替代文字后，当图片不能下载时，会在图片的位置上显示替代文字；当浏览者将鼠标指针指向图像时也会显示替代文字。

（4）按 F12 键预览网页的效果。

提示 图像链接不像文本超链接那样，会发生许多提示性的变化，只有当鼠标指针经过图像时指针才呈现手形。

4.3.3　鼠标经过图像链接

“鼠标经过图像”是一种常用的互动技术，当鼠标指针经过图像时，图像会随之发生变化。一般，“鼠标经过图像”效果由两张大小相等的图像组成，一张称为主图像，另一张称为次图像。主图像是首次载入网页时显示的图像，次图像是当鼠标指针经过时更换的另一张图像。“鼠标经过图像”经常应用于网页中的按钮上。

建立“鼠标经过图像”的具体操作步骤如下。

（1）在文档窗口中将光标放置在需要添加图像的位置。

（2）通过以下几种方法打开“插入鼠标经过图像”对话框，如图 4-34 所示。

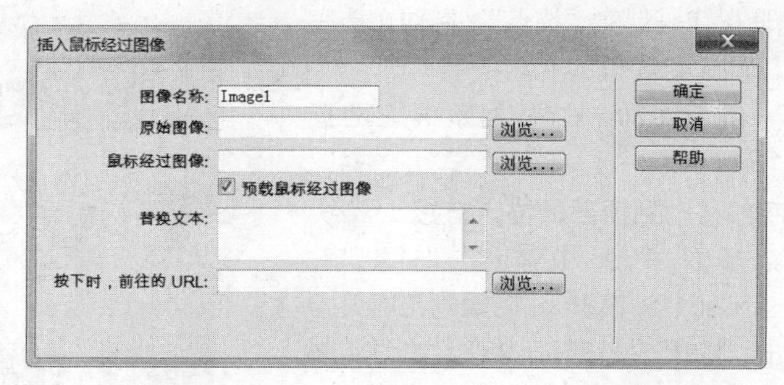

图 4-34

① 选择“插入 > 图像对象 > 鼠标经过图像”命令。

② 在“插入”面板“常用”选项卡中，单击“图像”展开式工具按钮，选择“鼠标经过图像”选项。

“插入鼠标经过图像”对话框中各选项的作用如下。

“图像名称”选项：设置鼠标指针经过图像对象时显示的名称。

“原始图像”选项：设置载入网页时显示的图像文件的路径。

“鼠标经过图像”选项：设置在鼠标指针滑过原始图像时显示的图像文件的路径。

“预载鼠标经过图像”选项：若希望图像预先载入浏览器的缓存中，以便用户将鼠标指针滑过图像时不发生延迟，则选择此复选框。

“替换文本”选项：设置替换文本的内容。设置后，在浏览器中当图片不能下载时，会在图片位置上显示替代文字；当浏览者将鼠标指针指向图像时会显示替代文字。

“按下时，前往的 URL”选项：设置跳转网页文件的路径，当浏览者单击图像时打开此网页。

（3）在对话框中按照需要设置选项，然后单击“确定”按钮完成设置。按 F12 键预览网页。

4.4　命名锚点超链接

锚点也叫书签，顾名思义，就是在网页中做标记。每当要在网页中查找特定主题的内容时，只需快速定位到相应的标记（锚点）处即可，这就是锚点链接。因此，建立锚点链接要分两步实现。首先要在网页的不同主题内容处定义不同的锚点，然后在网页的开始处建立主题导航，并为不同主题导航建立定位到相应主题处的锚点链接。

命令介绍

命名锚点链接：每当要在网页中查找特定主题的内容时，只需快速定位到相应的标记（锚点）处即可，这就是锚点链接。

4.4.1 课堂案例——网购鲜花网页

【案例学习目标】使用“锚点”链接制作从文档底部移动到顶部的效果。

【案例知识要点】使用代码创建“锚点”，制作文档底部移动到顶部的效果，如图 4-35 所示。

【效果所在位置】光盘/Ch04/效果/网购鲜花网页/index.html。

图 4-35

1．制作从文档底部移动到顶部的锚点链接

（1）选择“文件 > 打开”命令，在弹出的“打开”对话框中，选择“光盘 > Ch04 > 素材 > 网购鲜花网页 > index.html”文件，单击“打开”按钮打开文件，如图 4-36 所示。

（2）将光标置于如图 4-37 所示的单元格中。在“插入”面板“常用”选项卡中单击“图像”按钮，在弹出的“选择图像源文件”对话框中，选择“光盘 > Ch04 > 素材 > 网购鲜花网页 > images”文件夹中的“top.png”，单击“确定”按钮完成图片的插入，效果如图 4-38 所示。

图 4-36

图 4-37

图 4-38

（3）在要插入锚点链接的部分置入光标，如图 4-39 所示。单击文档窗口左上方的“拆分”按钮 拆分，在“拆分”视图中的“<td></td>”中输入“<a name="top"></a>”，如图 4-40 所示。单击文档窗口左上方的“设计”按钮 设计，返回到“设计”视图，在光标所在的位置上插入了一个锚点，效果如图 4-41 所示。

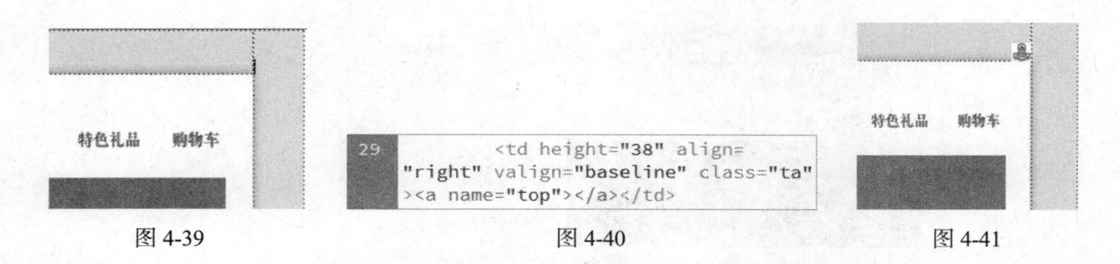

图 4-39　　图 4-40　　图 4-41

（4）选中如图 4-42 所示的图片，在“属性”面板“链接”选项的文本框中输入“#top”，如图 4-43 所示。

图 4-42

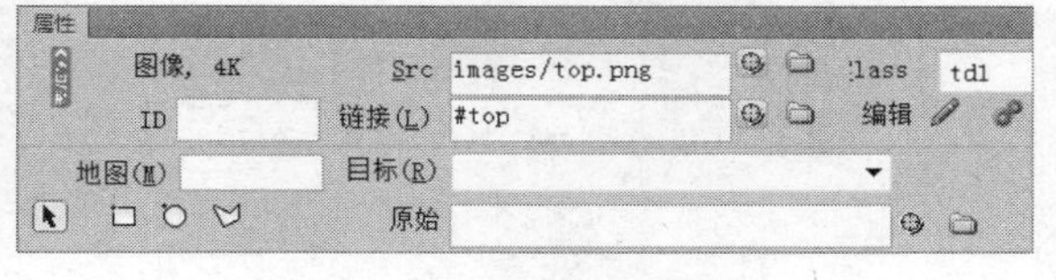

图 4-43

（5）保存文档，按 F12 键预览效果，单击底部图像，如图 4-44 所示，网页文档的底部瞬间移动到插入锚点的顶部，如图 4-45 所示。

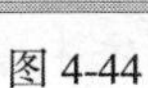
图 4-44

图 4-45

2．使用锚点移至其他网页的指定位置

（1）选择“文件 > 打开”命令，在弹出的“打开”对话框中选择“光盘 > Ch04 > 素材 > 网购鲜花网页 > flowers.html”文件，单击“打开”按钮打开文件，如图 4-46 所示。

（2）在要插入锚点的部分置入光标，如图 4-47 所示。单击文档窗口左上方的“拆分”按钮 拆分 ，在“拆分”视图中的“<td></td>”中输入“<a name="top2"></a>”，如图 4-48 所示。单击文档窗口左上方的“设计”按钮 设计 ，返回到“设计”视图，在光标所在的位置插入了一个锚点，效果如图 4-49 所示。

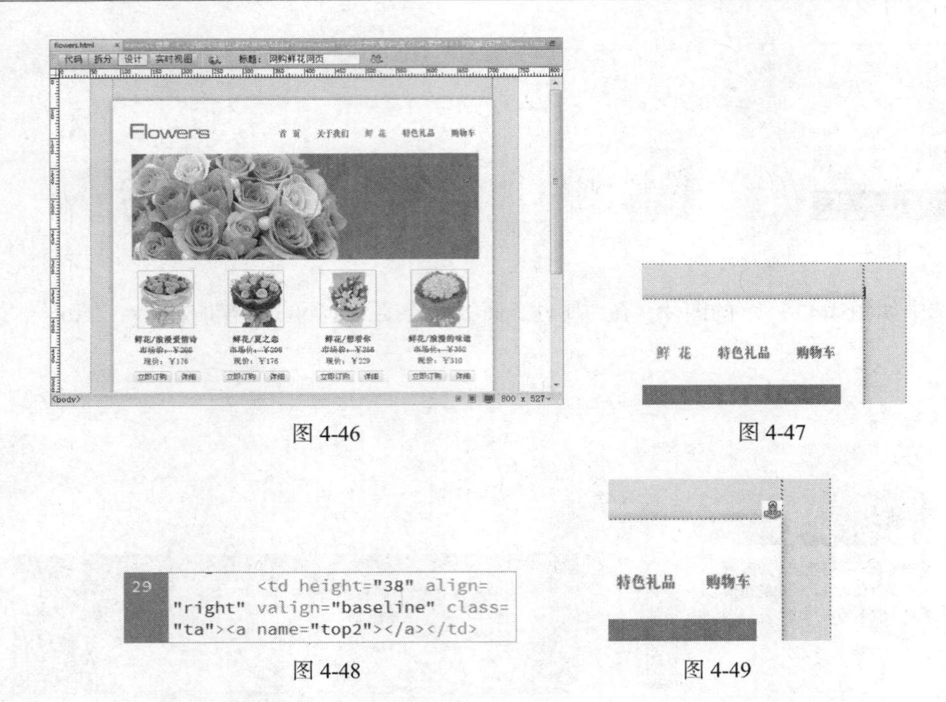

图 4-46　　图 4-47

图 4-48　　图 4-49

（3）选择“文件 > 保存”命令，将文档保存。选择“文件 > 打开”命令，在弹出的“打开”对话框中选择“光盘 > Ch04 > 素材 > 网购鲜花网页 > index.html”文件，单击“打开”按钮打开文件，如图 4-50 所示。

图 4-50

（4）选中如图 4-51 所示的图片。在“属性”面板“链接”选项的对话框中输入“flowers.html#top2”，如图 4-52 所示。

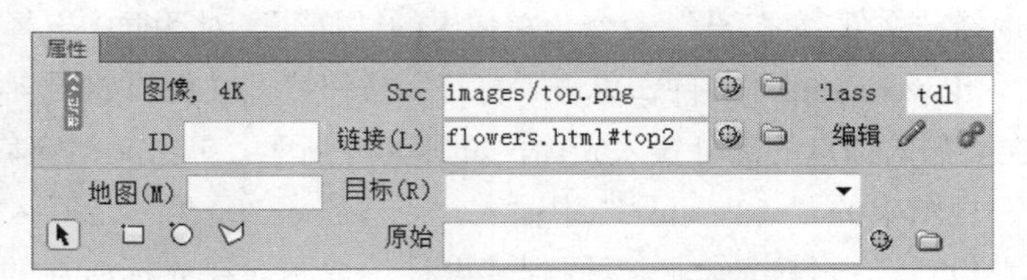

图 4-51　　图 4-52

（5）保存文档，按 F12 键预览效果，单击网页底部的图像，如图 4-53 所示，页面将自动跳转到“flowers.html”并移动到插入锚点的部分，如图 4-54 所示。

图 4-53

图 4-54

4.4.2　命名锚点链接

若网页的内容很长，为了寻找一个主题，浏览者往往需要拖曳滚动条进行查看，非常不方便。Dreamweaver CC 提供了锚点链接功能，可快速定位到网页的不同位置。

1．创建锚点

（1）打开要加入锚点的网页。

（2）将光标移到某一个主题内容处。

（3）单击文档窗口左上方的“拆分”按钮 拆分 ，在“拆分”视图中的光标闪烁位置输入“<a name=" ZJ1"></a>”。

（4）单击文档窗口左上方的“设计”按钮 设计 ，返回到“设计”视图，在光标所在的位置插入了一个锚点“ZJ1”。

（5）根据需要重复步骤（1）~（4），在不同的主题内容处建立不同的锚点标点，如图 4-55 所示。

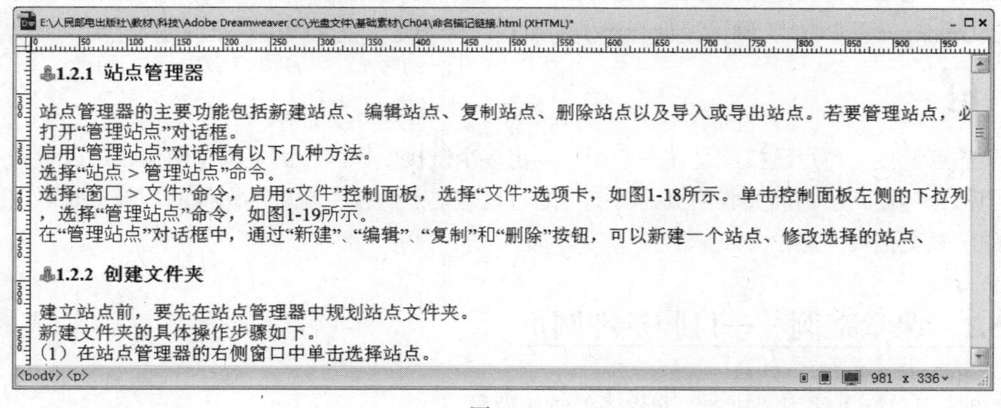

图 4-55

选择“查看 > 可视化助理 > 不可见元素”命令,在文档窗口可显示出锚点标记。

2．建立锚点链接

（1）在网页的开始处，选择链接对象，如某主题文字。

（2）通过以下几种方法建立锚点链接。

① 在“属性”面板“链接”选项的文本框中直接输入“#锚点名”，如“#ZJ2”。

② 在“属性”面板中，用鼠标拖曳“链接”选项右侧的“指向文件”图标，指向需要链接的锚点，如“ZJ2”锚点，如图 4-56 所示。

③ 在“文档”窗口中，选中链接对象，按住 Shift 键的同时，将鼠标指针从链接对象拖曳到锚点，如图 4-57 所示。

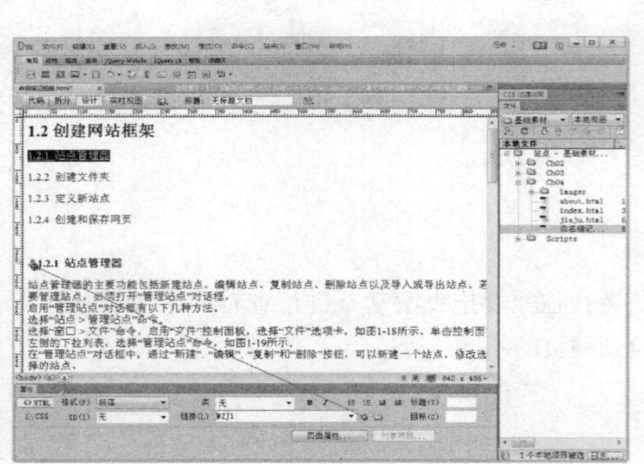

图 4-56

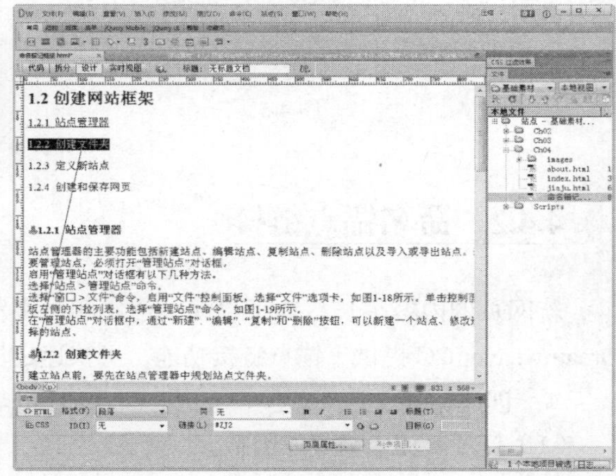

图 4-57

（3）根据需要重复步骤（1）~（2），在网页开始处为不同的主题建立相应的锚点链接。

4.5 热点链接

前面介绍的图片链接是指一张图只能对应一个链接，但有时需要在图上创建多个链接去打开不同的网页，Dreamweaver CC 为网站设计者提供的热点链接功能，就能解决这个问题。

命令介绍

创建热点链接：热点链接就是在一个图片设定多个链接。在因特网上浏览网页，可以看到一个图像的各个部分链接到了不同关联网页的情况。通过设定热点链接，在单击图像的一部分时可以跳转到所链接的网页文档或网站。

4.5.1 课堂案例——口腔护理网页

【案例学习目标】使用“热点”制作图像链接效果。

【案例知识要点】使用“热点”按钮，为图像制作链接效果，如图 4-58 所示。

【效果所在位置】光盘/Ch04/效果/口腔护理网页/index.html。

图 4-58

（1）选择“文件 > 打开”命令，在弹出的“打开”对话框中选择“光盘 > Ch04 > 素材 > 口腔护理网页 > index.html”文件，单击“打开”按钮打开文件，效果如图 4-59 所示。

（2）选中如图 4-60 所示的图像，在“属性”面板中选择“Circle Hotspot Tool”按钮。

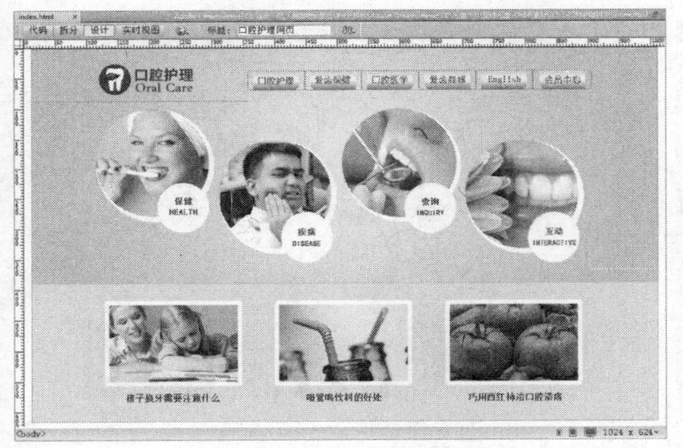

图 4-59

图 4-60

（3）将光标放置在文字“保健”上绘制圆形热点，如图 4-61 所示。在“属性”面板“链接”选项右侧的文本框中输入“#”，在“替换”选项右侧的文本框中输入“保健”，如图 4-62 所示。

图 4-61

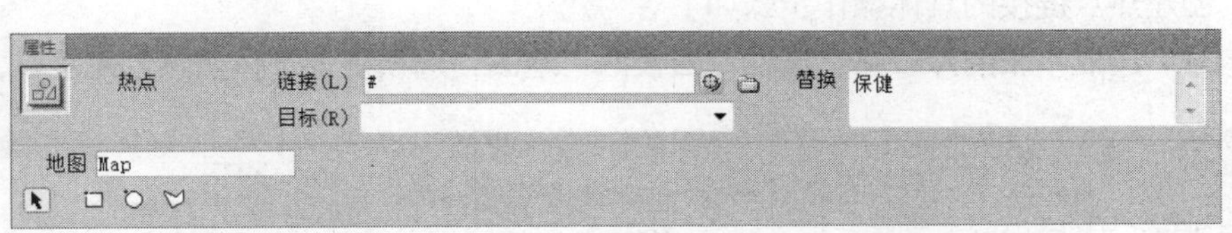

图 4-62

（4）在文字“疾病”上绘制圆形热点，如图 4-63 所示。在“属性”面板“链接”选项右侧的文本框中输入“#”，在“替换”选项右侧的文本框中输入“疾病”，如图 4-64 所示。

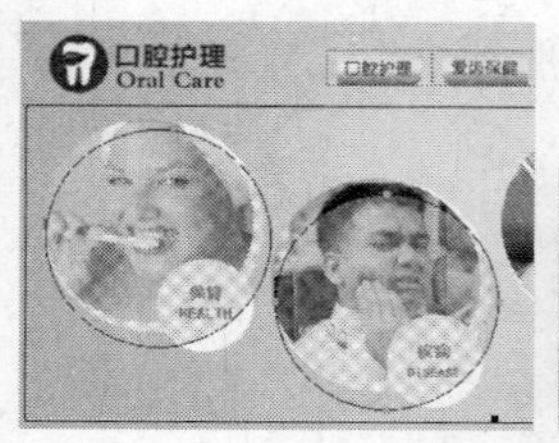

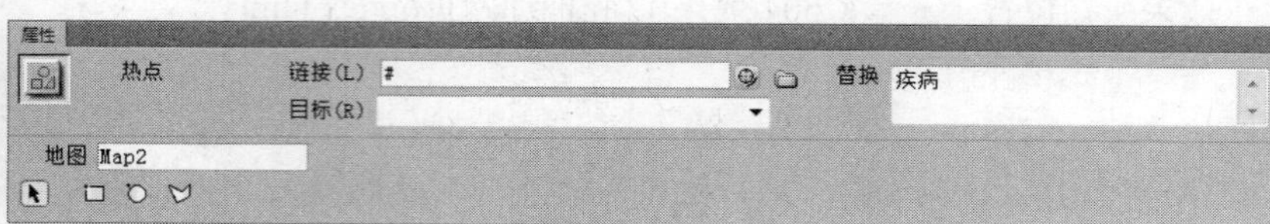

图 4-63　　　图 4-64

（5）用相同的方法，在文字“查询”和“互动”上绘制圆形热点并创建链接，如图 4-65 所示。

图 4-65

（6）保存文档，按 F12 键预览效果，如图 4-66 所示。将光标放置在热点链接上会变成小手形状，效果如图 4-67 所示。

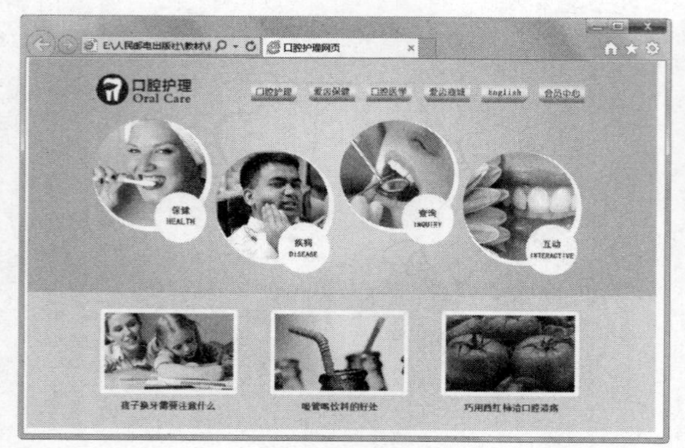

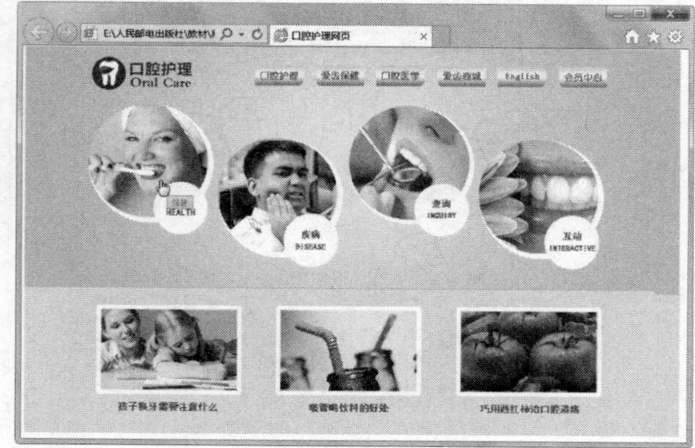

图 4-66　　　图 4-67

4.5.2　创建热点链接

创建热点链接的具体操作步骤如下。

（1）选取一张图片，在“属性”面板的“地图”选项下方选择热点创建工具，如图 4-68 所示。

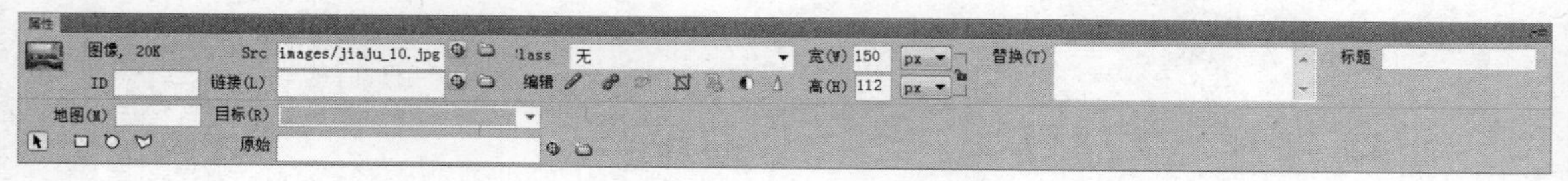

图 4-68

各工具的作用如下。

"指针热点工具"：用于选择不同的热点。

"Rectangle Hotspot Tool"：用于创建矩形热点。

"Circle Hotspot Tool"：用于创建圆形热点。

"Polygon Hotspot Tool"：用于创建多边形热点。

（2）利用"Rectangle Hotspot Tool"、"Circle Hotspot Tool"、"Polygon Hotspot Tool"、"指针热点工具"在图片上建立或选择相应形状的热点。

将鼠标指针放在图片上，当鼠标指针变为"+"时，在图片上拖曳出相应形状的蓝色热点。如果图片上有多个热点，可通过"指针热点工具"选择不同的热区，并通过热点的控制点调整热点的大小。例如，利用"Rectangle Hotspot Tool"，在如图 4-69 所示区域建立多个矩形链接热点。

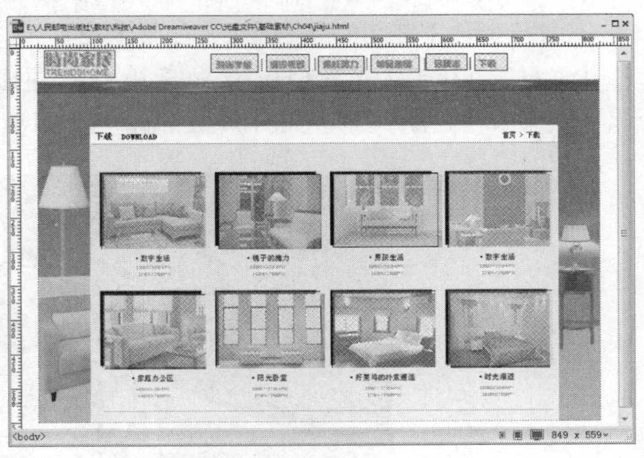

图 4-69

（3）此时，对应的"属性"面板如图 4-70 所示。在"链接"选项的文本框中输入要链接的网页地址，在"替换"选项的文本框中输入当鼠标指针指向热区时所显示的替换文字，详细内容参见 4.2.2 小节。通过热点，用户可以在图片的任何地方做一个链接。反复操作，就可以在一张图片上划分很多热点，并为每一个热点设置一个链接，从而实现在一张图片上单击鼠标左键链接到不同页面的效果。

图 4-70

（4）按 F12 键预览网页的效果，如图 4-71 所示。

图 4-71

课堂练习——摩托车改装网页

【练习知识要点】使用“电子邮件链接”命令，制作电子邮件链接效果；使用“浏览文件”链接按钮，为文字制作下载文件链接效果，如图 4-72 所示。

【素材所在位置】光盘/Ch04/素材/摩托车改装网页/images。

【效果所在位置】光盘/Ch04/效果/摩托车改装网页/index.html。

图 4-72

课堂练习——美容护肤网页

【练习知识要点】使用“鼠标经过图像”按钮，为网页添加导航效果；使用“链接”选项，制作超链接效果，如图 4-73 所示。

【素材所在位置】光盘/Ch04/素材/美容护肤网页/images。

【效果所在位置】光盘/Ch04/效果/美容护肤网页/index.html。

图 4-73

课后习题——金融投资网页

【习题知识要点】使用代码创建“锚点”；使用“属性”面板创建锚点链接，制作文档底部移动到顶部的效果，如图 4-74 所示。

【素材所在位置】光盘/Ch04/素材/金融投资网页/images。

【效果所在位置】光盘/Ch04/效果/金融投资网页/index.html。

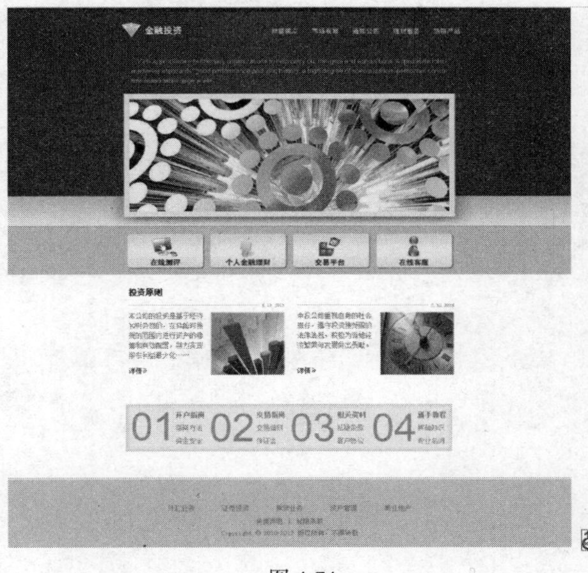

图 4-74

第5章 使用表格

本章介绍

表格是网页设计中一个非常有用的工具，它不仅可以将相关数据有序地排列在一起，还可以精确地定位文字、图像等网页元素在页面中的位置，使页面在形式上既丰富多彩又条理清楚，在组织上井然有序而不显单调。使用表格进行页面布局的最大好处是，即使浏览者改变计算机的分辨率也不会影响网页的浏览效果。因此，表格是网站设计人员必须掌握的工具。表格运用得是否熟练，是划分专业制作人士和业余爱好者的一个重要标准。

学习目标

- 掌握表格的组成
- 掌握表格的插入方法
- 掌握表格、单元格和行或列的属性设置
- 掌握在单元格中输入文字、插入其他网页元素
- 掌握选择整个表格、行或列、单元格的应用
- 掌握复制、剪切、粘贴表格的应用
- 掌握表格删除、缩放的应用
- 掌握单元格的合并和单元格的拆分
- 掌握导入和导出表格数据和排序表格的方法

技能目标

- 掌握“租车网页”的制作方法
- 掌握“健康美食网页”的制作方法

5.1 表格的简单操作

表格是由若干的行和列组成，行列交叉的区域为单元格。一般以单元格为单位来插入网页元素，也可以以行和列为单位来修改性质相同的单元格。此处表格的功能和使用方法与文字处理软件的表格不太一样。

命令介绍

表格各元素的属性：插入表格后，通过选择不同的表格对象，可以在“属性”面板中看到它们的各项参数，修改这些参数可以得到不同风格的表格。

选择表格元素：先选择表格元素，然后对其进行操作。一次可以选择整个表格、多行或多列，也可以选择一个或多个单元格。

5.1.1 课堂案例——租车网页

【案例学习目标】使用“插入”面板常用选项卡中的按钮制作网页；使用“属性”面板设置文档，使页面更加美观。

【案例知识要点】使用“表格”按钮，插入表格效果；使用“图像”按钮，插入图像；使用“CSS”命令，为单元格添加背景图像及控制文字大小、颜色，如图 5-1 所示。

【效果所在位置】光盘/Ch05/效果/租车网页/index.html。

图 5-1

1．设置页面属性并插入表格

（1）启动 Dreamweaver CC，新建一个空白文档。新建页面的初始名称为“Untitled-1.html”。选择“文件 > 保存”命令，弹出“另存为”对话框，在“保存在”选项的下拉列表中选择站点目录保存路径，在“文件名”选项的文本框中输入“index”，单击“保存”按钮，返回到编辑窗口。

（2）选择“修改 > 页面属性”命令，在弹出的“页面属性”对话框左侧的“分类”选项列表中选择“外观”，将“大小”设置为 12，“文本颜色”设置为白色（#FFF），“左边距”、“右边距”、“上边距”和“下边距”均设置为 0，如图 5-2 所示。

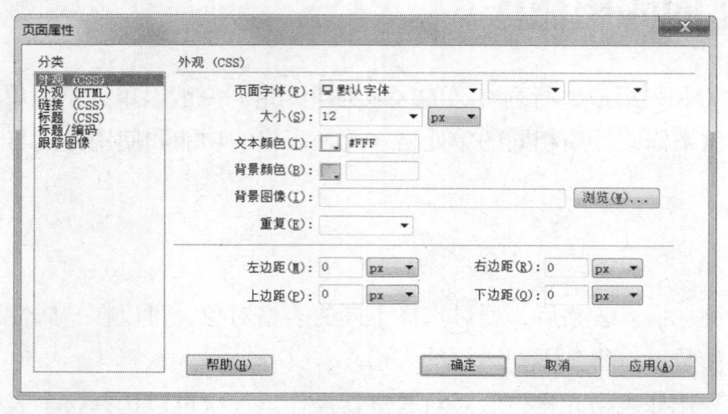

图 5-2

（3）在左侧的“分类”选项列表中选择“标题/编码”，在“标题”选项文本框中输入“租车网页”，如图 5-3 所示，单击“确定”按钮，完成页面属性的修改。

（4）在“插入”面板的“常用”选项卡中单击“表格”按钮，在弹出的“表格”对话框中进行设置，如图 5-4 所示，单击“确定”按钮，效果如图 5-5 所示。保持表格的选取状态，在“属性”面板“Align”选项的下拉列表中选择“居中对齐”选项。

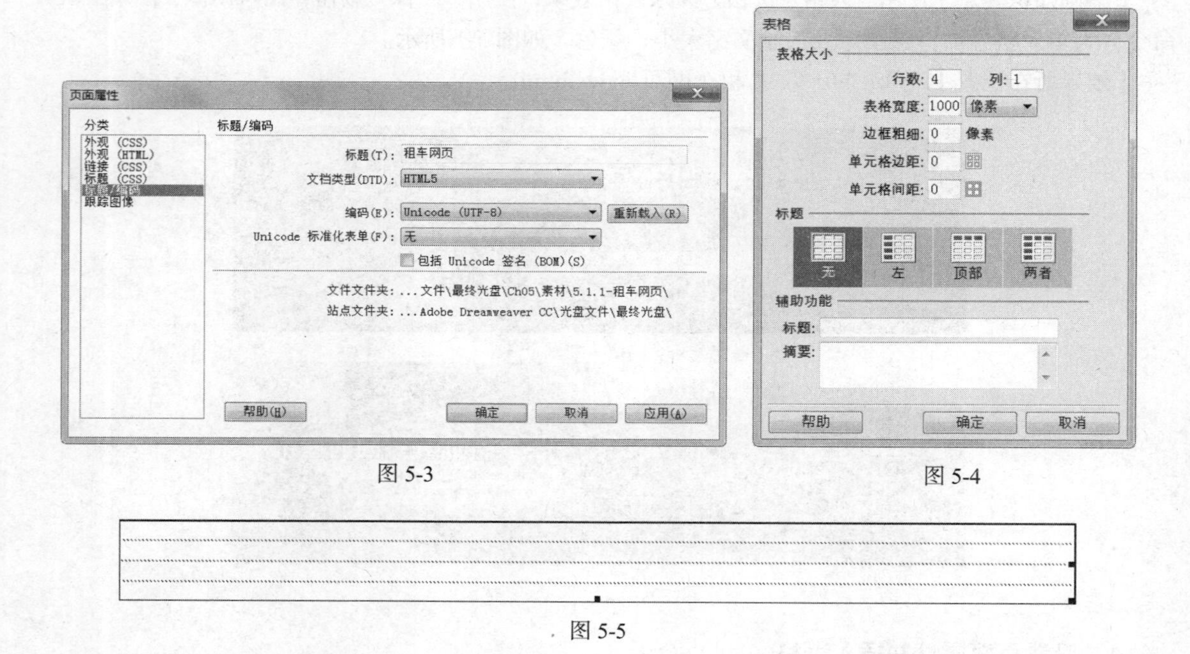

图 5-3

图 5-4

图 5-5

2．设置单元格背景颜色并插入图像

（1）将光标置于第 1 行单元格中，在“属性”面板“水平”选项的下拉列表中选择“居中对齐”，将“高”设置为 254、“背景颜色”设置为青蓝色（#4488CF），如图 5-6 所示。表格效果如图 5-7 所示。

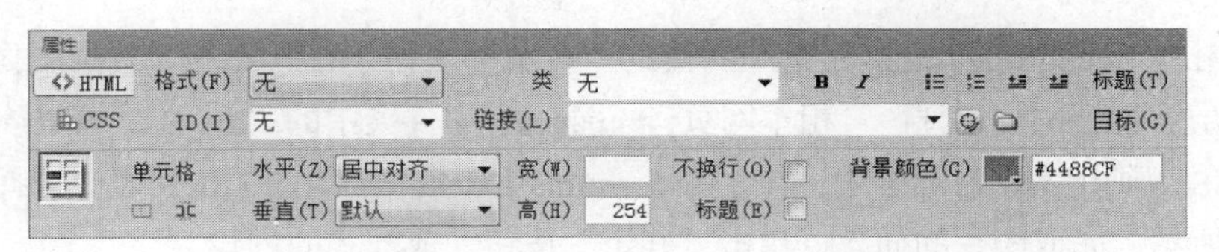

图 5-6

图 5-7

（2）在“插入”面板的“常用”选项卡中单击“图像”按钮，在弹出的“选择图像源文件”对话框中，选择“光盘 > Ch05 > 素材 > 租车网页 > images”文件夹中的“img_01.jpg”，单击“确定”按钮完成图片的插入，效果如图 5-8 所示。

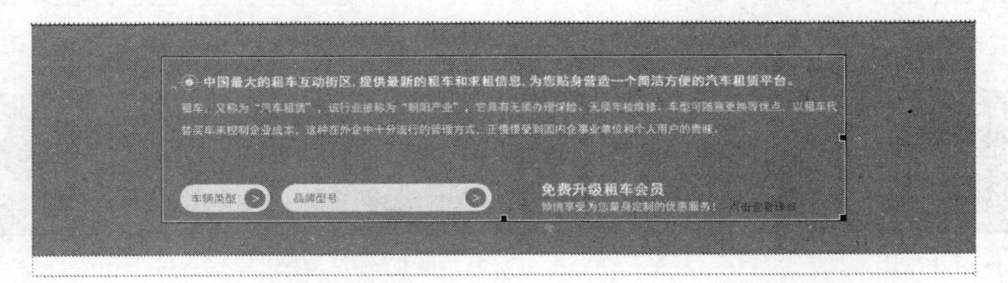

图 5-8

（3）选择“窗口 > CSS 设计器”命令，打开“CSS 设计器”面板，如图 5-9 所示，按 Ctrl+Shift+Alt+P 组合键切换到“CSS 样式”面板，如图 5-10 所示。单击“CSS 样式”面板下方的“新建 CSS 规则”按钮，在弹出的“新建 CSS 规则”对话框中进行设置，如图 5-11 所示。

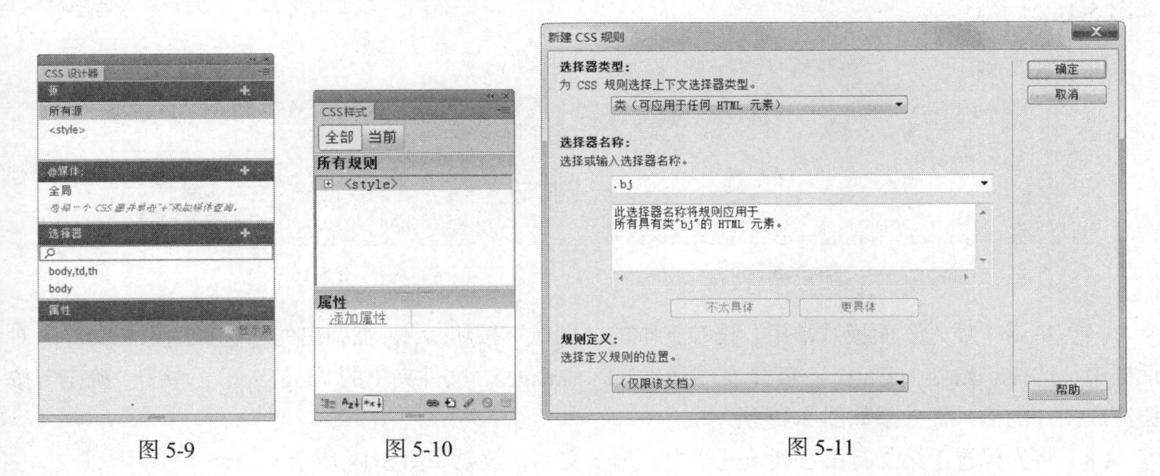

图 5-9 图 5-10 图 5-11

（4）单击“确定”按钮，弹出“.bj 的 CSS 规则定义”对话框，在左侧的“分类”选项列表中选择“背景”，单击“Background-imag”选项右侧的“浏览”按钮，在弹出的“选择图像源文件”对话框中，选择“光盘 > Ch05 > 素材 > 租车网页 > images”文件夹中的“bj.jpg”，单击“确定”按钮返回到“.bj 的 CSS 规则定义”对话框中，在“Background-repeat”选项的下拉列表中选择“repeat-x”选项，如图 5-12 所示，完成图片的插入，单击“确定”按钮完成样式的创建。

（5）将光标置于第 2 行单元格中，在“属性”面板“类”选项的下拉列表中选择“bj”选项，将“高”选项设为 37，如图 5-13 所示，单元格效果如图 5-14 所示。

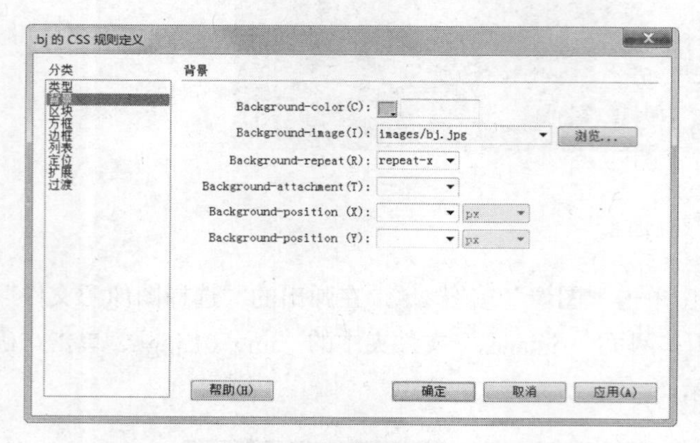

图 5-12

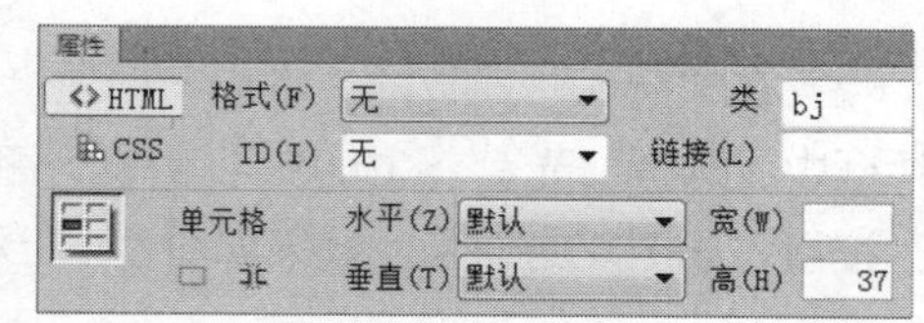

图 5-13

图 5-14

（6）单击“属性”面板中的“拆分单元格为行或列”按钮，在弹出的“拆分单元格”对话框中进行设置，如图 5-15 所示，单击“确定”按钮，将第 2 行拆分为两列显示。将光标置于第 2 行第 1 列单元格中，在“属性”面板“水平”选项的下拉列表中选择“右对齐”，将“宽”选项设为 318，如图 5-16 所示。

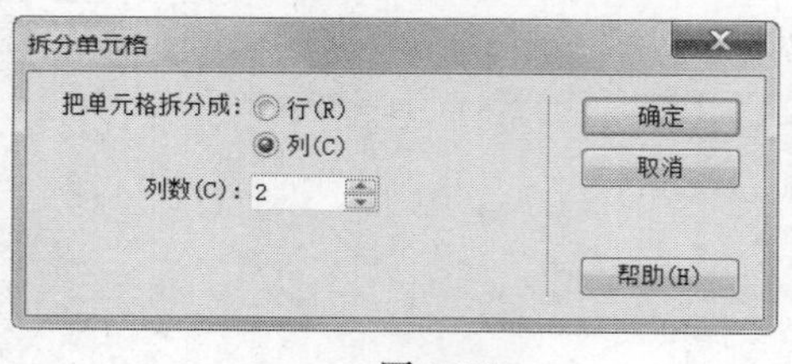

图 5-15

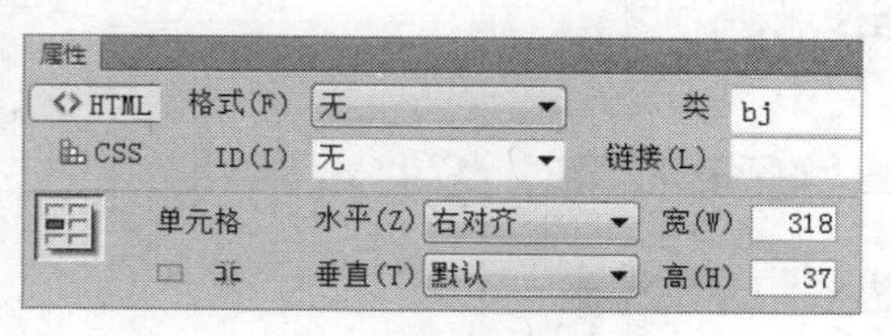

图 5-16

（7）单击“插入”面板“常用”选项卡中的“图像”按钮，在弹出的“选择图像源文件”对话框中，选择“光盘 > Ch05 > 素材 > 租车网页 > images”文件夹中的“logo.jpg”，单击“确定”按钮完成图片的插入，效果如图 5-17 所示。

（8）将光标置于第 2 行第 2 列单元格中，输入文字，效果如图 5-18 所示。

图 5-17

图 5-18

（9）将光标置于第 3 行单元格中，单击“插入”面板“常用”选项卡中的“图像”按钮，在弹出的“选择图像源文件”对话框中，选择“光盘 > Ch05 > 素材 > 租车网页 > images”文件夹中的“img_02.jpg”，单击“确定”按钮完成图片的插入，效果如图 5-19 所示。

（10）用相同的方法将图像“img_03.jpg”文件插入到第 4 行单元格中，如图 5-20 所示。

图 5-19

图 5-20

（11）保存文档，按 F12 键预览效果，如图 5-21 所示。

图 5-21

5.1.2 表格的组成

表格中包含行、列、单元格、表格标题等元素，如图 5-22 所示。

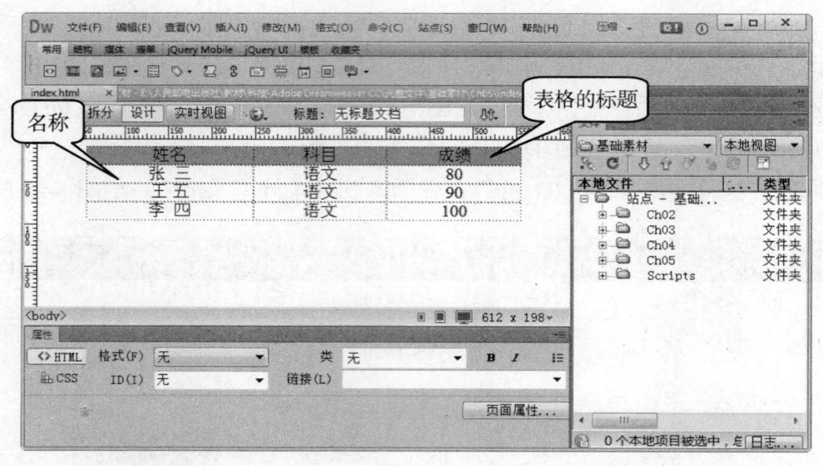

图 5-22

表格元素所对应的 HTML 标签如下。

<table> </table>：标志表格的开始和结束。通过设置它的常用参数，可以指定表格的高度、宽度、框线的宽度、背景图像、背景颜色、单元格间距、单元格边界和内容的距离，以及表格相对页面的对齐方式。

<tr> </tr>：标志表格的行。通过设置它的常用参数，可以指定行的背景图像、行的背景颜色、行的对齐方式。

<td> </td>：标志单元格内的数据。通过设置它的常用参数，可以指定列的对齐方式、列的背景图像、列的背景颜色、列的宽度、单元格垂直对齐方式等。

<caption> </caption>：标志表格的标题。

<th> </th>：标志表格的列名。

虽然 Dreamweaver CC 允许用户在“设计”视图中直接操作行、列和单元格，但对于复杂的表格，就无法通过鼠标选择用户所需要的对象，所以对于网站设计者来说，必须了解表格元素 HTML 标签的基本内容。

当选定了表格或表格中有插入点时，Dreamweaver CC 会显示表格的宽度和每列的列宽。宽度旁边是表格标题菜单与列标题菜单的箭头，如图 5-23 所示。

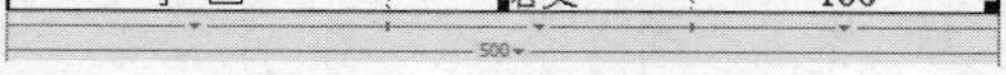

姓名	科目	成绩
张 三	语文	80
王 五	语文	90
李 四	语文	100

500

图 5-23

用户可以根据需要打开或关闭表格和列的宽度显示，打开或关闭表格和列的宽度显示有以下几种方法。

（1）选定表格或在表格中设置插入点，然后选择“查看 > 可视化助理 > 表格宽度”命令。

（2）用鼠标右键单击表格，在弹出的菜单中选择“表格 > 表格宽度”命令。

5.1.3 插入表格

要将相关数据有序地组织在一起，必须先插入表格，然后才能有效地组织数据。

插入表格的具体操作步骤如下。

（1）在“文档”窗口中，将插入点放到合适的位置。

（2）通过以下几种方法弹出“表格”对话框，如图 5-24 所示。

① 选择“插入> 表格”命令。

② 单击“插入”面板“常用”选项卡上的“表格”按钮。

③ 按 Ctrl+Alt+T 组合键。

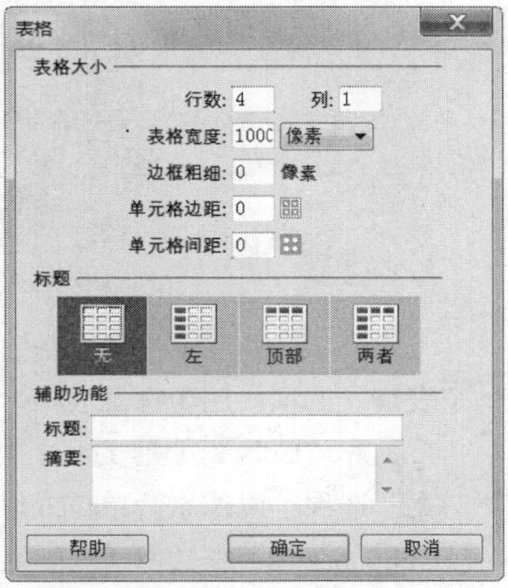

对话框中各选项的作用如下。

“表格大小”选项组：完成表格行数、列数以及表格宽度、边框粗细等参数的设置。

图 5-24

“行数”选项：设置表格的行数。

“列”选项：设置表格的列数。

“表格宽度”选项：以像素为单位或以浏览器窗口宽度的百分比设置表格的宽度。

“边框粗细”选项：以像素为单位设置表格边框的宽度。对于大多数浏览器来说，此选项值设置为 1。如果用表格进行页面布局时将此选项值设置为 0，浏览网页时就不显示表格的边框。

“单元格边距”选项：设置单元格边框与单元格内容之间的像素数。对于大多数浏览器来说，此选项的值设置为 1。如果用表格进行页面布局时将此选项值设置为 0，浏览网页时单元格边框与内容之间没有间距。

“单元格间距”选项：设置相邻的单元格之间的像素数。对于大多数浏览器来说，此选项的值设置为 2。如果用表格进行页面布局时将此选项值设置为 0，浏览网页时单元格之间没有间距。

“标题”选项：设置表格标题，它显示在表格的外面。

“摘要”选项：对表格的说明，但是该文本不会显示在用户的浏览器中，仅在源代码中显示，可提高源代码的可读性。

可以通过如图 5-25 所示的表来了解上述对话框选项的具体内容。

姓名	科目	成绩
张 三	语文	80
王 五	语文	90
李 四	语文	100

图 5-25

提示 在“表格”对话框中，当“边框粗细”选项设置为 0 时，在窗口中不显示表格的边框，若要查看单元格和表格边框，选择“查看 > 可视化助理 > 表格边框”命令。

（3）根据需要选择新建表格的大小、行列数值等，单击“确定”按钮完成新建表格的设置。

5.1.4 表格各元素的属性

插入表格后，通过选择不同的表格对象，可以在“属性”面板中看到它们的各项参数，修改这些参数可以得到不同风格的表格。

1．表格的属性

表格的“属性”面板如图 5-26 所示，其各选项的作用如下。

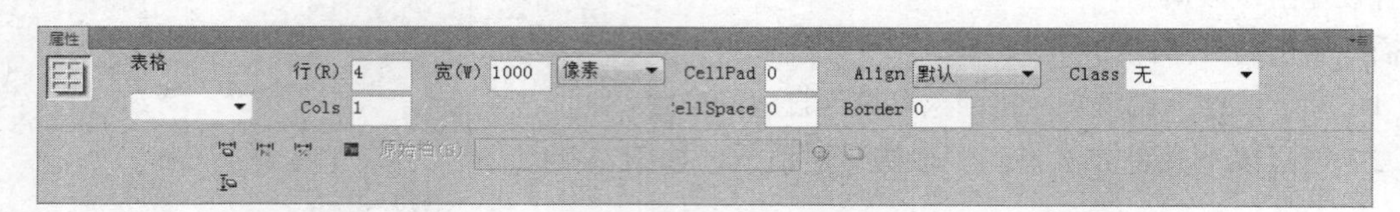

图 5-26

“表格”选项：用于标志表格。

“行”和“Cols（列）”选项：用于设置表格中行和列的数目。

“宽”选项：以像素为单位或以浏览器窗口宽度的百分比来设置表格的宽度和高度。

“Cellpad（单元格边距）”选项：也称单元格边距，是单元格内容和单元格边框之间的像素数。对于大多数浏览器来说，此选项的值设为 1。如果用表格进行页面布局时将此参数设置为 0，浏览网页时单元格边框与内容之间没有间距。

“Cellspace（单元格间距）”选项：也称单元格间距，是相邻的单元格之间的像素数。对于大多数浏览器来说，此选项的值设为 2。如果用表格进行页面布局时将此参数设置为 0，浏览网页时单元格之间没有间距。

“Align（对齐）”选项：表格在页面中相对于同一段落其他元素的显示位置。

“Border（边框）”选项：以像素为单位设置表格边框的宽度。

“Class（类）”选项：设置表格的样式。

“清除列宽”按钮和“清除行高”按钮：从表格中删除所有明确指定的列宽或行高的数值。

“将表格宽度转换成像素”按钮：将表格每列宽度的单位转换成像素，还可将表格宽度的单位转换成像素。

“将表格宽度转换成百分比”按钮：将表格每列宽度的单位转换成百分比，还可将表格宽度的单位转换成百分比。

提示

如果没有明确指定单元格间距和单元格边距的值，则大多数浏览器按单元格边距设置为 1，单元格间距设置为 2 显示表格。

2．单元格和行或列的属性

单元格和行或列的“属性”面板如图 5-27 所示，其各选项的作用如下。

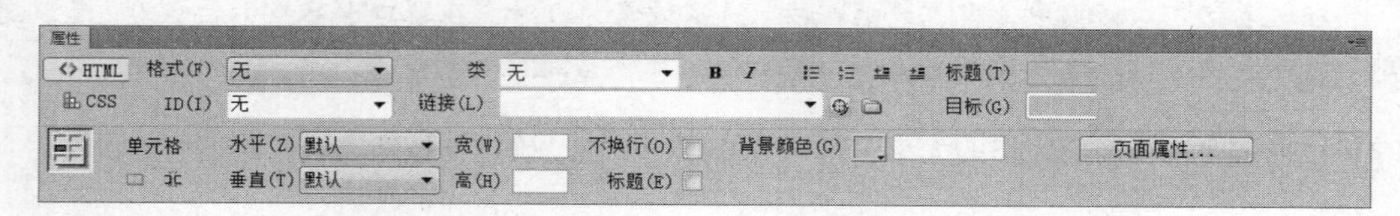

图 5-27

“合并所选单元格，使用跨度”按钮：将选定的多个单元格、选定的行或列的单元格合并成一个单元格。

“拆分单元格为行或列”按钮：将选定的一个单元格拆分成多个单元格。一次只能对一个单元格进行拆分，若选择多个单元格，此按钮禁用。

“水平”选项：设置行或列中内容的水平对齐方式。包括“默认”、“左对齐”、“居中对齐”、“右对齐”4 个选项值。一般标题行的所有单元格设置为居中对齐方式。

“垂直”选项：设置行或列中内容的垂直对齐方式。包括“默认”、“顶端”、“居中”、“底部”、“基线”5 个选项值，一般采用居中对齐方式。

“宽”和“高”选项：以像素为单位或以浏览器窗口宽度的百分比来设置表格的宽度和高度。

“不换行”选项：设置单元格文本是否换行。如果启用“不换行”选项，当输入的数据超出单元格的宽度时，会自动增加单元格的宽度来容纳数据。

“标题”选项：设置是否将行或列的每个单元格的格式设置为表格标题单元格的格式。

“背景颜色”选项：设置单元格的背景颜色。

5.1.5　在表格中插入内容

建立表格后，可以在表格中添加各种网页元素，如文本、图像和表格等。在表格中添加元素的操作非常简单，只需根据设计要求选定单元格，然后插入网页元素即可。一般当表格中插入内容后，表格的尺寸会随内容的尺寸自动调整。当然，还可以利用单元格的属性来调整其内部元素的对齐方式和单元格的大小等。

1．输入文字

在单元格中输入文字，有以下几种方法。

（1）单击任意一个单元格并直接输入文本，此时单元格会随文本的输入自动扩展。

（2）粘贴来自其他文字编辑软件中复制的带有格式的文本。

2．插入其他网页元素

（1）嵌套表格

将插入点放到一个单元格内并插入表格，即可实现嵌套表格。

（2）插入图像

在表格中插入图像有以下几种方法。

（1）将插入点放到一个单元格中，单击“插入”面板“常用”选项卡中的“图像”按钮。

（2）将插入点放到一个单元格中，选择“插入 > 图像”命令。

（3）将插入点放到一个单元格中，将“插入”面板“常用”选项卡中的“图像”按钮拖曳到单元格内。

（4）从资源管理器、站点资源管理器或桌面上直接将图像文件拖曳到一个需要插入图像的单元格内。

5.1.6　选择表格元素

先选择表格元素，然后对其进行操作。一次可以选择整个表格、多行或多列，也可以选择一个或多个单元格。

1. 选择整个表格

选择整个表格有以下几种方法。

将鼠标指针放到表格的四周边缘，鼠标指针右下角出现图标田，如图 5-28 所示，单击鼠标左键即可选中整个表格，如图 5-29 所示。

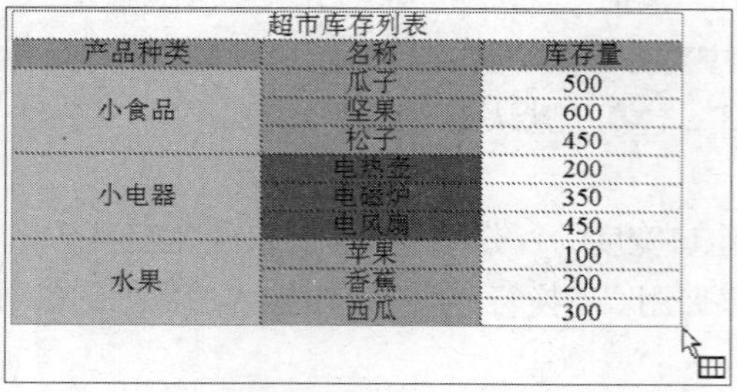

超市库存列表
产品种类
名称
库存量
小食品
瓜子
500
坚果
600
松子
450
小电器
电热壶
200
电磁炉
350
电风扇
450
水果
苹果
100
香蕉
200
西瓜
300

图 5-28

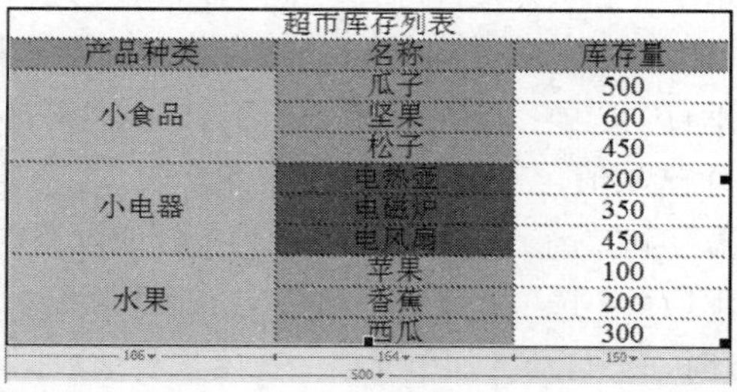

超市库存列表
产品种类
名称
库存量
小食品
瓜子
500
坚果
600
松子
450
小电器
电热壶
200
电磁炉
350
电风扇
450
水果
苹果
100
香蕉
200
西瓜
300

图 5-29

将插入点放到表格中的任意单元格中，然后在文档窗口左下角的标签栏中选择<table>标签 <table>，如图 5-30 所示。

将插入点放到表格中，然后选择"修改 > 表格 > 选择表格"命令。

在任意单元格中单击鼠标右键，在弹出的菜单中选择"表格 > 选择表格"命令，如图 5-31 所示。

index1.html
代码
拆分
设计
实时视图
标题：
无标题文档
超市库存列表
产品种类
名称
库存量
小食品
瓜子
500
坚果
600
松子
450
小电器
电热壶
200
电磁炉
350
电风扇
450
水果
苹果
100
香蕉
200
西瓜
300
<body> <table> <tr> <td>
527 x 261

图 5-30

超市库存列表
产品种类
名称
库存量
瓜子
500
小食品
小电器
水果
表格(B)
段落格式(P)
列表(L)
对齐(G)
字体(N)
样式(S)
CSS 样式(C)
模板(T)
选择表格(S)
合并单元格(M) Ctrl+Alt+M
拆分单元格(P)... Ctrl+Alt+S
插入行(N) Ctrl+M
插入列(C) Ctrl+Shift+A
插入行或列(I)...
删除行(D) Ctrl+Shift+M
删除列(E) Ctrl+Shift+-

图 5-31

2. 选择行或列

（1）选择单行或单列

定位鼠标指针，使其指向行的左边缘或列的上边缘。当鼠标指针出现向右或向下的箭头时单击，如图 5-32 和图 5-33 所示。

超市库存列表
产品种类
名称
库存量
小食品
瓜子
500
坚果
600
松子
450
小电器
电热壶
200
电磁炉
350
电风扇
450
水果
苹果
100
香蕉
200
西瓜
300

图 5-32

超市库存列表
产品种类
名称
库存量
小食品
瓜子
500
坚果
600
松子
450
小电器
电热壶
200
电磁炉
350
电风扇
450
水果
苹果
100
香蕉
200
西瓜
300

图 5-33

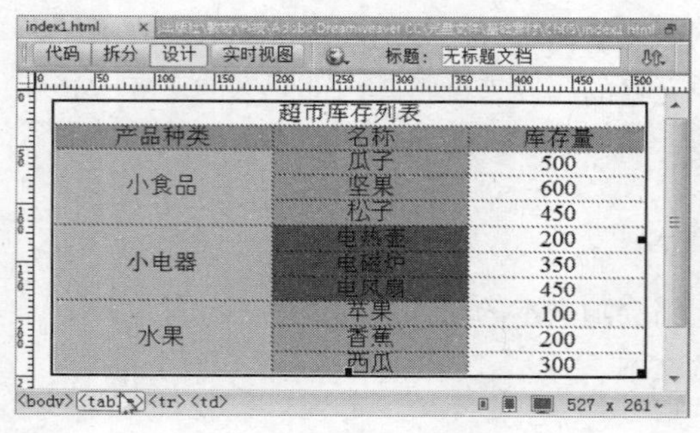

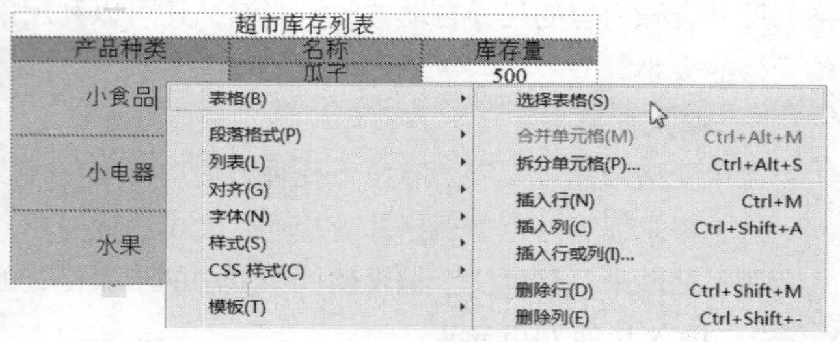

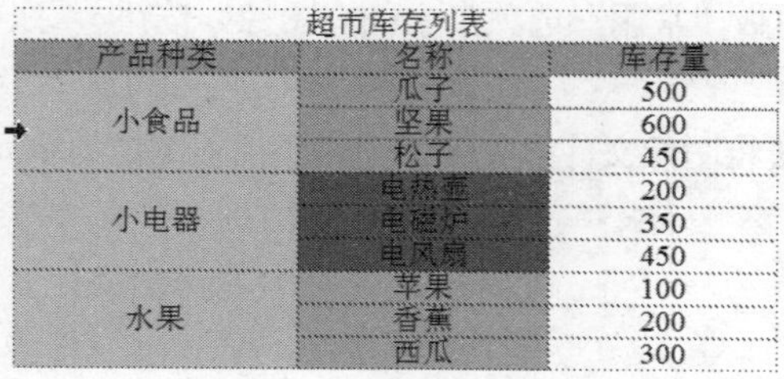

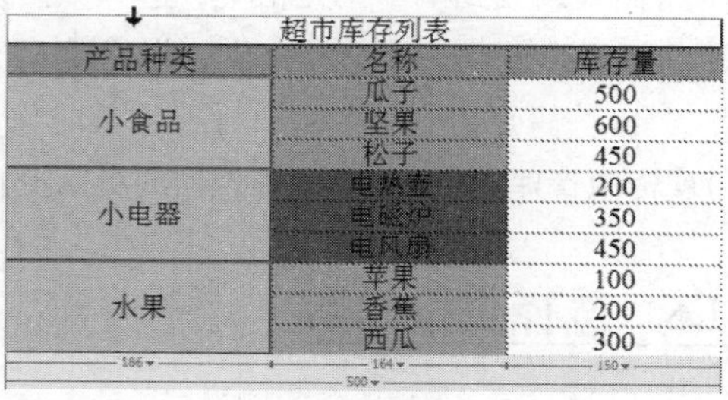

（2）选择多行或多列

定位鼠标指针，使其指向行的左边缘或列的上边缘。当鼠标指针变为方向箭头时，直接拖曳鼠标或按住 Ctrl 键的同时单击行或列，选择多行或多列，如图 5-34 所示。

3．选择单元格

选择单元格有以下几种方法。

（1）将插入点放到表格中，然后在文档窗口左下角的标签栏中选择<td>标签<td>，如图 5-35 所示。

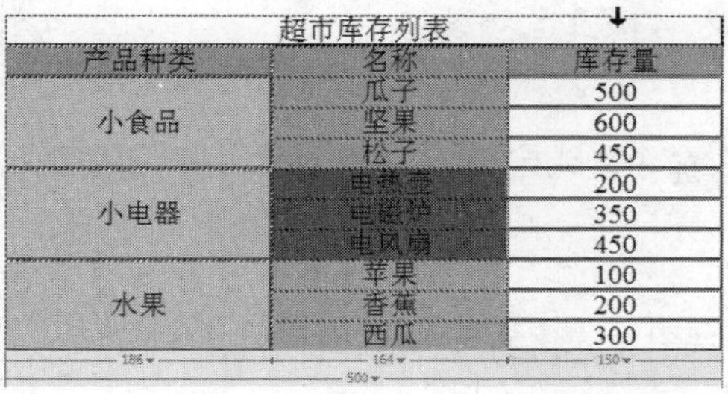

超市库存列表
产品种类
名称
库存量
小食品
瓜子
500
坚果
600
松子
450
小电器
电热壶
200
电磁炉
350
电风扇
450
水果
苹果
100
香蕉
200
西瓜
300

图 5-34

超市库存列表
产品种类
名称
库存量
小食品
瓜子
500
坚果
600
松子
450
小电器
电热壶
200
电磁炉
350
电风扇
450
水果
苹果
100
香蕉
200
西瓜
300
<body> <table> <tr> <td>
538 x 269

图 5-35

（2）单击任意单元格后，按住鼠标左键不放，直接拖曳鼠标选择单元格。

（3）将插入点放到单元格中，然后选择"编辑 > 全选"命令，选中鼠标指针所在的单元格。

4．选择一个矩形块区域

选择一个矩形块区域有以下几种方法。

（1）将鼠标指针从一个单元格向右下方拖曳到另一个单元格。如将鼠标指针从"小食品"单元格向右下方拖曳到"300"单元格，得到如图 5-36 所示的结果。

（2）选择矩形块左上角所在位置对应的单元格，按住 Shift 键的同时单击矩形块右下角所在位置对应的单元格。这两个单元格定义的直线或矩形区域中的所有单元格都将被选中。

5．选择不相邻的单元格

按住 Ctrl 键的同时单击某个单元格即选中该单元格，当再次单击这个单元格时则取消对它的选择，如图 5-37 所示。

超市库存列表
产品种类
名称
库存量
小食品
瓜子
500
坚果
600
松子
450
小电器
电热壶
200
电磁炉
350
电风扇
450
水果
苹果
100
香蕉
200
西瓜
300

图 5-36

超市库存列表
产品种类
名称
库存量
小食品
瓜子
500
坚果
600
松子
450
小电器
电热壶
200
电磁炉
350
电风扇
450
水果
苹果
100
香蕉
200
西瓜
300

图 5-37

5.1.7　复制、粘贴表格

在 Dreamweaver CC 中复制表格的操作如同在 Word 中一样。可以对表格中的多个单元格进行复制、

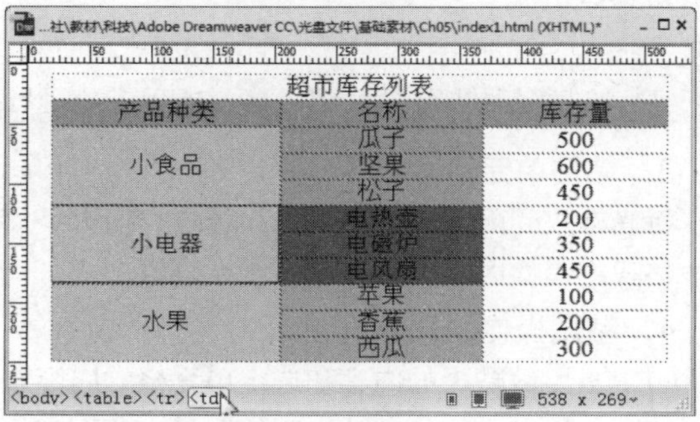

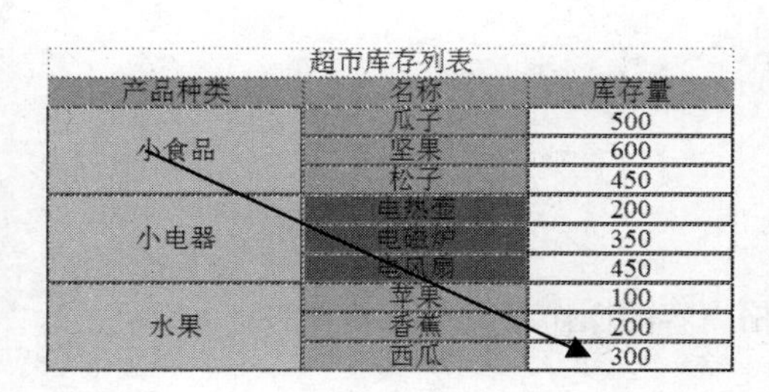

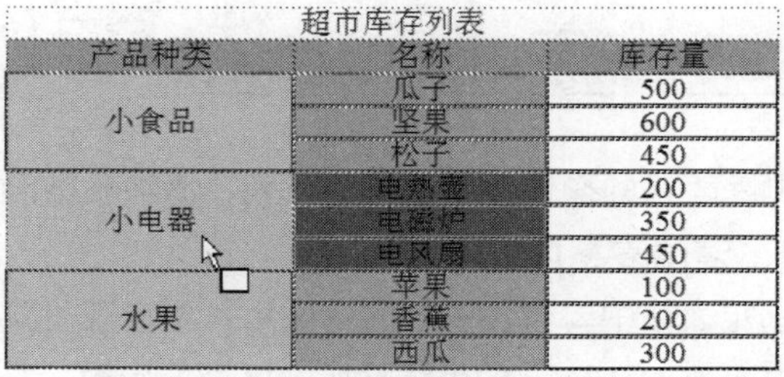

剪切、粘贴操作，并保留原单元格的格式，也可以仅对单元格的内容进行操作。

1．复制单元格

选定表格的一个或多个单元格后，选择“编辑 > 拷贝”命令，或按 Ctrl+C 组合键，将选择的内容复制到剪贴板中。剪贴板是一块由系统分配的暂时存放剪贴和复制内容的特殊的内存区域。

2．剪切单元格

选定表格的一个或多个单元格后，选择“编辑 > 剪切”命令，或按 Ctrl+X 组合键，将选择的内容剪切到剪贴板中。

必须选择连续的矩形区域，否则不能进行复制和剪切操作。

3．粘贴单元格

将光标放到网页的适当位置，选择“编辑 > 粘贴”命令，或按 Ctrl+V 组合键，将当前剪贴板中包含格式的表格内容粘贴到光标所在位置。

4．粘贴操作的几点说明

（1）只要剪贴板的内容和选定单元格的内容兼容，选定单元格的内容就将被替换。

（2）如果在表格外粘贴，则剪贴板中的内容将作为一个新表格出现，如图 5-38 所示。

（3）还可以先选择“编辑 > 拷贝”命令进行复制，然后选择“编辑 > 选择性粘贴”命令，弹出“选择性粘贴”对话框如图 5-39 所示，设置完成后单击“确定”按钮进行粘贴。

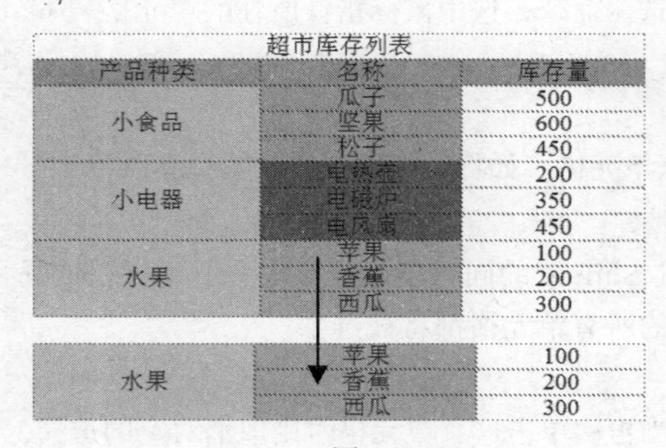

图 5-38

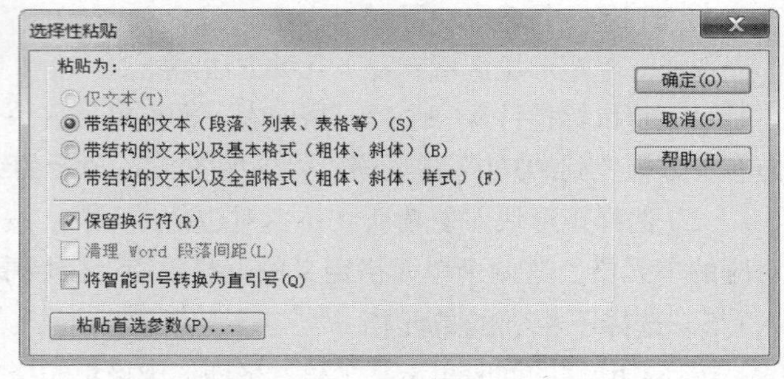

图 5-39

5.1.8 删除表格和表格内容

删除表格的操作包括删除行或列，清除表格内容。

1．清除表格内容

选定表格中要清除内容的区域后，要实现清除表格内容的操作有以下几种方法。

（1）按 Delete 键即可清除所选区域的内容。

（2）选择“编辑 > 清除”命令。

2．删除行或列

选定表格中要删除的行或列后，要实现删除行或列的操作有以下几种方法。

（1）选择“修改 > 表格 > 删除行”命令，或按 Ctrl+Shift+M 组合键，删除选择区域所在的行。

（2）选择“修改 > 表格 > 删除列”命令，或按 Ctrl+Shift+ - 组合键，删除选择区域所在的列。

5.1.9 缩放表格

创建表格后，可根据需要调整表格、行和列的大小。

1．缩放表格

缩放表格有以下几种方法。

（1）将鼠标指针放在选定表格的边框上，当鼠标指针变为“⊣|⊢”时，左右拖动边框，可以实现表格的缩放，如图 5-40 所示。

（2）选中表格，直接修改“属性”面板中的“宽”和“高”选项。

2．修改行或列的大小

修改行或列的大小有以下几种方法。

（1）直接拖曳鼠标。改变行高，可上下拖曳行的底边线；改变列宽，可左右拖曳列的右边线，如图 5-41 所示。

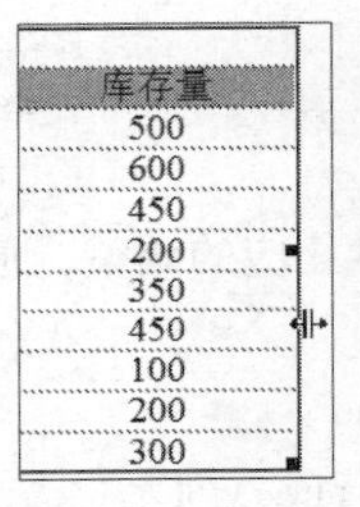

库存量
500
600
450
200
350
450
100
200
300

图 5-40

超市库存列表		
产品种类	名称	库存量
小食品	瓜子	500
	坚果	600
	松子	450
小电器	电热壶	200
	电磁炉	350
	电风扇	450
水果	苹果	100
	香蕉	200
	西瓜	300

图 5-41

（2）输入行高或列宽的值。在“属性”面板中直接输入选定单元格所在行或列的行高或列宽的数值。

5.1.10 合并和拆分单元格

有的表格项需要几行或几列来说明，这时需要将多个单元格合并，生成一个跨多个列或行的单元格，如图 5-42 所示。

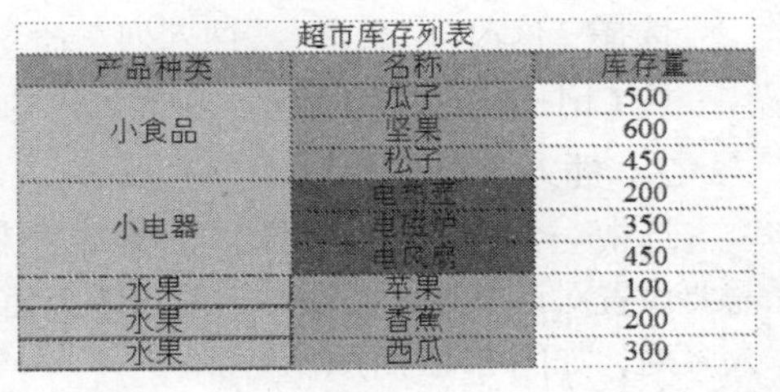

超市库存列表		
产品种类	名称	库存量
小食品	瓜子	500
	坚果	600
	松子	450
小电器	电热壶	200
	电磁炉	350
	电风扇	450
水果	苹果	100
水果	香蕉	200
水果	西瓜	300

图 5-42

1．合并单元格

选择连续的单元格后，就可将它们合并成一个单元格。合并单元格有以下几种方法。

（1）按 Ctrl+Alt+M 组合键。

（2）选择“修改 > 表格 > 合并单元格”命令。

（3）在“属性”面板中，单击“合并所选单元格，使用跨度”按钮□。

> **提示** 合并前的多个单元格的内容将合并到一个单元格中。不相邻的单元格不能合并，并应保证其为矩形的单元格区域。

2．拆分单元格

有时为了满足用户的需要，要将一个表格项分成多个单元格以详细显示不同的内容，就必须将单元格进行拆分。

拆分单元格的具体操作步骤如下。

（1）选择一个要拆分的单元格。

（2）通过以下几种方法弹出“拆分单元格”对话框，如图 5-43 所示。

① 按 Ctrl+Alt+S 组合键。

② 选择“修改 > 表格 > 拆分单元格”命令。

③ 在“属性”面板中，单击“拆分单元格为行或列”按钮。

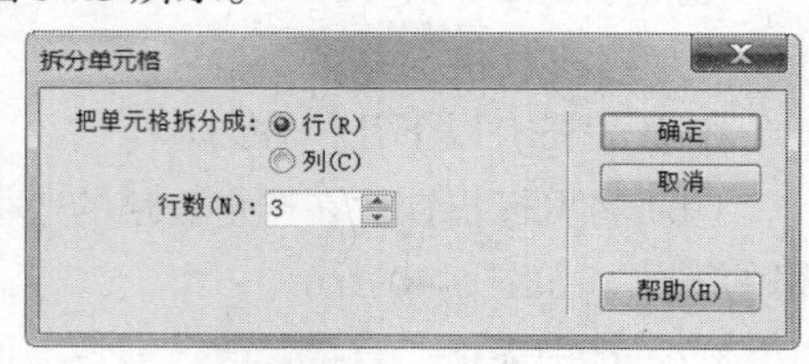

图 5-43

“拆分单元格”对话框中各选项的作用如下。

“把单元格拆分”选项组：设置是按行还是按列拆分单元格，它包括“行”和“列”两个选项。

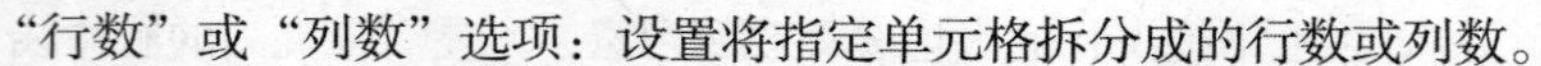

“行数”或“列数”选项：设置将指定单元格拆分成的行数或列数。

（3）根据需要进行设置，单击“确定”按钮完成单元格的拆分。

5.1.11　增加和删除表格的行和列

在实际工作中，随着客观环境的变化，表格中的项目也需要做相应的调整，通过选择“修改 > 表格”中的相应子菜单命令，可添加、删除行或列。

1．插入单行或单列

选择一个单元格后，就可以在该单元格的上下或左右插入一行或一列。

插入单行或单列有以下几种方法。

（1）插入行

选择“修改 > 表格 > 插入行”命令，在插入点的上面插入一行。

按 Ctrl+M 组合键，在插入点的下面插入一行。

（2）插入列

选择“修改 > 表格 > 插入列”命令，在插入点的左侧插入一列。

按 Ctrl+Shift+A 组合键，在插入点的右侧插入一列。

2．插入多行或多列

选中一个单元格，选择“修改 > 表格 > 插入行或列”命令，弹出“插入行或列”对话框。根据需要设置对话框，可实现在当前行的上面或下面插入多行，如图 5-44 所示，或在当前列之前或之后插入多列，如图 5-45 所示。

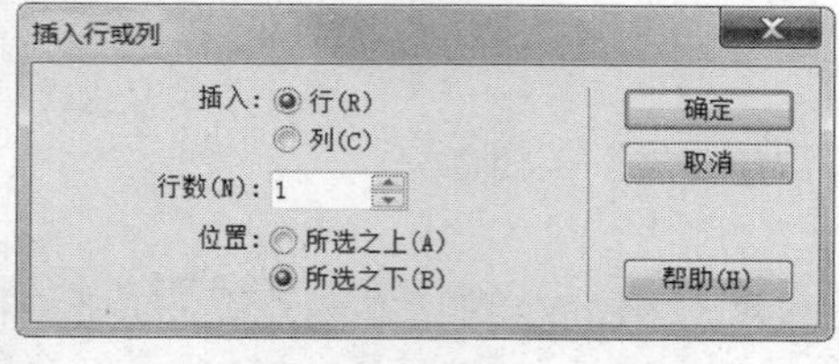

图 5-44

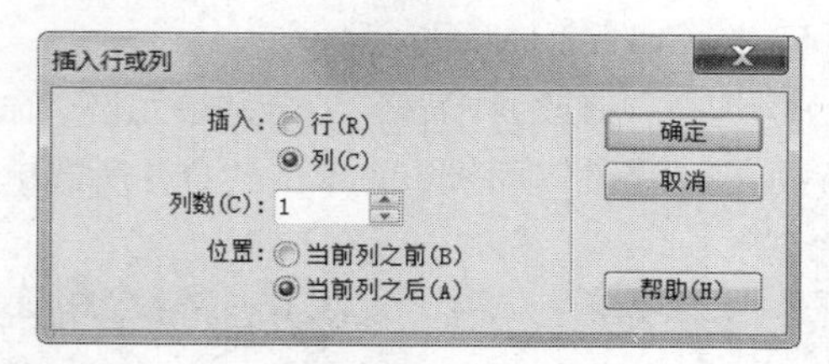

图 5-45

“插入行或列”对话框中各选项的作用如下。

“插入”选项组：设置是插入行还是列，它包括“行”和“列”两个选项。

“行数”或“列数”选项：设置要插入行或列的数目。

“位置”选项组：设置新行或新列相对于所选单元格所在行或列的位置。

在表格的最后一个单元格中按 Tab 键会自动在表格的下方新添一行。

5.2 网页中的数据表格

在实际工作中，有时需要将其他程序（如 Excel、Access）建立的表格数据导入到网页中，在 Dreamweaver CC 中，利用“导入表格式数据”命令可以很容易地实现这一功能。

在 Dreamweaver CC 中提供了对表格进行排序的功能，还可以根据一列的内容来完成一次简单的表格排序，也可以根据两列的内容来完成一次较复杂的排序。

命令介绍

导入、导出表格的数据：在实际工作中，有时需要把其他程序（如 Exccel、Access）建立的表格数据导入到网页中，在 Dreamweaver CC 中，利用“导入表格式数据”命令可以很容易地实现这一功能。

排序表格：排序表格的主要功能针对具有表格式数据的表格而言，是根据表格列表中的数据来排序。

5.2.1　课堂案例——健康美食网页

【案例学习目标】使用“插入”命令导入外部表格数据；使用“命令”菜单将表格的数据排序。

【案例知识要点】使用“导入表格式数据”命令，导入外部表格数据；使用“排序表格”命令，将表格的数据排序，如图 5-46 所示。

【效果所在位置】光盘/Ch05/效果/健康美食网页/index.html。

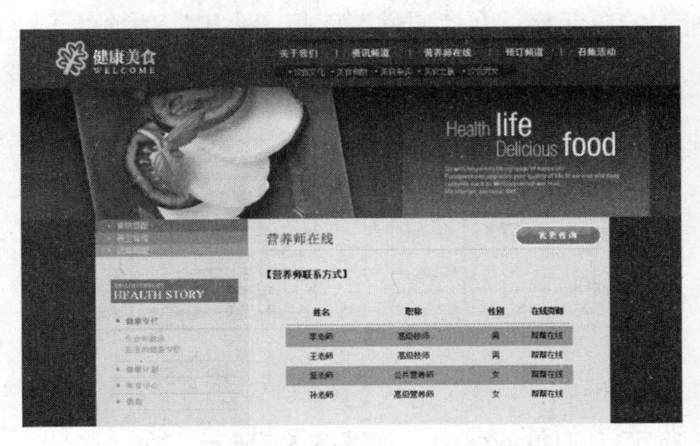

图 5-46

1．导入表格式数据

（1）选择“文件 > 打开”命令，在弹出的“打开”对话框中选择“光盘 > Ch05 > 素材 > 健康

美食网页 > index.html”文件，单击“打开”按钮打开文件，如图 5-47 所示。将光标放置在要导入表格数据的位置，如图 5-48 所示。

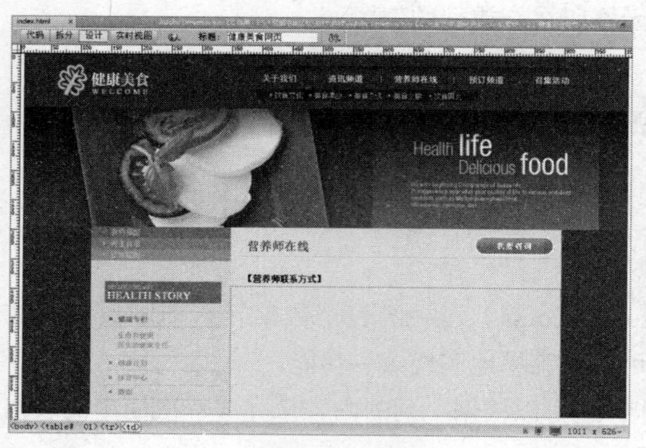

图 5-47

图 5-48

（2）选择“文件 > 导入 > 表格式数据”命令，弹出“导入表格式数据”对话框，在对话框中单击“数据文件”选项右侧的“浏览”按钮，弹出“打开”对话框，在“光盘 > Ch05 > 素材 > 健康美食网页 > images”文件夹中选择文件“导入表格.txt”。

（3）单击“确定”按钮，返回到对话框中，其他选项设置如图 5-49 所示，单击“确定”按钮，导入表格式数据，效果如图 5-50 所示。

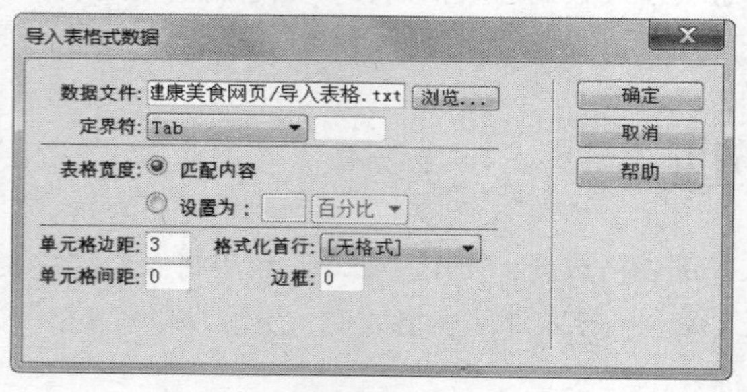

图 5-49

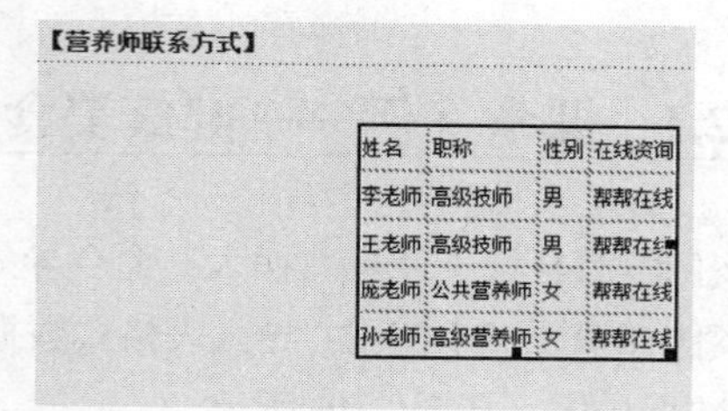

姓名	职称	性别	在线资询
李老师	高级技师	男	帮帮在线
王老师	高级技师	男	帮帮在线
庞老师	公共营养师	女	帮帮在线
孙老师	高级营养师	女	帮帮在线

图 5-50

（4）选中如图 5-51 所示的单元格，在“属性”面板“水平”选项的下拉列表中选择“居中对齐”，效果如图 5-52 所示。

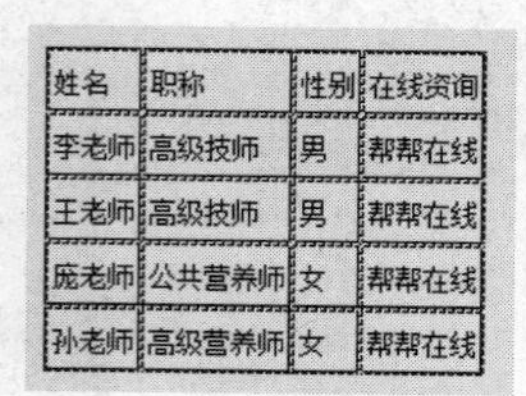

姓名	职称	性别	在线资询
李老师	高级技师	男	帮帮在线
王老师	高级技师	男	帮帮在线
庞老师	公共营养师	女	帮帮在线
孙老师	高级营养师	女	帮帮在线

图 5-51

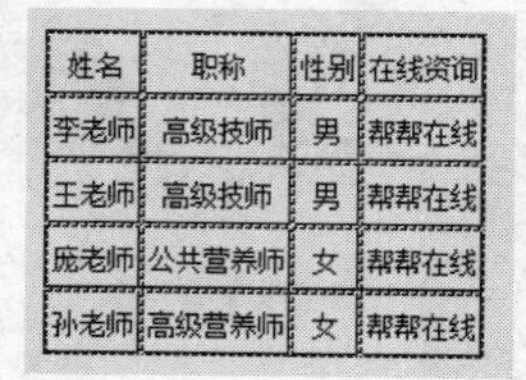

姓名	职称	性别	在线资询
李老师	高级技师	男	帮帮在线
王老师	高级技师	男	帮帮在线
庞老师	公共营养师	女	帮帮在线
孙老师	高级营养师	女	帮帮在线

图 5-52

（5）将光标置于第 1 行第 1 列单元格中，如图 5-53 所示，在“属性”面板中，将“宽”设置为 102，如图 5-54 所示，效果如图 5-55 所示。

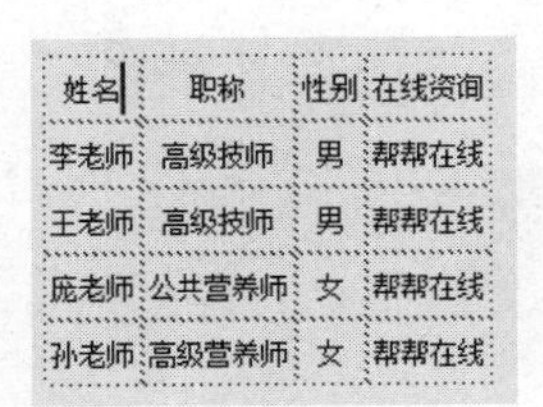

姓名	职称	性别	在线资询
李老师	高级技师	男	帮帮在线
王老师	高级技师	男	帮帮在线
庞老师	公共营养师	女	帮帮在线
孙老师	高级营养师	女	帮帮在线

图 5-53

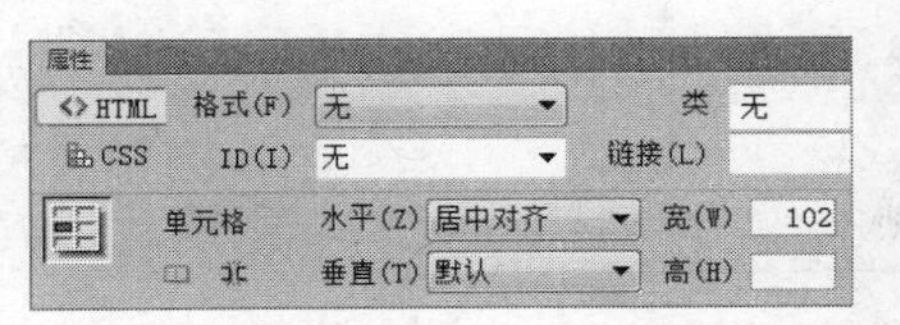

图 5-54

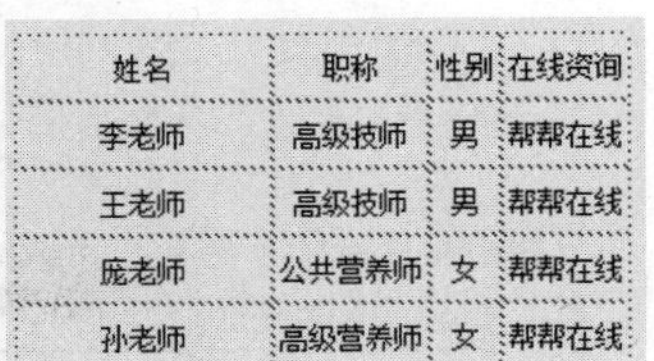

姓名	职称	性别	在线资询
李老师	高级技师	男	帮帮在线
王老师	高级技师	男	帮帮在线
庞老师	公共营养师	女	帮帮在线
孙老师	高级营养师	女	帮帮在线

图 5-55

（6）用相同的方法分别设置第 2 列、第 3 列、第 4 列单元格的宽为 166、72、72，效果如图 5-56 所示。将光标置于第 2 行第 1 列单元格中。

（7）选中如图 5-57 所示的单元格，在“属性”面板中，将“背景颜色”设置为黄绿色（#97c53c），如图 5-58 所示。用相同的方法制作出如图 5-59 所示的效果。

姓名	职称	性别	在线资询
李老师	高级技师	男	帮帮在线
王老师	高级技师	男	帮帮在线
庞老师	公共营养师	女	帮帮在线
孙老师	高级营养师	女	帮帮在线

图 5-56

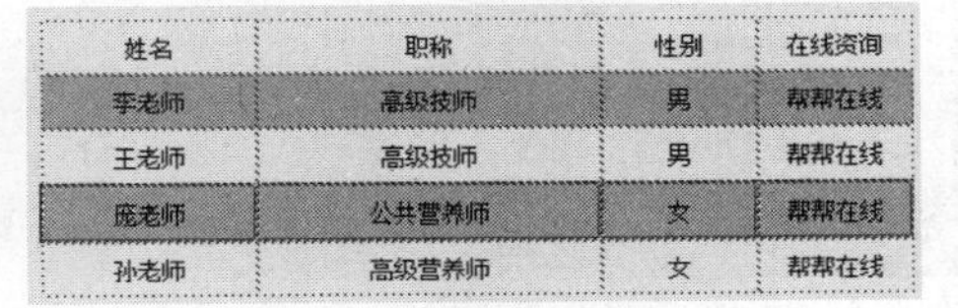

姓名	职称	性别	在线资询
李老师	高级技师	男	帮帮在线
王老师	高级技师	男	帮帮在线
庞老师	公共营养师	女	帮帮在线
孙老师	高级营养师	女	帮帮在线

图 5-57

姓名	职称	性别	在线资询
李老师	高级技师	男	帮帮在线
王老师	高级技师	男	帮帮在线
庞老师	公共营养师	女	帮帮在线
孙老师	高级营养师	女	帮帮在线

图 5-58

姓名	职称	性别	在线资询
李老师	高级技师	男	帮帮在线
王老师	高级技师	男	帮帮在线
庞老师	公共营养师	女	帮帮在线
孙老师	高级营养师	女	帮帮在线

图 5-59

（8）保存文档，按 F12 键预览效果，如图 5-60 所示。

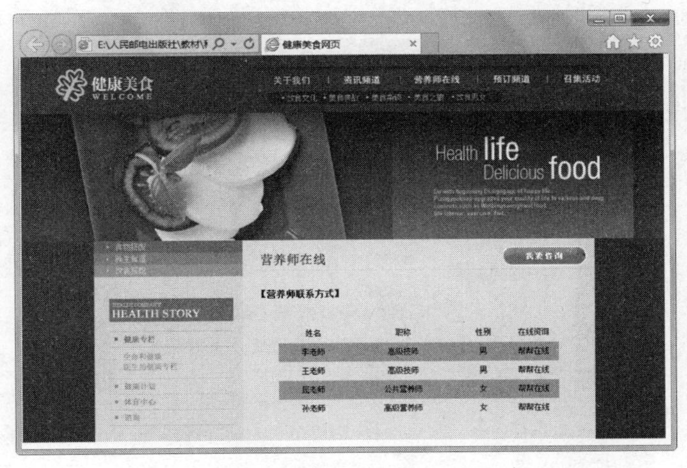

图 5-60

2．排序表格

（1）选中如图 5-61 所示的表格，选择“命令 > 排序表格”命令，弹出“排序表格”对话框，如图 5-62 所示。

【营养师联系方式】

姓名	职称	性别	在线资询
李老师	高级技师	男	帮帮在线
王老师	高级技师	男	帮帮在线
庞老师	公共营养师	女	帮帮在线
孙老师	高级营养师	女	帮帮在线

图 5-61

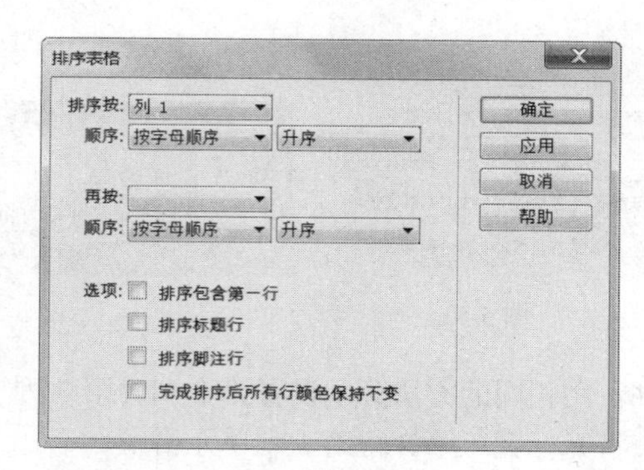

图 5-62

（2）在“排列按”选项的下拉列表中选择“列 2”，“顺序”下拉列表中选择“按字母顺序”，在后面的下拉列表中选择“降序”，如图 5-63 所示，单击“确定”按钮，表格进行排序，效果如图 5-64 所示。

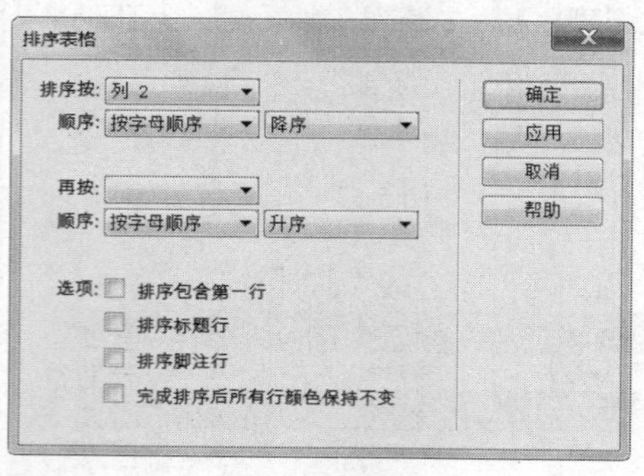

图 5-63

【营养师联系方式】

姓名	职称	性别	在线资询
庞老师	公共营养师	女	帮帮在线
孙老师	高级营养师	女	帮帮在线
王老师	高级技师	男	帮帮在线
李老师	高级技师	男	帮帮在线

图 5-64

（3）保存文档，按 F12 键预览效果，如图 5-65 所示。

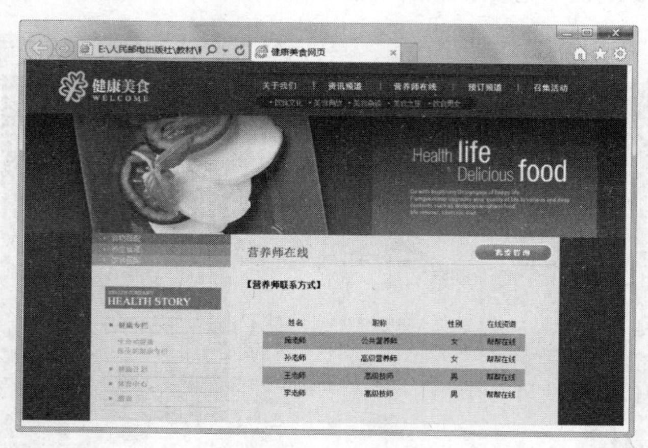

图 5-65

5.2.2 导入和导出表格的数据

有时需要将 Word 文档中的内容或 Excel 文档中的表格数据导入到网页中进行发布，或将网页中的表格数据导出到 Word 文档或 Excel 文档中进行编辑，Dreamweaver CC 提供了实现这种操作的功能。

1．导入 Excel 文档中的表格数据

选择“文件 > 导入 > Excel 文档”命令，弹出“导入 Excel 文档”对话框，如图 5-66 所示。选择包含导入数据的 Excel 文档，导入后的效果如图 5-67 所示。

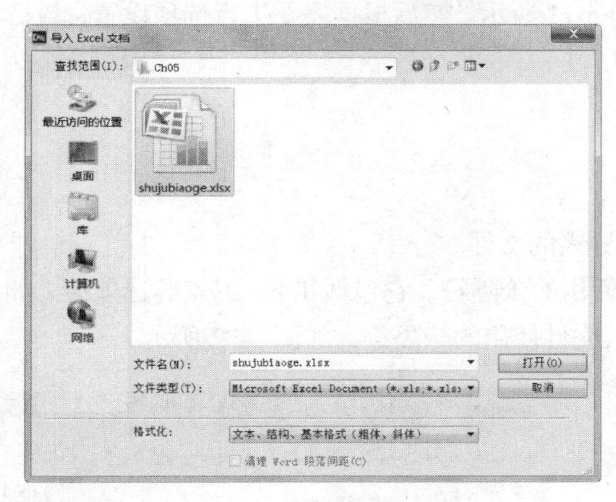

图 5-66

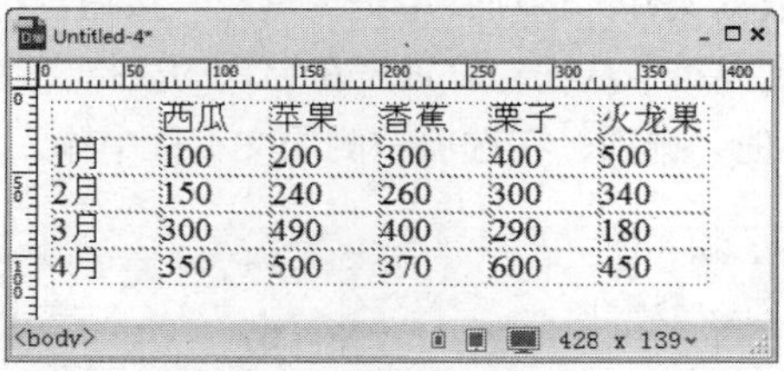

Untitled-4*

	西瓜	苹果	香蕉	栗子	火龙果
1月	100	200	300	400	500
2月	150	240	260	300	340
3月	300	490	400	290	180
4月	350	500	370	600	450

<body>　428 x 139

图 5-67

2．导入 Word 文档中的内容

选择“文件 > 导入 > Word 文档”命令，弹出“导入 Word 文档”对话框，如图 5-68 所示。选择包含导入内容的 Word 文档，导入后的效果如图 5-69 所示。

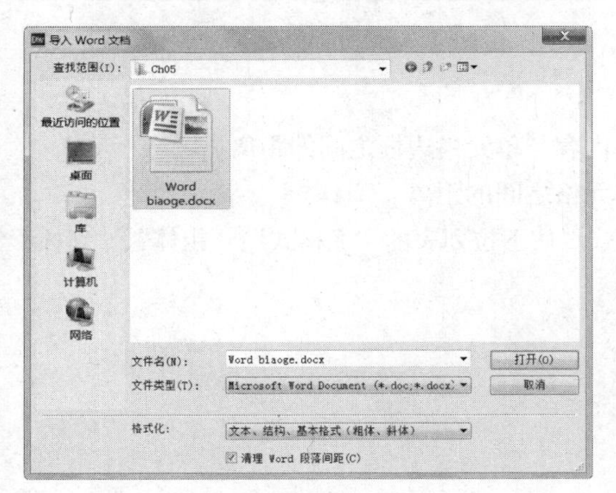

图 5-68

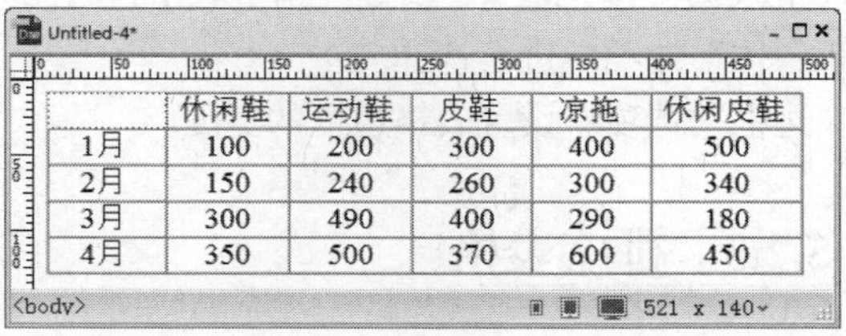

Untitled-4*

	休闲鞋	运动鞋	皮鞋	凉拖	休闲皮鞋
1月	100	200	300	400	500
2月	150	240	260	300	340
3月	300	490	400	290	180
4月	350	500	370	600	450

<body>　521 x 140

图 5-69

3．将网页中的表格导入到其他网页或 Word 文档中

若将一个网页的表格导入到其他网页或 Word 文档中，需先将网页内的表格数据导出，然后将其导入其他网页或切换并导入到 Word 文档中。

（1）将网页内的表格数据导出

选择“文件 > 导出 > 表格”命令，弹出如图 5-70 所示的“导出表格”对话框，根据需要设置参数，单击“导出”按钮，弹出“表格导出为”对话框，输入保存导出数据的文件名称，单击“保存”按钮完成设置。

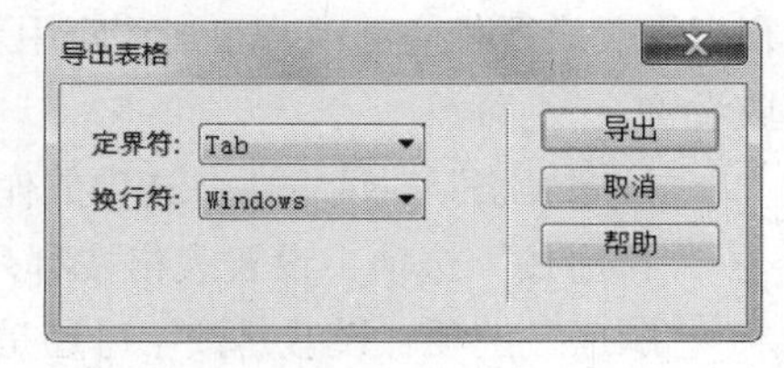

图 5-70

“导出表格”对话框中各选项的作用如下。

“定界符”选项：设置导出文件所使用的分隔符字符。

“换行符”选项：设置打开导出文件的操作系统。

（2）在其他网页中导入表格数据

首先要弹出“导入表格式数据”对话框，如图 5-71 所示。然后根据需要进行选项设置，最后单击“确定”按钮完成设置。

弹出“导入表格式数据”对话框，方法如下。

选择“文件 > 导入 > 表格式数据”命令。

“导入表格式数据”对话框中各选项的作用如下。

“数据文件”选项：单击“浏览”按钮选择要导入的文件。

“定界符”选项：设置正在导入的表格文件所使用的分隔符。它包括 Tab、逗点等选项值。如果选择“其他”选项，在选项右侧的文本框中输入导入文件使用的分隔符，如图 5-72 所示。

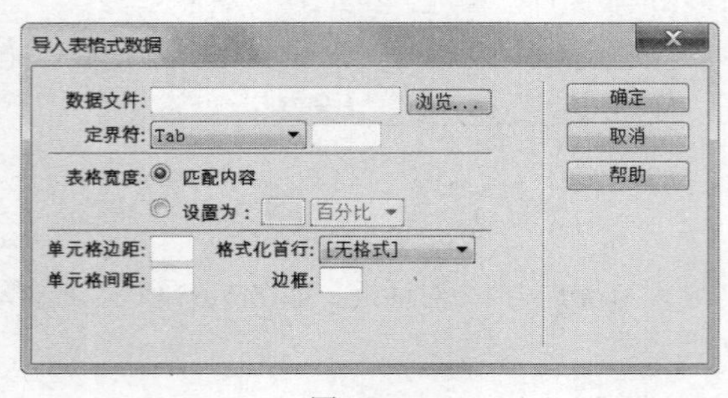

图 5-71

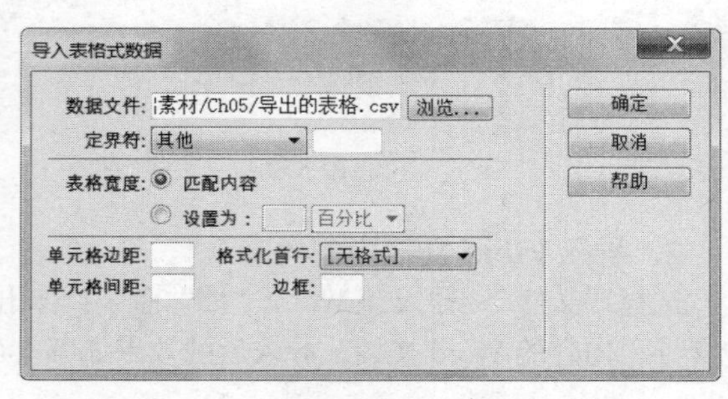

图 5-72

“表格宽度”选项组：设置将要创建的表格宽度。

“单元格边距”选项：以像素为单位设置单元格内容与单元格边框之间的距离。

“单元格间距”选项：以像素为单位设置相邻单元格之间的距离。

“格式化首行”选项：设置应用于表格首行的格式。从下拉列表的“无格式”、“粗体”、“斜体”和“加粗斜体”选项中进行选择。

“边框”选项：设置表格边框的宽度。

5.2.3 排序表格

日常工作中，常常需要对无序的表格内容进行排序，以便浏览者可以快速找到所需的数据。表格排序功能可以为网站设计者解决这一难题。

将插入点放到要排序的表格中，然后选择“命令 > 排序表格”命令，弹出“排序表格”对话框，如图 5-73 所示。根据需要设置相应选项，单击“应用”或“确定”按钮完成设置。

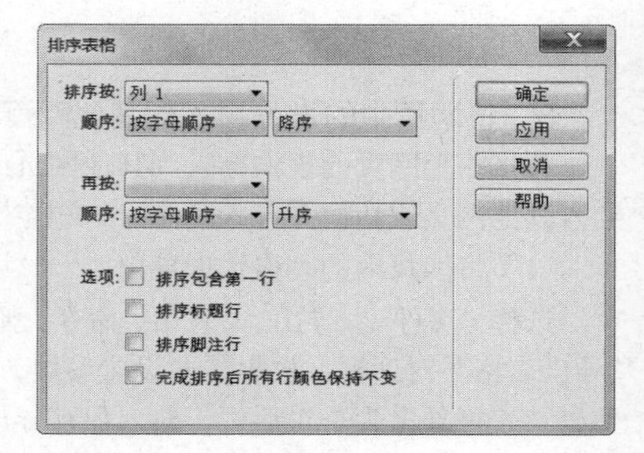

图 5-73

“排序表格”对话框中各选项的作用如下。

“排序按”选项：设置表格按哪列的值进行排序。

“顺序”选项：设置是按字母还是按数字顺序以及是以升序（从 A 到 Z 或从小数字到大数字）还

是降序对列进行排序。当列的内容是数字时，选择“按数字顺序”。如果按字母顺序对一组由一位或两位字数组成的数进行排序，则会将这些数字作为单词按照从左到右的方式进行排序，而不是按数字大小进行排序。如 1、2、3、10、20、30，若按字母排序，则结果为 1、10、2、20、3、30；若按数字排序，则结果为 1、2、3、10、20、30。

“再按”和“顺序”选项：按第一种排序方法排序后，当排序的列中出现相同的结果时按第二种排序方法排序。可以在这两个选项中设置第二种排序方法，设置方法与第一种排序方法相同。

“选项”选项组：设置是否将标题行、脚注行等一起进行排序。

“排序包含第一行”选项：设置表格的第一行是否应该排序。如果第一行是不应移动的标题，则不选择此选项。

“排序标题行”选项：设置是否对标题行进行排序。

“排序脚注行”选项：设置是否对脚注行进行排序。

“完成排序后所有行颜色保持不变”选项：设置排序的结果是否保持原行的颜色值。如果表格行使用两种交替的颜色，则不要选择此选项以确保排序后的表格仍具有颜色交替的行。如果行属性特定于每行的内容，则选择此选项以确保这些属性保持与排序后表格中正确的行关联在一起。

按图 5-73 所示进行设置，表格内容排序后的效果如图 5-74 所示。

	休闲鞋	运动鞋	皮鞋	凉拖	休闲皮鞋
4月	350	500	370	600	450
3月	300	490	400	290	180
2月	150	240	260	300	340
1月	100	200	300	400	500

图 5-74

有合并单元格的表格是不能使用“排序表格”命令的。

5.3 复杂表格的排版

当一个表格无法对网页元素进行复杂的定位时，需要在表格的一个单元格中继续插入表格，这叫做表格的嵌套。单元格中的表格是内嵌入式表格，通过内嵌入式表格可以将一个单元再分成许多行和列，而且可以无限地插入内嵌入式表格，但是内嵌入式表格越多，浏览时花费在下载页面的时间越长，因此，内嵌入式的表格最多不超过 3 层。包含嵌套表格的网页如图 5-75 所示。

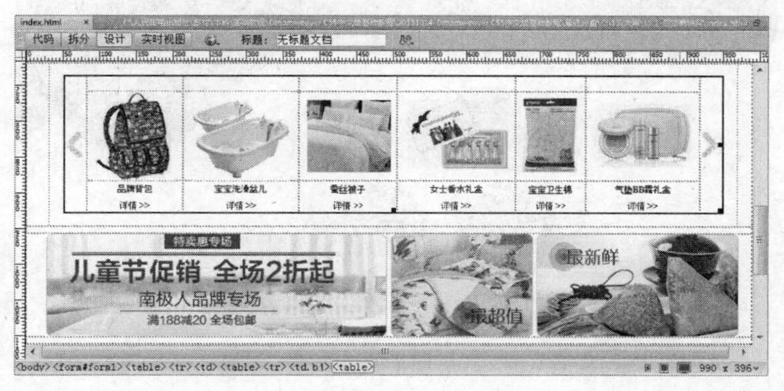

图 5-75

课堂练习——电子科技网页

【练习知识要点】使用“导入表格式数据”命令，导入外部表格数据；使用“排序表格”命令，将表格的数据排序，如图 5-76 所示。

【素材所在位置】光盘/Ch05/素材/电子科技网页/images。

【效果所在位置】光盘/Ch05/电子科技网页/index.html。

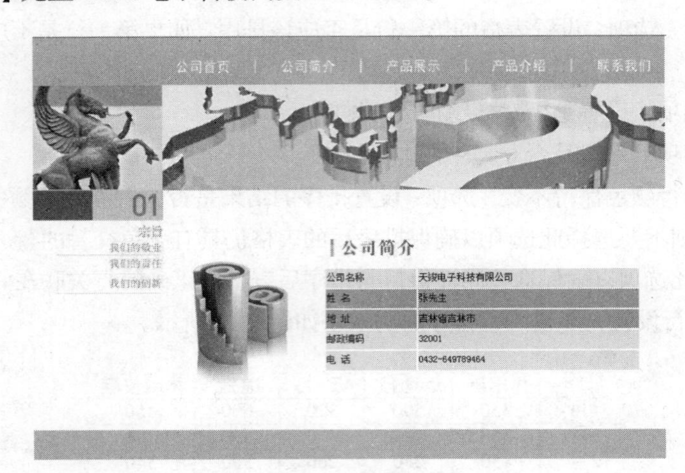

图 5-76

课堂练习——有机蔬菜网页

【练习知识要点】使用“页面属性”命令，设置页面属性；使用“图像”和“表格”按钮，制作网页效果，如图 5-77 所示。

【素材所在位置】光盘/Ch05/素材/有机蔬菜网页/images。

【效果所在位置】光盘/Ch05/效果/有机蔬菜网页/index.html。

图 5-77

课后习题——OA 办公系统网页

【习题知识要点】使用“导入表格式数据”命令，导入外部表格数据；使用“排序表格”命令，将表格的数据排序，如图 5-78 所示。

【素材所在位置】光盘/Ch05/素材/OA 办公系统网页/images。

【效果所在位置】光盘/Ch05/效果/OA 办公系统网页/index.html。

图 5-78

第6章 ASP

本章介绍

本章主要介绍 ASP 动态网页基础和内置对象，包括 ASP 服务器的安装、ASP 语法基础、数组的创建与应用及流程控制语句等。通过对本章的学习，读者可以掌握 ASP 的基本操作。

学习目标

- 掌握 ASP 服务器的运行环境及安装 IIS 的方法
- 掌握 ASP 语法基础及数组的创建与应用方法
- 掌握 VBScript 选择和循环语句
- 掌握 Request 请求和相应对象的方法
- 掌握 server 服务对象

技能目标

- 掌握“建筑信息咨询网页”的制作方法
- 掌握“运动休闲网页”的制作方法

6.1 ASP动态网页基础

ASP（Active Server Pages）是微软公司1996年底推出的Web应用程序开发技术，其主要功能是为生成动态交互的Web服务器应用程序提供功能强大的方法和技术。ASP既不是一种语言也不是一种开发工具，而是一种技术框架，是位于服务器端的脚本运行环境。

命令介绍

通过输入代码实现函数效果。

6.1.1 课堂案例——建筑信息咨询网页

【案例学习目标】使用日期函数显示当前系统时间。

【案例知识要点】使用“拆分视图”按钮和“设计视图”按钮切换视图窗口，使用函数“Now()”显示当前系统日期和时间，如图6-1所示。

【效果所在位置】光盘/Ch06/效果/建筑信息咨询网页/index.asp

（1）选择“文件 > 打开”命令，在弹出的“打开”对话框中选择“光盘 > Ch06 > 素材 > 建筑信息咨询网页 > index.asp”文件，单击“打开”按钮，效果如图6-2所示。

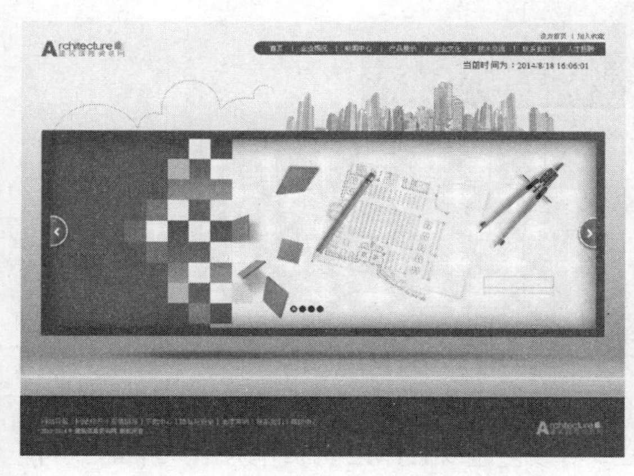

图6-1

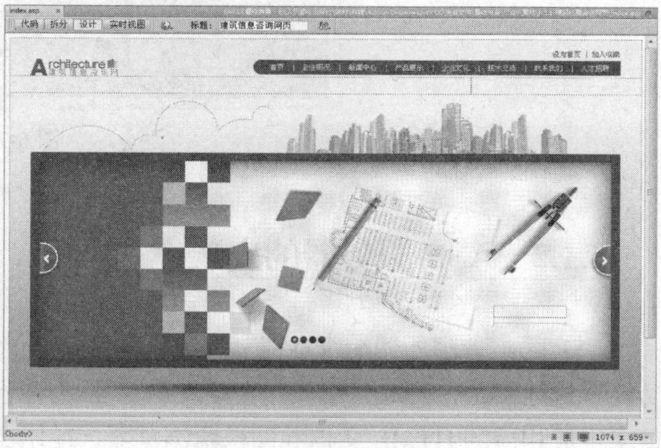

图6-2

（2）将光标置于如图6-3所示的单元格中。

（3）单击文档窗口左上方的“拆分”按钮 拆分 ，切换到拆分视图，此时光标位于单元格标签中，如图6-4所示。输入文字和代码：当前时间为：<%=Now()%>，如图6-5所示。

图6-3

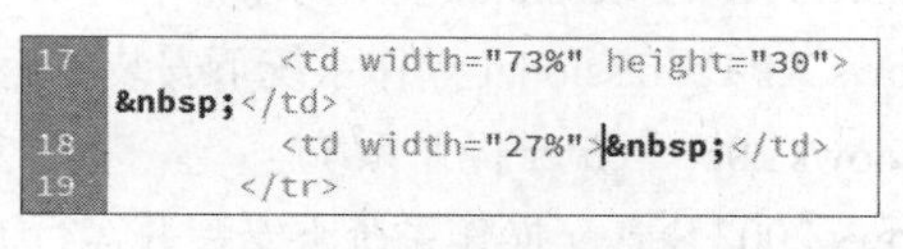

图6-4

（4）单击文档窗口左上方的“设计”按钮 设计 ，切换到设计视图窗口，单元格效果如图 6-6 所示。

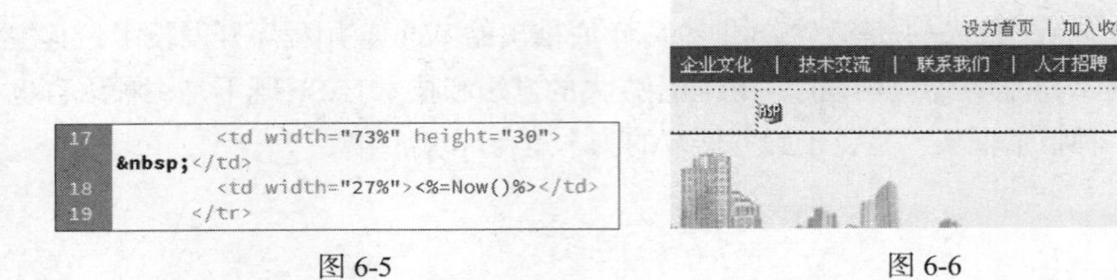

图 6-5　　　　图 6-6

（5）保存文档，在 IIS 中浏览页面，效果如图 6-7 所示。

图 6-7

6.1.2 ASP 服务器的安装

ASP 是一种服务器端脚本编写环境，其主要功能是把脚本语言、HTML、组件和 Web 数据库访问功能有机地结合在一起，形成一个能在服务器端运行的应用程序，该应用程序可根据来自浏览器端的请求生成相应的 HTML 文档并回送给浏览器。使用 ASP 可以创建以 HTML 网页作为用户界面，并能够对数据库进行交互的 Web 应用程序。

1. ASP 的运行环境

ASP 程序是在服务器端执行的，因此必须在服务器上安装相应的 Web 服务器软件。下面介绍不同 Windows 操作系统下 ASP 的运行环境。

（1）Windows 2000 Server / Professional 操作系统。

在 Windows 2000 Server / Professional 操作系统下安装并运行 IIS 5.0。

（2）Windows XP Professional 操作系统。

在 Windows XP Professional 操作系统下安装并运行 IIS 5.1。

（3）Windows 2003 Server 操作系统。

在 Windows 2003 Server 操作系统下安装并运行 IIS 6.0。

（4）Windows Vista / Windows Server 2008s@bkIIS / Windows 7 操作系统。

在 Windows Vista / Windows Server 2008s@bkIIS / Windows 7 操作系统下安装并运行 IIS 7.0。

2．安装 IIS

IIS 是微软公司提供的一种互联网基本服务，已经被作为组件集成在 Widows 操作系统中。如果用户安装 Windows Server 2000 或 Windows Server 2003 等操作系统，则在安装时会自动安装相应版本的 IIS。如果安装的是 Windows7 等操作系统，默认情况下不会安装 IIS，这时，需要进行手动安装。

（1）选择“开始 > 控制面板”菜单命令，打开“控制面板”窗口，点击“程序和功能”按钮，在弹出的对话框中点击“打开或关闭 Windows 功能”按钮，弹出“Windows 功能”对话框，如图 6-8 所示。

（2）在“Internet 信息服务中”勾选相应的 Windows 功能，如图 6-9 所示，单击“确定”按钮，系统会自动添加功能，如图 6-10 所示。

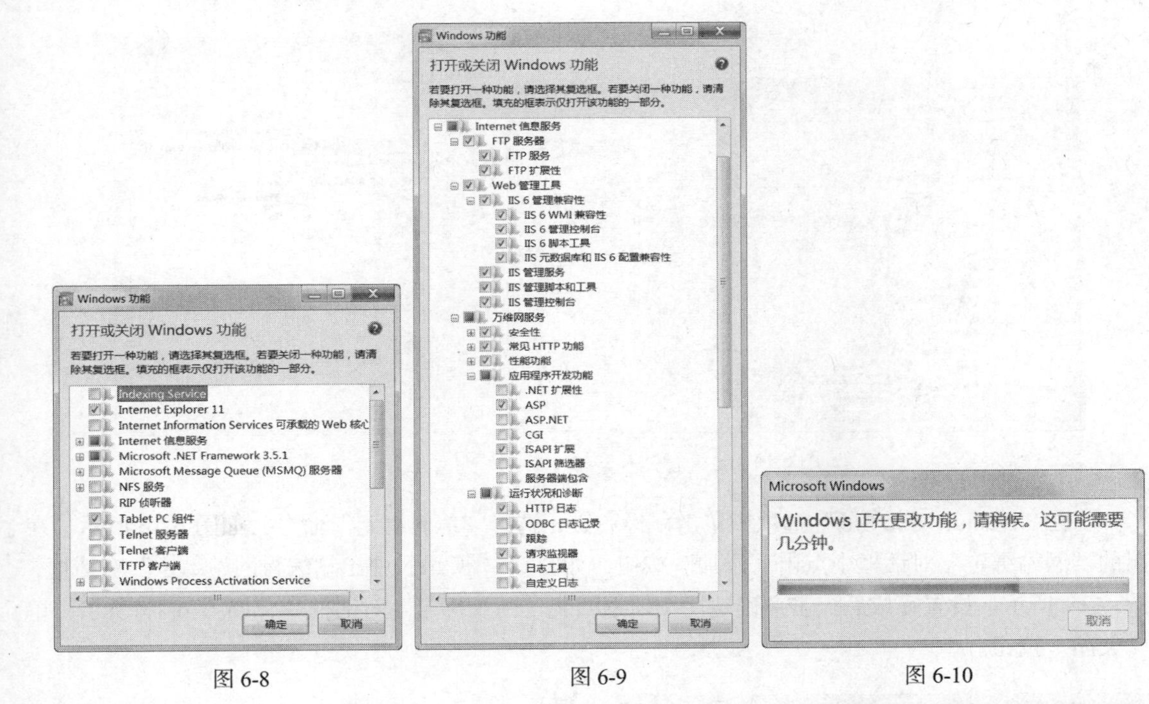

图 6-8　　图 6-9　　图 6-10

（3）安装完成后，需要对 IIS 进行简单的设置。单击控制面板中的“管理工具”按钮，在弹出的对话框内双击“Internet 信息服务（IIS）管理器”选项，如图 6-11 所示。

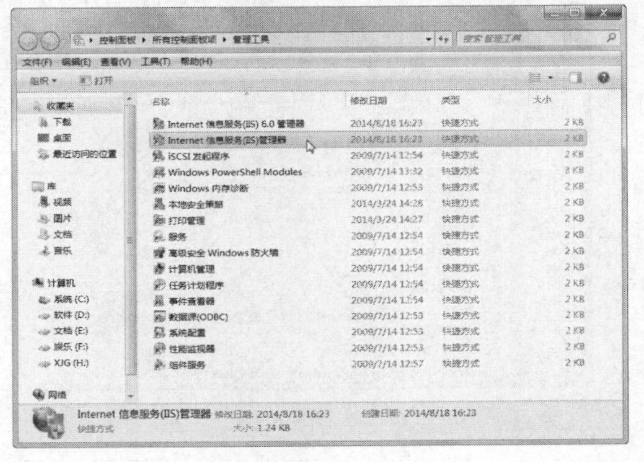

图 6-11

（4）在“Default Web Site”选项中双击“ASP”图标，如图 6-12 所示。

（5）将“启用父路径”属性设为“True”，如图 6-13 所示。

（6）在“Default Web Site”选项中单击鼠标右键，选择“管理网站 > 高级设置”命令，如图 6-14

所示。在弹出的对话框中设置物理路径，如图 6-15 所示，设置完成后单击“确定”按钮。

图 6-12　　　　图 6-13

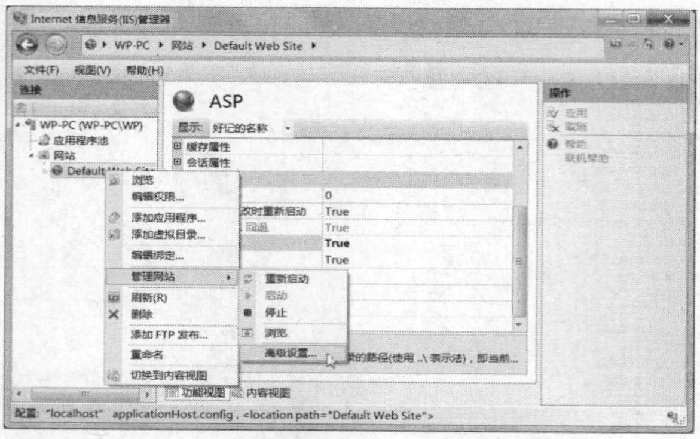

图 6-14

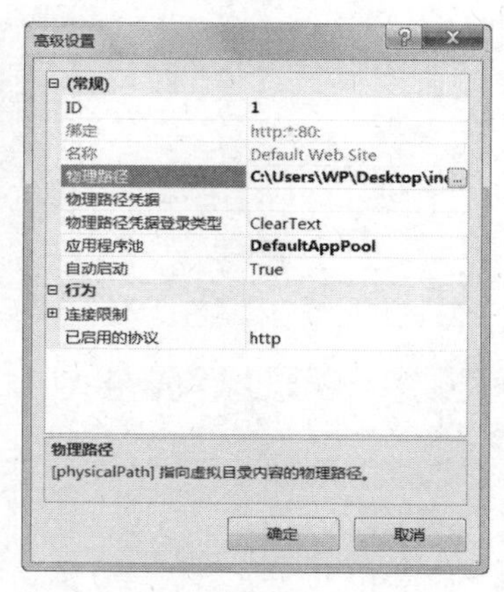

图 6-15

（7）在“Default Web Site”选项中单击鼠标右键，选择“编辑绑定”命令，如图 6-16 所示。在弹出的“网站绑定”对话框中点击“添加”按钮，如图 6-17 所示，弹出“编辑网站绑定”对话框，如图 6-18 所示。设置完成后点击“确定”按钮返回到“网站绑定”对话框中，如图 6-19 所示，单击“关闭”按钮。

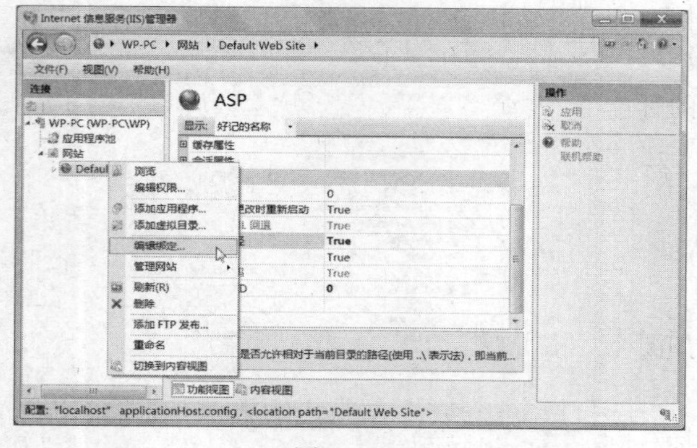

图 6-16

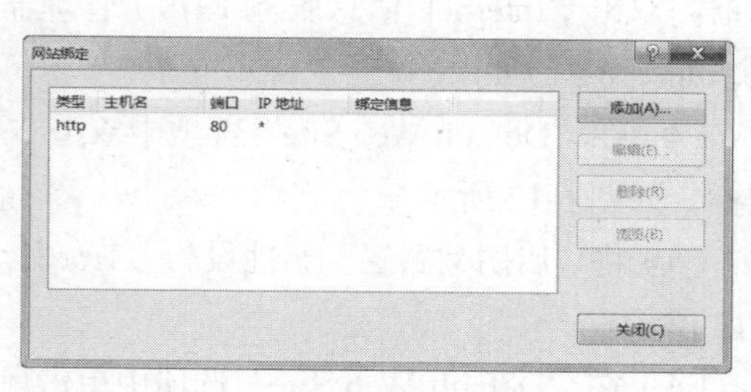

图 6-17

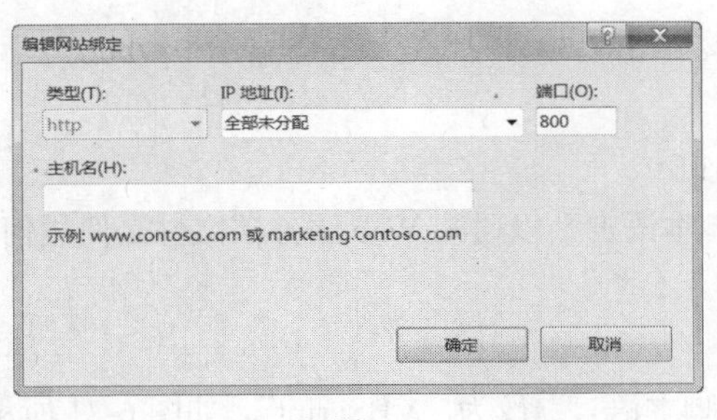

图 6-18

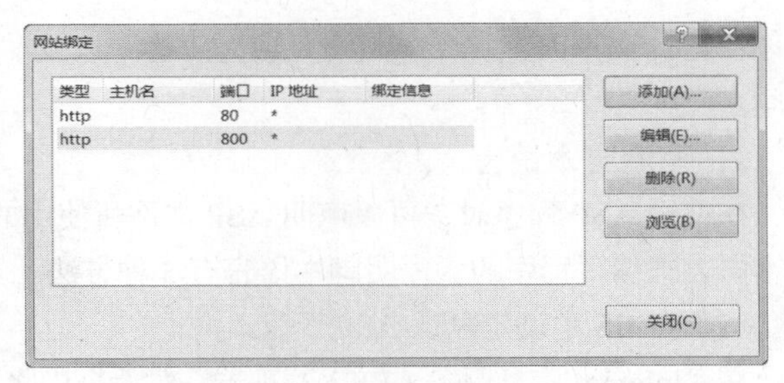

图 6-19

6.1.3 ASP 语法基础

1. ASP 文件结构

ASP 文件是以.asp 为扩展名的。在 ASP 文件中，可以包含以下内容。

（1）HTML 标记：HTML 标记语言包含的标记。

（2）脚本命令：包括 VBScript 或 JavaScript 脚本。

（3）ASP 代码：位于“<%”和“%>”分界符之间的命令。在编写服务器端的 ASP 脚本时，也可以在<script>和</script>标记之间定义函数、方法和模块等，但必须在<script>标记内指定 RunAT 属性值为“Server”。如果忽略了 RunAT 属性，脚本将在客户端执行。

（4）文本：网页中说明性的静态文字。

下面给出一个简单的 ASP 程序，以了解 ASP 文件结构。

例如，输出当前系统日期、时间，代码如下。

```
<html>
<head>
<title>ASP 程序</title>
</head>
<body>
当前系统日期时间为：<%=Now()%>
</body>
</html>    Authenticated Users
```

运行以上程序代码，在浏览器中显示如图 6-20 所示的内容。

图 6-20

以上代码，是一个标准的 HTML 文件中嵌入 ASP 程序，而形成的.asp 文件。其中，<html>…</html>为 HTML 文件的开始标记和结束标记；<head>…</head>为 HTML 文件的头部标记，在头部标记之间，定义了标题标记<title>…</title>，用于显示 ASP 文件的标题信息；<body>…</body>为 HTML 文件的主体标记。文本内容“当前系统日期时间为”以及“<%=Now()%>”都嵌入在<body>…</body>标记之间。

2. 声明脚本语言

在编写 ASP 程序时，可以声明 ASP 文件所使用的脚本语言，以通知 Web 服务器文件是使用何种脚本语言来编写程序的。声明脚本语言有 3 种方法。

（1）在 IIS 中设定默认 ASP 语言。

在“Internet 信息服务（IIS）管理器”对话框中将“脚本语言”设为“VBScript”，如图 6-21 所示。

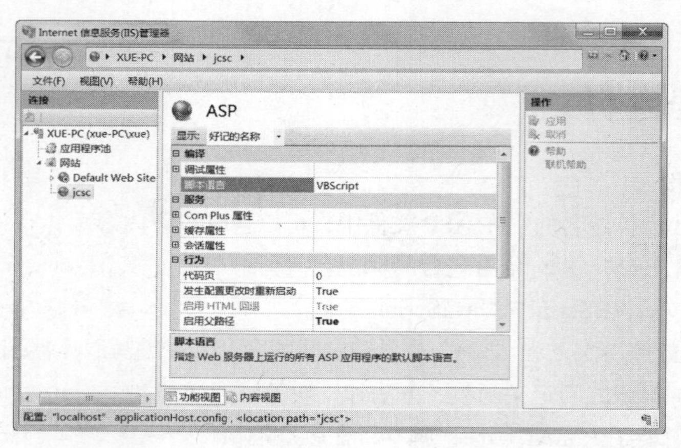

图 6-21

（2）使用@LANGUAGE 声明脚本语言。

在 ASP 处理指令中，可以使用 LANGUAGE 关键字在 ASP 文件的开始，设置使用的脚本语言。使用这种方法声明的脚本语言，只作用于该文件，对其他文件不会产生影响。

语法：

```
<%@LANGUAGE=scriptengine%>
```

其中，scriptengine 表示编译脚本的脚本引擎名称。Internet 信息服务（IIS）管理器中包含两个脚本引擎，分别为 VBScript 和 JavaScript。默认情况下，文件中的脚本将由 VBScript 引擎进行解释。

例如，在 ASP 文件的第一行设定页面使用的脚本语言为 VBScript，代码如下。

```
<%@language="VBScript"%>
```

需要注意的是，如果在 IIS 服务器中设置的默认 ASP 语言为 VBScript，且文件中使用的也是 VBScript，则在 ASP 文件中可以不用声明脚本语言；如果文件中使用的脚本语言与 IIS 服务器中设置的默认 ASP 语言不同，则需使用@LANGUAGE 处理指令声明脚本语言。

（3）通过<script>标记声明脚本语言。

通过设置<script>标记中的 language 属性值，可以声明脚本语言。需要注意的是，此声明只作用于<script>标记。

语法：

```
<script language=scriptengine runat="server">
//脚本代码
</script>
```

其中，scriptengine 表示编译脚本的脚本引擎名称；runat 属性值设置为 server，表示脚本运行在服务器端。

例如，在<script>标记中声明脚本语言为 javascript，并编写程序用于向客户端浏览器输出指定的字符串，代码如下。

```
<script language="javascript" runat="server">
Response.write("Hello World!");          //调用 Response 对象的 write 方法输出指定字符串
</script>
```

运行程序，效果如图 6-22 所示。

图 6-22

3．ASP 与 HTML

在 ASP 网页中，ASP 程序包含在“<%”和“%>”之间，并在浏览器打开网页时产生动态内容。它与 HTML 标记两者互相协作，构成动态网页。ASP 程序可以出现在 HTML 文件中的任意位置，同时在 ASP 程序中也可以嵌入 HTML 标记。

编写 ASP 程序，通过 Date()函数输出当天日期，并应用于<font>标记定义日期显示颜色，代码如下。

```
<html>
<head>
<meta http-equiv="Content-Type" content="text/html; charset=gb2312"/>
<title>b</title>
</head>
<body>
今天是：
<%
    Response.Write("<font color=red>")
    Response.Write(Date())
    Response.Write("</font>")
%>
</body>
</html>
```

以上代码，通过 Response 对象的 Write 方法向浏览器端输出<font></font>标记以及当前系统日期。在 IIS 中浏览该文件，运行结果如图 6-23 所示。

图 6-23

6.1.4 数组的创建与应用

数组是有序数据的集合。数组中的每一个元素都属于同一个数据类型，用一个统一的数组名和下标可以唯一地确定数组中的元素，下标放在紧跟在数组名之后的括号中。有一个下标的数组称为一维数组，有两个下标的数组称为二维数组，以此类推。数组的最大维数为 60。

1．创建数组。

在 VBScript 中，数组有两种类型：固定数组和动态数组。

- 固定数组。

固定数组是指数组大小在程序运行时不可改变的数组。数组在使用前必须先声明，使用 Dim 语句可以声明数组。

声明数组的语法格式如下：

```
Dim array(i)
```

在 VBScript 中，数组的下标是从 0 开始计数的，所以数组的长度应用“i+1”。

例如：

```
Dim ary(3)
Dim db_array(5,10)
```

声明数组后，就可以对数组元素进行每个元素赋值。在对数组进行赋值时，必须通过数组的下标指明赋值元素的位置。

例如，在数组中使用下标为数组的每个元素赋值，代码如下。

```
Dim ary(3)
ary(0)="数学"
ary(1)="语文"
ary(2)="英语"
```

- 动态数组。

声明数组时也可能不指明它的下标，这样的数组叫做变长数组，也称为动态数组。动态数组的声明方法与固定数组声明的方法一样，唯一不同的是没有指明下标，格式如下：

```
Dim array()
```

虽然动态数组声明时无需指明下标，但在使用它之前必须使用 ReDim 语句确定数组的维数。对动态数组重新声明的语法格式如下：

```
Dim array()
Redim array(i)
```

2．应用数组函数

数组函数用于数组的操作。数组函数主要包括 LBound 函数、UBound 函数、Split 函数和 Erase 函数。

- LBound 函数。

LBound 函数用于返回一个 Long 型数据，其值为指定数组维可用的最小下标。

语法：

```
LBound (arrayname[, dimension])
```

arrayname：必需的，表示数组变量的名称，遵循标准的变量命名约定。

dimension：可选的，类型为 Variant (Long)。

指定返回下界的维度。1 表示第一维，2 表示第二维，如此类推。如省略 dimension，则默认为 1。

例如，返回数据组 MyArray 第二维的最小可用下标，代码如下：

```
<%
Dim MyArray(5,10)
Response.Write(LBound(MyArray,12))
%>
```

结果为：0

- UBound 函数。

UBound 函数用于返回一个 Long 型数据，其值为指定的数组维可用的最大下标。

语法：

UBound(arrayname[, dimension])

arrayname：必需的。数组变量的名称，遵循标准变量命名约定。

dimension：可选的，Variant (Long)。

指定返回上界的维度。1 表示第一维，2 表示第二维，以此类推。如果省略 dimension，则默认为 1。

UBound 函数与 LBound 函数一起使用，用来确定一个数组的大小。LBound 用来确定数组某一维的上界。

例如，返回数组 MyArray 第二维的最大可用下标，代码如下。

```
<%
Dim MyArray(5,10)
Response.Write(UBound(MyArray,2))
%>
```

结果为：10

- Split 函数。

Split 函数用于返回一个下标从零开始的一维数组，它包含指定数目的子字符串。

语法：

Split(expression[, delimiter[, count[, compare]]])

expression：必需的，包含子字符串和分隔符的字符串表达式。如果 expression 是一个长度为零的字符串("")，Split 则返回一个空数组，即没有元素和数据的数组。

delimiter：可选的，用于标识子字符串边界的字符串字符。如果忽略，则使用空格字符(" ")作为分隔符。如果 delimiter 是一个长度为零的字符串，则返回的数组仅包含一个元素，即完整的 expression 字符串。

count：可选的，要返回的子字符串数，-1 表示返回所有的子字符串。

compare：可选的，数字值，表示判别子字符串时使用的比较方式。关于其值，请参阅"设置值"部分。

例如，读取字符串 str 中以符号"/"分隔的各子字符串，代码如下。

```
<%
Dim str,str_sub,i
```

```
str="ASP 程开发/VB 程序开发/ASP.NET 程序开发"
str_sub=Split(str,"/")
For i=0 to Ubound(str_sub)
  Respone.Write(i+1&"."&str_sub(i)&"<br>")
Next
%>
```

结果为：

① ASP 程序开发

② VB 程序开发

③ ASP.NET 程序开发

• Erase 函数。

Erase 函数用于重新初始化大小固定的数组的元素，以及释放动态数组的存储空间。

语法：

```
Erase arraylist
```

所需的 arraylist 参数是一个或多个用逗号隔开的需要清除的数组变量。

Erase 根据是固定大小（常规的）数组还是动态数组，来采取完全不同的行为。Erase 无需为固定大小的数组恢复内存。

例如，定义数组元素内容后，利用 Erase 函数释放数组的存储空间，代码如下。

```
<%
Dim MyArray(1)
MyArray(0)="网络编程"
Erase MyArray
If MyArray(0)= "" Then
Response.Write("数组资源已释放！")
Else
  Response.Write(MyArray(0))
End If
%>
```

结果为：数组资源已释放！

6.1.5 流程控制语句

在 VBScript 语言中，有顺序结构、选择结构和循环结构 3 种基本程序控制结构。顺序结构是程序设计中最基本的结构，在程序运行时，编译器总是按照先后顺序执行程序中的所有命令。通过选择结构和循环结构可以改变代码的执行顺序。本节介绍 VBScript 选择语句和循环语句。

1．运用 VBScript 选择语句

• 使用 if 语句实现单分支选择结构。

if…then…end if 语句称为单分支选择语句，可用于实现程序的单分支选择结构。该语句根据表达式结果是否为真，决定是否执行指定的命令序列。在 VBScript 中，if…then…end if 语句的基本格式如下：

```
if 条件语句 then
    …命令序列
end if
```

通常情况下，条件语句是使用比较运算符对数值或变量进行比较的表达式。执行该格式的命令时，首先对条件进行判断，若条件取值为真 true，则执行命令序列。否则跳过命令序列，执行 end if 后的语句。

例如，判断给定变量的值是否为数字，如果为数字则输出指定的字符串信息，代码如下。

```
<%
Dim Num
Num=105
If IsNumeric(Num) then
  Response.Write（"变量 Num 的值是数字！"）
end if
%>
```

- 使用 if…then…else 语句实现双分支选择结构。

if…then…else 语句称为双分支选择语句，可用于实现程序的双分支选择结构。该语句根据条件语句的取值，执行相应的命令序列。基本格式如下：

```
if 条件语句 then
…命令序列 1
else
…命令序列 2
end if
```

执行该格式命令时，若条件语句为 true，则执行命令序列 1，否则执行命令序列 2。

- 使用 select case 语句实现多分支选择结构。

select case 语句称为多分支选择语句，该语句可以根据条件表达式的值，决定执行的命令序列。应用 select case 语句实现的功能，相当于嵌套使用 if 语句实现的功能。select case 语句的基本格式如下：

```
select case 变量或表达式
    case 结果 1
        命令序列 1
    case 结果 2
        命令序列 2
        …
    case 结果 n
        命令序列 n
    case else 结果 n
        命令序列 n+1
end select
```

在 select case 语句中，首先对表达式进行计算，可以进行数学计算或字符串运算；然后将运算结果依次与结果 1 到结果 n 作比较，如果找到相等的结果，则执行对应的 case 语句中的命令序列，如果未找到相同的结果，则执行 case else 语句后面的命令序列；执行命令序列后，退出 select case 语句。

2．运用 VBScript 循环语句

（1）do……loop 循环控制语句。

do……loop 语句当条件为 true 或条件变为 true 之前重复执行某语句块。根据循环条件出现的位置，do……loop 语句的语法格式分以下两条形式。

- 循环条件出现在语句的开始部分。

```
do while 条件表达式
    循环体
Loop
```

或者

```
do until 条件表达式
    循环体
Loop
```

- 循环条件出现在语句的结尾部分。

```
do
    循环体
loop until 条件表达式
```

其中的 while 和 until 关键字的作用正好相反，while 是当条件为 true 时，执行循环体，而 until 是条件为 false 时，执行循环体。

在 do……loop 语句中，条件表达式在前与在后的区别是：当条件表达式在前时，表示在循环条件为真时，才能执行循环体；而条件表达式在后时，表示无论条件是否满足都至少执行一次循环体。

在 do……loop 语句中，还可以使用强行退出循环的指令 exit do，此语句可以放在 do……loop 语句中的任意位置，它的作用与 for 语句中的 exit for 相同。

（2）while……wend 循环控制语句。

while……wend 语句是当前指定的条件为 true 时执行一系列的语句。该语句与 do……loop 循环语句相似。while……wend 语句的语法格式如下：

```
while condition
[statements]
Wend
```

condition：数值或字符串表达式，其计算结果为 true 或 false。如果 condition 为 null，则 condition 返回 false。

statements：在条件为 true 时执行的一条或多条语句。

在 while……wend 语句中，如果 condition 为 true，则 statements 中所有 wend 语句之前的语句都将被执行，然后控制权将返回到 while 语句，并且重新检查 condition。如果 condition 仍为 true，则重复执行上面的过程；如果为 false，则从 wend 语句之后的语句继续执行程序。

（3）for……next 循环控制语句。

for……next 语句是一种强制型的循环语句，它指定次数重复执行一组语句。其语法格式如下：

```
for counter=start to end [step number]
    statement
```

```
    [exit for]
Next
```

counter：用作循环计数器的数值变量。start 和 end 分别是 counter 的初始值和终止值。Number 为 counter 的步长，决定循环的执行情况，可以是正数或负数，其默认值为 1。

statement：表示循环体。

exit for：为 for……next 提供了另一种退出循环的方法，可以在 for……next 语句的任意位置放置 exit for。exit for 语句经常和条件语句一起使用。

exit for 语句可以嵌套使用，即可以把一个 for……next 循环放置在另一个 for……next 循环中，此时每个循环中的 counter 要使用不同的变量名。例如：

```
for i =0 to 10
    for j=0 to 10
      …
    next
…
Next
```

（4）for each…next 循环控制语句。

for each…next 语句主要针对数组或集合中的每个元素重复执行一组语句。虽然也可以用 for each…next 语句完成任务，但是如果不知道一个数组或集合中有多少个元素，使用 for each…next 语句循环语句则是较好的选择。其语法格式如下：

```
for each 元素 in 集合或数组
    循环体
    [exit for]
Next
```

（5）exit 退出循环语句。

exit 语句主要用于退出 do…loop、for…next、function 或 sub 代码块。其语法格式如下：

```
exit do
exit for
exit function
exit sub
```

exit do：提供一种退出 Do...Loop 循环的方法，并且只能在 Do...Loop 循环中使用。

exit for：提供一种退出 for 循环的方法，并且只能在 For...Next 或 For Each...Next 循环中使用。

exit function：立即从包含该语句的 Function 过程中退出。程序会从调用 Function 的语句之后的语句继续执行。

exit property：立即从包含该语句的 Property 过程中退出。程序会从调用 Property 过程的语句之后的语句继续执行。

exit sub：立即从包含该语句的 Sub 过程中退出。程序会从调用 Sub 过程的语句之后的语句继续执行。

6.2 ASP 内置对象

为了实现网站的常见功能，ASP 提供了内置对象。内置对象的特点是：不需要事先声明或者创建一个例，可以直接使用。常见的内置对象主要内容包括 Request 对象、Response 对象、Application 对象、Session 对象、Server 对象和 ObjectContext 对象。

命令介绍

使用内置对象获取表单数据。

6.2.1 课堂案例——运动休闲网页

【案例学习目标】使用 Request 对象获取表单数据。

【案例知识要点】使用“代码显示器”窗口输出代码，使用 Request 对象获取表单数据，如图 6-24 所示。

【效果所在位置】光盘/Ch06/效果/运动休闲网页/ code.asp。

图 6-24

（1）选择“文件 > 打开”命令，在弹出的“打开”对话框中选择“光盘 > Ch06 > 素材 > 运动休闲网页 > index.asp”文件，单击“打开”按钮，效果如图 6-25 所示。

（2）将光标置于下方的单元格中，如图 6-26 所示。

图 6-25

图 6-26

（3）按 F10 键，弹出“代码显示器”窗口，在光标所在的位置输入代码，如图 6-27 所示，文档窗口如图 6-28 所示。

图 6-27

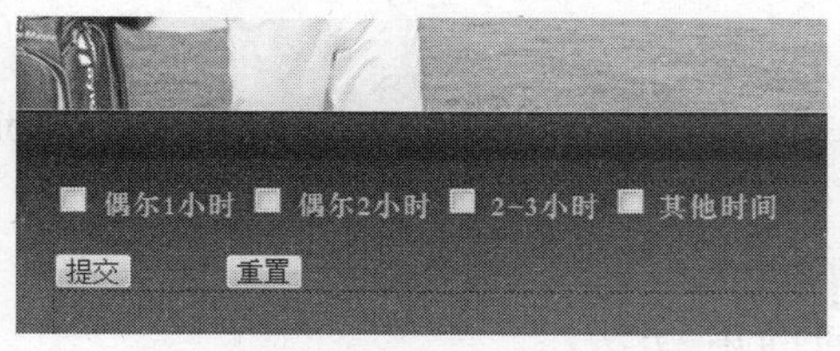

图 6-28

（4）选择“文件 > 打开”命令，在弹出的对话框中选择“光盘> Ch06 > 素材 > 运动休闲网页 > code.asp”文件，单击“打开”按钮，将光标置于下方的单元格中，如图 6-29 所示。

（5）在“代码显示器”窗口中输出代码，如图 6-30 所示。

图 6-29

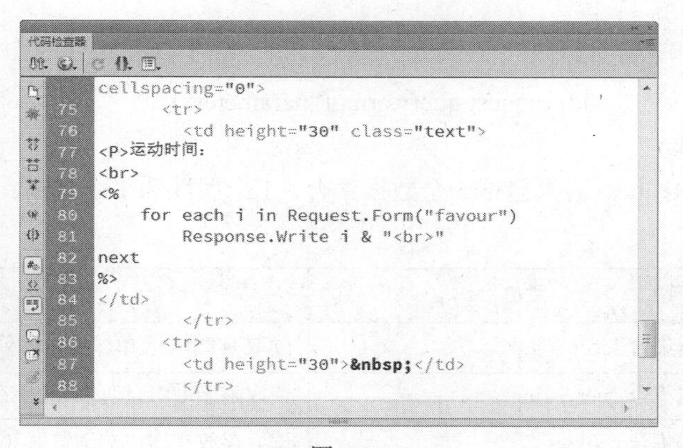

图 6-30

（6）保存文档，在 IIS 浏览器中查看 index.asp 文件，如图 6-31 和图 6-32 所示。

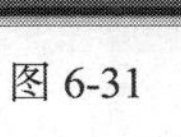

图 6-31

图 6-32

6.2.2 Request 请求对象

在客户端/服务器结构中，当客户端 Web 页面向网站服务器传递信息时，ASP 通过 Request 对象能够获取客户提交的全部信息。信息包括客户端用户的 HTTP 变量在网站服务器端存放的客户端浏览器的 Cookie 数据、附于 URL 之后的字符串信息、页面中表单传送的数据以及客户端的认证等。

Request 对象语法：

Request [.collection | property | method](variable)

Collection：数据集合。

Property：属性。

Method：方法。

Variable：是由字符串定义的变量参数，指定要从集合中检索的项目或者作为方法和属性的输入。

使用 request 对象时，collection、property 和 method 可选 1 或者 3 个都不选，此时按一下顺序搜索集合：QueryString、form、cookie、Servervariable 和 ClientCertificate。

例如，使用 request 对象的 querystring 数据集合取得传递值参数 parameter 值并赋给变量 id

```
<%
        dim id
         id=request.querystring("parameter")
%>
```

Request 对象包括 5 个数据集合、1 个属性和 1 个方法，如表 6-1 所示。

表 6-1

成员	描述
数据集合 form	读取 HTML 表单域控件的值，即读取客户浏览器上以 post 方法提交的数据
数据集合 querystring	读取附于 URL 地址后的字符串值，获取 get 方式提交的数据
数据集合 cookies	读取存放在客户端浏览器 Cookies 的内容
数据集合 servervariable	读取客户端请求发出的 HTTP 报头值以及 Web 服务器的环境变量值
数据集合 clientcertificate	读取客户端的验证字段
属性 totalbytes	返回客户端发出请求的字节数量
方法 binaryread	以二进制方式读取客户端使用 post 方法所传递的数据，并返回一个变量数组

1. 获取表单数据

检索表单数据：表单是 html 文件的一部分，提交输入的数据。

在含有 ASP 动态代码的 Web 页面中，使用 request 对象的 form 集合收集来自客户端的以表单形式发送到服务器的信息。

语法：

Request.form(element)[(index)|.count]

Element：集合要检索的表单元素的名称。

Index：用来取得表单中名称相同的元素值。

Count：集合中相同名称元素的个数。

一般情况下，传递大量数据使用 post 方法，通过 form 集合来获得表单数据。用 get 方法传递数据时，通过 request 对象的 querystring 集合来获得数据。

数据和读取数据的对应关系如表 6-2 所示。

表 6-2

提交方式	读取方式
Method=Post	Request.Form()
Method=Get	Request.QueryString()

在 index.asp 文件中建立表单，在表单中插入文本框以及按钮。当用户在文本框中输入数据并单击提交按钮时，在 code.asp 页面中通过 Request 对象的 Form 集合获取表单传递的数据并输出。

文件 index.asp 中代码如下。

```
<form id="form1" name="form1" method="post" action="code.asp">
    <p>用户名：
        <input type="text" name="txt_username" id="txt_username" />
    </p>
    <p>密码：
        <input type="password" name="txt_pwd" id="txt_pwd" />
    </p>
    <p>
        <input type="submit" name="Submit" id="button" value="提交" />
           
        <input type="reset" name="Submit2" id="button2" value="重置" />
    </p>
  </form>
```

文件 code.asp 中的代码如下。

```
<p>用户名为：<%=Request.Form("txt_username")%>
<P>密码为：<%=Request.Form("txt_pwd")%>
```

在 IIS 浏览器中查看 index.asp 文件，运行结果如图 6-33 和图 6-34 所示。

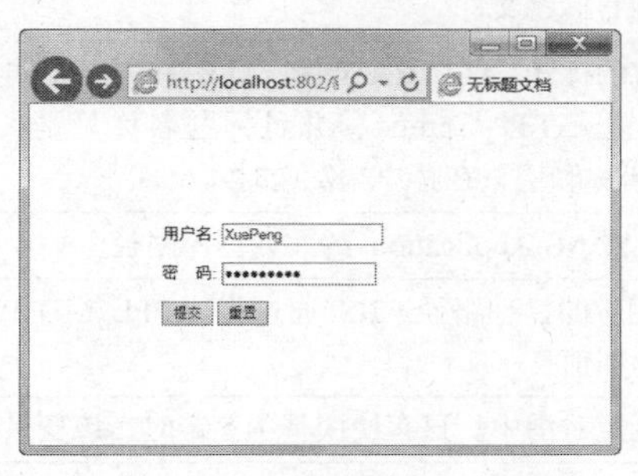

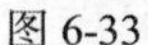
图 6-33

图 6-34

当表单中的多个对象具有相同名称时，可以利用 Count 属性获取具有相同名称对象的总数，然后加上一个索引值取得相同名称对象的不同内容值。也可以用“for each…next”语句来获取相同名称对象的不同内容值。

2. 检索查询字符串

利用 querystring 可以检索 HTTP 查询字符串中变量的值。HTTP 查询字符串中的变量可以直接定义在超链接的 url 地址中的“？”字符之后。

例如，http://www.caaaan.com/?name=wang。

如果传递多个参数变量，用“&”作为分隔符隔开。

语法：request.querystring(varible)[(index)|.count]。

variable：指定要检索的 http 查询字符串中的变量名。

index：用来取得 http 查询字符串中相同变量名的变量值。

count：http 查询字符串中的相同名称变量的个数。

有两种情况需要在服务器端指定利用 querystring 数据集合取得客户端传送的数据。

- 在表单中通过 get 方式提交的数据。

据此方法提交的数据与 form 数据集合相似，利用 querystring 数据集合可以取得在表单中以 get 方式提交的数据。

- 利用超链接标记<a>传递的参数。

取得标记<a>所传递的参数值。

3. 获取服务器端环境变量

利用 Request 对象的 ServerVariables 数据集合可以取得服务器端的环境变量信息。这些信息包括：发出请求的浏览器信息、构成请求的 HTTP 方法、用户登录 Windows NT 的账号、客户端的 IP 地址等。服务器端环境变量对 ASP 程序有很大的帮助，使程序能够根据不同情况进行判断，提高了程序的健壮性。服务器环境变量是只读变量，只能查看，不能设置。

语法：

Request.ServerVariables(server_environment_variable)

server_environment_variable：服务器环境变量。

服务器环境变量列表如表 6-3 所示。

表 6-3

服务器环境变量	描述
ALL_HTTP	客户端发送的所有 HTTP 标题文件
ALL_RAW	检索未处理表格中所有的标题。ALL_RAW 和 ALL_HTTP 不同，ALL_HTTP 在标题文件名前面放置 HTTP_ prefix，并且标题名称总是大写的。使用 ALL_RAW 时，标题名称和值只在客户端发送时才出现
APPL_MD_PATH	检索 ISAPI DLL 的 (WAM) Application 的元数据库路径
APPL_PHYSICAL_PATH	检索与元数据库路径相应的物理路径。IIS 通过将 APPL_MD_PATH 转换为物理（目录）路径以返回值
AUTH_PASSWORD	该值输入到客户端的鉴定对话中。只有使用基本鉴定时，该变量才可用
AUTH_TYPE	这是用户访问受保护的脚本时，服务器用于检验用户的验证方法
AUTH_USER	未被鉴定的用户名
CERT_COOKIE	客户端验证的唯一 ID，以字符串方式返回。可作为整个客户端验证的签字

续表 6-3

CERT_FLAGS	如有客户端验证，则 bit 0 为 1 如果客户端验证的验证人无效（不在服务器承认的 CA 列表中），bit1 被设置为 1
CERT_ISSUER	用户验证中的颁布者字段（O=MS，OU=IAS，CN=user name，C=USA）
CERT_KEYSIZE	安全套接字层连接关键字的位数，如 128
CERT_SECRETKEYSIZE	服务器验证私人关键字的位数。如 1024
CERT_SERIALNUMBER	用户验证的序列号字段
CERT_SERVER_ISSUER	服务器验证的颁发者字段
CERT_SERVER_SUBJECT	服务器验证的主字段
CERT_SUBJECT	客户端验证的主字段
CONTENT_LENGTH	客户端发出内容的长度
CONTENT_TYPE	内容的数据类型。同附加信息的查询一起使用，如 HTTP 查询 GET、POST 和 PUT
GATEWAY_INTERFACE	服务器使用的 CGI 规格的修订，格式为 CGI/revision
HTTP_<HeaderName>	存储在标题文件中的值。未列入该表的标题文件必须以 HTTP_ 作为前缀，以使 ServerVariables 集合检索其值 注意，服务器将 HeaderName 中的下划线（_）解释为实际标题中的破折号。例如，如果用户指定 HTTP_MY_HEADER，服务器将搜索以 MY-HEADER 为名发送的标题文件
HTTPS	如果请求穿过安全通道（SSL），则返回 ON。如果请求来自非安全通道，则返回 OFF
HTTPS_KEYSIZE	安全套接字层连接关键字的位数，如 128
HTTPS_SECRETKEYSIZE	服务器验证私人关键字的位数。如 1024
HTTPS_SERVER_ISSUER	服务器验证的颁发者字段
HTTPS_SERVER_SUBJECT	服务器验证的主字段
INSTANCE_ID	文本格式 IIS 实例的 ID。如果实例 ID 为 1，则以字符形式出现。使用该变量可以检索请求所属的（元数据库中）Web 服务器实例的 ID
INSTANCE_META_PATH	响应请求的 IIS 实例的元数据库路径
LOCAL_ADDR	返回接受请求的服务器地址。如果在绑定多个 IP 地址的多宿主机器上查找请求所使用的地址时，这条变量非常重要
LOGON_USER	用户登录 Windows NT® 的账号
PATH_INFO	客户端提供的额外路径信息。可以使用这些虚拟路径和 PATH_INFO 服务器变量访问脚本。如果该信息来自 URL，在到达 CGI 脚本前就已经由服务器解码了
PATH_TRANSLATED	PATH_INFO 转换后的版本，该变量获取路径并进行必要的由虚拟至物理的映射
QUERY_STRING	查询 HTTP 请求中问号（?）后的信息
REMOTE_ADDR	发出请求的远程主机的 IP 地址
REMOTE_HOST	发出请求的主机名称。如果服务器无此信息，它将设置为空的 MOTE_ADDR 变量

续表 6-3

REMOTE_USER	用户发送的未映射的用户名字符串。该名称是用户实际发送的名称，与服务器上验证过滤器修改过后的名称相对
REQUEST_METHOD	该方法用于提出请求。相当于用于 HTTP 的 GET、HEAD、POST 等等
SCRIPT_NAME	执行脚本的虚拟路径。用于自引用的 URL
SERVER_NAME	出现在自引用 URL 中的服务器主机名、DNS 化名或 IP 地址
SERVER_PORT	发送请求的端口号
SERVER_PORT_SECURE	包含 0 或 1 的字符串。如果安全端口处理了请求，则为 1，否则为 0
SERVER_PROTOCOL	请求信息协议的名称和修订，格式为 protocol/revision
SERVER_SOFTWARE	应答请求并运行网关的服务器软件的名称和版本。格式为 name/version
URL	提供 URL 的基本部分

4．以二进制码方式读取数据

Request 对象提供一个 BinaryRead 方法，用于以二进制码方式读取客户端使用 Post 方法所传递的数据。

（1）Request 对象的 TotalBytes 属性。

Request 对象的 TotalBytes 属性，为只读属性，用于取得客户端响应的数据字节数。

语法：

Counter=Request.TotalBytes

Counter：用于存放客户端送回的数据字节大小的变量。

（2）Request 对象的 BinaryRead 方法。

Request 对象提供一个 BinaryRead 方法，用于以二进制码方式读取客户端使用 Post 方式进行传递数据。

语法：

Variant 数据=Request.BinaryRead(Count)

Count：是一个整型数据，用以表示每次读取数据的字节大小，范围介于 0 到 TotalBytes 属性取回的客户端送回的数据字节大小。

BinaryRead 方法的返回值是通用变量数组（Variant Array）。

BinaryRead 方法一般与 TotalBytes 属性配合使用，以读取提交的二进制数据。

例如，以二进制码方式读取数据，代码如下。

```
<%
    Dim Counter,arrays(2)
    Counter=Request.TotalBytes                 '获得客户端发送的数据字节数
    arrays(0)=Request.BinaryRead(Counter)   '以二进制码方式读取数据
%>
```

6.2.3 Response 响应对象

Response 对象用来访问所创建并返回客户端的响应。可以使用 Response 对象控制发送给用户的信息，包括直接发送信息给浏览器，重定向浏览器到另一个 URL 或设置 Cookie 的值。Response 对象提供了标识服务器和性能的 HTTP 变量，发送给浏览器的信息内容和任何将在 Cookies 中存储的信息。

Response 对象只有一个集合——Cookies，该集合用于设置希望放置在客户系统上 Cookies 的值，它对于 Response.Cookies 集合。Response 对象的 Cookies 集合用于在当前响应中，将 Cookies 值发送到客户端，该集合访问方式为只写。

Response 对象的语法如下：

Response.collection | property | method

Collection：response 对象的数据集合。

Property：response 对象的属性。

Method：response 对象的方法。

例如，使用 Response 对象的 Cookies 数据集合设置客户端的 Cookies 关键字并赋值，代码如下：

```
<%
response.cookies( "user" )= "编程"
%>
```

Response 对象与一个 http 响应对应，通过设置其属性和方法可以控制如何将服务器端的数据发送到客户端浏览器。Response 对象成员如表 6-4 所示。

表 6-4

成员	描述
数据集合 cookies	设置客户端浏览器的 cookie 值
属性 buffer	输出页是否被缓冲
属性 cachecontrol	代理服务器是否能缓存 asp 生成的页
属性 status	服务器返回的状态行的值
属性 contenttype	指定响应的 http 内容类型
属性 charset	将字符集名称添加到内容类型标题中
属性 expires	浏览器缓存页面超时前，指定缓存时间
属性 expiresabsolute	指定浏览器上缓存页面超过的日期和时间
属性 Isclientconneted	表明客户端是否跟服务器断开
属性 PICS	将 pics 标记的值添加到响应的标题的 pics 标记字段中
方法 write	直接向客户端浏览器输出数据
方法 end	停止处理.asp 文件并返回当前结果
方法 redirect	重定向当前页面，连接另一个 url
方法 clear	清除服务器缓存的 html 信息
方法 flush	立即输出缓冲区的内容
方法 binarywrite	按字节格式向客户端浏览器输出数据，不进行任何字符集的转换
方法 addheader	设置 html 标题
方法 appendtolog	在 Web 服务器的日志文件中记录日志

1. 将信息从服务器端直接发送给客户端

Write 方法是 response 对象常用的响应方法，将指定的字符串信息从 server 端直接输送给 client 端，实现在 client 端动态的显示内容。

语法：

response.write variant

variant：输出到浏览器的变量数据或者字符串。

在页面中插入一个简单的输出语句时，可以用简化写法，代码如下：

- <%="输出语句"%>
- <%response.write"输出语句"%>

2．利用缓冲输出数据

Web 服务器响应客户端浏览器的请求时，是以信息流的方式将响应的数据发送给客户浏览器，发送过程是先返回响应头，再返回正式的面页。在处量 ASP 页面时，信息流的发送方式则是生成一段页面就立即发出一段信息流返回给浏览器。

ASP 提供了另一种发送数据的方式，即利用缓存输出。缓存输出 Web 服务器生成 ASP 页面时，等 ASP 页面全部处理完成之后，再返回用户请求。

（1）使用缓冲输出。

- Buffer 属性。
- Flush 方法。
- Clear 方法。

（2）设置缓冲的有效期限。

- CacheControl 属性。
- Expires 属性。
- ExpiresAbsolute 属性。

3．重定向网页

网页重定向是指从一个网页跳转到其他页面。应用 Response 对象的 Redirect 方法可以将客户端浏览器重定向到另一个 Web 页面。如果需要在当前网页转移到一个新的 URL，而不用经过用户单击超链接或者搜索 URL，此时可以使用该方法使用浏览器直接重定向到新的 URL。

语法：

Response.Redirect URL

URL：资源定位符，表示浏览器重定向的目标页面。

调用 Redirect 方法，将会忽略当前页面所有的输出而直接定向到被指定的页面，即在页面中显示设置的响应正文内容都被忽略。

4．向客户端输出二进制数据

利用 binarywrite 可以直接发送二进制数据，不需要进行任何字符集转换。

语法：

response.binarywrite variable

Variable：是一个变量，它的值是要输出的二进制数据，一般是非文字资料，比如图像文件和声音文件等。

5．使用 cookies 在客户端保存信息

Cookies 是一种将数据传送到客户端浏览器的文本句式，从而将数据保存在客户端硬盘上，实现与某个 Web 站点持久的保持会话。Response 对象跟 request 对象都包含。Request.cookies 是一系列 cookies 数据，同客户端 http request 一起发给 Web 服务器；而 response.cookies 则是把 Web 服务器的 cookies

发送到客户端。

（1）写入 cookies。

向客户端发送 cookies 的语法：

Response.cookies(“cookies 名称”)[(“键名值”).属性]=内容（数据）

必须放在发送给浏览器的 html 文件的<html>标记之前。

（2）读取 cookies。

读取时，必须使用 request 对象的 cookies 集合。

语法：<% =request.cookies(“cookies 名称”)%>。

6.2.4 Session 会话对象

用户可以使用 Session 对象存储特定会话所需的信息。这样，当用户在应用程序的 Web 页之间跳转时，存储在 Session 对象中的变量将不会丢失，而是在整个用户会话中一直存在下去。

当用户请求来自应用程序的 Web 页时，如果该用户还没有会话，则 Web 服务器将自动创建一个 Session 对象。当会话过期或被放弃后，服务器将终止该会话。

语法：

Session.collection|property|method

collection：session 对象的集合。

property：session 对象的属性。

method：session 对象的方法。

Session 对象可以定义会话级变量。会话级变量是一种对象级的变量，隶属于 session 对象，它的作用域等同于 session 对象的作用域。

例如，<% session(“username”)=“userli” %>。

Session 对象的成员如表 6-5 所示。

表 6-5

成员	描述
集合 contents	包含通过脚本命令添加到应用程序中的变量、对象
集合 staticobjects	包含由<object>标记添加到会话中的对象
属性 sessionID	存储用户的 SessionID 信息
属性 timeout	Session 的有效期，以分钟为单位
属性 codepage	用于符号映射的代码页
属性 LCID	现场标识符
方法 abandon	释放 session 对象占用的资源
事件 session_onstart	尚未建立会话的用户请求访问页面时，触发该事件
事件 session_onend	会话超时或会话被放弃时，触发该事件

1．返回当前会话的唯一标识符

SessionID 自动为每一个 session 对象分配不同的编号，返回用户的会话标识。

语法：

Session.sessionID

此属性返回一个不重复的长整型数字。

例如，返回用户会话标识，代码如下。

```
<% Response.Write Session.SessionID %>
```

2．控制会话的结束时间

Timeout 用于会话定义有效访问时间，以分种为单位。如果用户在前效的时间没有进行刷新或请求一个网页，该会话结束，在网页中可以根据需要修改。代码如下。

```
<%
Session.Timeout=10
Response.Write "设置会话超时为：" & Session.Timeout & "分钟"
%>
```

3．应用 Abandon 方法清除 session 变量

用户结束使用 session 变量时，应当清除 session 对象。

语法：

session.abandon

如果程序中没有使用 abandon，session 对象在 timeout 规定时间到达后，将被自动清除。

6.2.5 Application 应用程序对象

ASP 程序是在 Web 服务器上执行的，在 Web 站点中创建一个基于 ASP 的应用程序之后，可以通过 Application 对象在 ASP 应用程序的所有用户之间共享信息。也就是说，Application 对象中包含的数据可以在整个 Web 站点中被所有用户使用，并且可以在网站运行期间持久保存数据。一度用 Application 对象可以完成统计网站的在线人数，创建多用户游戏以及多用户聊天室等功能。

语法：

Application.collection | method

collection：Application 对象的数据集合。

method：Application 对象的方法。

Application 对象可以定义应用级变量。应用级变量是一种对象级的变量，隶属于 Application 对象，它的作用域等同于 Application 对象的作用域。

例如，<%application(“username”)=“manager”%>

Application 对象的主要功能是为 Web 应用程序提供全局性变量。

Application 的对象成员如表 6-6 所示。

表 6-6

成员	描述
集合 contents	Application 层次的所有可用的变量集合，不包括<object>标记建立的变量
集合 staticobjects	在 global.asa 文件中通过<object>建立的变量集合
方法 contents.remove	从 Application 对象的 contents 集合中删除一个项目
方法 contents.removeall	从 Application 对象的 contents 集合中删除所有项目

续表 6-6

方法 lock	锁定 Application 变量
方法 unlock	解除 Application 变量的锁定状态
事件 session_onstart	当应用程序的第一个页面被请求时，触发该事件
事件 session_onend	当 Web 服务器关闭时这个事件中的代码被触发

1．锁定和解锁 Application 对象

可以利用 Application 对象的 Lock 和 Unlock 方法确保在同一时刻只有一个用户可以修改和存储 Application 对象集合中的变量值。前者用来避免其他用户修改 Application 对象的任何变量，而后者则是允许其他用户对 Application 对象的变量进行修改，如表 6-7 所示。

表 6-7

方法	用途
Lock	禁止非锁定用户修改 Application 对象集合中的变量值
Unlock	允许非锁定用户修改 Application 对象集合中的变量值

2．制作网站计数器

Global.asa 文件是用来存放执行任何 ASP 应用程序期间的 Application、Session 事件程序，当 Application 或者 Session 对象被第一次调用或者结束时，就会执行该 Global.asa 文件内的对应程序。一个应用程序只能对应一个 Global.asa 文件，该文件只有存放在网站的根目录下才能正常运行。

Global.asa 文件的基本结构如下。

```
<Script Language="VBScript" Runat="Server">
Sub Application_OnStart
    …
End Sub
Sub Session_OnStart
    …
End Sub
Sub Session_OnEnd
    …
End Sub
Sub Application_OnEnd
    …
End Sub
</Script>
```

Application_OnStart 事件：是在 ASP 应用程序中的 ASP 页面第一次被访问时引发的。

Session_OnStart 事件：是在创建 Session 对象时触发的。

Session_OnEnd 事件：是在结束 Session 对象时触发，即会话时超时或者是会话被放弃时引发该事件。

Application_OnEnd 事件：是在 Web 服务器被关闭时触发，即结束 Application 对象时引发该事件。

在 Global.asa 文件中，用户必须使用 ASP 所支持的脚本语言并且定义在<Script>标记之内，不能

定义非 Application 对象或者 Session 对象的模板，否则将产生执行上的错误。

通过在 Global.asa 文件的 Application_OnStart 事件中定义 Application 变量，可以统计网站的访问量。

6.2.6 Server 服务对象

Server 对象提供对服务器上访问的方法和属性，大多数方法和属性是作为实用程序的功能提供的。

语法：

server.property|method

property：Server 对象的属性。

Method：Server 对象的方法。

例如，通过 Server 对象创建一个名为 Conn 的 ADO 的 Connection 对象实例，代码如下。

```
<%
    Dim Conn
Set Conn=Server.CreateObject("ADODB.Connection")
%>
```

Server 对象的成员如表 6-8 所示。

表 6-8

成员	描述
属性 ScriptTimeOut	该属性用来规定脚本文件执行的最长时间。如果超出最长时间还没有执行完毕，就自动停止执行，并显示超时错误
方法 CreateObject	用于创建组件、应用程序或脚本对象的实例，利用它就可以调用其他外部程序或组件的功能
方法 HTMLEncode	可以将字符串中的特殊字符（<、>和空格等）自动转换为字符实体
方法 URLEncode	是用来转化字符串，不过它是按照 URL 规则对字符串进行转换的。按照该规则的规定，URL 字符串中如果出现“空格、?、&”等特殊字符，则接收端有可能接收不到准确的字符，因此就需要进行相应的转换
方法 MapPath	可以将虚拟路径转化为物理路径
方法 Execute	用来停止执行当前网页，转到执行新的网页，执行完毕后返回原网页，继续执行 Execute 方法后面的语句
方法 Transfer	该方法和 Execute 方法非常相似，唯一的区别是执行完新的网页后，并不返回原网页，而是停止执行过程

1. 设置 ASP 脚本的执行时间

Server 对象提供了一个 ScriptTimeOut 属性，ScriptTimeOut 属性用于获取和设置请求超时。ScriptTimeOut 属性是指脚本在结束前最大可运行多长时间，该属性可用于设置程序能够运行的最长时间。当处理服务器组件时，超时限制将不再生效，代码如下。

```
Server.ScriptTimeout=NumSeconds
```

NumSeconds 用于指定脚本在服务器结束前最大可运行的秒数，默认值为 90 秒。可以在 Internet 信息服务器管理单元的“应用程序配置”对话框中更改这个默认值，如果将其设置为-1，则脚本将永远不会超时。

2. 创建服务器组件实例

调用 Server 对象的 CreateObject 方法可以创建服务器组件的实例，CreateObject 方法可以用来创建已注册到服务器上的 ActiveX 组件实例，这样可以通过使用 ActiveX 服务器组件扩展 ASP 的功能，实现一些仅依赖脚本语言所无法实现的功能。建立在组件对象模型上的对象，ASP 有标准和函数调用接口，只要在操作系统上登记注册了组件程序，COM 就会在系统注册表里维护这些资源，以供程序员调用。

语法：

Server.CreateObject(progID)

progID：指定要创建的对象的类型，其格式如下。

[Vendor.] component[.Version]。

Vendor：表示拥有该对象的应用名。

component：表示该对象组件的名字。

Version：表示版本号。

例如，创建一个名为 FSO 的 FileSyestemObject 对象实例，并将其保存在 Session 对象变量中，代码如下。

```
<%
    Dim FSO=Server.CreateObject("Scripting.FilleSystemObject")
    Session("ofile")=FSO
%>
```

CreateObject 方法仅能用来创建外置对象的实例，不能用来创建系统的内置对象实例。用该方法建立的对象实例仅在创建它的页面中是有效的，即当处理完该页面程序后，创建的对象会自动消失，若想在其他页面引用该对象，可以将对象实例存储在 Session 对象或者 Application 对象中。

3. 获取文件的真实物理路径

Server 对象的 MapPath 方法将指定的相对、虚拟路径映射到服务器上相应的物理目录。

语法：

Server.MapPath(string)

String：用于指定虚拟路径的字符串。

虚拟路径如果是以“\”或者“/”开始表示，MapPath 方法将返回服务器端的宿主目录。如果虚拟路径以其他字符开头，MapPath 方法将把这个虚拟路径视为相对路径，相对于当前调用 MapPath 方法的页面，返回其他物理路径。

若想取得当前运行的 ASP 文件所在的真实路径，可以使用 Request 对象的服务器变量 PATH_INFO 来映射当前文件的物理路径。

4. 输出 HTML 源代码

HTMLEncode 方法用于对指定的字符串采用 HTML 编码。

语法：

Server.HTMLEncode(string)

string：指定要编码的字符串。

当服务器端向浏览器输出 HTML 标记时，浏览器将其解释为 HTML 标记，并按照标记指定的格式显示在浏览器上。使用 HTMLEncode 方法可以实现在浏览器中原样输出 HTML 标记字符，即浏览器不对这些标记进行解释。

HTMLEncode 方法可以将定的字符串进行 HTML 编码，将字符串中的 HTML 标记字符转换为实体。例如，HTML 标记字符“<”和“>”编码转化为“>”和“<”。

6.2.7 ObjectContext 事务处理对象

ObjectContext 对象是一个以组件为主的事务处理系统，可以保证事务的成功完成。使用 ObjectContext 对象，允许程序在网页中直接配合 Microsoft Transaction Server(MTS)使用，从而可以管理或开发高效率的 Web 服务器应用程序。

事务是一个操作序列，这些序列可以视为一个整体。如果其中的某一个步骤没有完成，所有与该操作相关的内容都应该取消。

事务用于提供对数据库进行可靠的操作。

在 ASP 中使用@TRANSACTION 关键字来标识正在运行的页面要以 MTS 事务服务器来处理。

语法：

<%@TRANSACTION=value%>

其中@TRANSACTION 的取值有 4 个，如表 6-9 所示。

表 6-9

值	描述
Required	开始一个新的事务或加入一个已经存在的事务处理中
Required_New	每次都是一个新的事务
Supported	加入到一个现有的事务处理中，但不开始一个新的事务
Not_Supported	既不加入也不开始一个新的事务

ObjectContext 对象提供了两个方法和两个事件控制 ASP 的事务处理。ObjectContext 对象的成员如表 6-10 所示。

表 6-10

成员	描述
方法 SetAbort	终止当前网页所启动的事务处理，将事务先前所做的处理撤销到初始状态
方法 etComplete	成功提交事务，完成事务处理
事件 OnTransactionAbort	事务终止时触发的事件
事件 OnTransactionCommit	事务成功提交时触发的事件

SetAbort 方法将终止目前这个网页所启动的事务处理，而且将此事务先前所做的处理撤销到初始状态，即事务“回滚”，SetComplete 方法将终止目前这个网页所启动的事务处理，而且将成功地完成事务的提交。

语法：

'SetComplete 方法

ObjectContext.SetComplete

'SetAbort 方法

ObjectContext.SetAbort

ObjectContext 对象提供了 OnTransactionCommit 和 OnTransactionAbort 两个事件处理程序，前者是在事务完成时被激活，后者是在事务失败时被激活。

语法：

```
Sub OnTransactionCommit()
'处理程序
End Sub
Sub OnTransactionAbort()
'处理程序
End Sub
```

课堂练习——会员注册表网页

【练习知识要点】使用“Form 集合”命令，获取表单数据，如图 6-35 所示。

【素材所在位置】光盘/Ch06/素材/会员注册表网页/images。

【效果所在位置】光盘/Ch06/效果/会员注册表网页/ code.asp。

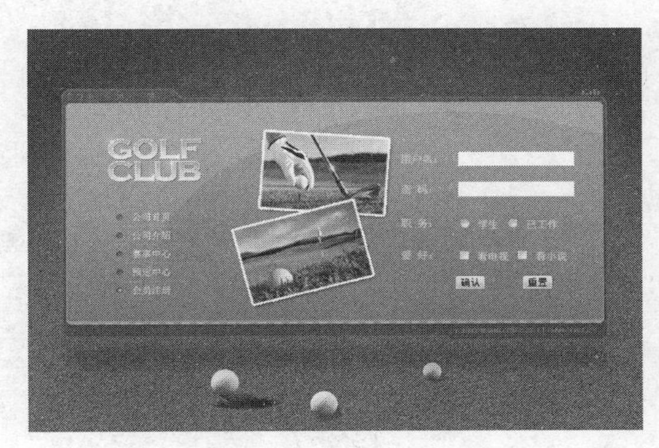

图 6-35

课后习题——卡玫摄影网页

【习题知识要点】使用“Response”对象的 Write 方法，向浏览器端输出标记显示日期，如图 6-36 所示。

【素材所在位置】光盘/Ch06/素材/卡玫摄影网页/images。

【效果所在位置】光盘/Ch06/效果/卡玫摄影网页/index.asp。

图 6-36

第7章 CSS 样式

本章介绍

层叠样式表（CSS）是 W3C 组织新近批准的一个辅助 HTML 设计的新特性，能保持整个 HTML 的统一外观。网页样式表的功能强大、操作灵活，用 CSS 改变一个文件就可以改变数百个文件的外观，而且个性化的表现更能吸引访问者。

学习目标

- 掌握 CSS 样式的概念
- 掌握 CSS 样式面板的使用方法
- 掌握 CSS 样式选择器的应用
- 掌握样式的类型和创建方法
- 掌握 CSS 样式的属性
- 掌握过滤器的使用方法

技能目标

- 掌握“山地车网页”的制作方法
- 掌握“地球在线网页”的制作方法

7.1　CSS 样式的概念

CSS 是 Cascading Style Sheet 的缩写，一般译为“层叠样式表”或“级联样式表”。层叠样式表是对 HTML3.2 之前版本语法的变革，将某些 HTML 标签属性简化。比如要将一段文字的大小变成 36 像素，在 HTML3.2 中写成“<p><font size="36">文字的大小</font></p>”，标签的层层嵌套使 HTML 程序臃肿不堪，而用层叠样式表可简化 HTML 标签属性，写成“<p style="font-size:36px">文字的大小</p>”即可。

层叠样式表是 HTML 的一部分，它将对象引入到 HTML 中，可以通过脚本程序调用和改变对象的属性，从而产生动态效果。比如，当鼠标指针放到文字上时，文字的字号变大，用层叠样式表写成“<p onMouseOver="className='aa'">动态文字</p>”即可。

7.2　CSS 样式

层作为网页的容器元素，不仅可以在其中放置图像，还可以放置文字、表单、插件、层等网页元素。在 CSS 层中，用 DIV、SPAN 标志标志层。在 NETSCAPE 层中，用 LAYER 标志标志层。虽然层有强大的页面控制功能，但操作却很简单。

7.2.1　“CSS 样式”控制面板

使用“CSS 样式”控制面板可以创建、编辑和删除 CSS 样式，并且可以将外部样式表附加到文档中。

1．打开“CSS 样式”控制面板

弹出“CSS 样式”控制面板有以下几种方法。

（1）选择“窗口 > CSS 设计器”命令。

（2）按 Shift+F11 组合键。

“CSS 设计器”面板如图 7-1 所示，按 Ctrl+Shift+Alt+P 组合键切换到“CSS 样式”面板，如图 7-2 所示。“CSS 样式”面板由样式列表和底部的按钮组成。样式列表用于查看与当前文档相关联的样式定义以及样式的层次结构。“CSS 样式”面板可以显示自定义 CSS 样式、重定义的 HTML 标签和 CSS 选择器样式的样式定义。

“CSS 样式”面板底部共有 4 个快捷按钮，分别为“附加样式表”按钮、“新建 CSS 规则”按钮、“编辑样式”按钮和“删除 CSS 规则”按钮，它们的含义如下。

“附加样式表”按钮：用于将创建的任何样式表附加到页面或复制到站点中。

“新建 CSS 规则”按钮：用于创建自定义 CSS 样式、重定义的 HTML 标签和 CSS 选择器样式。

“编辑样式”按钮：用于编辑当前文档或外部样式表中的任何样式。

“删除 CSS 规则”按钮：用于删除“CSS 样式”控制面板中所选的样式，并从应用该样式的所有元素中删除格式。

2．样式表的功能

层叠样式表是 HTML 格式的代码，浏览器处理起来速度比较快。另外，Deamweaver CC 提供功能复杂、使用方便的层叠样式表，方便网站设计师制作个性化网页。样式表的功能归纳如下。

（1）灵活地控制网页中文字的字体、颜色、大小、位置和间距等。

（2）方便地为网页中的元素设置不同的背景颜色和背景图片。

（3）精确地控制网页各元素的位置。

（4）为文字或图片设置滤镜效果。

（5）与脚本语言结合制作动态效果。

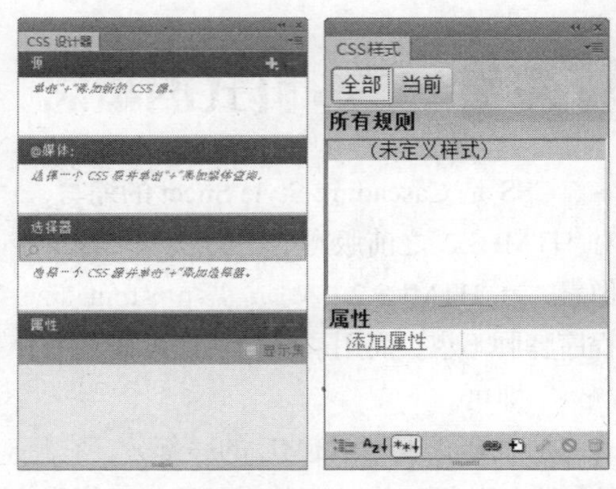

图 7-1　　图 7-2

7.2.2 CSS 样式的类型

层叠样式表是一系列格式规则，它们控制网页各元素的定位和外观，实现 HTML 无法实现的效果。在 Deamweaver CC 中可以运用的样式分为重定义 HTML 标签样式、自定义样式、使用 CSS 选择器 3 类。

1．重定义 HTML 标签样式

重定义 HTML 标签样式是对某一 HTML 标签的默认格式进行重定义，从而使网页中的所有该标签的样式都自动跟着变化。例如，我们重新定义表格的边框线是青色中粗虚线，则页面中所有表格的边框都会自动被修改。原来表格的效果如图 7-3 所示，重定义 table 标签后的效果如图 7-4 所示。

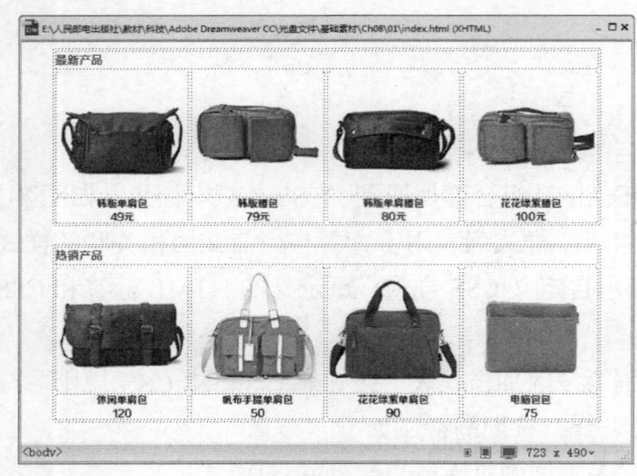

图 7-3

图 7-4

2．CSS 选择器样式

使用 CSS 选择器对用 ID 属性定义的特定标签应用样式。一般网页中某些特定的网页元素使用 CSS 选择器定义样式。例如，设置 ID 为 HH 行的背景色为黄色，如图 7-5 所示。

3．自定义样式

先定义一个样式，然后选择不同的网页元素应用此样式。一般情况下，自定义样式与脚本程序配合改变对象的属性，从而产生动态效果。例如，多个表格标题行的背景色均设置为蓝色，如图 7-6 所示。

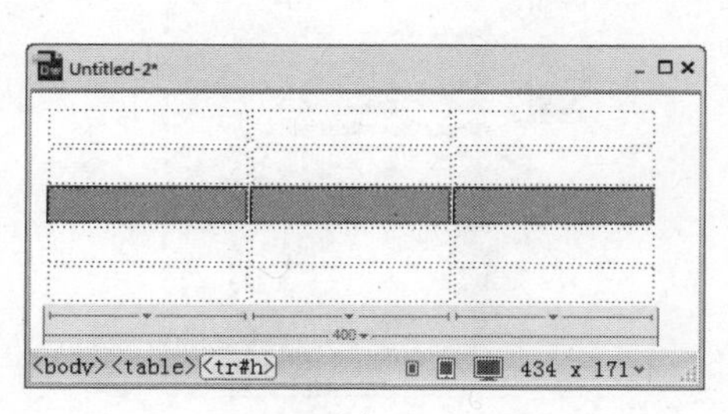

图 7-5

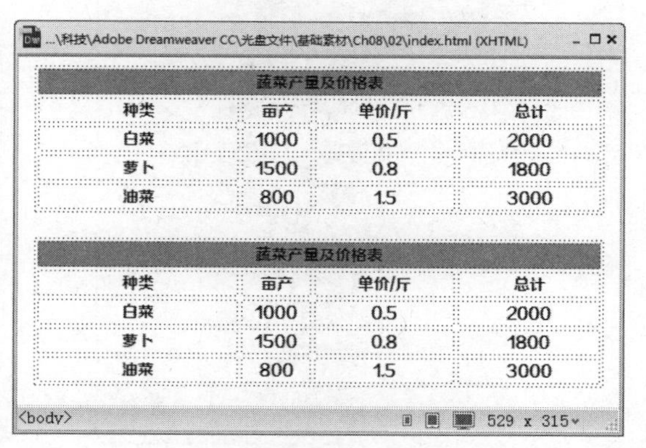

蔬菜产量及价格表			
种类	亩产	单价/斤	总计
白菜	1000	0.5	2000
萝卜	1500	0.8	1800
油菜	800	1.5	3000

蔬菜产量及价格表			
种类	亩产	单价/斤	总计
白菜	1000	0.5	2000
萝卜	1500	0.8	1800
油菜	800	1.5	3000

图 7-6

7.3 样式的类型与创建

样式表是一系列格式规则，必须先定义这些规则，而后将它们应用于相应的网页元素中。下面按照 CSS 的类型来创建和应用样式。

7.3.1 创建重定义 HTML 标签样式

当重新定义某 HTML 标签默认格式后，网页中的该 HTML 标签元素都会自动变化。因此，当需要修改网页中某 HTML 标签的所有样式时，只需重新定义该 HTML 标签样式即可。

1．弹出“新建 CSS 规则”对话框

弹出如图 7-7 所示的“新建 CSS 规则”对话框，有以下几种方法。

（1）弹出“CSS 样式”面板，单击面板右下方区域中的“新建 CSS 规则”按钮。

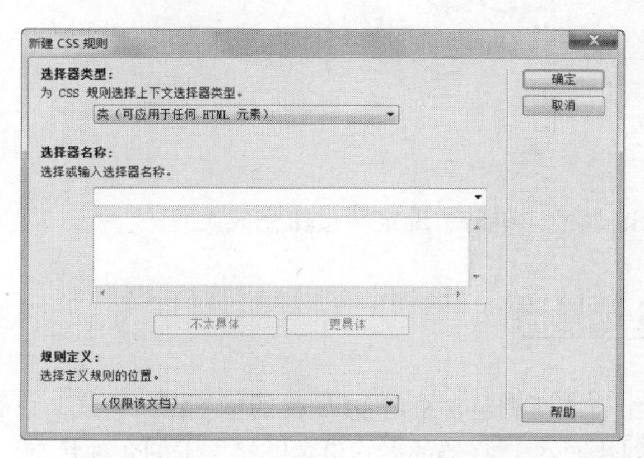

图 7-7

（2）单击“CSS 样式”控制面板右上方的菜单按钮，在弹出式菜单中选择“新建”命令，如图 7-8 所示。

（3）在“CSS 样式”控制面板中单击鼠标右键，选择“新建”选项，如图 7-9 所示。

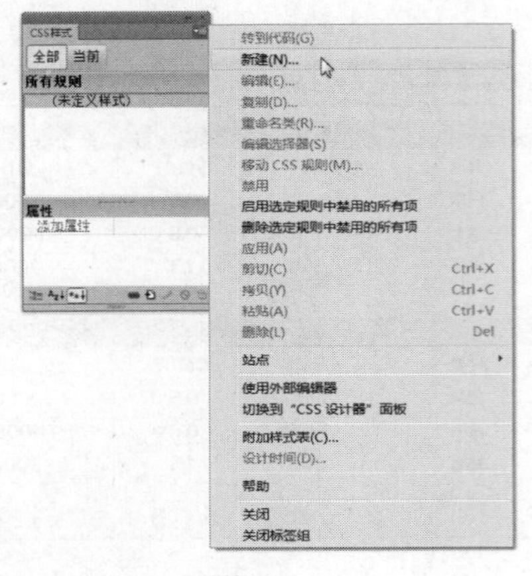

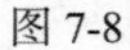
图 7-8

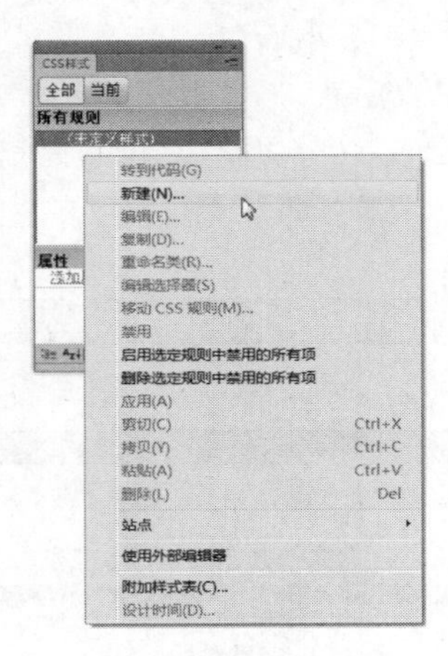

图 7-9

2．重新定义 HTML 标签样式

（1）将插入点放在文档中，启用“新建 CSS 规则”对话框。

（2）先在“选择器类型”选项的下拉列表中，选择“标签（重新定义 HTML 元素）”选项；然后在“选择器名称”选项的下拉列表中选择要改的 h1 标签，如图 7-10 所示；单击“确定”按钮，弹出“h1 的 CSS 规则定义”对话框，如图 7-11 所示。

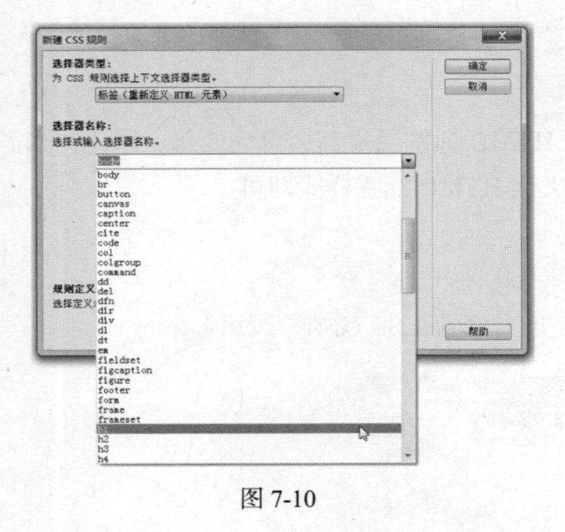

图 7-10

图 7-11

（3）根据需要设置 CSS 属性，单击“确定”按钮完成设置。

7.3.2 创建 CSS 选择器

若要为具体某个标签组合或所有包含特定 Id 属性的标签定义格式，只需创建 CSS 选择器而无需应用。一般情况下，利用创建 CSS 选择器的方式设置链接文本的 4 种状态，分别为鼠标指针点击时的状态“a:active”、鼠标指针经过时的状态“a:hover”、未点击时的状态“a:link”和已访问过的状态“a:visited”。

若重定义链接文本的状态，则需创建 CSS 选择器，其具体操作步骤如下。

（1）将插入点放在文档中，弹出“新建 CSS 规则”对话框。

（2）在“选择器类型”选项的下拉列表中，选择“复合内容（基于选择的内容）”选项；然后在“选择器名称”选项的下拉列表中，选择要重新定义链接文本的状态，如图 7-12 所示；最后在“规则定义”选项的下拉列表中，选择定义样式的位置，如果不创建外部样式表，则选择“仅限该文档”单选项。单击“确定”按钮，弹出“a:hover 的 CSS 规则定义”对话框，如图 7-13 所示。

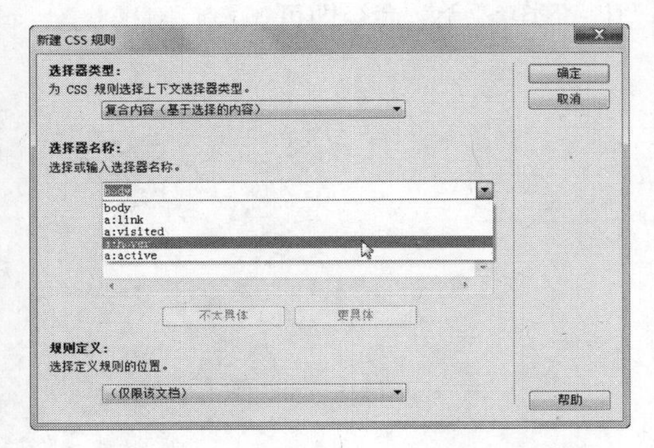

图 7-12

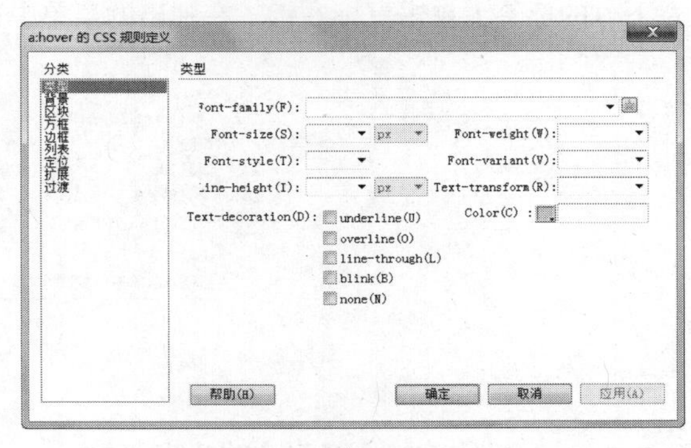

图 7-13

（3）根据需要设置 CSS 属性，单击“确定”按钮完成设置。

7.3.3 创建和应用自定义样式

若要为不同网页元素设定相同的格式，可先创建一个自定义样式，然后将它应用到文档的网页元素上。

1. 创建自定义样式

（1）将插入点放在文档中，弹出“新建 CSS 规则”对话框。

（2）先在“选择器类型”选项的下拉列表中，选择“类（可应用于任何 HTML 元素）”选项；然后在“选择器名称”选项的文本框中输入自定义样式的名称，如“text”；最后在“规则定义”选项的下拉列表中，选择定义样式的位置，如果不创建外部样式表，则选择“（仅限该文档）”选项。单击“确定”按钮，弹出“.text 的 CSS 规则定义”对话框，如图 7-14 所示。

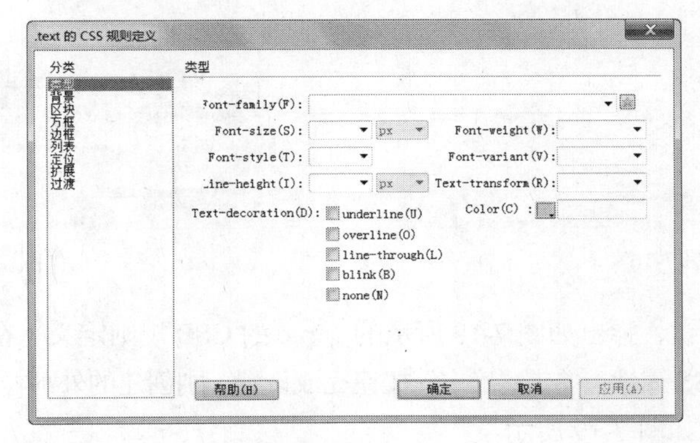

图 7-14

（3）根据需要设置 CSS 属性，单击“确定”按钮完成设置。

2．应用样式

创建自定义样式后，还要为不同的网页元素应用不同的样式，其具体操作步骤如下。

（1）在文档窗口中选择网页元素。

（2）在文档窗口左下方的标签上单击鼠标右键，在弹出的菜单中选择“设置类 > 某自定义样式名”命令，如图 7-15 所示，此时该网页元素应用样式修改了外观。若想撤销应用的样式，则在文档窗口左下方的标签上单击鼠标右键，在弹出的菜单中选择“设置类 > 无”命令即可。

图 7-15

7.3.4 创建和引用外部样式

如果不同网页的不同网页元素需要同一样式时，可通过引用外部样式来实现。首先创建一个外部样式，然后在不同网页的不同 HTML 元素中引用定义好的外部样式。

1．创建外部样式

（1）弹出“新建 CSS 规则”对话框。

（2）在“新建 CSS 规则”对话框的“规则定义”选项的下拉列表中，选择“（新建样式表文件）”选项，在“选择器名称”选项的文本框中输入名称，如图 7-16 所示。单击“确定”按钮，弹出“讲样式表文件另存为”对话框，在“文件名”选项中输入自定义的样式文件名，如图 7-17 所示。

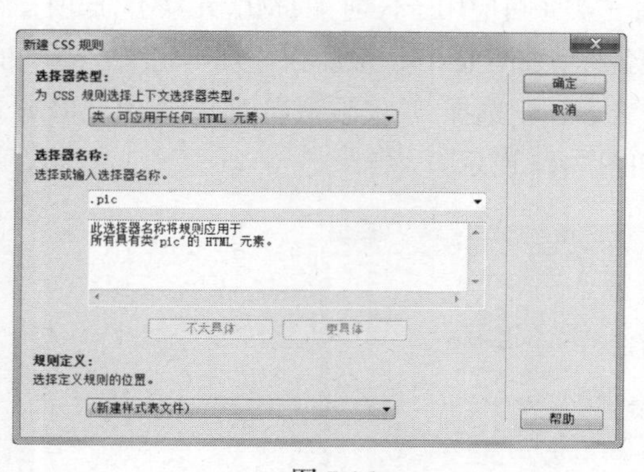

图 7-16

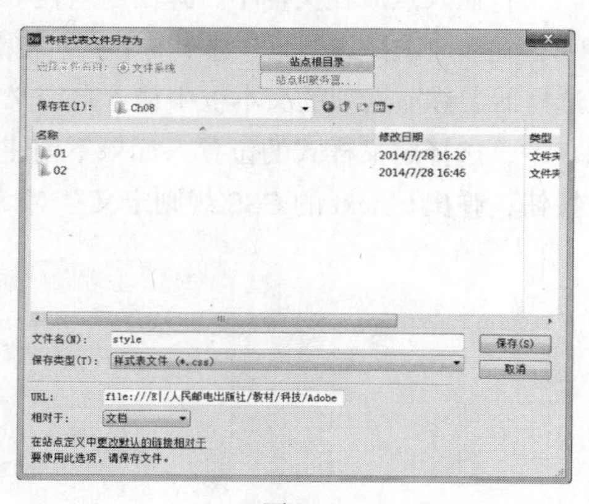

图 7-17

（3）单击“确定”按钮，弹出如图 7-18 所示的“.pic 的 CSS 规则定义（在 style.css 中）”对话框。

（4）根据需要设置 CSS 属性，单击“确定”按钮完成设置。刚创建的外部样式会出现在“CSS 样式”控制面板的样式列表中，如图 7-19 所示。

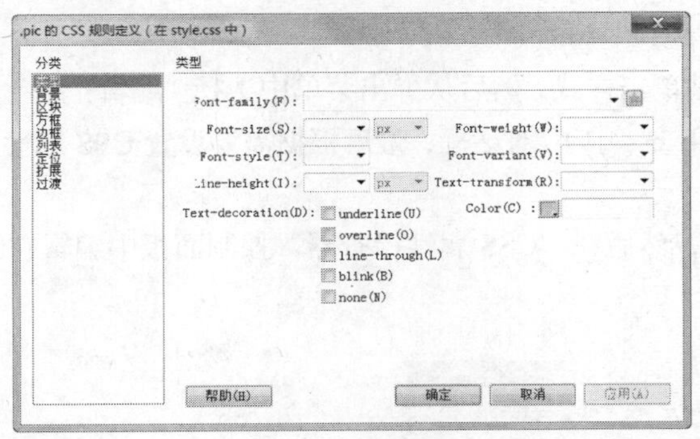

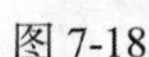
图 7-18

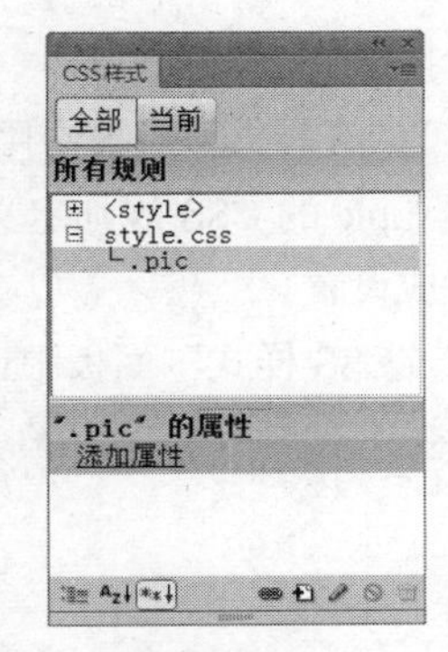

图 7-19

2．引用外部样式

不同网页的不同 HTML 元素可以引用相同的外部样式，具体操作步骤如下。

（1）在文档窗口中选择网页元素。

（2）单击“CSS 样式”控制面板下部的“附加样式表”按钮，弹出“链接外部样式表”对话框，如图 7-20 所示。

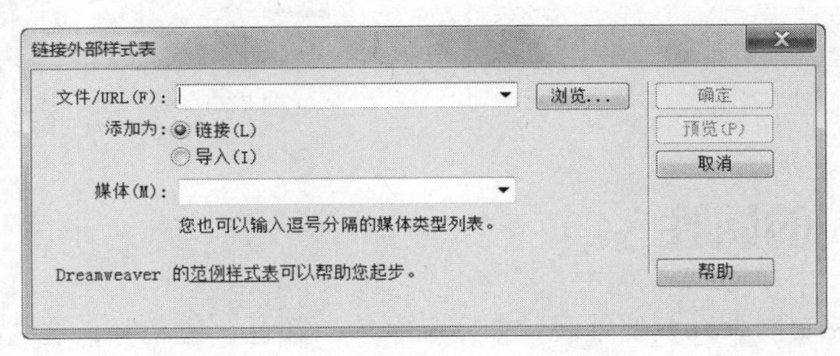

图 7-20

对话框中各选项的作用如下。

“文件/URL”选项：直接输入外部样式文件名，或单击“浏览”按钮选择外部样式文件。

“添加为”选项组：包括“链接”和“导入”两个选项。“链接”选项表示传递外部 CSS 样式信息而不将其导入网页文档，在页面代码中生成<link>标签。“导入”选项表示将外部 CSS 样式信息导入网页文档，在页面代码中生成<@Import>标签。

（3）在对话框中根据需要设定参数，单击“确定”按钮完成设置。此时，引用的外部样式会出现在“CSS 样式”控制面板的样式列表中，如图 7-21 所示。

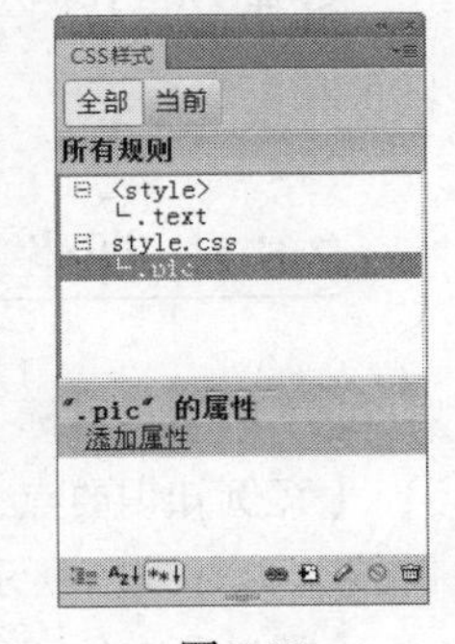

图 7-21

7.4 编辑样式

网站设计者有时需要修改应用于文档的内部样式和外部样式，如果修改内部样式，则会自动重新设置受它控制的所有 HTML 对象的格式；如果修改外部样式文件，则会自动重新设置与它链接的所有 HTML 文档。

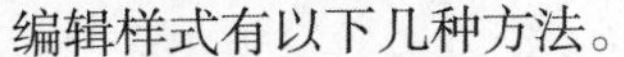

编辑样式有以下几种方法。

（1）先在“CSS 样式”面板中单击选中某样式，然后单击位于面板底部的“编辑样式”按钮，弹出如图 7-22 所示的“.pic 的 CSS 规则定义（在 style.css 中）”对话框。根据需要设置 CSS 属性，单击“确定”按钮完成设置。

（2）在“CSS 样式”面板中用鼠标右键单击样式，然后从弹出菜单中选择“编辑”命令，如图 7-23 所示，弹出“.pic 的 CSS 规则定义（在 style.css 中）”对话框，最后根据需要设置 CSS 属性，单击“确定”按钮完成设置。

（3）在“CSS 样式”面板中选择样式，然后在“CSS 属性检查器”控制面板中编辑它的属性，如图 7-24 所示。

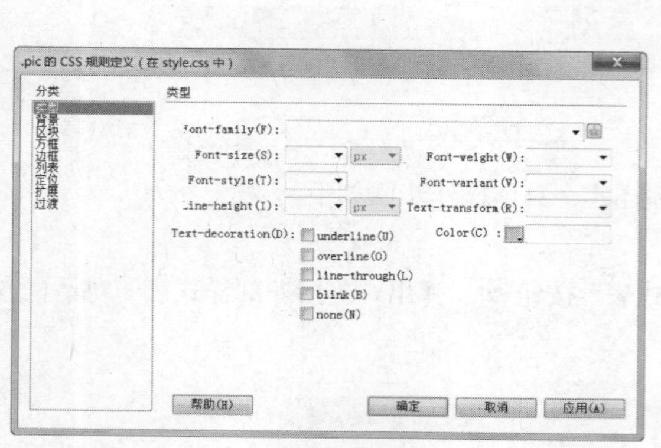

图 7-22

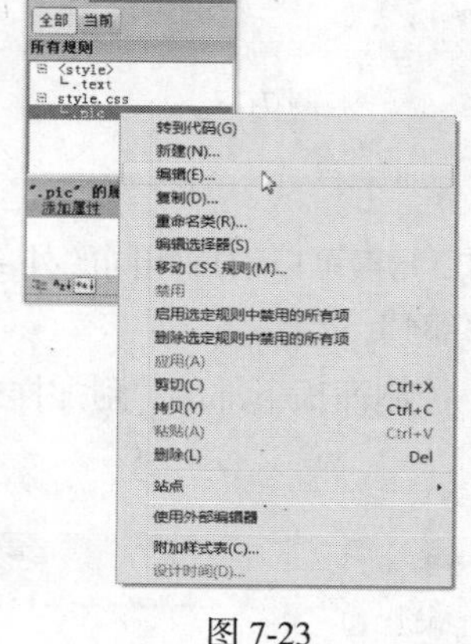

图 7-23

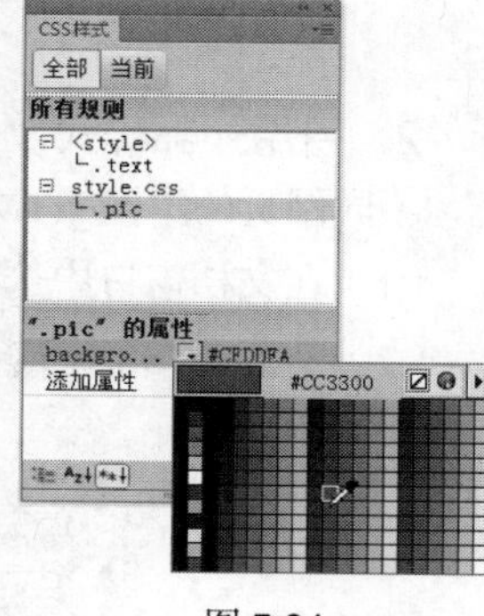

图 7-24

7.5 CSS 的属性

CSS 样式可以控制网页元素的外观，如定义字体、颜色、边距等，这些都是通过设置 CSS 样式的属性来实现。CSS 样式属性有很多种分类，包括“类型”、“背景”、“区块”、“方框”、“边框”、“列表”、“定位”、“扩展”和“过渡”9 个分类，分别设定不同网页元素的外观。下面分别进行介绍。

命令介绍

背景：“背景”分类用于在网页元素后加入背景图像或背景颜色。

区块：“区块”分类用于控制网页中块元素的间距、对齐方式和文字缩进等属性。块元素可为文本、图像和层等。

7.5.1 课堂案例——山地车网页

【案例学习目标】使用“CSS 样式”命令，制作菜单效果。

【案例知识要点】使用“表格”按钮，插入表格效果；使用“CSS 样式”命令，设置翻转效果的链接，如图 7-25 所示。

【效果所在位置】光盘/Ch07/效果/山地车网页/index.html。

1. 插入表格并输入文字

（1）选择“文件 > 打开”命令，在弹出的“打开”对话框中选择“光盘 > Ch07 > 素材 > 山地

车网页 > index.html”文件，单击“打开”按钮打开文件，如图 7-26 所示。

图 7-25

图 7-26

（2）将光标置于如图 7-27 所示的单元格中，在“插入”面板的“常用”选项卡中单击“表格”按钮，在弹出的“表格”对话框中进行设置，如图 7-28 所示，单击“确定”按钮完成表格的插入，效果如图 7-29 所示。

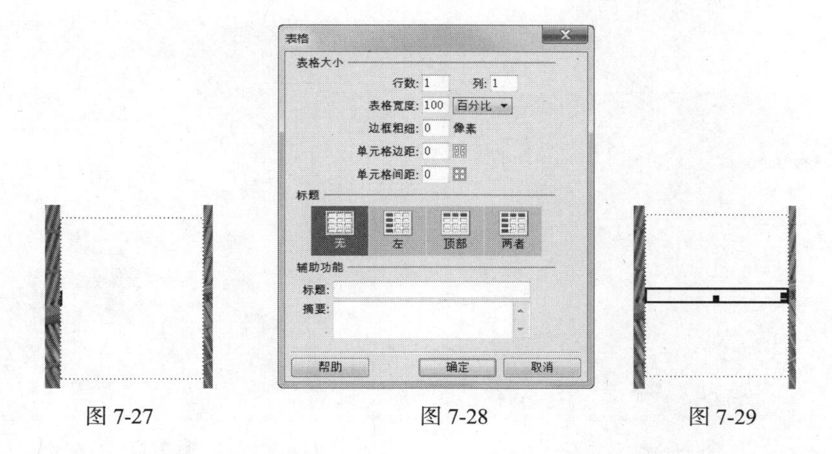

图 7-27　　图 7-28　　图 7-29

（3）在“属性”面板“表格”选项文本框中输入“Nav”，如图 7-30 所示。在单元格中分别输入文字，如图 7-31 所示。

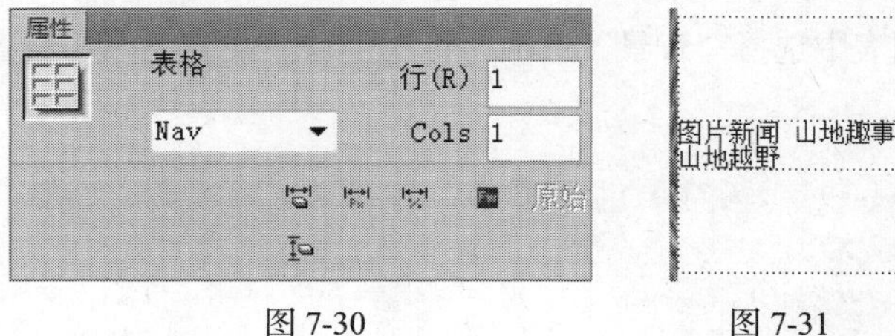

图 7-30　　图 7-31

（4）选中文字“图片新闻”，如图 7-32 所示，在“属性”面板的“链接”选项文本框中输入“#”，为文字制作空链接效果，如图 7-33 所示。用相同的方法为其他文字添加链接，效果如图 7-34 所示。

图 7-32

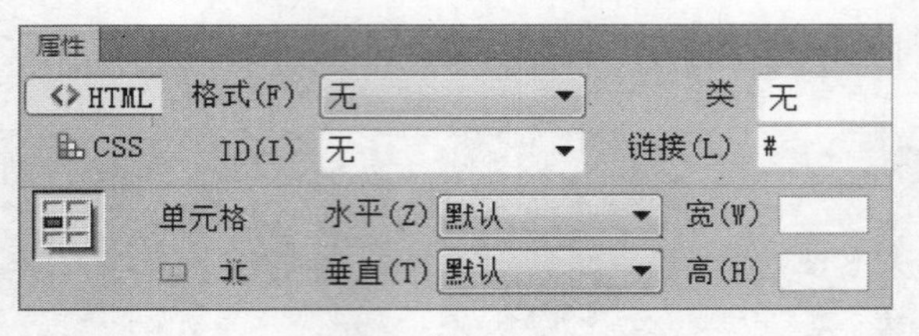

图 7-33

图 7-34

2．设置 CSS 属性

（1）选择如图 7-35 所示的表格，选择“窗口 > CSS 设计器”命令，弹出“CSS 设计器”面板，按 Ctrl+Shfit+Alt+P 组合键切换到“CSS 样式”面板。单击面板下方的“新建 CSS 规则”按钮，弹出“新建 CSS 规则”对话框，在对话框中进行设置，如图 7-36 所示。

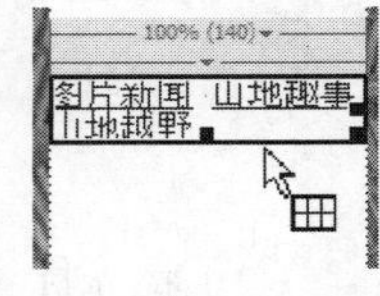

图 7-35

（2）单击“确定”按钮，弹出“将样式表文件另存为”对话框，在“保存在”选项的下拉列表中选择当前站点目录保存路径，在“文件名”选项的文本框中输入“style”，如图 7-37 所示。

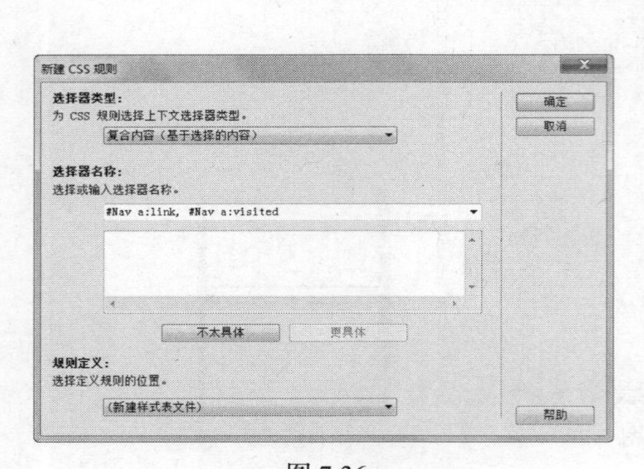

图 7-36

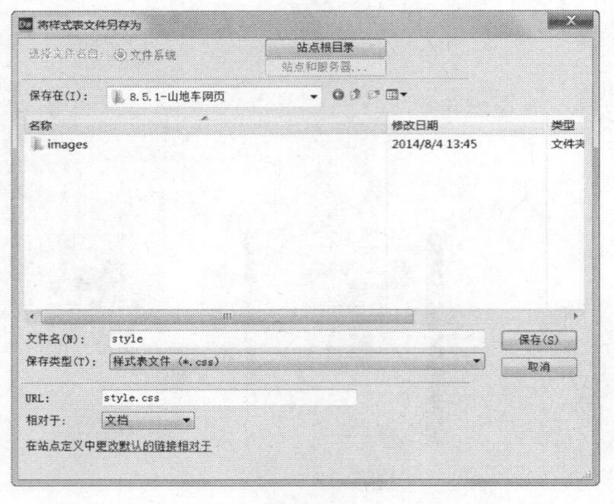

图 7-37

（3）单击“保存”按钮，弹出“#Nav a:link,#Nav a:visited 的 CSS 规则定义（在 style.css 中）”对话框，在左侧的“分类”选项列表中选择“类型”选项，将右侧的“Color”设置为黑色，如图 7-38 所示，在“分类”选项列表中选择“背景”选项，将“Background-color”设置为灰白色（#f2f2f2），如图 7-39 所示。

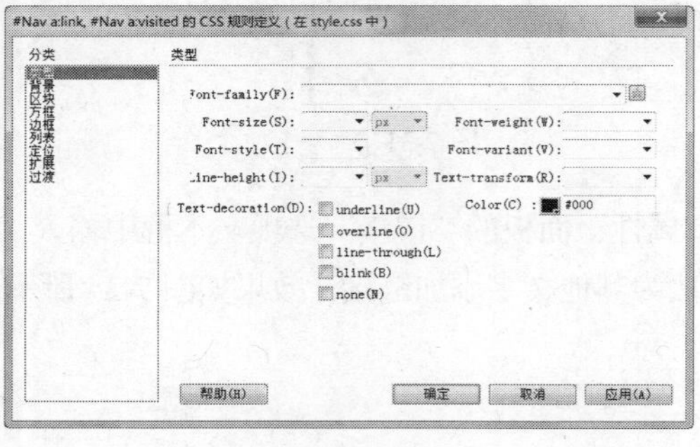

图 7-38

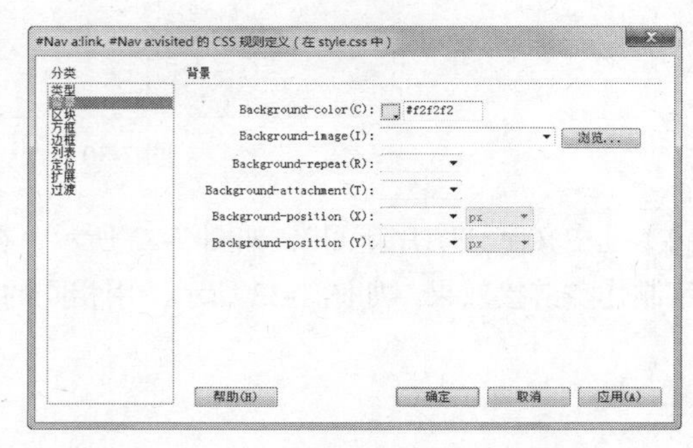

图 7-39

（4）在左侧的“分类”选项列表中选择“区块”，在“Text-indent”选项下拉列表中选择“center”，“Display”选项下拉列表中选择“block”，如图 7-40 所示。

（5）在左侧的“分类”选项列表中选择“方框”，在“Padding”选项组中勾选“全部相同”复选项，将“Top”设置为 4，如图 7-41 所示。

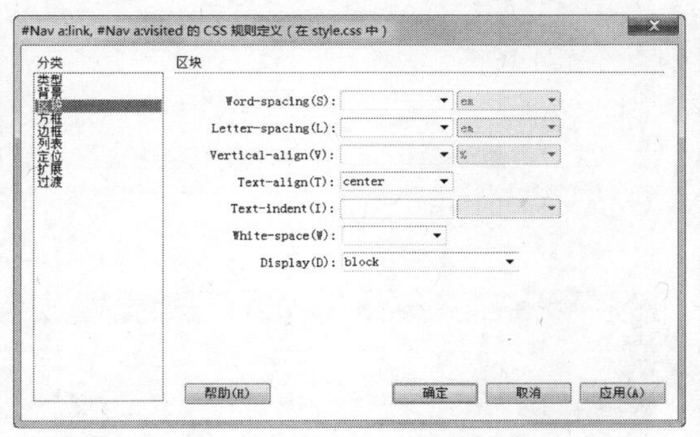

图 7-40

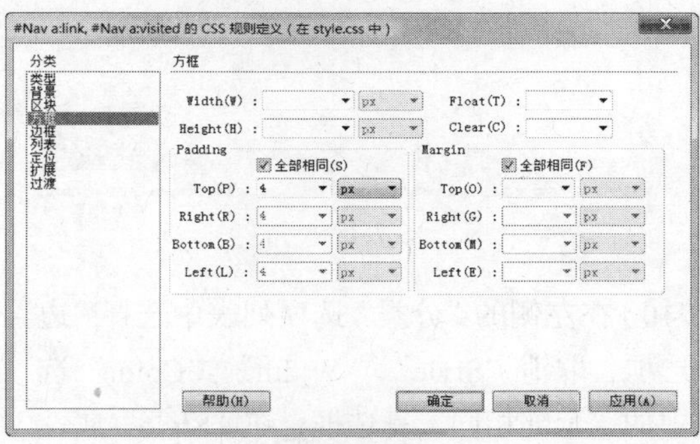

图 7-41

（6）在左侧的“分类”选项列表中选择“边框”，分别在“Style”选项组、“Width”选项组和“Color”选项组中，勾选“全部相同”复选项，设置“Top”选项的属性分别为“solid”、“2”、“#FFF”，如图 7-42 所示，单击“确定”按钮，效果如图 7-43 所示。

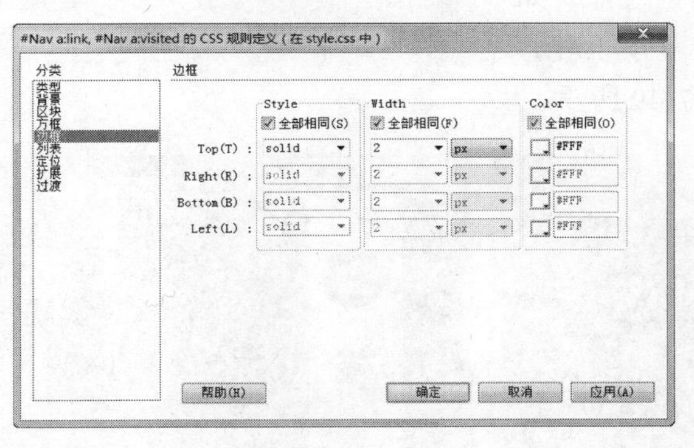

图 7-42

图 7-43

（7）单击“CSS 样式”面板下方的“新建 CSS 规则”按钮，弹出“新建 CSS 规则”对话框，在对话框中进行设置，如图 7-44 所示。

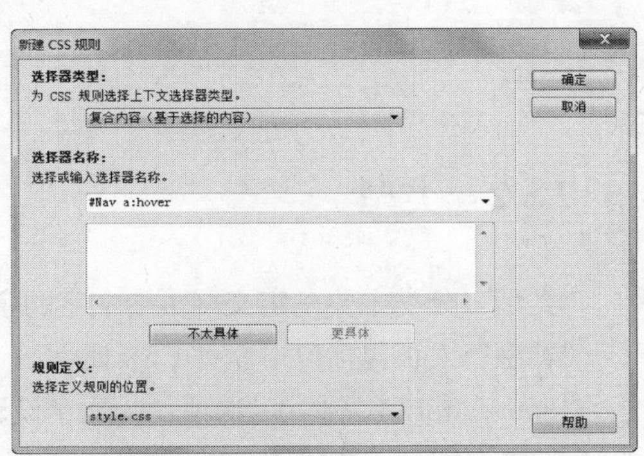

图 7-44

（8）单击“确定”按钮，弹出“#Nav a:hover 的 CSS 规则定义（在 style.css 中）”对话框，在左侧的“分类”选项列表中选择“背景”选项，将“Background-color”设置为白色，如图 7-45 所示。

（9）在左侧的“分类”选项列表中选择“方框”，在“Padding”选项组中勾选“全部相同”复选项，将“Top”设置为 2，“Margin”选项组中勾选“全部相同”复选框，将“Top”设置为 2，如图 7-46 所示。

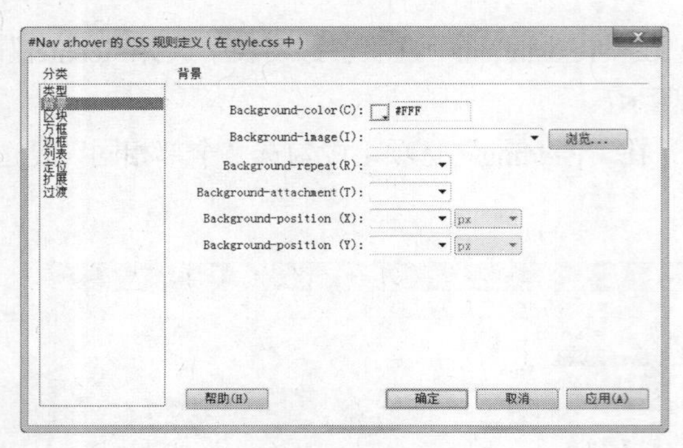

图 7-45

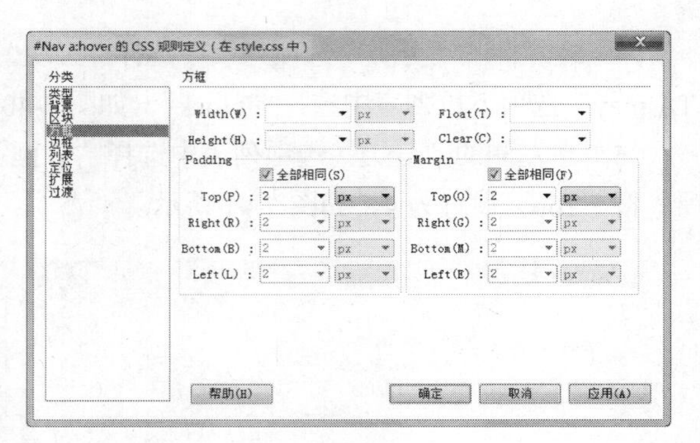

图 7-46

（10）在左侧的“分类”选项列表中选择“边框”选项，取消“Style”、“Width”、“Color”选项组中的“全部相同”复选框，在“Style”属性“Top”和“Left”选项下拉列表中选择“solid”，“Width”选项文本框中输入“1”，将“Color”设置为蓝色（#29679c），如图 7-47 所示，单击“确定”按钮。

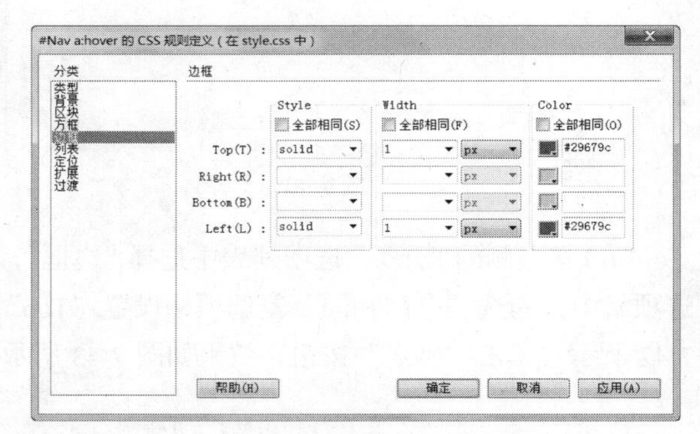

图 7-47

（11）保存文档，按 F12 键预览效果，如图 7-48 所示。当鼠标指针滑过导航按钮时，背景和边框颜色改变，效果如图 7-49 所示。

图 7-48

图 7-49

7.5.2 类型

“类型”分类主要是定义网页中文字的字体、字号、颜色等，“类型”选项面板如图 7-50 所示。

“类型”面板包括以下 9 种 CSS 属性。

“Font-family（字体）”选项：为文字设置字体。一般情况下，使用用户系统上安装的字体系列中的第一种字体显示文本。用户可以手动编辑字体列表，首先单击“Font-family”选项右侧的下拉列表选择“管理字体”选项，如图 7-51 所示，弹出“管理字体”对话框，如图 7-52 所示。在“管理字体”

对话框中选择“自定义字体堆栈”选项卡，然后在“可用字体”选项框中双击欲选字体，使其出现在“字体列表”选项框中，单击“完成”按钮完成“管理字体”的设置。最后再单击“Font-family”选项右侧的下拉列表，选择刚刚编辑的字体，如图 7-53 所示。

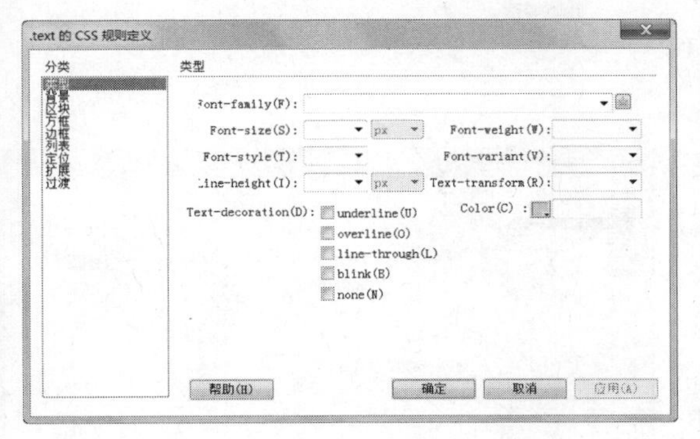

图 7-50

图 7-51

图 7-52

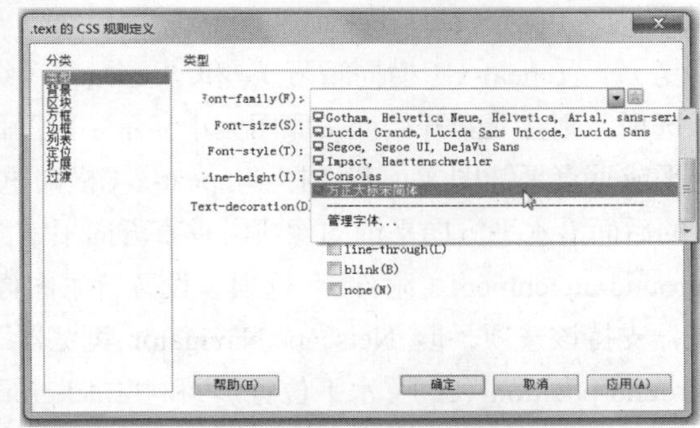

图 7-53

“Font-size（大小）”选项：定义文本的大小。在选项右侧的下拉列表中选择具体数值和度量单位。一般以像素为单位，因为它可以有效地防止浏览器破坏文本的显示效果。

“Font-style（样式）”选项：指定字体的风格为“normal（正常）”、“（italic）斜体”或“oblique（偏斜体）”。默认设置为“normal（正常）”。

“Line-height（行高）”选项：设置文本所在行的行高度。在选项右侧的下拉列表中选择具体数值和度量单位。若选择“normal（正常）”选项则自动计算字体大小以适应行高。

“Text-decoration（修饰）”选项组：控制链接文本的显示形态，包括“underline（下划线）”、“overline（上划线）”、“Line-through（删除线）”、“blink（闪烁）”和“none（无）”5 个选项。正常文本的默认设置是“none（无）”，链接的默认设置为“underline（下划线）”。

“Font-weight（粗细）”选项：为字体设置粗细效果。它包含“normal（正常）”、“bold（粗体）”、“bolder（特粗）”、“lighter（细体）”和具体粗细值多个选项。通常“normal（正常）”选项等于 400 像素，“bold（粗体）”选项等于 700 像素。

“Font-variant（变体）”选项：将正常文本缩小一半尺寸后大写显示，IE 浏览器不支持该选项。Dreamweaver CC 不在文档窗口中显示该选项。

“Text-transform（大小写）”选项：将选定内容中的每个单词的首字母大写，或将文本设置为全部大写或小写。它包括“capitalize（首字母大写）”、“uppercase（大写）”、“lowercase（小写）”和“none（无）”4 个选项。

“Color（颜色）”选项：设置文本的颜色。

7.5.3 背景

“背景”分类用于在网页元素后加入背景图像或背景颜色，“背景”选项面板如图 7-54 所示。

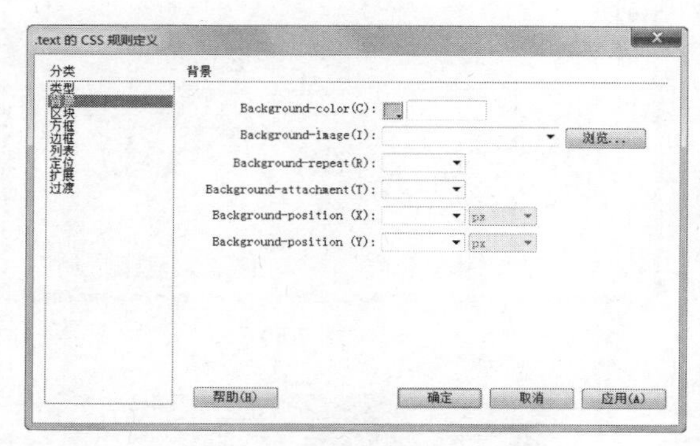

图 7-54

“背景”面板包括以下 6 种 CSS 属性。

“Background-color（背景颜色）”选项：设置网页元素的背景颜色。

“Background-image（背景图像）”选项：设置网页元素的背景图像。

“Background-repeat（重复）”选项：控制背景图像的平铺方式，包括“no- repeat（不重复）”、“repeat（重复）”、“repeat-x（横向重复）”和“repeat-y（纵向重复）”4 个选项。若选择“no- repeat（不重复）”选项，则在元素开始处按原图大小显示一次图像；若选择“repeat（重复）”选项，则在元素的后面水平或垂直平铺图像；若选择“repeat-x（横向重复）”或“repeat-y（纵向重复）”选项，则分别在元素的后面沿水平方向平铺图像或沿垂直方向平铺图像，此时图像被剪辑以适合元素的边界。

“Background-attachment（附件）”选项：设置背景图像是固定在它的原始位置还是随内容一起滚动。IE 浏览器支持该选项，但 Netscape Navigator 浏览器不支持。

“Background-position（X）（水平位置）”和“Background-position（Y）（垂直位置）”选项：设置背景图像相对于元素的初始位置，包括“left（左对齐）”、“center（居中）”、“right（右对齐）”、“top（顶部）”、“center（居中）”、“bottom（底部）”和“（值）”7 个选项。该选项可将背景图像与页面中心垂直和水平对齐。

7.5.4 区块

“区块”分类用于控制网页中块元素的间距、对齐方式和文字缩进等属性。块元素可以是文本、图像和层等。“区块”的选项面板如图 7-55 所示。

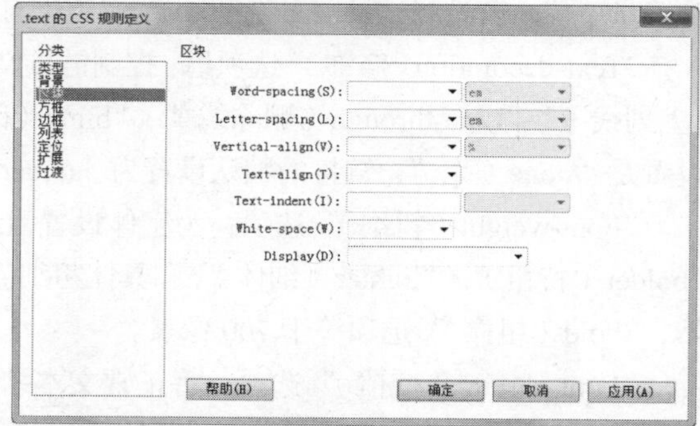

图 7-55

“区块”面板包括 7 种 CSS 属性。

“Word-spacing（单词间距）”选项：设置文字间的间距，包括“normal（正常）”和“（值）”两个选项。若要减少单词间距，则可以设置为负值，但其显示取决于浏览器。

“Letter-spacing（字母间距）”选项：设置字母间的间距，包括“normal（正常）”和“（值）”两个选项。若要减少字母间距，则可以设置为负值。IE 浏览器 4.0 版本和更高版本以及 Netscape Navigator 浏览器 6.0 版本支持该选项。

"Vertical-align（垂直对齐）"选项：控制文字或图像相对于其母体元素的垂直位置。若将图像同其母体元素文字的顶部垂直对齐，则该图像将在该行文字的顶部显示。该选项包括"baseline(基线)"、"sub（下标）"、"super（上标）"、"top（顶部）"、"text-top（文本顶对齐）"、"middle（中线对齐）"、"bottom（底部）"、"text-bottom（文本底对齐）"和"(值)"9个选项。"baseline（基线）"选项表示将元素的基准线同母体元素的基准线对齐；"top（顶部）"选项表示将元素的顶部同最高的母体元素对齐；"bottom（底部）"选项表示将元素的底部同最低的母体元素对齐；"下标"选项表示将元素以下标形式显示；"super（上标）"选项表示将元素以上标形式显示；"text-top（文本顶对齐）"选项表示将元素顶部同母体元素文字的顶部对齐；"middle（中线对齐）"选项表示将元素中点同母体元素文字的中点对齐；"text-bottom（文本底对齐）"选项表示将元素底部同母体元素文字的底部对齐。

提示 仅在应用于 <img> 标签时"垂直对齐"选项的设置才在文档窗口中显示。

"Text-align（文本对齐）"选项：设置区块文本的对齐方式，包括"left（左对齐）"、"right（右对齐）"、"center（居中）"和"justify（两端对齐）"4个选项。

"Text-indent（文字缩进）"选项：设置区块文本的缩进程度。若让区块文本凸出显示，则该选项值为负值，但显示主要取决于浏览器。

"White-space（空格）"选项：控制元素中的空格输入，包括"normal（正常）"、"pre（保留）"和"nowrap（不换行）"3个选项。

"Display（显示）"选项：指定是否以及如何显示元素。"none（无）"关闭应用此属性元素的显示。

Dreamweaver CC 不在文档窗口中显示"空格"选项值。

7.5.5 方框

块元素可被看成包含在盒子中，这个盒子分成4部分，如图7-56所示。

"方框"分类用于控制网页中块元素的内容距区块边框的距离、区块的大小、区块间的间隔等。块元素可为文本、图像和层等。"方框"的选项面板如图7-57所示。

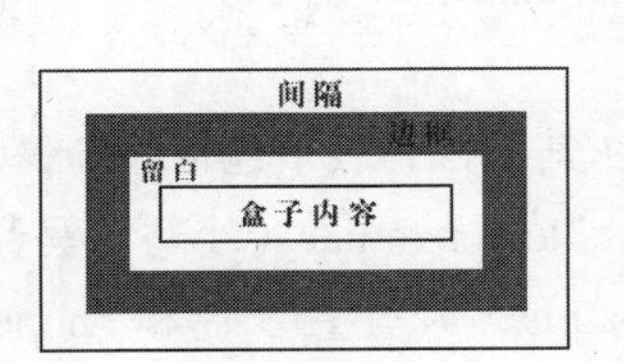

图7-56

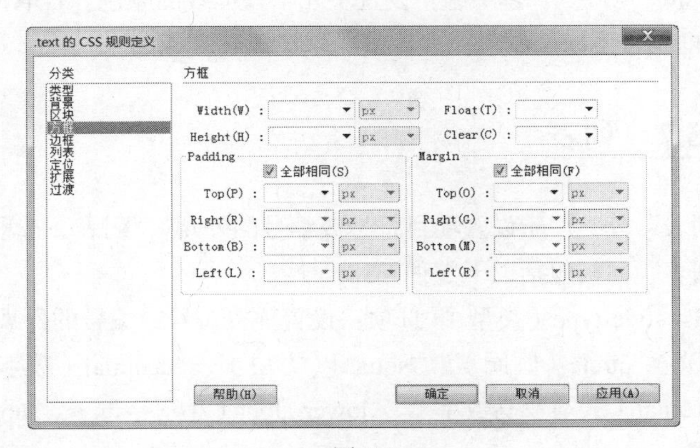

图7-57

"方框"面板包括以下6种CSS属性。

“Width（宽）”和“Height（高）”选项：设置元素的宽度和高度，使盒子的宽度不受它所包含内容的影响。

“Float（浮动）”选项：设置网页元素（如文本、层、表格等）的浮动效果。IE 浏览器和 NETSCAPE 浏览器都支持“（浮动）”选项的设置。

“Clear（清除）”选项：清除设置的浮动效果。

“Padding（填充）”选项组：控制元素内容与盒子边框的间距，包括“Top（上）”、“Bottom（下）”、“Right（左）”和“Left（右）”4 个选项。若取消选择“全部相同”复选框，则可单独设置块元素的各个边的填充效果；否则块元素的各个边设置相同的填充效果。

“Margin（边界）”选项组：控制围绕块元素的间隔数量，包括“Top（上）”、“Bottom（下）”、“Right（左）”和“Left（右）”4 个选项。若取消选择“全部相同”复选框，则可设置块元素不同的间隔效果；否则块元素有相同的间隔效果。

7.5.6 边框

“边框”分类主要针对块元素的边框，“边框”选项面板如图 7-58 所示。

“边框”面板包括以下几种 CSS 属性。

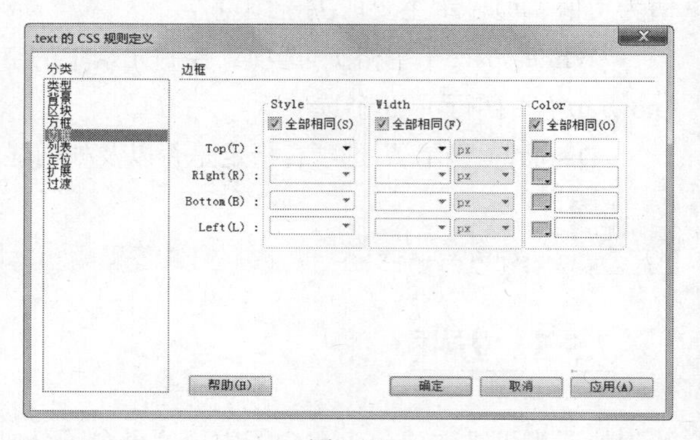

图 7-58

“Style（样式）”选项组：设置块元素边框线的样式，在其下拉列表中包括“none（无）”、“dotted（点划线）”、“dashed（虚线）”、“solid（实线）”、“double（双线）”、“groove（槽状）”、“ridge（脊状）”、“inset（凹陷）”、“outse（凸出）”9 个选项。若取消选择“全部相同”复选框，则可为块元素的各边框设置不同的样式。

“Width（宽度）”选项组：设置块元素边框线的粗细，在其下拉列表中包括“thin（细）”、“medium（中）”、“thick（粗）”、“（值）”4 个选项。

“Color（颜色）”选项组：设置块元素边框线的颜色。若取消选择“全部相同”复选框，则为块元素各边框设置不同的颜色。

7.5.7 列表

“列表”分类用于设置项目符号或编号的外观，“列表”选项面板如图 7-59 所示。

“列表”面板包括以下 3 种 CSS 属性。

“List-style-type（类型）”选项：设置项目符号或编号的外观。在其下拉列表中包括“disc（圆点）”、“circle（圆圈）”、“square（方块）”、“decimal（数字）”、“lower-roman（小写罗马数字）”、“upper-roman（大写罗马数字）”、“lower-alpha（小写字母）”、“upper-alpha（大写字母）”和“none（无）”9 个选项。

“List-style-image（项目符号图像）”选项：为项目符号指定自定义图像。单击选项右侧的“浏览”按钮选择图像，或直接在选项的文本框中输入图像的路径。

“List-style-Position（位置）”选项：用于描述列表的位置，包括“inside（内）”和“outside（外）”两个选项。

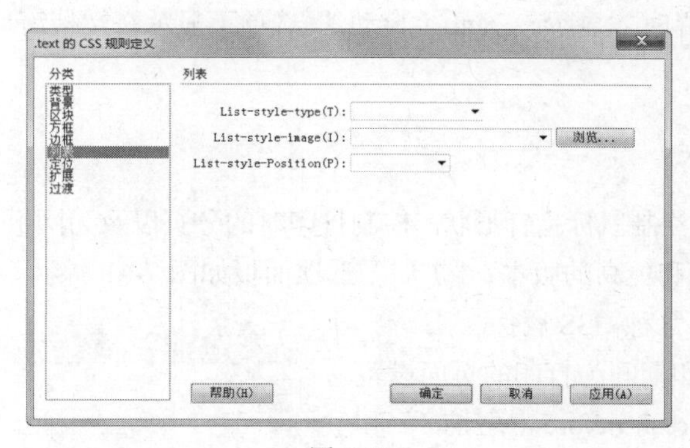

图 7-59

7.5.8 定位

“定位”分类用于精确控制网页元素的位置，主要针对层的位置进行控制，“定位”选项面板如图 7-60 所示。

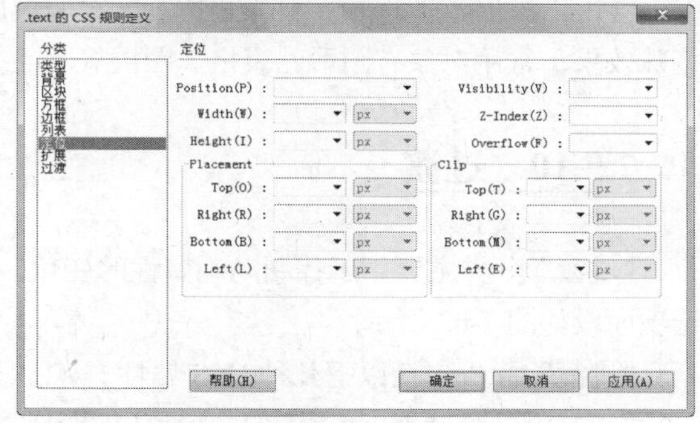

图 7-60

“定位”面板包括以下几种 CSS 属性。

“Position（类型）”选项：确定定位的类型，其下拉列表中包括“absolute（绝对）”、“fixed（固定）”、“relative（相对）”和“static（静态）”4 个选项。“absolute（绝对）”选项表示以页面左上角为坐标原点，使用“定位”选项中输入的坐标值来放置层；“fixed（固定）”选项表示以页面左上角为坐标原点放置内容，当用户滚动页面时，内容将在此位置保持固定。“relative（相对）”选项表示以对象在文档中的位置为坐标原点，使用“定位”选项中输入的坐标来放置层；“static（静态）”选项表示以对象在文档中的位置为坐标原点，将层放在它在文本中的位置。该选项不显示在文档窗口中。

“Visibility（显示）”选项：确定层的初始显示条件，包括“inherit（继承）”、“visible（可见）”和“hidden（隐藏）”3 个选项。“inherit（继承）”选项表示继承父级层的可见性属性。如果层没有父级层，则它将是可见的。“visible（可见）”选项表示无论父级层如何设置，都显示该层的内容。“hidden（隐藏）”选项表示无论父级层如何设置，都隐藏层的内容。如果不设置“Visibility（显示）”选项，则默认情况下大多数浏览器都继承父级层的属性。

“Z-Index（Z 轴）”选项：确定层的堆叠顺序，为元素设置重叠效果。编号较高的层显示在编号较低的层的上面。该选项使用整数，可以为正，也可以为负。

“Overflow（溢位）”选项：此选项仅限于 CSS 层，用于确定在层的内容超出它的尺寸时的显示状态。其中，“visible（可见）”选项表示当层的内容超出层的尺寸时，层向右下方扩展以增加层的大小，使层内的所有内容均可见。“hidden（隐藏）”选项表示保持层的大小并剪辑层内任何超出层尺寸的内容。“scroll（滚动）”选项表示不论层的内容是否超出层的边界都在层内添加滚动条。“scroll（滚动）”选项不显示在文档窗口中，并且仅适用于支持滚动条的浏览器。“auto（自动）”选项表示滚动条仅在层的内容超出层的边界时才显示。“auto（自动）”选项不显示在文档窗口中。

7.5.9　扩展

“扩展”分类主要用于控制鼠标指针形状、控制打印时的分页以及为网页元素添加滤镜效果，但它仅支持 IE 浏览器 4.0 版本和更高的版本，“扩展”选项面板如图 7-61 所示。

“扩展”面板包括以下几种 CSS 属性。

“分页”选项组：在打印期间为打印的页面设置强行分页，包括“Page-break-before（之前）”和“Page-break-after（之后）”两个选项。

“Cursor（光标）”选项：当鼠标指针位于样式所控制的对象上时改变鼠标指针的形状。IE 浏览器 4.0 版本和更高版本以及 Netscape Navigator 浏览器 6.0 版本支持该属性。

“Filter（滤镜）”选项：对样式控制的对象应用特殊效果，常用对象有图形、表格、图层等。

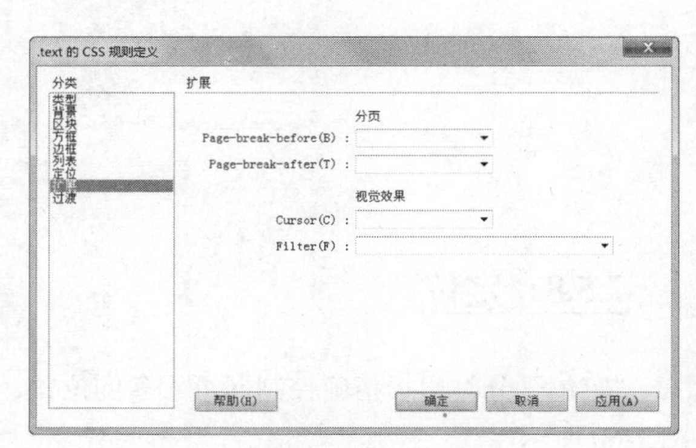

图 7-61

7.5.10　过渡

“过渡”分类主要用于控制动画属性的变化，以响应触发器事件，如悬停、单击和聚焦等，“过渡”选项面板如图 7-62 所示。

“过渡”面板包括以下几种 CSS 属性。

“所有可动画属性”选项：勾选后可以设置所有的动画属性。

“属性”选项：可以为 CSS 过渡效果添加属性。

“持续时间”选项：CSS 过渡效果的持续时间。

“延迟”选项：CSS 过渡效果的延迟时间。

“计时功能”选项：设置动画的计时方式。

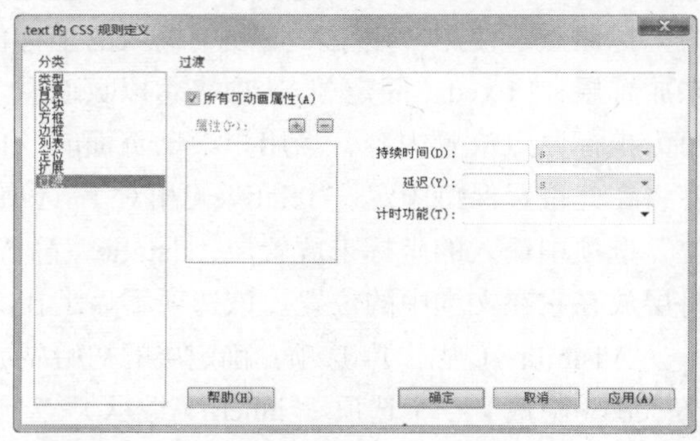

图 7-62

7.6　过滤器

随着网页设计技术的发展，人们希望能在页面中添加一些多媒体属性，如渐变和过滤效果等，CSS 技术使这些成为可能。Dreamweaver 提供的“CSS 过滤器”属性可以将可视化的过滤器和转换效果添加到一个标准的 HTML 元素上。

命令介绍

CSS 的静态过滤器：静态过滤器使被施加的对象产生各种静态的特殊效果。

7.6.1 课堂案例——地球在线网页

【案例学习目标】使用“CSS 样式”命令，制作图片黑白效果。

【案例知识要点】使用“图像”按钮，插入图片；使用 Gray 滤镜，制作图片黑白效果，如图 7-63 所示。

【效果所在位置】光盘/Ch07/效果/地球在线网页/index.html

1. 插入图片

（1）选择“文件 > 打开”命令，在弹出的“打开”对话框中选择“光盘 > Ch07 > 素材 > 地球在线网页 > index.html”文件，单击“打开”按钮打开文件，效果如图 7-64 所示。

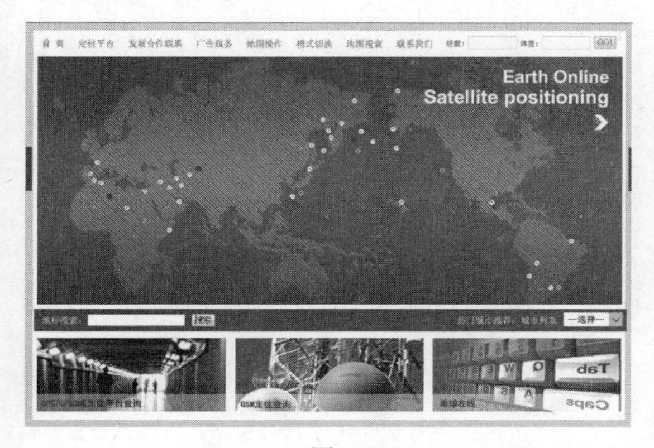

图 7-63

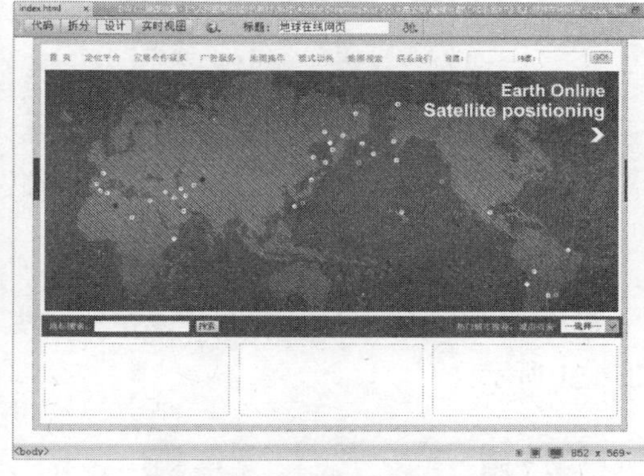

图 7-64

（2）将光标置于空白单元格中，如图 7-65 所示。在“插入”面板“常用”选项卡中单击“图像”按钮，在弹出的“选择图像源文件”对话框中选择“光盘 > Ch07 > 素材 > 地球在线网页 > images”文件夹中的“01_06.jpg”文件，单击“确定”按钮完成图片的插入，效果如图 7-66 所示。用相同的方法将图像文件“01_08.jpg”、“01_10.jpg”插入右侧的空白单元格中，效果如图 7-67 所示。

图 7-65

图 7-66

图 7-67

2．制作图片黑白效果

（1）选择“窗口 > CSS 设计器”命令，弹出“CSS 设计器”面板，按 Ctrl+Shift+Alt+P 组合键切换到“CSS 样式”面板，单击面板下方的“新建 CSS 规则”按钮，弹出“新建 CSS 规则”对话框，在对话框中进行设置，如图 7-68 所示。

（2）单击“确定”按钮，弹出“.tu 的 CSS 规则定义”对话框，选择“分类”选项列表中的“扩展”，在“Filter”选项的下拉列表中选择“Gray”，如图 7-69 所示，单击“确定”按钮。

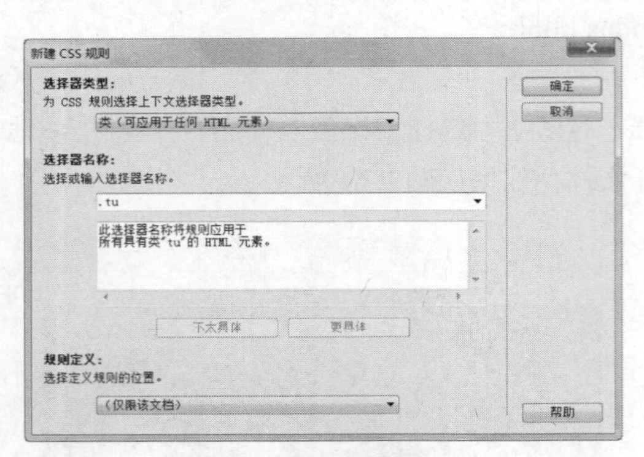

图 7-68

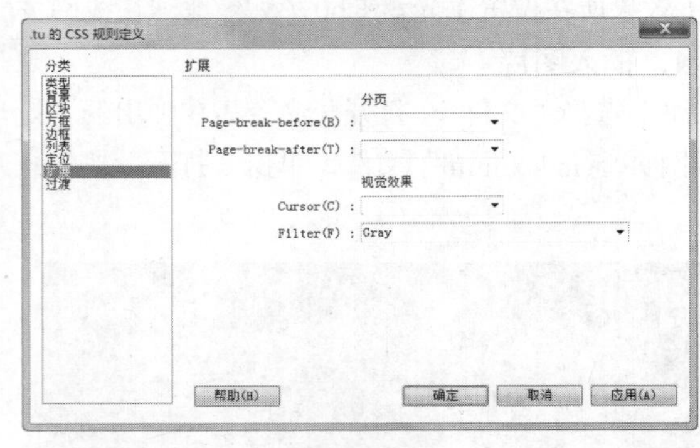

图 7-69

（3）选择如图 7-70 所示的图片，在“属性”面板“Class”选项的下拉列表中选择“tu”选项，如图 7-71 所示。

图 7-70

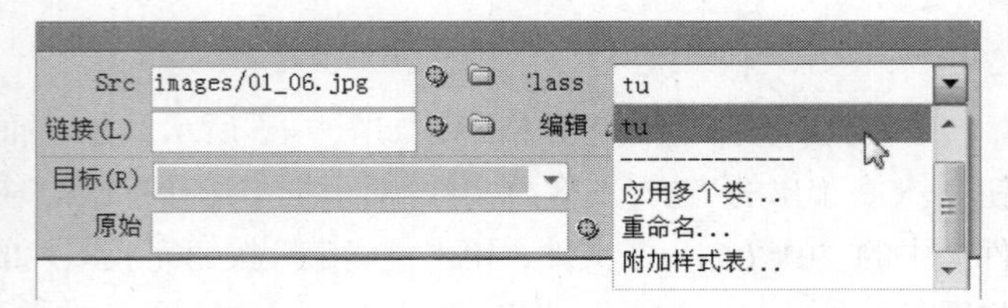

图 7-71

（4）在 Dreamweaver CC 中看不到过滤器的真实效果，只有在浏览器的状态下才能看到真实效果。保存文档，按 F12 键预览效果，如图 7-72 所示。

图 7-72

7.6.2 可应用过滤的 HTML 标签

CSS 过滤器不仅可以施加在图像上，而且可以施加在文字、表格和图层等网页元素上，但并不是所有的 HTML 标签都可以施加 CSS 过滤器，只有 BODY（网页主体）、BUTTON（按钮）、DIV（层）、IMG（图像）、INPUT（表单的输入元素）、MARQUEE（滚动）、SPAN（段落内的独立行元素）、TABLE（表格）、TD（表格内单元格）、TEXTAREA（表单的多行输入元素）、TFOOT（当作注脚的表格行）、TH（表格的表头）、THEAD（表格的表头行）、TR（表格的一行）等 HTML 标签上可以施加 CSS 过滤器。

提示 启用“Table 的 CSS 规则定义”对话框，在“分类”选项列表中选择“扩展”选项，在右侧“滤镜”选项的下拉列表中可以选择静态或动态过滤器。

7.6.3 CSS 的静态过滤器

CSS 中有静态过滤器和动态过滤器两种过滤器。静态过滤器使被施加的对象产生各种静态的特殊效果。IE 浏览器 4.0 版本支持以下 13 种静态过滤器。

（1）Alpha 过滤器：让对象呈现渐变的半透明效果，包含选项及其功能如下。

Opacity 选项：以百分比的方式设置图片的透明程度，值为 0~100，0 表示完全透明，100 表示完全不透明。

FinishOpacity 选项：和 Opacity 选项一起以百分比的方式设置图片的透明渐进效果，值为 0~100，0 表示完全透明，100 表示完全不透明。

Style 选项：设定渐进的显示形状。

StartX 选项：设定渐进开始的 X 坐标值。

StartY 选项：设定渐进开始的 Y 坐标值。

FinishX 选项：设定渐进结束的 X 坐标值。

FinishY 选项：设定渐进结束的 Y 坐标值。

（2）Blur 过滤器：让对象产生风吹的模糊效果，包含选项及其功能如下。

Add 选项：是否在应用 Blur 过滤器的 HTML 元素上显示原对象的模糊方向，0 表示不显示原对象，1 表示显示原对象。

Direction 选项：设定模糊的方向，0 表示向上，90 表示向右，180 表示向下，270 表示向左。

Strength 选项：以像素为单位设定图像模糊的半径大小，默认值为 5，取值范围是自然数。

（3）Chroma 过滤器：将图片中的某个颜色变成透明的，包含 Color 选项，用来指定要变成透明的颜色。

（4）DropShadow 过滤器：让文字或图像产生下落式的阴影效果，包含选项及其功能如下。

Color 选项：设定阴影的颜色。

OffX 选项：设定阴影相对于文字或图像在水平方向上的偏移量。

OffY 选项：设定阴影相对于文字或图像在垂直方向上的偏移量。

Positive 选项：设定阴影的透明程度。

（5）FlipH 和 FlipV 过滤器：在 HTML 元素上产生水平和垂直的翻转效果。

（6）Glow 过滤器：在 HTML 元素的外轮廓上产生光晕效果，包含 Color 和 Strength 两个选项。

Color 选项：用于设定光晕的颜色。

Strength 选项：用于设定光晕的范围。

（7）Gray 过滤器：让彩色图片产生灰色调效果。

（8）Invert 过滤器：让彩色图片产生照片底片的效果。

（9）Light 过滤器：在 HTML 元素上产生模拟光源的投射效果。

（10）Mask 过滤器：在图片上加上遮罩色，包含 Color 选项，用于设定遮罩的颜色。

（11）Shadow 过滤器：与 DropShadow 过滤器一样，让文字或图像产生下落式的阴影效果，但 Shadow 过滤器生成的阴影有渐进效果。

（12）Wave 过滤器：在 HTML 元素上产生垂直方向的波浪效果，包含选项及其功能如下。

Add 选项：是否在应用 Wave 过滤器的 HTML 元素上显示原对象的模糊方向，0 表示不显示原对象，1 表示显示原对象。

Freq 选项：设定波动的数量。

LightStrength 选项：设定光照效果的光照程度，值为 0~100，0 表示光照最弱，100 表示光照最强。

Phase 选项：以百分数的方式设定波浪的起始相位，值为 0~100。

Strength 选项：设定波浪的摇摆程度。

（13）Xray 过滤器：显示图片的轮廓，如同 X 光片的效果。

7.6.4 CSS 的动态过滤器

动态过滤器也叫转换过滤器。Dreamweaver CS6 提供的动态过滤器可以设定产生翻换图片的效果。

（1）BlendTrans 过滤器：混合转换过滤器，在图片间产生淡入淡出效果，包含 Duration 选项，用于表示淡入淡出的时间。

（2）RevealTrans 过滤器：显示转换过滤器，提供更多的图像转换的效果，包含 Duration 和 Transition 选项。Duration 选项表示转换的时间，Transition 选项表示转换的类型。

课堂练习——科技公司网页

【练习知识要点】使用“CSS 样式”命令，改变项目列表的样式，如图 7-73 所示。

【素材所在位置】光盘/Ch07/素材/科技公司网页/images。

【效果所在位置】光盘/Ch07/效果/科技公司网页/index.html。

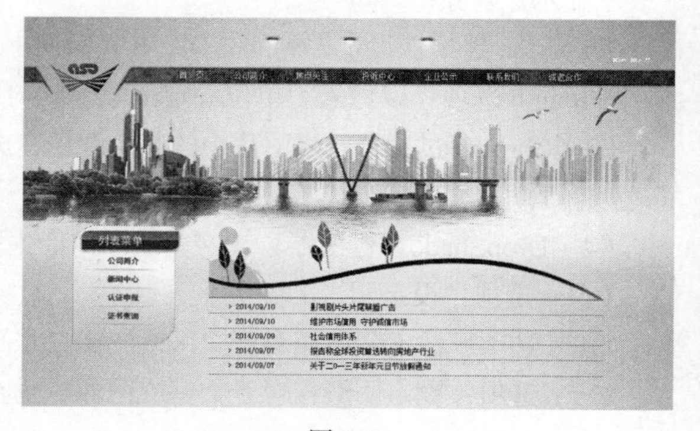

图 7-73

课堂练习——足球在线网页

【练习知识要点】使用“CSS 样式”命令，创建样式；使用“Alpha”滤镜，制作图片半透明效果，效果如图 7-74 所示。

【素材所在位置】光盘/Ch07/素材/足球在线网页/images。

【效果所在位置】光盘/Ch07/效果/足球在线网页/index.html。

图 7-74

课后习题——旅游出行网页

【习题知识要点】使用“CSS 样式”创建样式，调整文字的字体、大小和行距效果，如图 7-75 所示。

【素材所在位置】光盘/Ch07/素材/旅游出行网页/images。

【效果所在位置】光盘/Ch07/效果/旅游出行网页/index.html。

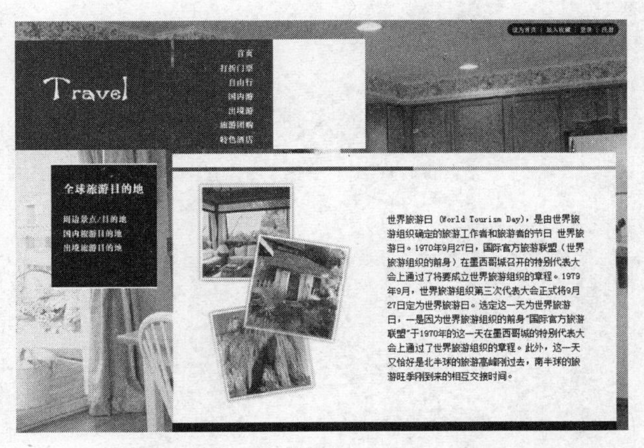

图 7-75

第8章 模板和库

本章介绍

每个网站都是由多个整齐、规范、流畅的网页组成。为了保持站点中网页风格的统一，需要在每个网页中制作一些相同的内容，如相同栏目下的导航条、各类图标等，因此网站制作者需要花费大量的时间和精力在重复性的工作上。为了减轻网页制作者的工作量，提高他们的工作效率，将他们从大量重复性工作中解脱出来，Dreamweaver CC提供了模板和库功能。

学习目标

- 掌握资源面板的使用方法
- 掌握创建模板、可编辑区域、重复区域、重复表格的创建方法
- 掌握模板的重命名、修改模板文件、更新站点和删除模板文件的方法
- 掌握如何创建库文件
- 掌握重命名、删除、修改和更新库项目的方法

技能目标

- 掌握“食用菌类网页”的制作方法
- 掌握“老年生活频道”的制作方法

8.1 “资源”面板

“资源”面板用于管理和使用制作网站的各种元素，如图像或影片文件等。选择“窗口 > 资源”命令，弹出“资源”面板，如图 8-1 所示。

“资源”面板提供了“站点”和“收藏”两种查看资源的方式，“站点”列表显示站点的所有资源，“收藏”列表仅显示用户曾明确选择的资源。在这两个列表中，资源被分成图像、颜色、URLs、SWF、影片、脚本、模板、库 8 种类别，显示在“资源”面板的左侧。“图像”列表中只显示 GIF、JPEG 或 PNG 格式的图像文件；“颜色”列表显示站点的文档和样式表中使用的颜色，包括文本颜色、背景颜色和链接颜色；“链接”列表显示当前站点文档中的外部链接，包括 FTP、gopher、HTTP、HTTPS、JavaScript、电子邮件（mailto）和本地文件（file://）类型的链接；“Flash”列表显示任意版本的“*.swf”格式文件，不显示 Flash 源文件；“影片”列表显示“*.quicktime”或“*.mpeg”格式文件；“脚本”列表显示独立的 JavaScript 或 VBScript 文件；“模板”列表显示模板文件，方便用户在多个页面上重复使用同一页面布局；“库”列表显示定义的库项目。

在模板列表中，面板底部排列着 5 个按钮，分别是“插入”按钮 插入 、“刷新站点列表”按钮、“编辑”按钮、“添加到收藏夹”按钮和“删除”按钮。“插入”按钮用于将“资源”面板中选定的元素直接插入到文档中；“刷新站点列表”按钮用于刷新站点列表；“新建模板”按钮用于建立新的模板；“编辑”按钮用于编辑当前选定的元素；“删除”按钮用于删除选定的元素。单击面板右上方的菜单按钮，弹出一个菜单，菜单中包括“资源”面板中的一些常用命令，如图 8-2 所示。

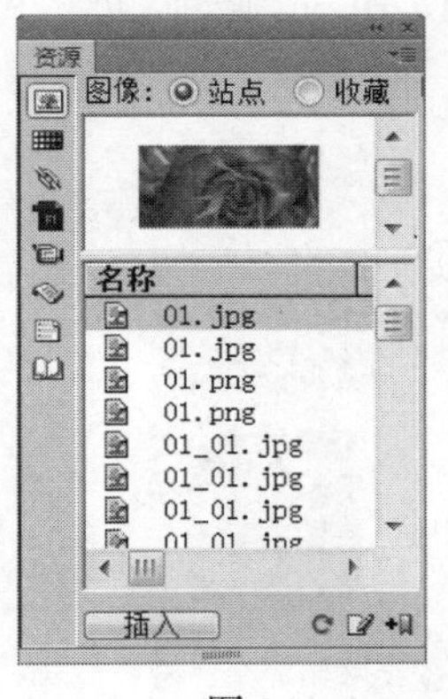

图 8-1

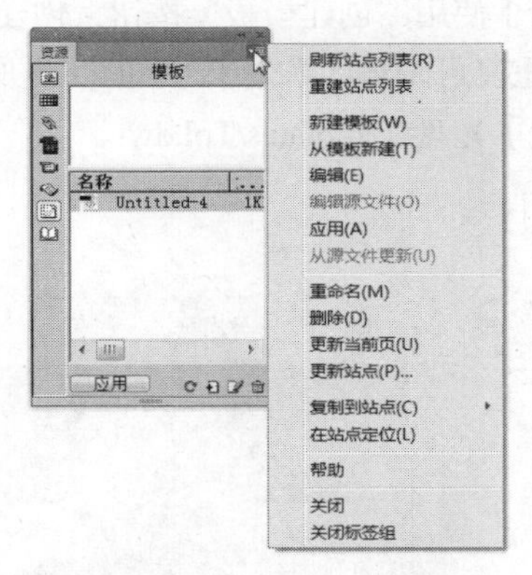

图 8-2

8.2 模板

模板可以理解成模具，当需要制作相同的东西时只需将原始素材放入模板即可实现，既省时又省力。Dreamweaver CC 提供的模板也是基于此目的，如果要制作大量相同或相似的网页时，只需在页面布局设计好之后将它保存为模板页面，然后利用模板创建相同布局的网页，并且在修改模板的同时修改附加该模板的所有页面上的布局。这样，就能大大提高设计者的工作效率。

当将文档另存为模板时，Dreamweaver CC 自动锁定文档的大部分区域。模板创作者需指定模板文档中的哪些区域可编辑，哪些网页元素应长期保留，不可编辑。

Dreamweaver CC 中共有 4 种类型的模板区域。

可编辑区域：是基于模板的文档中的未锁定区域，它是模板用户可以编辑的部分。模板创作者可以将模板的任何区域指定为可编辑的。要让模板生效，它应该至少包含一个可编辑区域，否则，将无法编辑基于该模板的页面。

重复区域：是文档中设置为重复的布局部分。例如，可以设置重复一个表格行。通常重复区域是可编辑的，这样模板用户可以编辑重复元素中的内容，同时使设计本身处于模板创作者的控制之下。在基于模板的文档中，模板用户可以根据需要，使用重复区域控制选项添加或删除重复区域的副本。可在模板中插入两种类型的重复区域，即重复区域和重复表格。

可选区域：是在模板中指定为可选的部分，用于保存有可能在基于模板的文档中出现的内容，如可选文本或图像。在基于模板的页面上，模板用户通常控制是否显示内容。

可编辑标签属性：在模板中解锁标签属性，以便该属性可以在基于模板的页面中编辑。

命令介绍

定义和取消可编辑区域：创建模板后，需要根据用户的需求对模板的内容进行编辑，指定哪些内容是可以编辑的，哪些内容是不可以编辑的。

8.2.1 课堂案例——食用菌类网页

【案例学习目标】使用“常用”面板，“模板”选项卡中的按钮创建模板网页效果。

【案例知识要点】使用“创建模板”按钮，创建模板；使用“可编辑区域”和“重复区域”按钮，制作可编辑区域和重复可编辑区域效果，如图 8-3 所示。

【效果所在位置】光盘/Templates/Tpl.dwt。

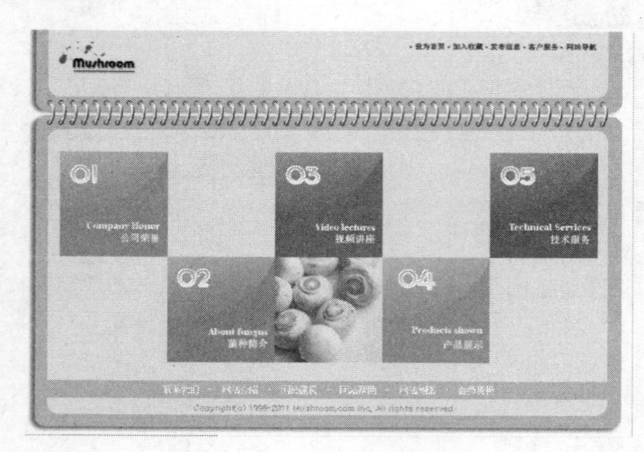

图 8-3

1. 创建模板

（1）选择“文件 > 打开”命令，在弹出的“打开”对话框中选择“光盘 > Ch08 > 素材 > 食用菌类网页 > index.html”文件，单击“打开”按钮打开文件，如图 8-4 所示。

（2）在“插入”面板的“模板”选项卡中，单击“创建模板”按钮，在弹出的对话框中进行设置，如图 8-5 所示，单击“保存”按钮，弹出“Dreamweaver”提示对话框，如图 8-6 所示；单击“是”按钮，将当前文档转换为模板文档，文档名称也随之改变，如图 8-7 所示。

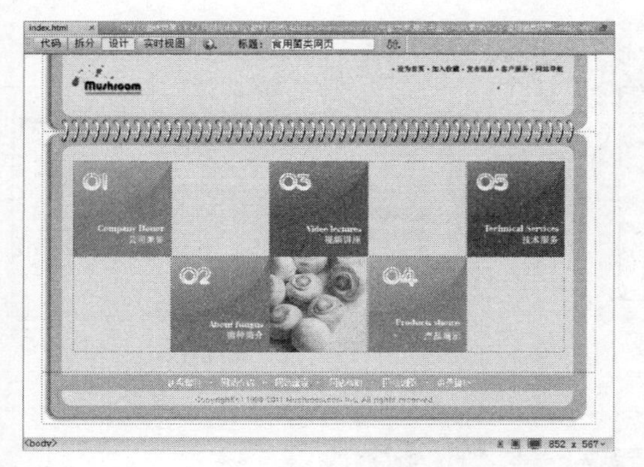

图 8-4

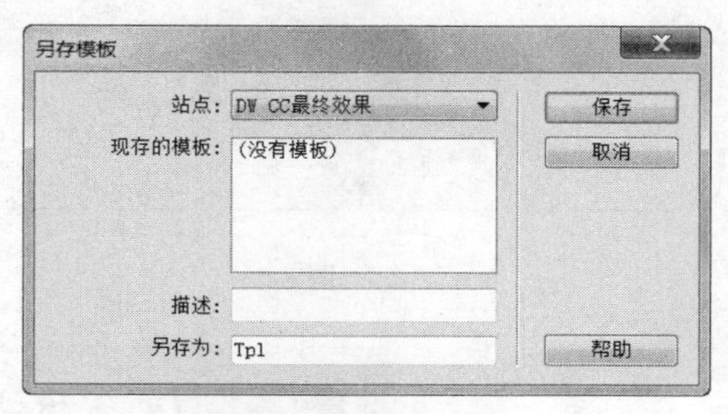

图 8-5

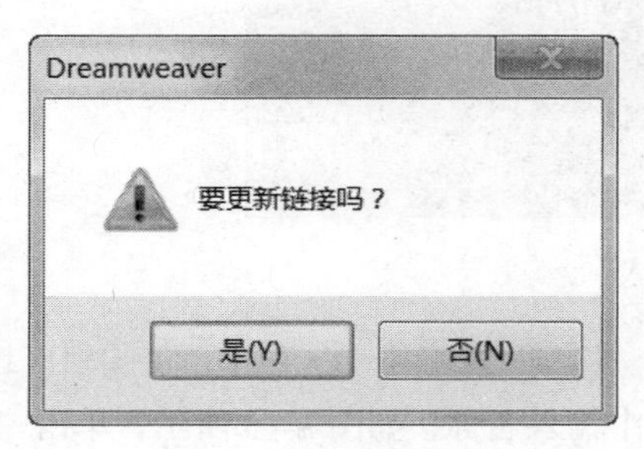

图 8-6

图 8-7

2．创建可编辑区域

（1）选中如图 8-8 所示的表格，在“插入”面板的“模板”选项卡中，单击“可编辑区域”按钮，弹出“新建可编辑区域”对话框，在“名称”文本框中输入名称，如图 8-9 所示，单击“确定”按钮创建可编辑区域，如图 8-10 所示。

图 8-8

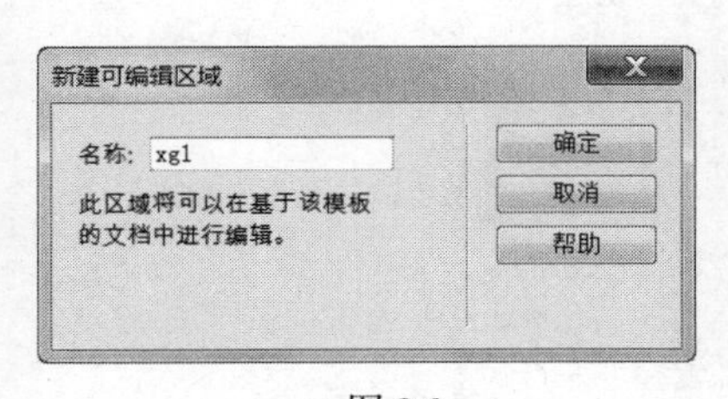

图 8-9

图 8-10

（2）选中如图 8-11 所示的表格，在“插入”面板的“模板”选项卡中，单击“重复区域”按钮，弹出“新建重复区域”对话框，如图 8-12 所示，单击“确定”按钮，效果如图 8-13 所示。

图 8-11

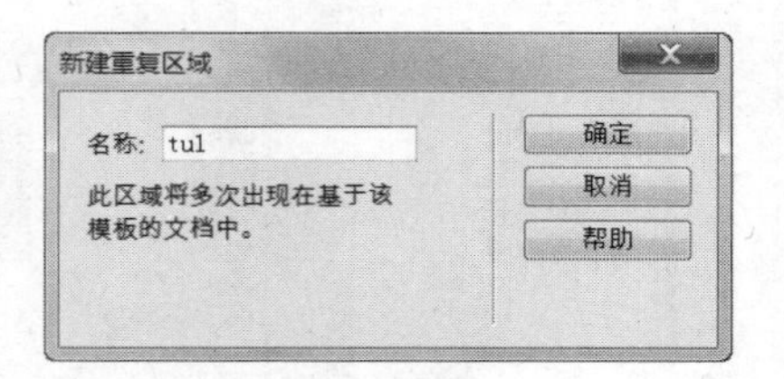

图 8-12

图 8-13

（3）选中如图 8-14 所示的图像，在“插入”面板“模板”选项卡中，单击“可编辑区域”按钮，弹出“新建可编辑区域”对话框，在“名称”文本框中输入名称，如图 8-15 所示，单击“确定”按钮创建可编辑区域，如图 8-16 所示。

图 8-14

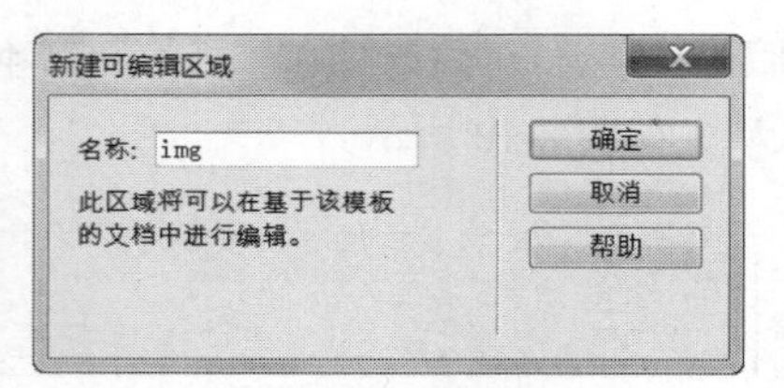

图 8-15

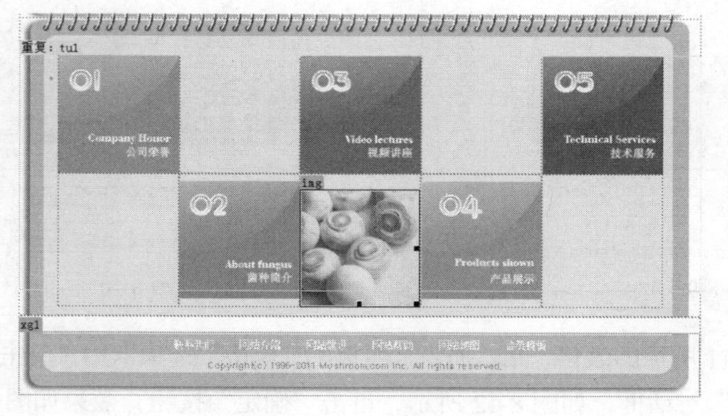

图 8-16

（4）模板网页效果制作完成，如图 8-17 所示。

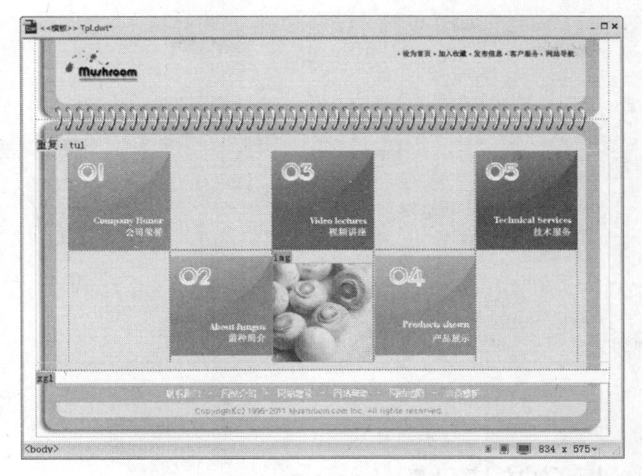

图 8-17

8.2.2　创建模板

在 Dreamweaver 中创建模板非常容易，如同制作网页一样。当用户创建模板之后，Dreamweaver 自动把模板存储在站点的本地根目录下的“Templates”子文件夹中，使用文件扩展名为.dwt。如果此文件夹不存在，当存储一个新模板时，Dreamweaver CC 将自动生成此子文件夹。

1．创建空模板

创建空白模板有以下几种方法。

在打开的文档窗口中单击“插入”面板“模板”选项卡中的“创建模板”按钮，将当前文档转换为模板文档。

在“资源”面板中单击“模板”按钮，此时列表为模板列表，如图 8-18 所示。然后单击下方的“新建模板”按钮，创建空模板，此时新的模板添加到“资源”面板的“模板”列表中，为该模板输入名称，如图 8-19 所示。

在“资源”面板的“模板”列表中单击鼠标右键，在弹出的菜单中选择“新建模板”命令。

图 8-18

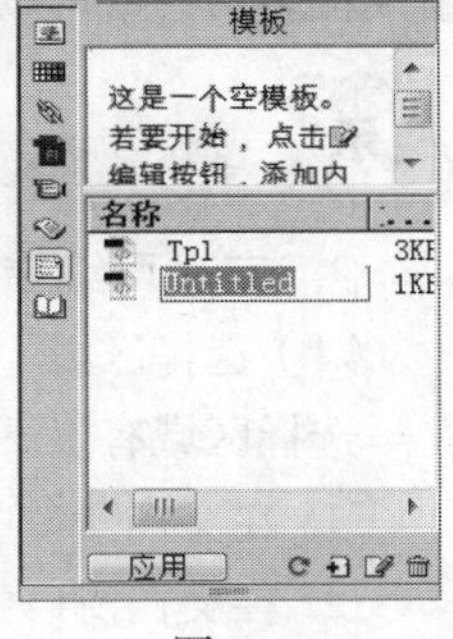

图 8-19

提示　如果修改新建的空模板，则先在“模板”列表中选中该模板，然后单击“资源”面板右下方的“编辑”按钮。如果重命名新建的空模板，则单击“资源”面板右上方的菜单按钮，从弹出的菜单中选择“重命名”命令，然后输入新名称。

2．将现有文档存为模板

（1）选择“文件 > 打开”命令，弹出“打开”对话框，如图 8-20 所示。选择要作为模板的网页，然后单击“打开”按钮。

（2）选择“文件 > 另存为模板”命令，弹出“另存为模板”对话框，输入模板名称，如图 8-21 所示。

（3）单击“保存”按钮，当前文档的扩展名为.dwt，如图 8-22 所示，表明当前文档是一个模板文档。

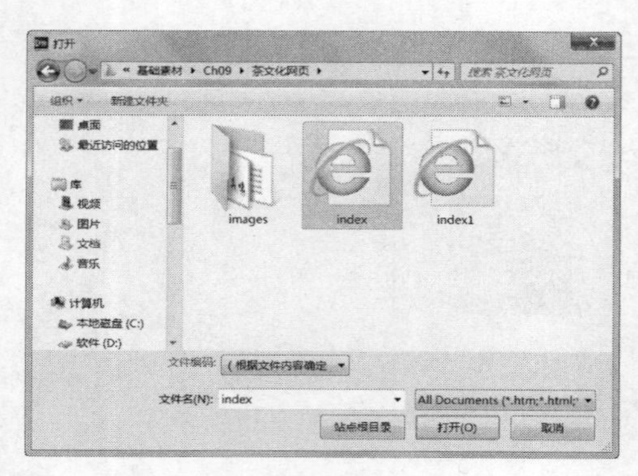

图 8-20

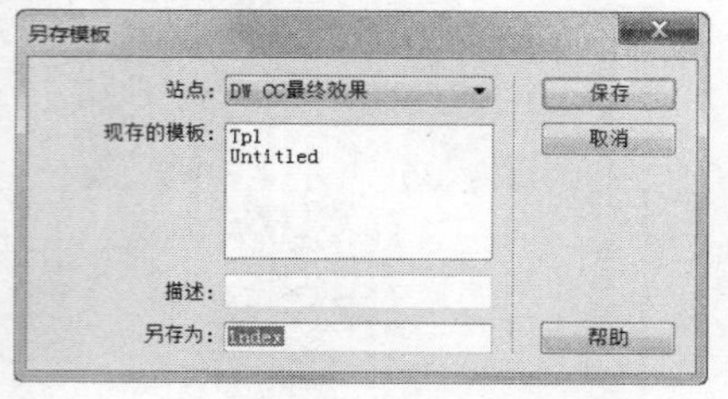

图 8-21

图 8-22

8.2.3 定义和取消可编辑区域

创建模板后，网站设计者需要根据用户的需求对模板的内容进行编辑，指定哪些内容是可以编辑的，哪些内容是不可以编辑的。模板的不可编辑区域是指基于模板创建的网页中固定不变的元素，模板的可编辑区域是指基于模板创建的网页中用户可以编辑的区域。当创建一个模板或将一个网页另存为模板时，Dreamweaver CC 默认将所有区域标志为锁定，因此用户要根据具体要求定义和修改模板的可编辑区域。

1．对已有的模板进行修改

在“资源”面板的“模板”列表中选择要修改的模板名，单击面板右下方的“编辑”按钮或双击模板名后，就可以在文档窗口中编辑该模板了。

当模板应用于文档时，用户只能在可编辑区域中进行更改，无法修改锁定区域。

2．定义可编辑区域

（1）选择区域

选择区域有以下几种方法。

① 在文档窗口中选择要设置为可编辑区域的文本或内容。

② 在文档窗口中将插入点放在要插入可编辑区域的地方。

（2）弹出“新建可编辑区域”对话框

弹出“新建可编辑区域”对话框有以下几种方法。

① 在“插入”面板“模板”选项卡中，单击“可编辑区域”按钮。

② 按 Ctrl + Alt + V 组合键。

③ 选择“插入 > 模板 > 可编辑区域”命令。

④ 在文档窗口中单击鼠标右键，在弹出的菜单中选择“模板 > 新建可编辑区域”命令。

（3）创建可编辑区域

在“名称”选项的文本框中为该区域输入唯一的名称，如图 8-23 所示；最后单击“确定”按钮创建可编辑区域，如图 8-24 所示。

可编辑区域在模板中由高亮显示的矩形边框围绕，该边框使用在“首选参数”对话框中设置的高亮颜色，该区域左上角的选项卡显示该区域的名称。

（4）使用可编辑区域的注意事项

不要在“名称”选项的文本框中使用特殊字符。

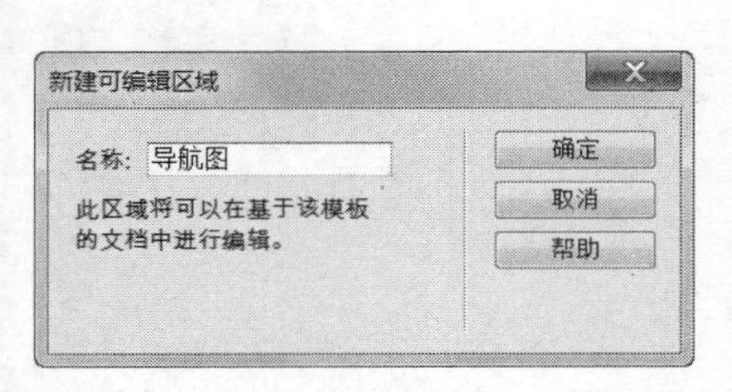

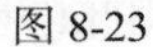

图 8-23

图 8-24

不能对同一模板中的多个可编辑区域使用相同的名称。

可以将整个表格或单独的表格单元格标志为可编辑的，但不能将多个表格单元格标志为单个可编辑区域。如果选定<td>标签，则可编辑区域中包括单元格周围的区域；如果未选定，则可编辑区域将只影响单元格中的内容。

层和层内容是单独的元素。使层可编辑时可以更改层的位置及其内容，而使层的内容可编辑时只能更改层的内容而不能更改其位置。

在普通网页文档中插入一个可编辑区域，Dreamweaver CC 会警告该文档将自动另存为模板。

可编辑区域不能嵌套插入。

3．定义可编辑的重复区域

重复区域是可以根据需要在基于模板的页面中复制任意次数的模板部分。重复区域通常用于表格，但也可以为其他页面元素定义重复区域。但是重复区域不是可编辑区域，若要使重复区域中的内容可编辑，必须在重复区域内插入可编辑区域。

定义重复区域的具体操作步骤如下。

（1）选择区域

（2）弹出“新建重复区域”对话框

弹出“新建重复区域”对话框有以下几种方法。

① 在“插入”面板“模板”选项卡中，单击“重复区域”按钮。

② 选择“插入 > 模板 > 重复区域”命令。

③ 在文档窗口中单击鼠标右键，在弹出的菜单中选择“模板 > 新建重复区域”命令。

（3）定义重复区域

在“名称”选项的文本框中为模板区域输入唯一的名称，如图 8-25 所示，单击“确定”按钮，将重复区域插入到模板中。最后选择重复区域或其中一部分，如表格、行或单元格，定义可编辑区域，如图 8-26 所示。

提示 在一个重复区域内可以继续插入另一个重复区域。

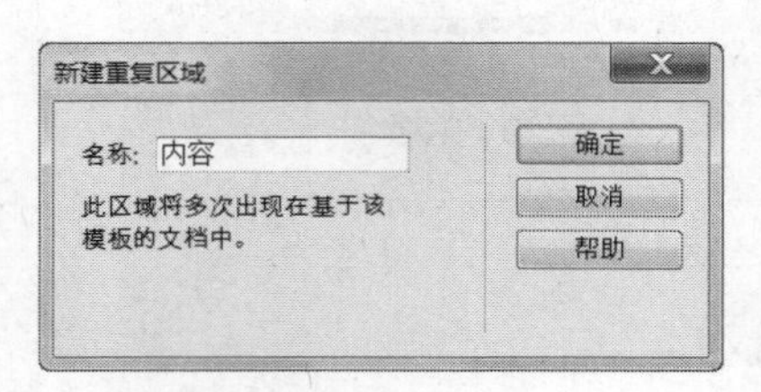

图 8-25

图 8-26

4．定义可编辑的重复表格

有时网页的内容经常变化，此时可使用“重复表格”功能创建模板。利用此模板创建的网页可以方便地增加或减少表格中格式相同的行，满足内容变化的网页布局。要创建包含重复行格式的可编辑区域，使用“重复表格”按钮。可以定义表格属性，并设置哪些表格中的单元格可编辑。

定义重复表格的具体操作步骤如下。

（1）将插入点放在文档窗口中要插入重复表格的位置。

（2）弹出“插入重复表格”对话框，如图 8-27 所示。

启用“插入重复表格”对话框有以下几种方法。

① 在“插入”面板“模板”选项卡中，单击“重复表格”按钮。

② 选择“插入 > 模板 > 重复表格”命令。

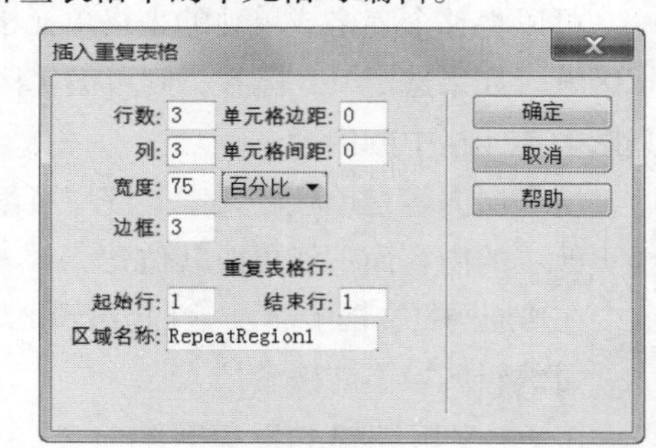

图 8-27

“插入重复表格”对话框中各选项的作用如下。

“行数”选项：设置表格具有的行的数目。

“列”选项：设置表格具有的列的数目。

“单元格边距”选项：设置单元格内容和单元格边界之间的像素数。

“单元格间距”选项：设置相邻的表格单元格之间的像素数。

“宽度”选项：以像素为单位或以浏览器窗口宽度的百分比设置表格的宽度。

“边框”选项：以像素为单位设置表格边框的宽度。

“重复表格行”选项组：设置表格中的哪些行包括在重复区域中。

“起始行”选项：将输入的行号设置为包括在重复区域中的第一行。

“结束行”选项：将输入的行号设置为包括在重复区域中的最后一行。

“区域名称”选项：为重复区域设置唯一的名称。

（3）按需要输入新值，单击“确定”按钮，重复表格即出现在模板中，如图 8-28 所示。

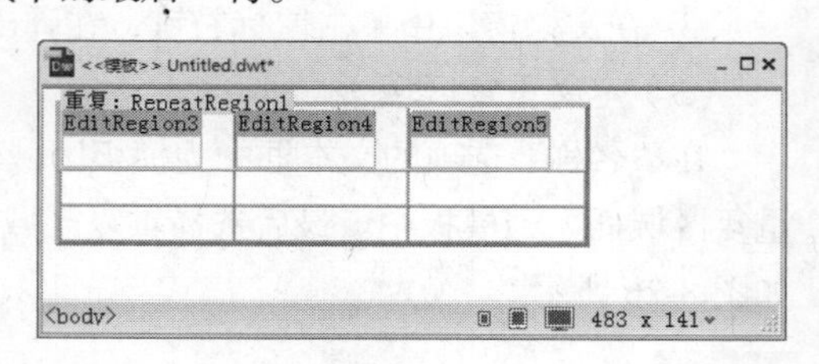

图 8-28

使用重复表格要注意以下几点。

如果没有明确指定单元格边距和单元格间距的值，则大多数浏览器将按单元格边距设置为 1、单元格间距设置为 2 来显示表格。若要浏览器显示的表格没有边距和间距，将“单元格边距”选项和“单元格间距”选项设置为 0。

如果没有明确指定边框的值，则大多数浏览器将按边框设置为 1 显示表格。若要浏览器显示的表格没有边框，将“边框”设置为 0。若要在边框设置 0 时查看单元格和表格边框，则要选择“查看 > 可视化助理 > 表格边框”命令。

重复表格可以包含在重复区域内，但不能包含在可编辑区域内。

5．取消可编辑区域标记

使用“取消可编辑区域”命令可取消可编辑区域的标记，使之成为不可编辑区域。取消可编辑区域标记如下。

（1）先选择可编辑区域，然后选择“修改 > 模板 > 删除模板标记”命令，此时该区域变成不可编辑区域。

（2）先选择可编辑区域，然后在文档窗口下方的可编辑区域标签上单击鼠标右键，在弹出的菜单中选择“删除标签”命令，如图 8-29 所示，此时该区域变成不可编辑区域。

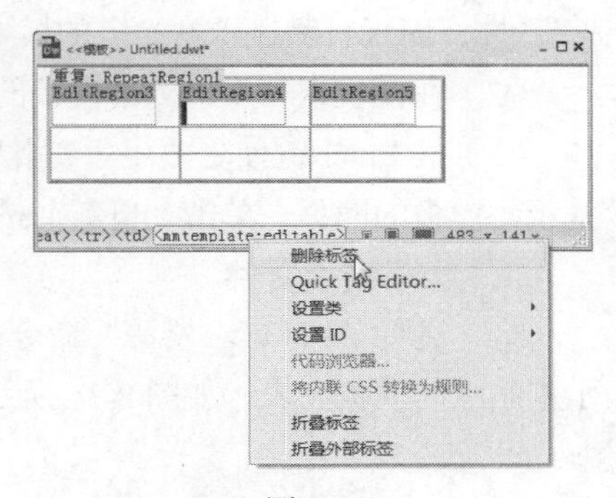

图 8-29

8.2.4　创建基于模板的网页

创建基于模板的网页有两种方法，一是使用“新建”命令创建基于模板的新文档；二是应用“资源”面板中的模板来创建基于模板的网页。

1．使用新建命令创建基于模板的新文档

选择“文件 > 新建”命令，打开“新建文档”对话框，单击“网站模板”标签，切换到“网页模板”窗口。在“站点”选项框中选择本网站的站点，如“DW CC 基础练习”，再从右侧的选项框中选择一个模板文件，如图 8-30 所示，单击“创建”按钮，创建基于模板的新文档。

编辑完文档后，选择“文件 > 保存”命令，保存所创建的文档。在文档窗口中按照模板中的设置建立了一个新的页面，并可向编辑区域内添加信息，如图 8-31 所示。

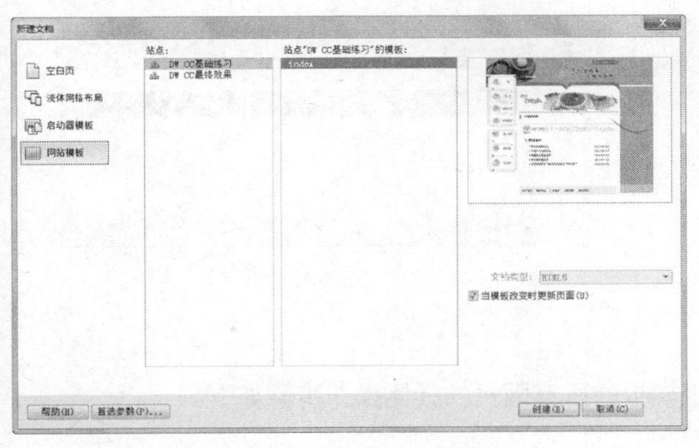

图 8-30

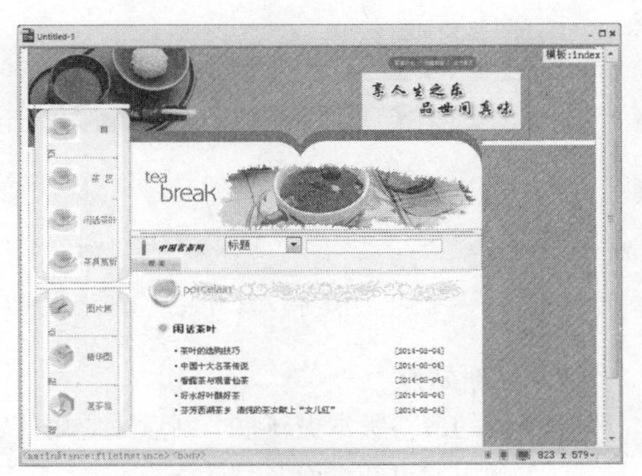

图 8-31

2．应用“资源”面板中的模板创建基于模板的网页

新建 HTML 文档，选择“窗口 > 资源”命令，弹出“资源”面板。在“资源”面板中，单击左侧的“模板”按钮，再从模板列表中选择相应的模板，最后单击面板下方的“应用”按钮，在文档中应用该模板，如图 8-32 所示。

图 8-32

8.2.5 管理模板

创建模板后可以重命名模板文件、修改模板文件和删除模板文件。

1. 重命名模板文件

（1）选择“窗口 > 资源”命令，弹出“资源”面板，单击左侧的“模板”按钮，面板右侧显示本站点的模板列表，如图 8-33 所示。

（2）在模板列表中，双击模板的名称选中文本，然后输入一个新名称。

（3）按 Enter 键使更改生效，此时弹出“更新文件”对话框，如图 8-34 所示。若更新网站中所有基于此模板的网页，单击“更新”按钮；否则，单击“不更新”按钮。

2. 修改模板文件

（1）选择“窗口 > 资源”命令，弹出“资源”面板，单击左侧的“模板”按钮，面板右侧显示本站点的模板列表，如图 8-35 所示。

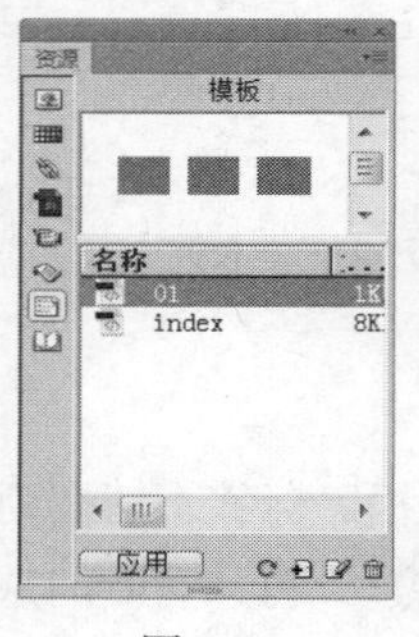

图 8-33

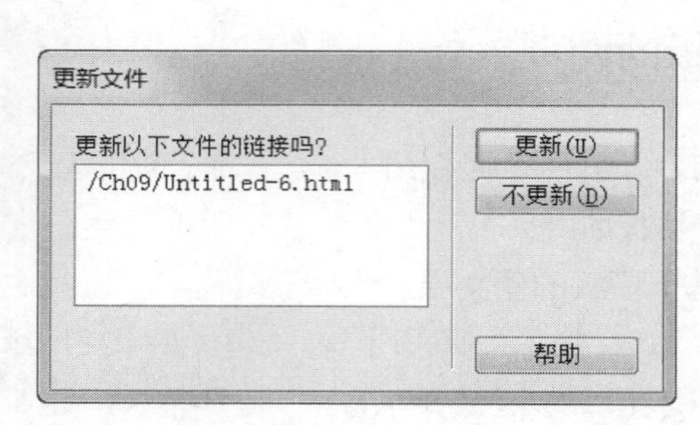

图 8-34

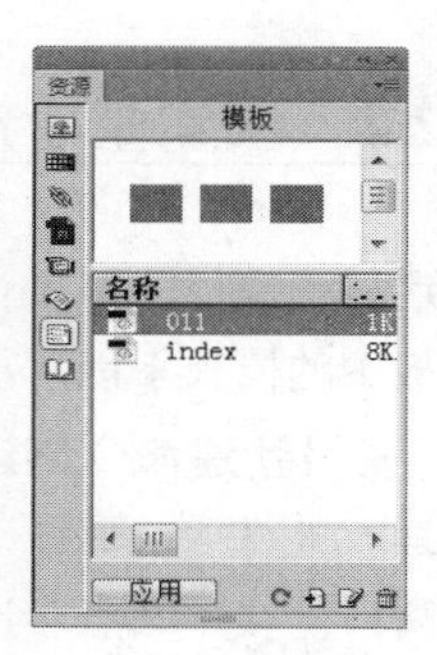
图 8-35

（2）在模板列表中双击要修改的模板文件将其打开，根据需要修改模板内容。例如，将表格首行的背景色由绿色变成蓝色，如图 8-36 和图 8-37 所示。

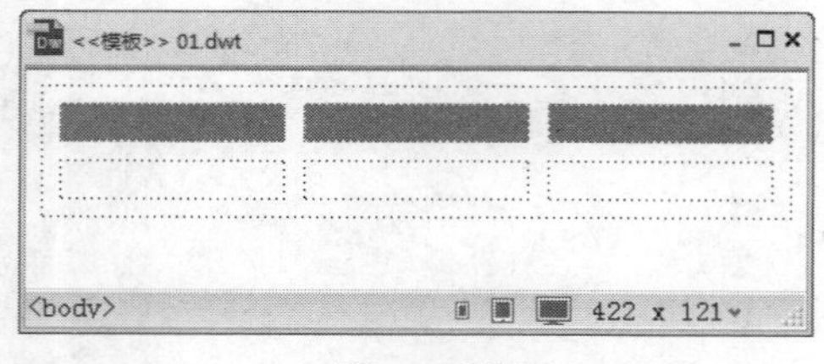

图 8-36 原图

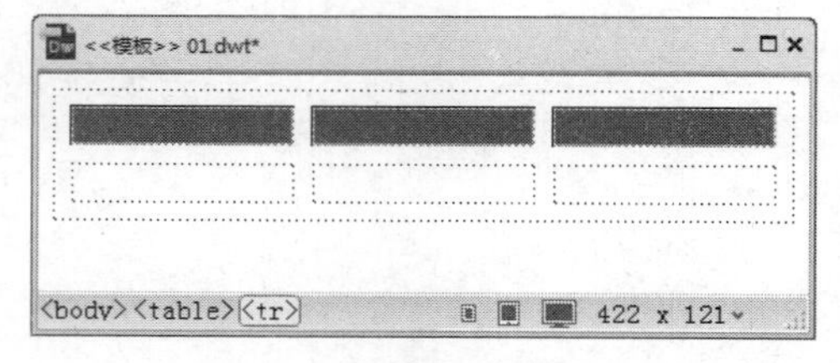

图 8-37 新图

3. 更新站点

用模板的最新版本更新整个站点或应用特定模板的所有网页的具体操作步骤如下。

（1）弹出“更新页面”对话框。

选择“修改 > 模板 > 更新页面”命令，弹出“更新页面”对话框，如图 8-38 所示。

“更新页面”对话框中各选项的作用如下。

“查看”选项：设置是用模板的最新版本更新整个站点还是更新应用特定模板的所有网页。

"更新"选项组：设置更新的类别，此时选择"模板"复选框。

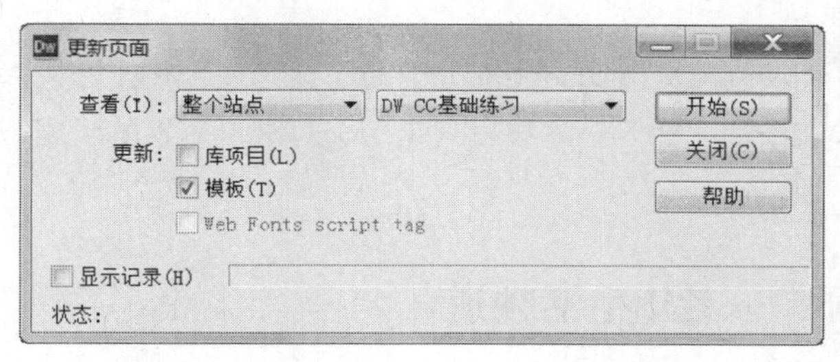

图 8-38

"显示记录"选项：设置是否查看 Dreamweaver CC 更新文件的记录。如果选择"显示记录"复选框，则 Dreamweaver CC 将提供关于其试图更新的文件信息，包括是否成功更新的信息，如图 8-39 所示。

"开始"按钮：单击此按钮，Dreamweaver CC 按照指示更新文件。

"关闭"按钮：单击此按钮，关闭"更新页面"对话框。

（2）若用模板的最新版本更新整个站点，则在"查看"选项右侧的第一个下拉列表中选择"整个站点"，然后在第二个下拉列表中选择站点名称；若更新应用特定模板的所有网页，则在"查看"选项右侧的第一个下拉列表中选择"文件使用……"，然后从第二个下拉列表中选择相应的网页名称。

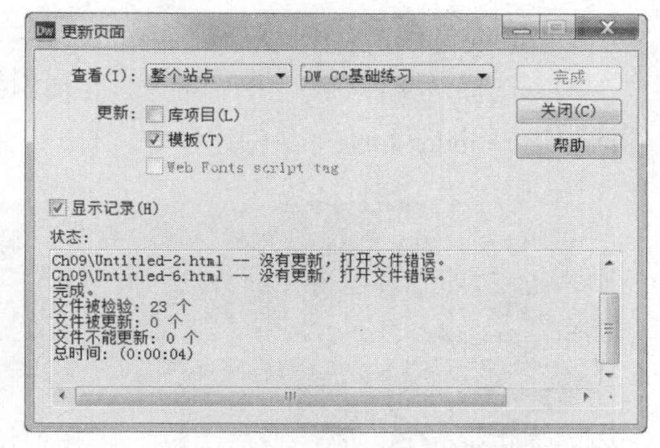

图 8-39

（3）在"更新"选项组中选择"模板"复选框。

（4）单击"开始"按钮，即可根据选择更新整个站点或应用特定模板的所有网页。

（5）单击"关闭"按钮，关闭"更新页面"对话框。

4．删除模板文件

选择"窗口 > 资源"命令，弹出"资源"面板。单击左侧的"模板"按钮，面板右侧显示本站点的模板列表。单击模板的名称选择该模板，单击面板下方的"删除"按钮，并确认要删除该模板，此时该模板文件从站点中删除。

提示　删除模板后，基于此模板的网页不会与此模板分离，它们还保留删除模板的结构和可编辑区域。

8.3 库

库是存储重复使用的页面元素的集合，是一种特殊的 Dreamweaver CC 文件，库文件也称为库项目。一般情况下，先将经常重复使用或更新的页面元素创建成库文件，需要时将库文件（即库项目）插入到网页中。当修改库文件时，所有包含该项目的页面都将被更新。因此，使用库文件可大大提高网页制作者的工作效率。

命令介绍

创建库文件：库项目可以包含文档<body>部分中的任意元素，包括文本、表格、表单、Java applet、插件、ActiveX 元素、导航条和图像等。库项目只是一个对网页元素的引用，原始文件必须保存在指定的位置。

8.3.1 课堂案例——老年生活频道

【案例学习目标】使用“资源”面板，添加库项目并使用注册的项目制作网页文档。

【案例知识要点】使用“库”面板，添加库项目；使用库中注册的项目，制作网页文档；使用“文本颜色”按钮，更改文本的颜色，如图 8-40 所示。

【效果所在位置】光盘/Ch08/效果/老年生活频道/index.html。

1．把经常用的图标注册到库中

（1）选择“文件 > 打开”命令，在弹出的“打开”对话框中选择“光盘 > Ch08 > 素材 > 老年生活频道 > index.html”文件，单击“打开”按钮打开文件，效果如图 8-41 所示。

图 8-40

图 8-41

（2）选择“窗口 > 资源”命令，弹出“资源”面板，在“资源”面板中，单击左侧的“库”按钮，进入“库”面板，选择如图 8-42 所示的图片，单击鼠标并将其拖曳到“库”面板中，如图 8-43 所示，松开鼠标，选定的图像将添加为库项目，如图 8-44 所示。在可输入状态下，将其重命名为“logo”，并按 Enter 键，如图 8-45 所示。

图 8-42

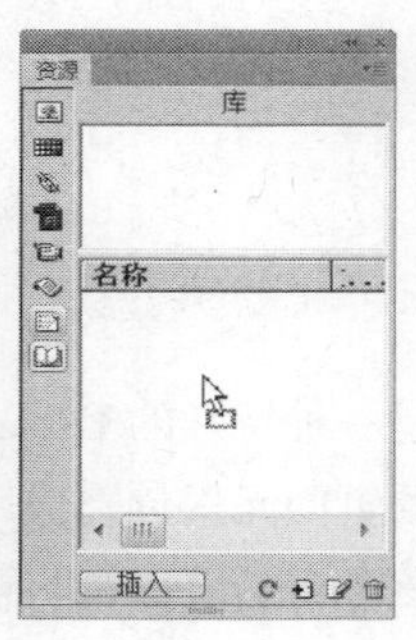

图 8-43

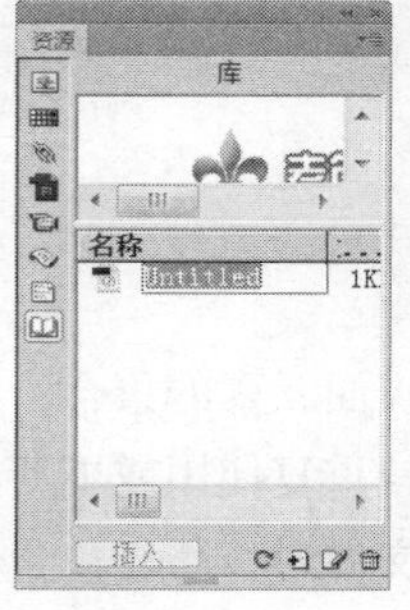

图 8-44

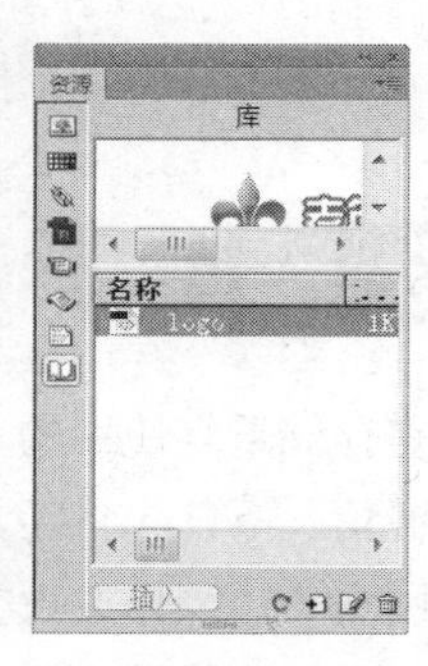

图 8-45

（3）选择如图 8-46 所示的表格，单击鼠标并将其拖曳到“库”面板中，松开鼠标，选定的图像添加为库项目，将其重命名为“daohang”并按 Enter 键，效果如图 8-47 所示。

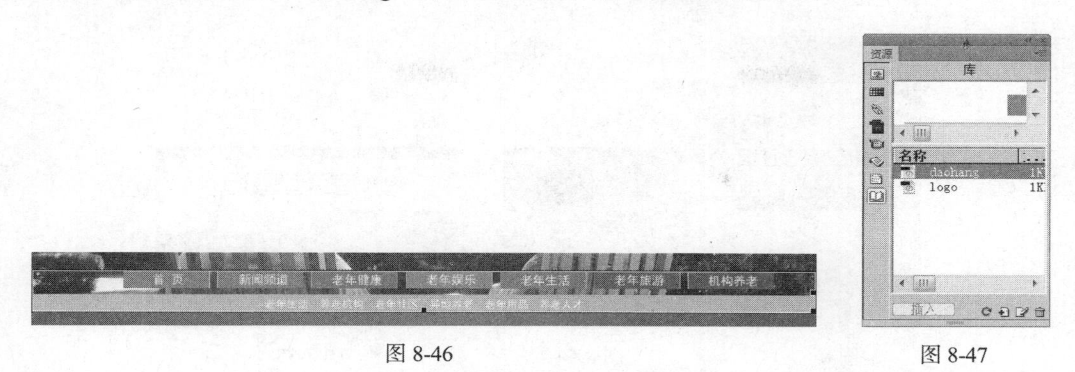

图 8-46　　图 8-47

（4）选中如图 8-48 所示表格，单击鼠标并将其拖曳到“库”面板中，松开鼠标，选定的文字添加为库项目，将其重命名为“bottom”并按 Enter 键，效果如图 8-49 所示。文档窗口中文本的背景变成黄色，效果如图 8-50 所示。

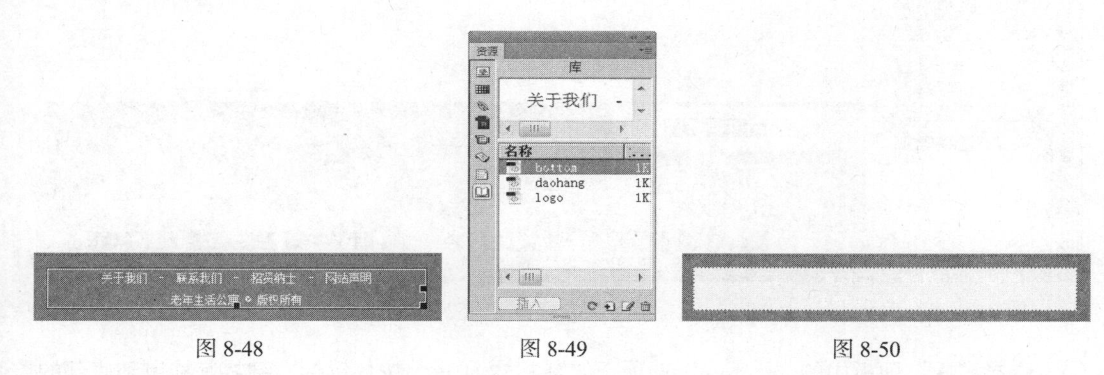

图 8-48　　图 8-49　　图 8-50

2．利用库中注册的项目制作网页文档

（1）选择“文件 > 打开”命令，在弹出的“打开”对话框中选择“光盘 > Ch08 > 素材 > 老年生活频道 > health.html”文件，单击“打开”按钮打开文件，效果如图 8-51 所示。将光标置于上方的单元格中，如图 8-52 所示。

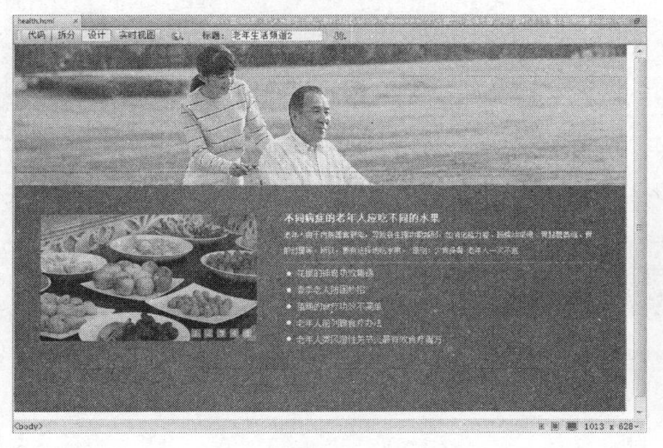

图 8-51　　图 8-52

（2）选择“库”面板中的“logo”选项，如图 8-53 所示，单击鼠标并将其拖曳到单元格中，如图 8-54 所示，松开鼠标，效果如图 8-55 所示。

图 8-53　　图 8-54　　图 8-55

（3）选择“库”面板中的“daohang”选项，如图 8-56 所示，单击鼠标并将其拖曳到单元格中，效果如图 8-57 所示。

图 8-56　　图 8-57

（4）选择“库”面板中的“bottom”选项，如图 8-58 所示，按住鼠标左键将其拖曳到底部的单元格中，效果如图 8-59 所示。保存文档，按 F12 键，预览效果如图 8-60 所示。

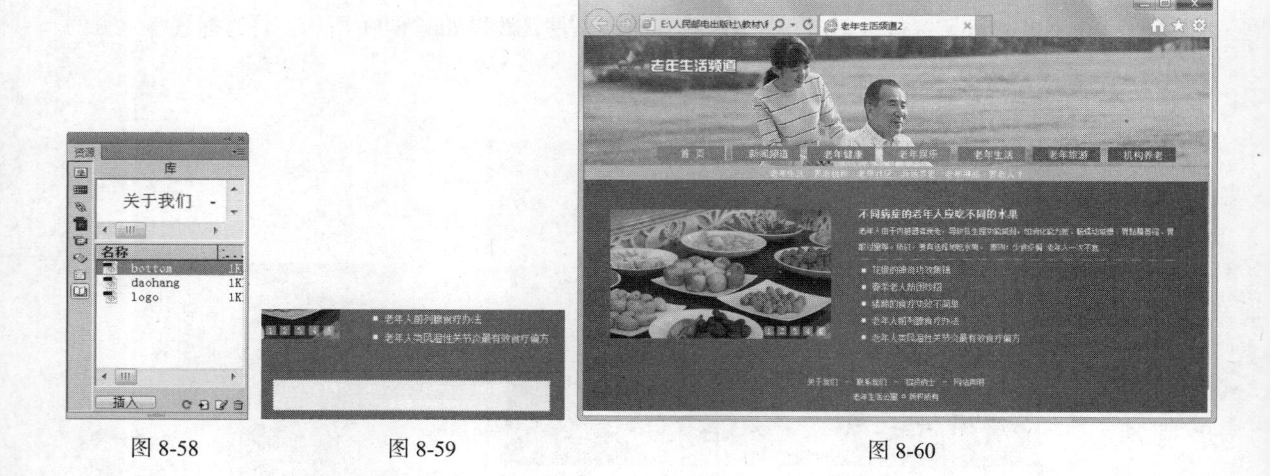

图 8-58　　图 8-59　　图 8-60

3. 修改库中注册的项目

（1）返回 Dreamweaver CC 界面中，在“库”面板中双击“bottom”选项，进入到项目的编辑界面中，效果如图 8-61 所示。

（2）按 Shift+F11 组合键，弹出“CSS 设计器”面板，按 Shfit+Ctrl+Alt+P 组合键切换到“CSS 样式”面板。单击面板下方的“新建 CSS 规则”按钮，在弹出的“新建 CSS 规则”对话框中进行设置，如图 8-62 所示，单击两次“确定”按钮，完成设置。

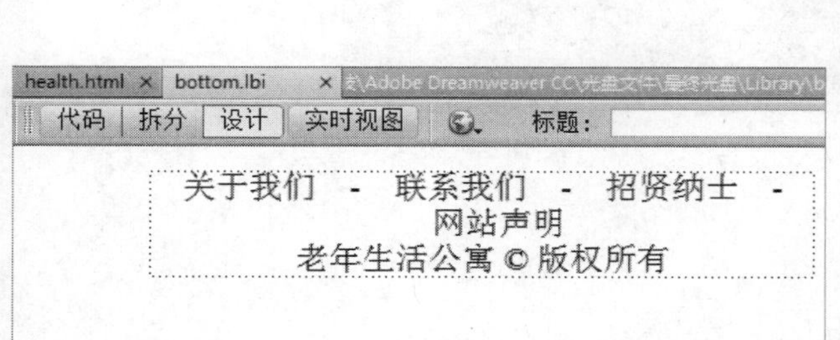

图 8-61

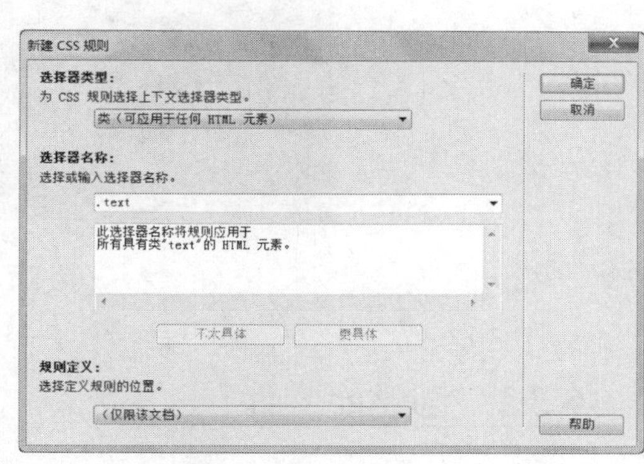

图 8-62

（3）将文字选中，如图 8-63 所示。在“属性”面板“目标规则”下拉列表中选择“text”，应用样式，单击“文本颜色”按钮将文本颜色设为黄色（#FF0），如图 8-64 所示，文本效果如图 8-65 所示。

（4）选择“文件 > 保存”命令，弹出“更新库项目”对话框，单击“更新”按钮，弹出“更新页面”对话框，如图 8-66 所示，单击“关闭”按钮。

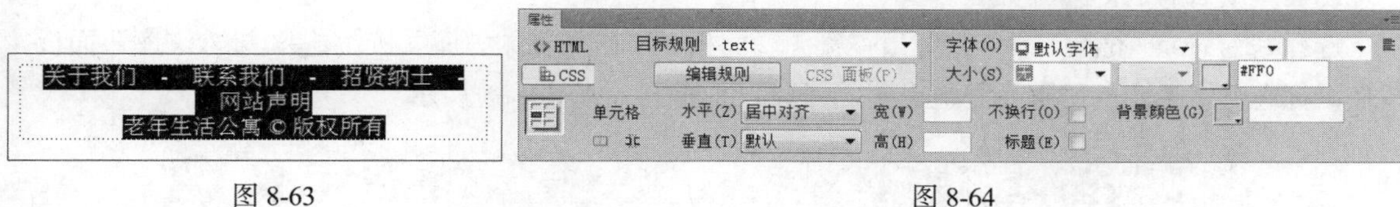

图 8-63　图 8-64

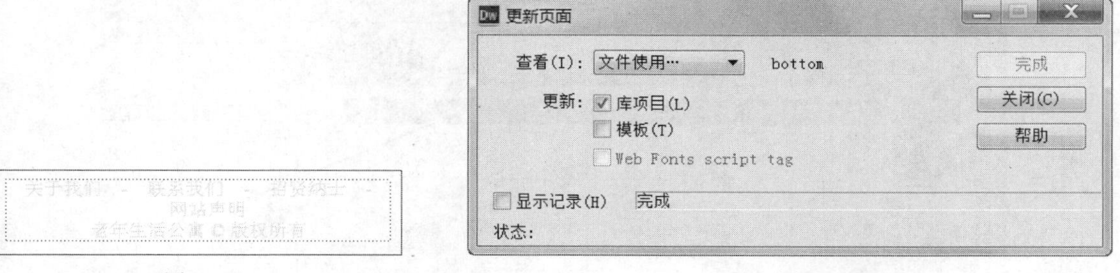

图 8-65　图 8-66

（5）返回到“health.html”编辑窗口中，按 F12 键预览效果，可以看到文字的颜色发生改变，如图 8-67 所示。

图 8-67

8.3.2 创建库文件

库项目可以包含文档<body>部分中的任意元素，包括文本、表格、表单、Java applet、插件、ActiveX元素、导航条和图像等。库项目只是一个对网页元素的引用，原始文件必须保存在指定的位置。

可以使用文档<body>部分中的任意元素创建库文件，也可新建一个空白库文件。

1. 基于选定内容创建库项目

先在文档窗口中选择要创建为库项目的网页元素，然后创建库项目，并为新的库项目输入一个名称。

创建库项目有以下几种方法。

选择“窗口 > 资源”命令，弹出“资源”面板。单击左侧的“库”按钮，进入“库”面板，按住鼠标左键将选定的网页元素拖曳到“资源”面板中，如图 8-68 所示。

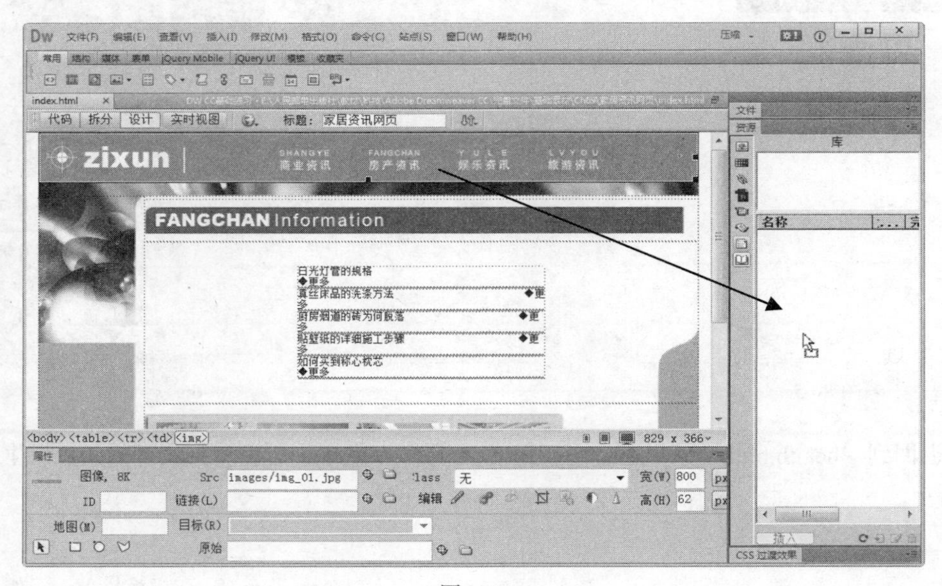

图 8-68

单击“库”面板底部的“新建库项目”按钮。

在“库”面板中单击鼠标右键，在弹出的菜单中选择“新建库项”命令。

选择“修改 > 库 > 增加对象到库”命令。

提示　Dreamweaver CC 在站点本地根文件夹的“Library”文件夹中，将每个库项目都保存为一个单独的文件（文件扩展名为.lbi）。

2．创建空白库项目

（1）确保没有在文档窗口中选择任何内容。

（2）选择“窗口 > 资源”命令，弹出“资源”面板。单击左侧的“库”按钮，进入“库”面板。

（3）单击“库”面板底部的“新建库项目”按钮，一个新的无标题的库项目被添加到面板中的列表，如图 8-69 所示。然后为该项目输入一个名称，并按 Enter 键确定。

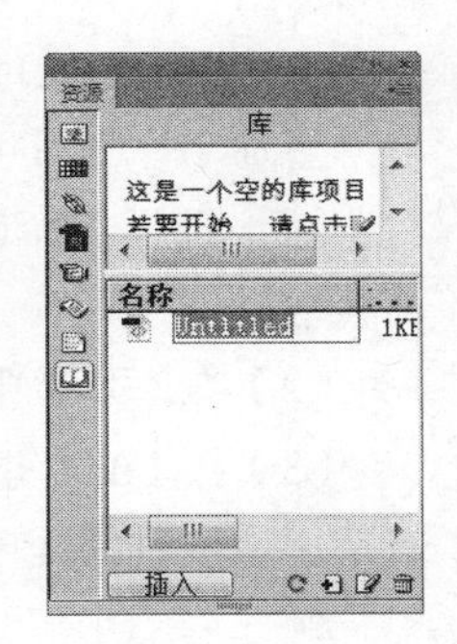

图 8-69

8.3.3　向页面添加库项目

当向页面添加库项目时，将把实际内容以及对该库项目的引用一起插入到文档中。此时，无需提供原项目就可以正常显示。在页面中插入库项目的具体操作步骤如下。

（1）将插入点放在文档窗口中的合适位置。

（2）选择“窗口 > 资源”命令，弹出“资源”面板。单击左侧的“库”按钮，进入“库”面板。将库项目插入到网页中，效果如图 8-70 所示。

将库项目插入到网页有以下几种方法。

① 将一个库项目从“库”面板拖曳到文档窗口中。

② 在“库”面板中选择一个库项目，然后单击面板底部的“插入”按钮 插入 。

提示　若要在文档中插入库项目的内容而不包括对该项目的引用，则在从“资源”面板向文档中拖曳该项目时同时按 Ctrl 键，插入的效果如图 8-71 所示。如果用这种方法插入项目，则可以在文档中编辑该项目，但当更新该项目时，使用该库项目的文档不会随之更新。

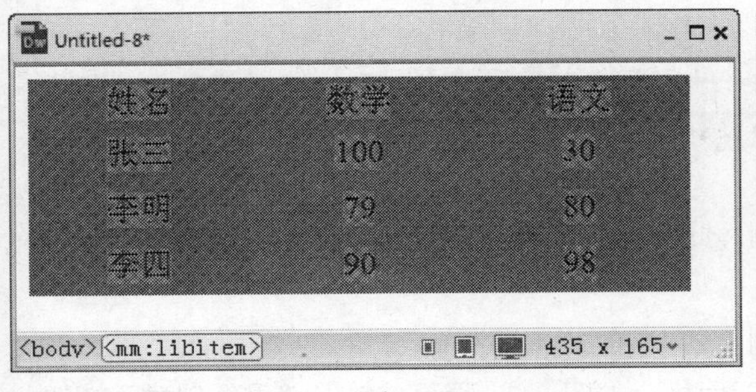

图 8-70

Untitled-8*

姓名	数学	语文
张三	100	30
李明	79	80
李四	90	98

<body><table>　435 x 165

图 8-71

8.3.4 更新库文件

当修改库项目时，会更新使用该项目的所有文档。如果选择不更新，那么文档将保持与库项目的关联，可以在以后进行更新。

对库项目的更改包括重命名项目、删除库项目、重新创建已删除的库项目、修改库项目、更新库项目。

1. 重命名库项目

重命名库项目可以断开其与文档或模板的连接。重命名库项目的具体操作步骤如下。

（1）选择“窗口 > 资源”命令，弹出“资源”面板。单击左侧的“库”按钮，进入“库”面板。

（2）在库列表中，双击要重命名的库项目的名称，使文本可选，然后输入一个新名称。

（3）按 Enter 键使更改生效，此时弹出“更新文件”对话框，如图 8-72 所示。若要更新站点中所有使用该项目的文档，单击“更新”按钮；否则，单击“不更新”按钮。

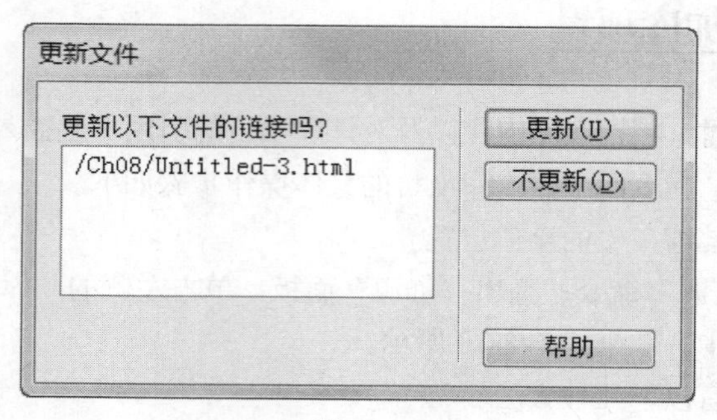

图 8-72

2. 删除库项目

先选择“窗口 > 资源”命令，弹出“资源”面板。单击左侧的“库”按钮，进入“库”面板，然后删除选择的库项目。删除库项目有以下几种方法。

（1）在“库”面板中单击选择库项目，单击面板底部的“删除”按钮，然后确认要删除该项目。

（2）在“库”面板中单击选择库项目，然后按 Delete 键并确认要删除该项目。

提示 删除一个库项目后，将无法使用“编辑 > 撤销”命令来找回它，只能重新创建。从库中删除库项目后，不会更改任何使用该项目的文档的内容。

3. 重新创建已删除的库项目

若网页中已插入了库项目，但该库项目被误删，此时，可以重新创建库项目。重新创建已删除库项目的具体操作步骤如下。

（1）在网页中选择被删除的库项目的一个实例。

（2）选择“窗口 > 属性”命令，弹出“属性”面板，如图 8-73 所示，单击“重新创建”按钮，此时，“库”面板中显示该库项目。

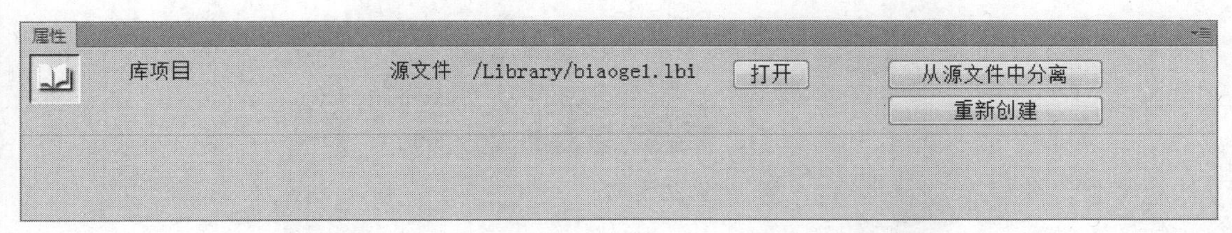

图 8-73

4. 修改库项目

（1）选择“窗口 > 资源”命令，弹出“资源”面板，单击左侧的“库”按钮，面板右侧显示本站点的库列表，如图 8-74 所示。

（2）在库列表中双击要修改的库或单击面板底部的“编辑”按钮来打开库项目，如图 8-75 所示，此时，可以根据需要修改库内容。

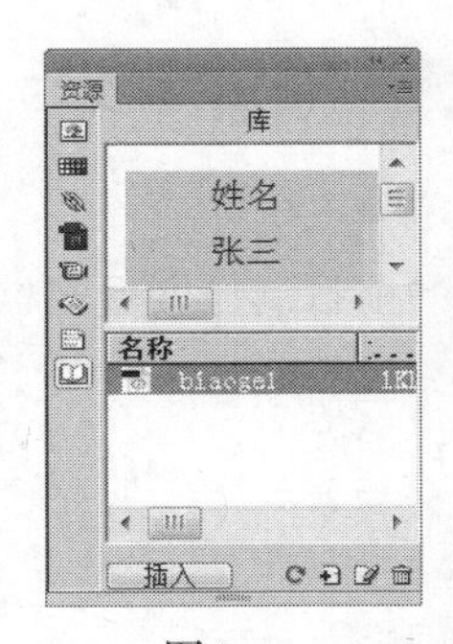

图 8-74

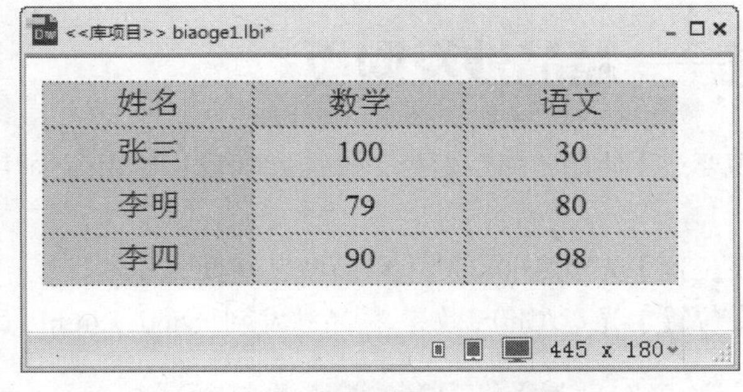

图 8-75

5. 更新库项目

用库项目的最新版本更新整个站点或插入该库项目的所有网页的具体操作步骤如下。

（1）弹出“更新页面”对话框。

（2）用库项目的最新版本更新整个站点，则在“查看”选项右侧的第一个下拉列表中选择“整个站点”，然后从第二个下拉列表中选择站点名称。若更新插入该库项目的所有网页，则在“查看”选项右侧的第一个下拉列表中选择“文件使用……”，然后从第二个下拉列表中选择相应的网页名称。

（3）在“更新”选项组中选择“库项目”复选框。

（4）单击“开始”按钮，即可根据选择更新整个站点或应用特定模板的所有网页。

（5）单击“关闭”按钮关闭“更新页面”对话框。

课堂练习——美极养生网页

【练习知识要点】使用“创建模板”按钮，创建模板；使用“可编辑区域”按钮，制作可编辑区域效果，如图 8-76 所示。

【素材所在位置】光盘/Ch08/素材/美极养生网页/images。

【效果所在位置】光盘/Templates/moban.dwt。

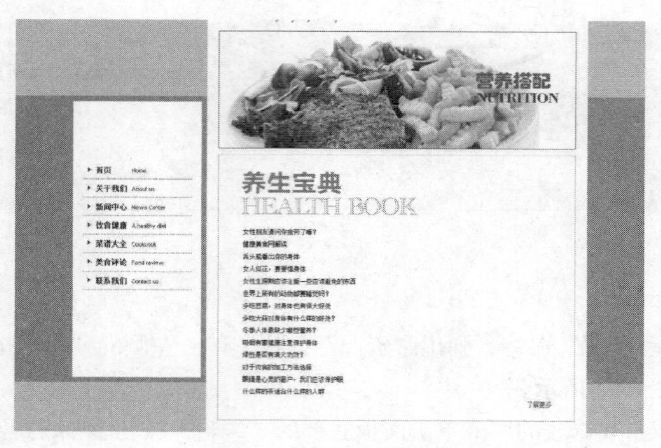

图 8-76

课堂练习——精品沙发网页

【练习知识要点】使用“库”面板，添加库项目；使用库中注册的项目制作网页文档，如图 8-77 所示。

【素材所在位置】光盘/Ch08/素材/精品沙发网页/images。

【效果所在位置】光盘/Ch08/效果/精品沙发网页/index.html。

图 8-77

课后习题——车行天下网页

【习题知识要点】使用“库”面板添加库项目，如图 8-78 所示。

【素材所在位置】光盘/Ch08/素材/车行天下网页/images。

【效果所在位置】光盘/Ch08/效果/车行天下网页/index.html。

车行天下
CLASSIC CAR
挡不住的魅力
汽车配件 Auto parts
汽车知识
AUTO KNOWLEDGE
购车的注意事项

图 8-78

第9章 使用表单

本章介绍

随着网络的普及，越来越多的人在网上拥有自己的个人网站。一般情况下，个人网站的设计者除了想宣传自己外，还希望收到他人的反馈信息。表单为网站设计者提供了通过网络接收用户数据的平台，如注册会员页、网上订货页、检索页等，都是通过表单来收集用户信息。因此，表单是网站管理者与浏览者间沟通的桥梁。

学习目标

- 掌握表单的使用方法
- 掌握单行、密码、多行和电子邮件文本域的创建方法
- 掌握单选按钮、单选按钮组和复选框的创建方法
- 掌握下拉菜单、滚动列表的创建方法
- 掌握文件域、图像域和按钮的创建方法
- 掌握 Url、Tel、搜索、数字、范围文本域和颜色的插入方法
- 掌握日期时间的插入方法和使用技巧

技能目标

- 掌握“用户注册页面”的制作方法
- 掌握“留言板网页”的制作方法
- 掌握“健康测试网页”的制作方法
- 掌握“OA 登录系统页面”的制作方法
- 掌握“放飞梦想留言板”的制作方法
- 掌握“个人日志页面”的制作方法

9.1 使用表单

表单是一个容器对象，用来存放表单对象，并负责将表单对象的值提交给服务器端的某个程序处理，所以在添加文本域、按钮等表单对象之前，要先插入表单。

命令介绍

单行文本域：通常使用表单的文本域来接收用户输入的信息，文本域包括单行或多行的文本域、密码文本域 3 种。

9.1.1 课堂案例——用户注册页面

【案例学习目标】使用“插入”面板“常用”选项卡中的按钮，插入表格；使用“表单”选项卡中的按钮，插入文本字段、文本区域并设置相应的属性。

【案例知识要点】使用“表单”按钮，插入表单；使用“表格”按钮，插入表格；使用“文本字段”按钮，插入文本字段和密码域；使用“属性”面板设置表格、文本字段和文本区域的属性，如图 9-1 所示。

【效果所在位置】光盘/Ch09/效果/用户注册页面/ index.html。

1．插入表单和表格并设置单元格属性

（1）选择“文件 > 打开”命令，在弹出的“打开”对话框中选择“光盘 > Ch09 > 素材 > 用户注册页面 > index.html”文件，单击“打开”按钮打开文件，效果如图 9-2 所示。

图 9-1

图 9-2

（2）将光标置于如图 9-3 所示的单元格中。单击“插入”面板“表单”选项卡中的“表单”按钮，插入表单，如图 9-4 所示。

（3）单击“插入”面板“常用”选项卡中的“表格”按钮，在弹出的“表格”对话框中进行设置，如图 9-5 所示，单击“确定”按钮，完成表格的插入。保持表格的选取状态，在“属性”面板“Align”选项的下拉列表中选择“居中对齐”，效果如图 9-6 所示。

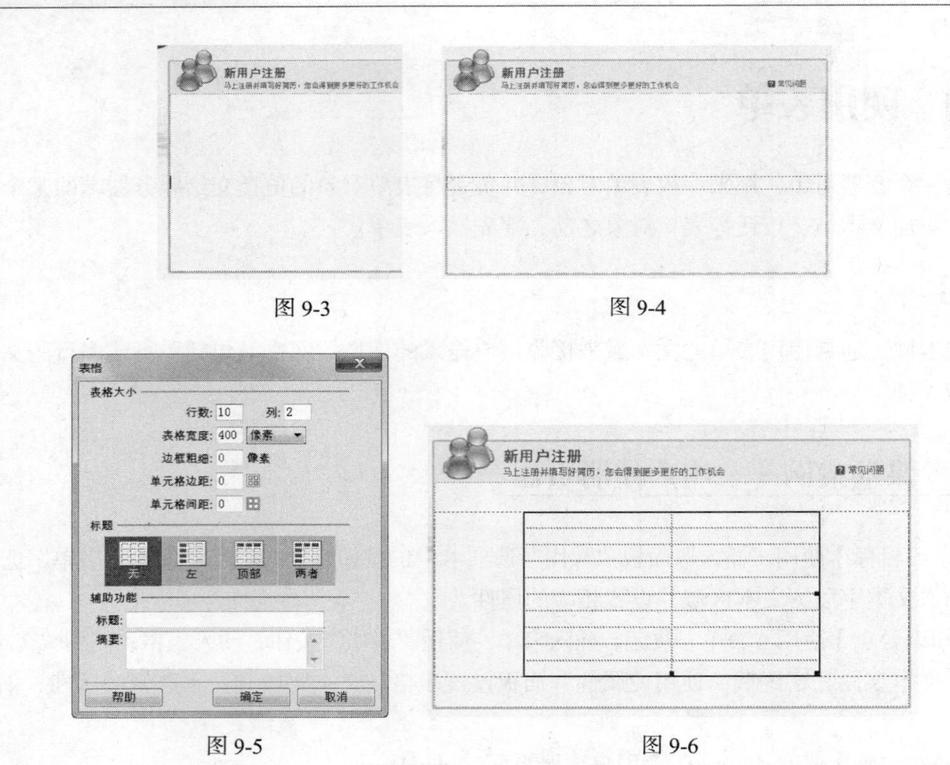

图 9-3　图 9-4

图 9-5　图 9-6

（4）将光标置于如图 9-7 所示的单元格中，在“属性”面板中，将“宽”设置为 78，如图 9-8 所示。

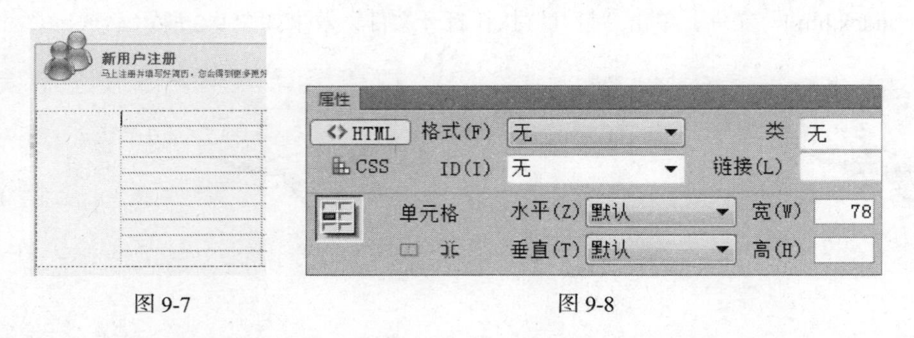

图 9-7　图 9-8

（5）将光标置于如图 9-9 所示的单元格中，在“属性”面板中，将“宽”设置为 222，如图 9-10 所示，效果如图 9-11 所示。

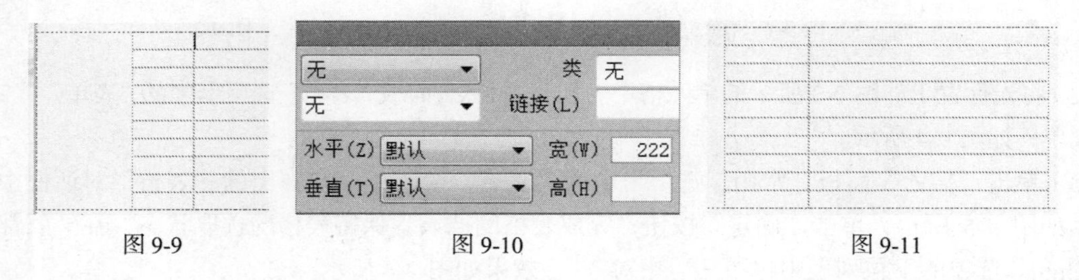

图 9-9　图 9-10　图 9-11

（6）选中如图 9-12 所示的单元格，在“属性”面板“水平”选项的下拉列表中选择“右对齐”，如图 9-13 所示。

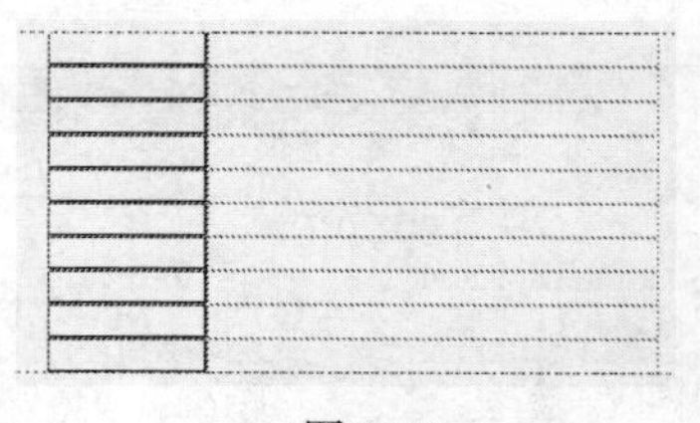

图 9-12

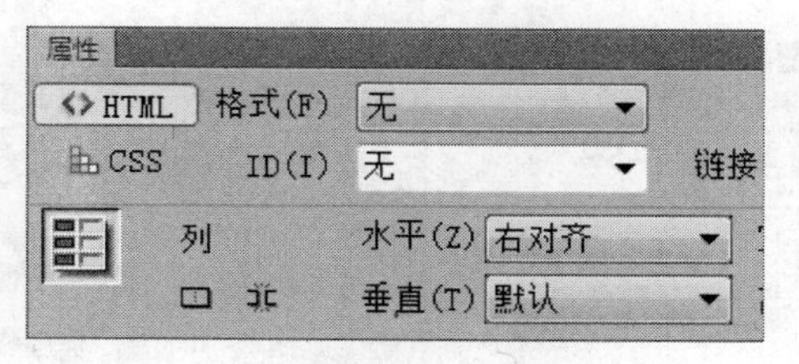

图 9-13

2．输入文字并设置文字的颜色

（1）将光标置于如图 9-14 所示的单元格中，输入文字"Email:"，如图 9-15 所示。用相同的方法在其他单元格中输入文字，效果如图 9-16 所示。

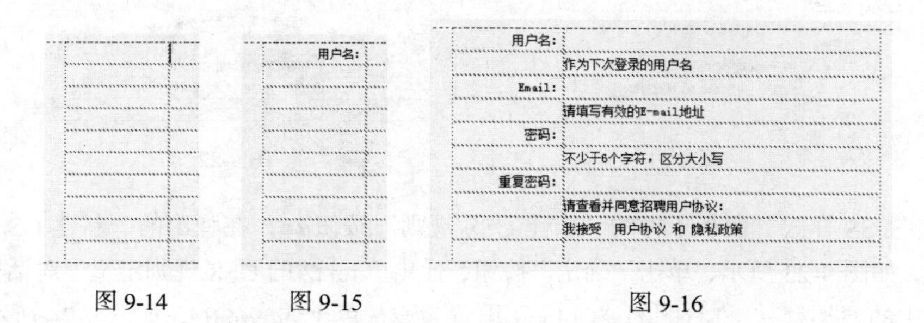

图 9-14　　图 9-15　　图 9-16

（2）选择"窗口 > CSS 设计器"命令，弹出"CSS 设计器"面板，按 Ctrl+Shift+Alt+P 组合键切换到"CSS 样式"面板。单击面板下方的"新建 CSS 规则"按钮，在弹出的"新建 CSS 规则"对话框中进行设置，如图 9-17 所示。

（3）单击"确定"按钮，弹出".text 的 CSS 规则定义"对话框，选择"分类"选项列表中的"类型"，将右侧的"Color"设为置土黄色（#bb9d59），如图 9-18 所示，单击"确定"按钮，完成样式的创建。

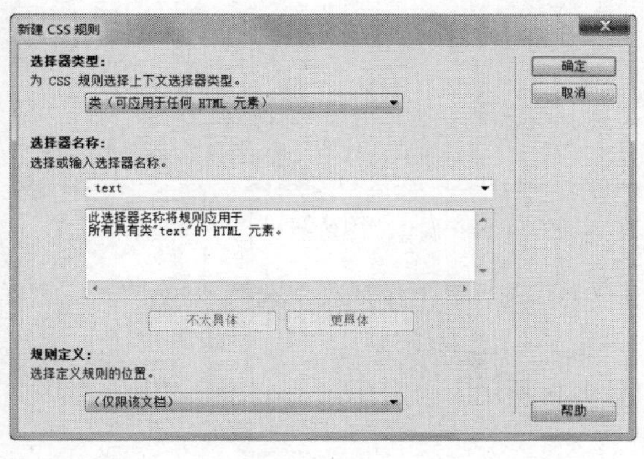

图 9-17

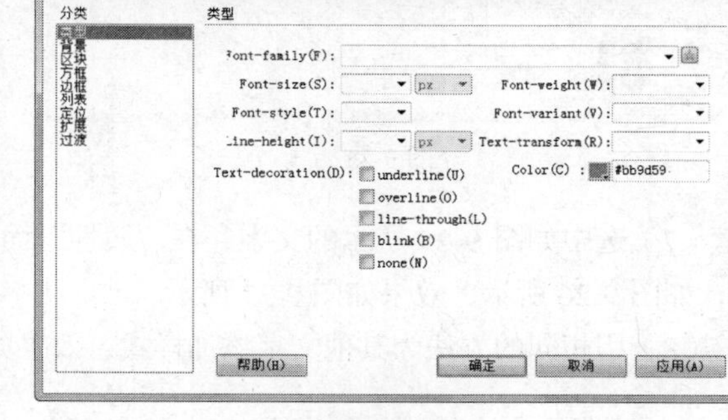

图 9-18

（4）选中如图 9-19 所示的文字，在"属性"面板"类"选项的下拉列表中选择"text"，应用样式，如图 9-20 所示，效果如图 9-21 所示。

（5）用相同的方法为其他文字添加样式，效果如图 9-22 所示。

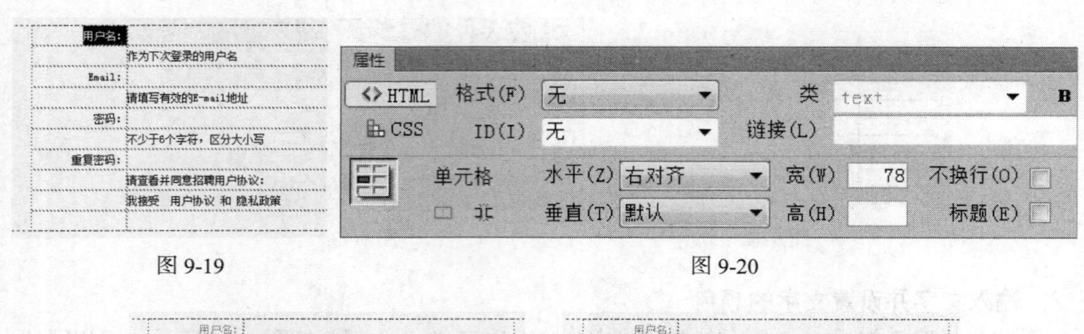

图 9-19　　图 9-20

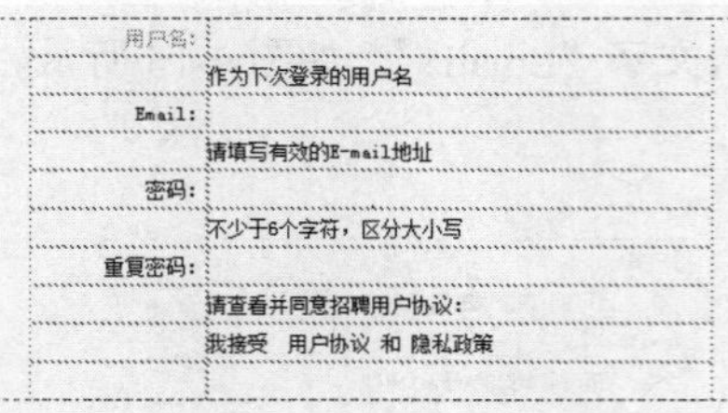

图 9-21

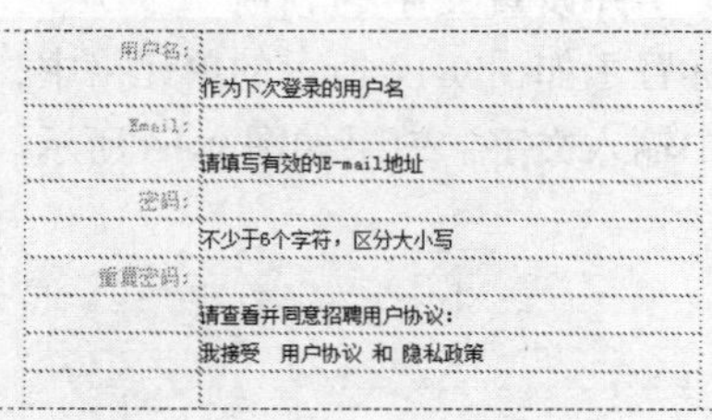

图 9-22

（6）单击“CSS 样式”面板下方的“新建 CSS 规则”按钮，在弹出的“新建 CSS 规则”对话框中进行设置，如图 9-23 所示，单击“确定”按钮，弹出“.text2 的 CSS 规则定义”对话框，选择“分类”选项列表中的“类型”，将右侧的“Color”设置为浅灰色（#969696），如图 9-24 所示，单击“确定”按钮，完成样式的创建。

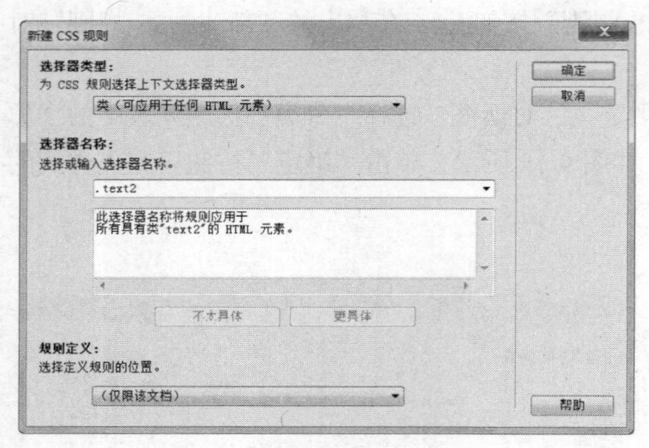

图 9-23

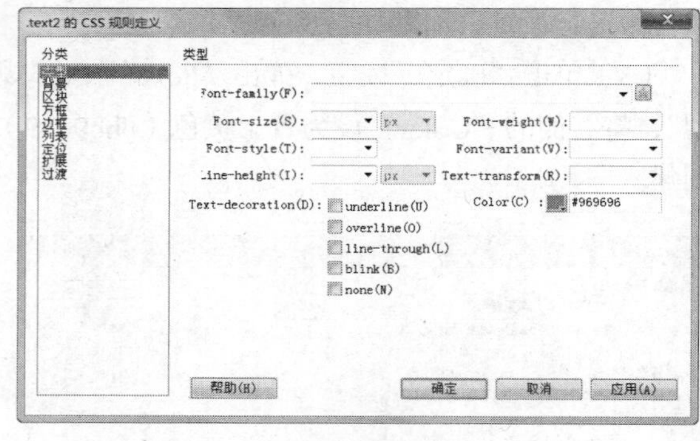

图 9-24

（7）选中如图 9-25 所示的文字，在“属性”面板“类”选项的下拉列表中选择“text2”，应用样式，如图 9-26 所示，效果如图 9-27 所示。

（8）用相同的方法为其他文字添加样式，效果如图 9-28 所示。

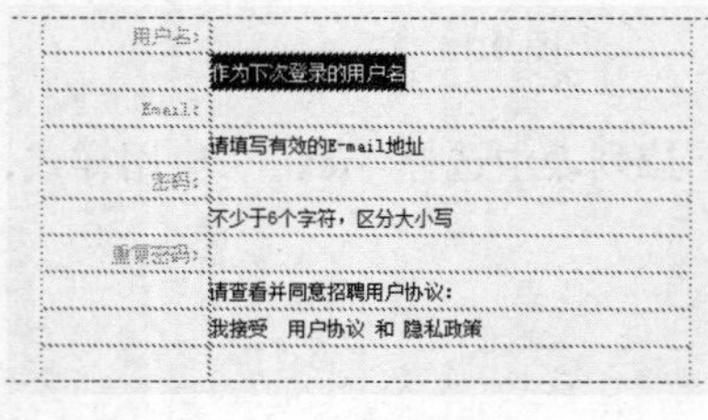

图 9-25

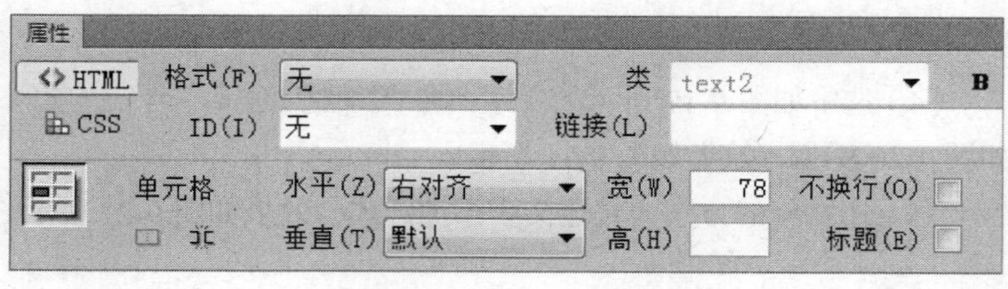

图 9-26

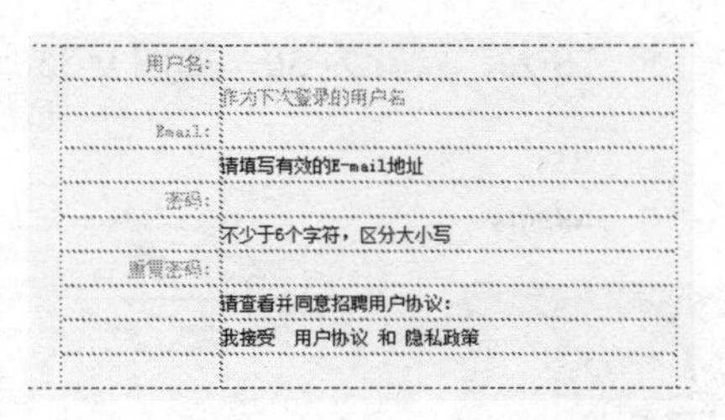

图 9-27

图 9-28

3．插入文本域

（1）将光标置于“用户名:”右侧的单元格中，单击“插入”面板“表单”选项卡中的“文本”按钮，在单元格中插入文本字段，如图 9-29 所示。选中如图 9-30 所示的文字，按 Delete 键将其删除。

图 9-29

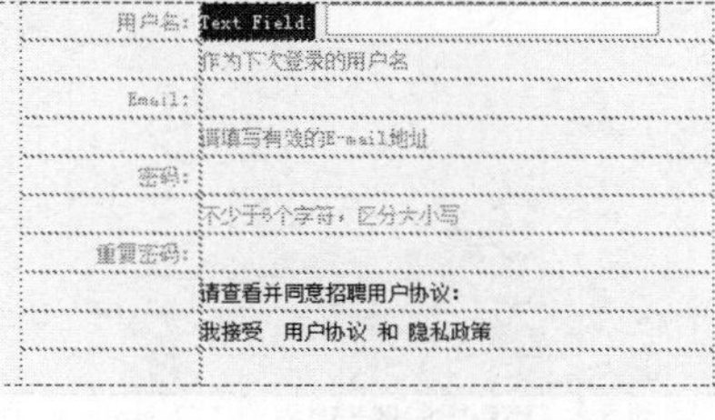

图 9-30

（2）选中文本字段，在“属性”面板中，将“Size”设置为 30，如图 9-31 所示，效果如图 9-32 所示。

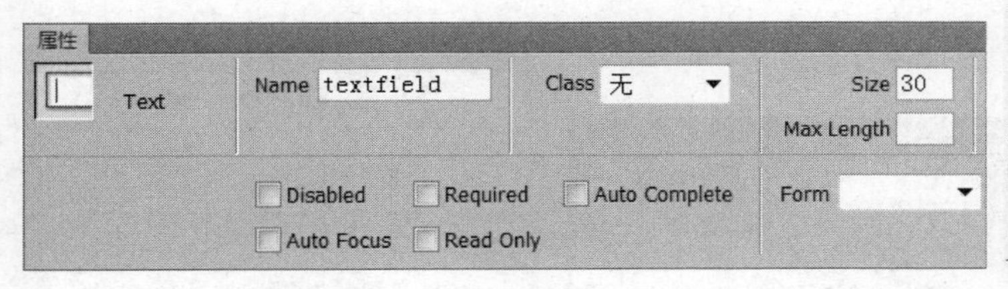

图 9-31

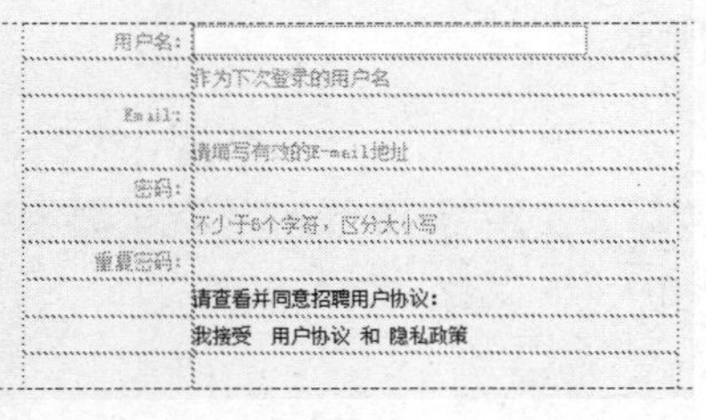

图 9-32

（3）将光标置于“Email:”右侧的单元格中，单击“插入”面板“表单”选项卡中的“电子邮件”按钮，在单元格中插入电子邮件文本框，如图 9-33 所示。选中如图 9-34 所示的文字，按 Delete 键将其删除。

图 9-33

图 9-34

（4）选中电子邮件文本框，在“属性”面板中，将“Size”设置为 30，如图 9-35 所示，效果如图 9-36 所示。

图 9-35　　　　图 9-36

（5）将光标置于“密码:”右侧的单元格中，单击“插入”面板“表单”选项卡中的“密码”按钮，在单元格中插入密码文本框，如图 9-37 所示。选中如图 9-38 所示的文字，按 Delete 键将其删除。

图 9-37

图 9-38

（6）选中密码文本框，在“属性”面板中，将“Size”设置为 30，如图 9-39 所示，效果如图 9-40 所示。

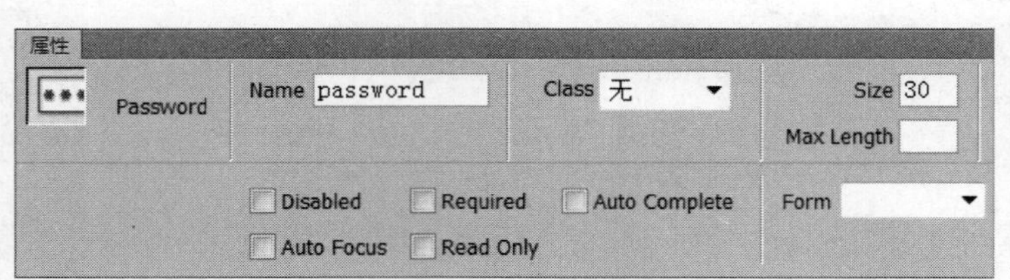

图 9-39　　　　图 9-40

（7）使用相同的方法，在“重复密码:”右侧的单元格中，插入密码文本框，将“Size”设置为 30，效果如图 9-41 所示。

（8）将光标置于“我接受”的前面，单击“插入”面板“表单”选项卡中的“复选框”按钮，在光标所在的位置插入复选框，如图 9-42 所示。选中英文“Checkbox”，按 Delete 键将其删除，效果如图 9-43 所示。

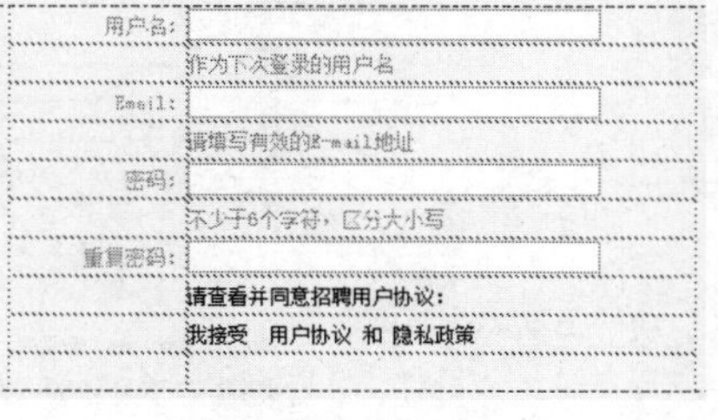

图 9-41

图 9-42

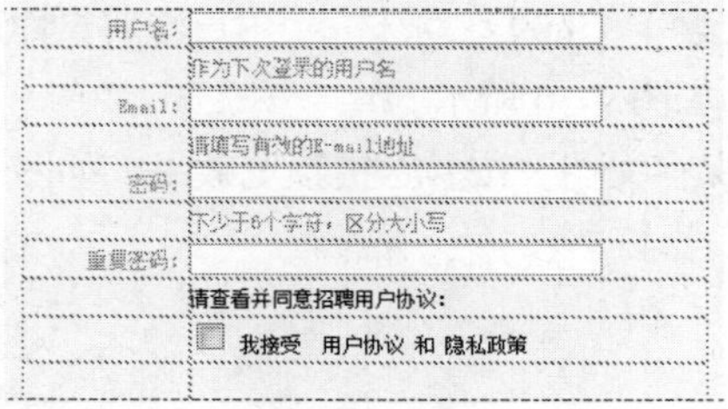

图 9-43

（9）选中复选框，在“属性”面板中，选择“Checked”复选项，如图 9-44 所示，效果如图 9-45 所示。

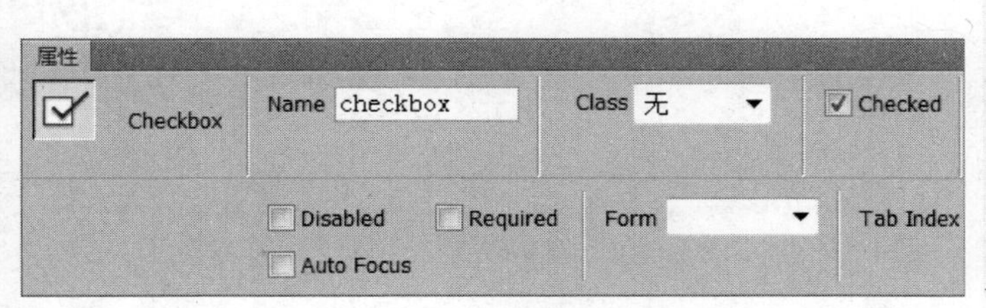

图 9-44

图 9-45

（10）选中如图 9-46 所示的单元格，单击“属性”面板中的“合并所选单元格，使用跨度”按钮，将选中的单元格合并，效果如图 9-47 所示。

图 9-46

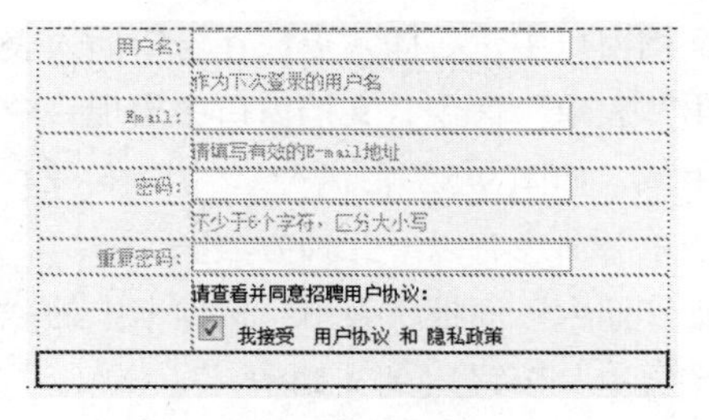

图 9-47

（11）将光标置于如图 9-48 所示的单元格中，在“属性”面板“水平”选项的下拉列表中选择“居中对齐”，将“高”设置为 50，如图 9-49 所示。

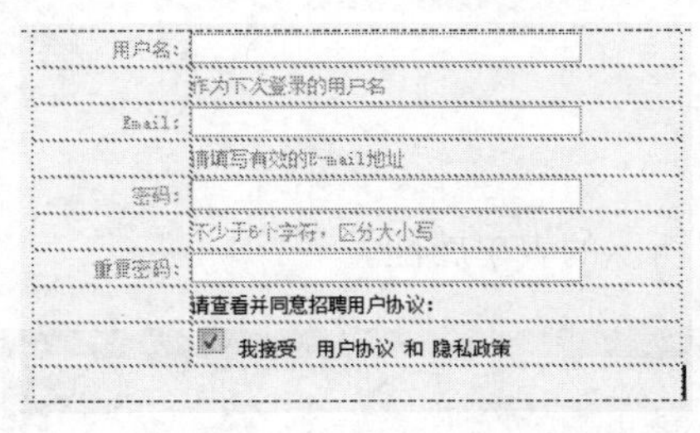

图 9-48

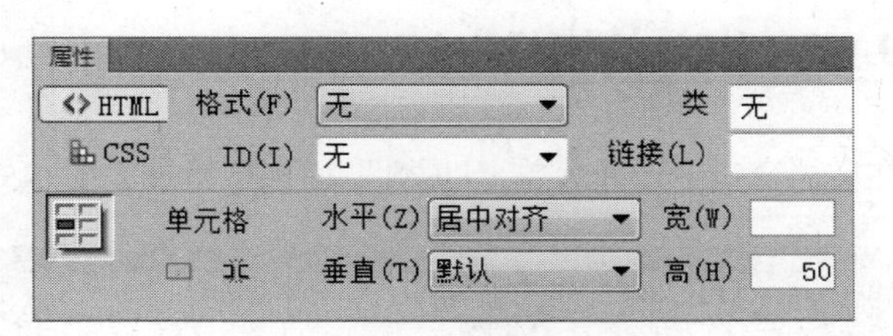

图 9-49

（12）单击“插入”面板“表单”选项卡中的“图像”按钮，在弹出的“选择源文件”对话框中选择“光盘 > Ch09 > 素材 > 用户注册页面 > images”文件夹中的“tj.jpg”文件，单击“确定”按钮，效果如图 9-50 所示。

（13）保存文档，按 F12 键预览效果，如图 9-51 所示。

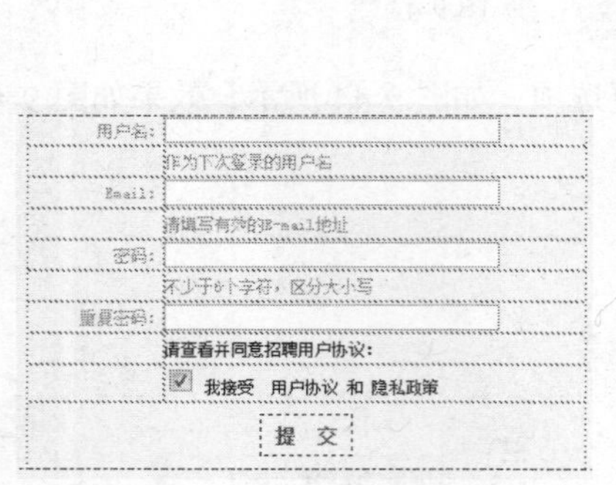

图 9-50

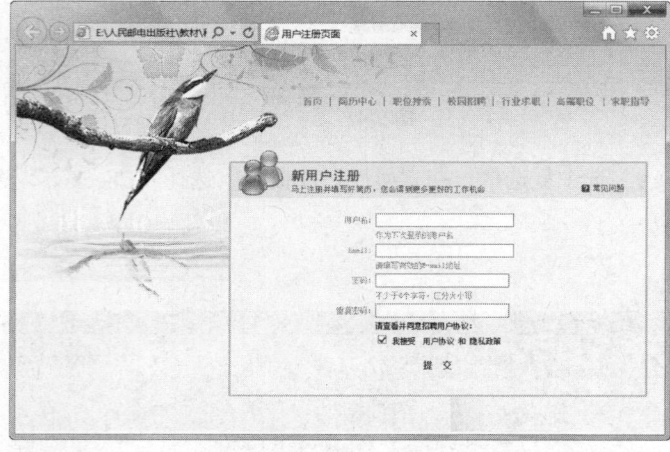

图 9-51

9.1.2 创建表单

在文档中插入表单的具体操作步骤如下。

（1）在文档窗口中，将插入点放在希望插入表单的位置。

（2）弹出“表单”命令，文档窗口中出现一个红色的虚轮廓线用来指示表单域，如图 9-52 所示。

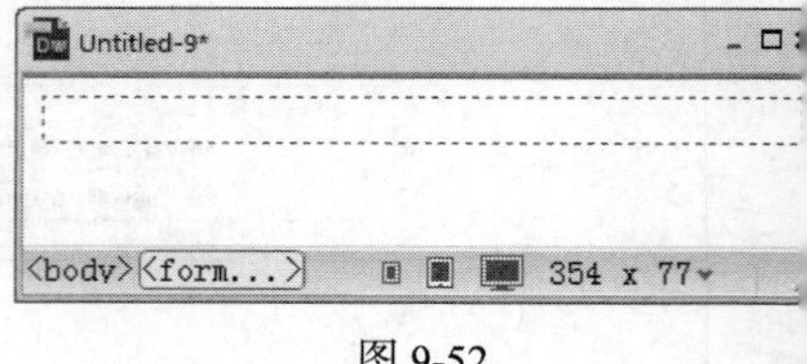

图 9-52

弹出“表单”命令有以下几种方法。

（1）单击“插入”面板“表单”选项卡中的“表单”按钮，或直接拖曳“表单”按钮到文档中。

（2）选择“插入 > 表单 > 表单”命令。

提示 一个页面中包含多个表单，每一个表单都是用<form>和</form>标记来标志。在插入表单后，如果没有看到表单的轮廓线，可选择“查看 > 可视化助理 > 不可见元素”命令来显示表单的轮廓线。

9.1.3 表单的属性

在文档窗口中选择表单，“属性”面板中出现如图 9-53 所示的表单属性。

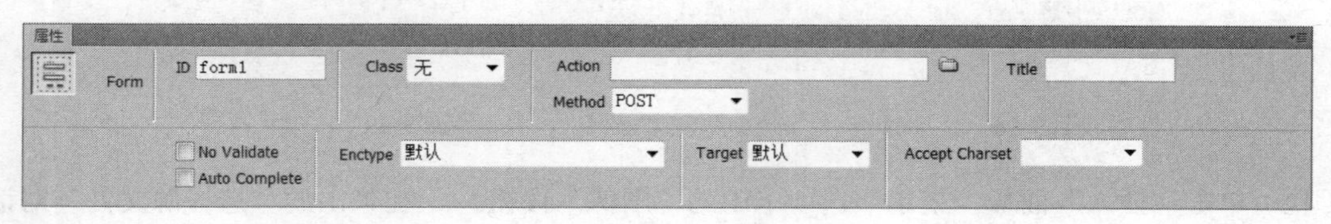

图 9-53

表单“属性”面板中各选项的作用介绍如下。

“ID”选项：为表单输入一个名称。

“Class”选项：将 CSS 规则应用于表单。

“Action”选项：识别处理表单信息的服务器端应用程序。

“Method”选项：定义表单数据处理的方式。包括下面 3 个选项。

“默认”：使浏览器的默认设置将表单数据发送到服务器。通常默认方法为 GET。

“GET”：将在 HTTP 请求中嵌入表单数据传送给服务器。

“POST”：将值附加到请求该页的 URL 中传送给服务器。

“Title”选项：用来设置表单域的标题名称。

“No Validate”选项：该属性为 Html 5 新增的表单属性，选中该复选项，表示当前表单不对表单中的内容进行验证。

“Auto Complete”选项：该属性为 Html 5 新增的表单属性，选中该复选项，表示启用表单的自动完成功能。

“Enctype”选项：用来设置发送数据的编码类型，共有两个选项，分别是 application/x-www-form-urlencoded 和 multipart/form-data，默认的编码类型是 application/x-www-form-urlencoded。application/x-www-form-urlencoded 通常和 POST 方法协同使用，如果表单中包含文件上传域，则应该选择 multipart/form-data 选项。

“Target”选项：指定一个窗口，在该窗口中显示调用程序所返回的数据。

“Accept Charset”选项：该选项用于设置服务器表单数据所接受的字符集，在该选项的下拉列表中共有 3 个选项，分别是“默认”、“UTF-8”和“ISO-8859-1”。

9.1.4 单行文本域

通常使用表单的文本域来接收用户输入的信息，文本域包括单行文本域、多行文本域、密码文本域、电子邮件文本域 4 种。一般情况下，当用户输入较少的信息时，使用单行文本域接收；当用户输入较多的信息时，使用多行文本域接收；当用户输入密码等保密信息时，使用密码文本域接收；当用户输入电子邮箱地址时，使用电子邮件文本域接收。

1. 插入单行文本域

要在表单域中插入单行文本域，现将光标置于表单轮廓内需要插入单行文本域的位置，然后插入单行文本域，如图 9-54 所示。

插入单行文本域有以下几种方法。

（1）使用“插入”面板“表单”选项卡中的“文本”按钮，可在文档窗口中添加单行文本域。

（2）选择“插入 > 表单 > 文本”命令，在文档窗口的表单中出现一个单行文本域。

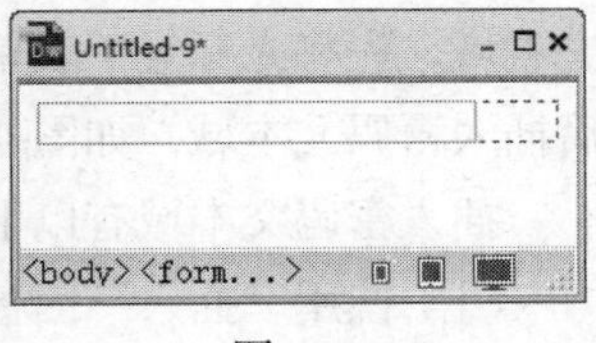

图 9-54

在“属性”面板中显示单行文本域的属性，如图 9-55 所示，用户可根据需要设置该单行文本域的各项属性。

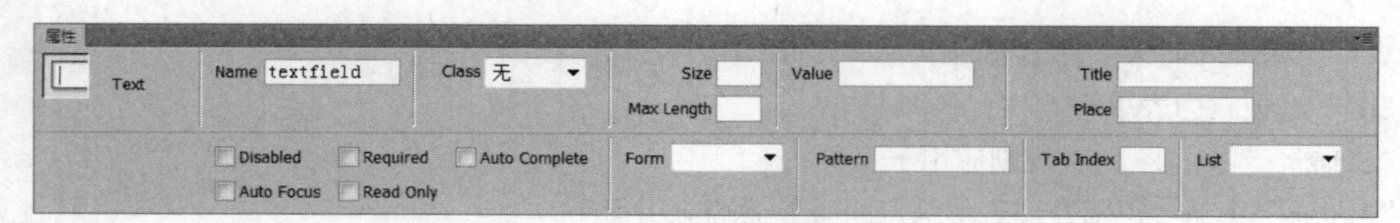

图 9-55

“Name”选项：用来设置文本域的名称。

“Class”选项：将 CSS 规则应用于文本域。

“Size”选项：用来设置文本域中最大显示的字符数。

“Max Length”选项：用来设置文本域中最大输入的字符数。

“Value”选项：用来输入提示性文本。

“Title”选项：用来设置文本域的提示标题文字。

“Place”选项：该属性为 Html 5 新增的表单属性，用户设置文本域预期值的提示信息，该提示信息会在文本域为空时显示，并在文本域获得焦点时消失。

“Disableb”选项：选中该复选项，表示禁用该文本字段，被禁用的文本域即不可用，也不可以单击。

“Auto Focus”选项：该属性为 Html 5 新增的表单属性，选中该复选项，当网页被加载时，该文本域会自动获得焦点。

“Required”选项：该属性为 Html 5 新增的表单属性，选中该复选项，则在提交表单之前必须填写所选文本域。

“Read Only”选项：选中该复选项，表示所选文本域为只读属性，不能对该文本域的内容进行修改。

“Auto Complete”选项：该属性为 Html 5 新增的表单属性，选中该复选项，表示所选文本域启用自动完成功能。

“Form”选项：该属性用于设置表单元素相关的表单标签的 ID，可以在该选项的下拉列表中选择网页中已经存在的表单域标签。

“Pattern”选项：该属性为 Html 5 新增的表单属性，用于设置文本域的模式或格式。

“Tab Index”选项：该属性用于设置表单元素的 Tab 键控制次序。

“List”选项：该属性为 Html 5 新增的表单属性，用于设置引用数据列表，其中包含文本域的预定义选项。

2. 插入密码文本域

密码域是特殊类型的文本域。当用户在密码域中输入时，所输入的文本被替为星号或项目符号，以隐藏该文本，保护这些信息不被看到。若要在表单域中插入密码文本域，先将光标置于表单轮廓内需要插入密码文本域的位置，然后插入密码文本域，如图 9-56 所示。

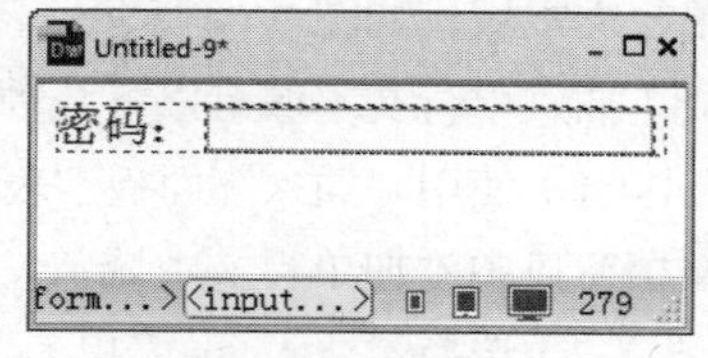

图 9-56

插入密码文本域有以下几种方法。

（1）使用“插入”面板“表单”选项卡中的“密码”按钮，可在文档窗口中添加密码文本域。

（2）选择“插入 > 表单 > 密码”命令，在文档窗口的表单中出现一个密码文本域。

在“属性”面板中显示密码文本域的属性，如图 9-57 所示，用户可根据需要设置该单行文本域的各项属性。

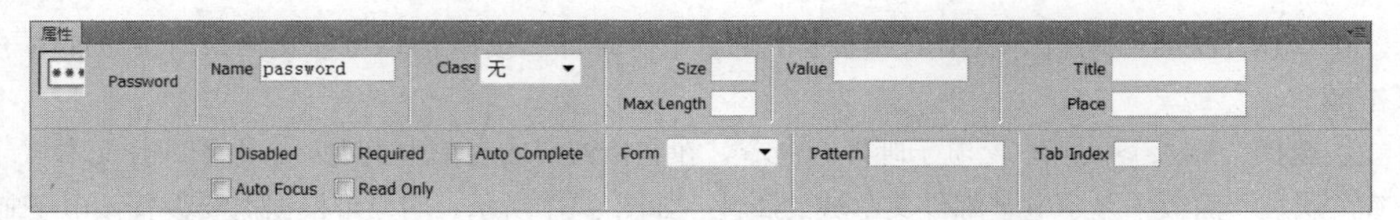

图 9-57

密码域的设置与单行文本域中的属性设置相同。“最多字符数”将密码限制为 10 个字符。

3．插入多行文本域

多行文本域为访问者提供一个较大的区域，供其输入响应。可以指定访问者最多输入的行数以及对象的字符宽度。如果输入的文本超过这些设置，则该域将按照换行属性中指定的设置进行滚动。

若要在表单域中插入多行文本域，先将光标置于表单轮廓内需要插入多行文本域的位置，然后插入多行文本域，如图 9-58 所示。

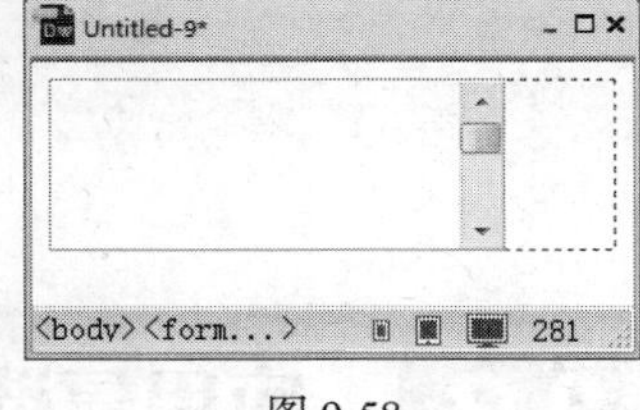

图 9-58

插入多行文本域有以下几种方法。

（1）使用“插入”面板“表单”选项卡中的“文本区域”按钮，可在文档窗口中添加多行文本域。

（2）选择“插入 > 表单 > 文本区域”命令，在文档窗口的表单中出现一个多行文本域。

在“属性”面板中显示多行文本域的属性，如图 9-59 所示，用户可根据需要设置该单行文本域的各项属性。

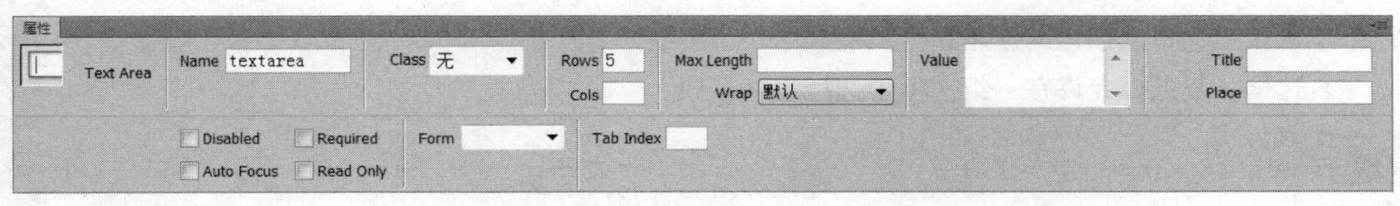

图 9-59

“Rows”选项：用于设置文本域的可见高度，以行计数。

“Cols”选项：用于设置文本域的字符宽度。

“Wrap”选项：通常情况下，当用户在文本域中输入文本后，浏览器会将它们按照输入时的状态发送给服务器，注意，只有在用户按下 Enter 键的地方才会生成换行。如果希望启动换行功能，可以将 Wrap 属性设置为“virtual”或“physical”，这样当用户输入的一行文本超过文本域的宽度时，浏览器会自动将多余的文字移动到下一行显示。

“Value”选项：用于设置文本域的初始值，可以在文本框中输入相应的内容。

4．插入电子邮件文本域

Dreamweaver CC 为了适应 Html 5 的发展新增加了许多全新的 Html 5 表单元素。电子邮件文本域就是其中的一种。

电子邮件文本域是专门为输入 E-mail 地址而定义的文本框，主要是为了验证输入的文本是否符合 E-mail 地址的格式，并会提示验证错误。若要在表单域中插入电子邮件文本域，先将光标置于表单轮廓内需要插入电子邮件文本域的位置，然后插入电子邮件文本域，如图 9-60 所示。

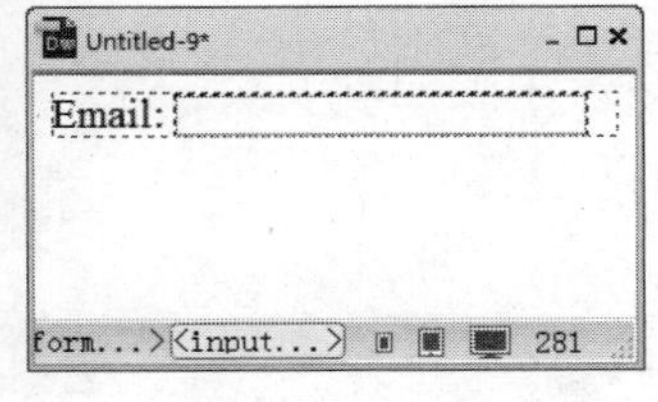

图 9-60

插入电子邮件文本域有以下几种方法。

（1）使用“插入”面板“表单”选项卡中的“电子邮件”按钮@，可在文档窗口中添加电子邮件文本域。

（2）选择“插入 > 表单 > 电子邮件”命令，在文档窗口的表单中出现一个电子邮件文本域。

在“属性”面板中显示电子邮件文本域的属性，如图 9-61 所示，用户可根据需要设置该电子邮件文本域的各项属性。

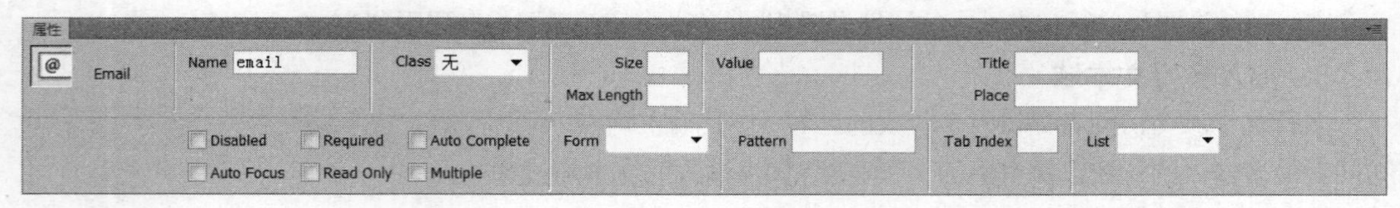

图 9-61

9.2 应用复选框和单选按钮

若要从一组选项中选择一个选项，设计时使用单选按钮；若要从一组选项中选择多个选项，设计时使用复选框。

命令介绍

单选按钮：单选按钮的作用在于只能选中一个选项。

复选框：复选框允许在一组选项中选择多个选项。

当使用单选按钮时，每一组单选按钮必须具有相同的名称。

9.2.1 课堂案例——留言板网页

【案例学习目标】使用“表单”按钮，为页面添加单选按钮和复选框。

【案例知识要点】使用“单选按钮”插入单选按钮；使用“复选框”按钮，插入复选框，如图 9-62 所示。

【效果所在位置】光盘/Ch09 效果/留言板网页/index.html。

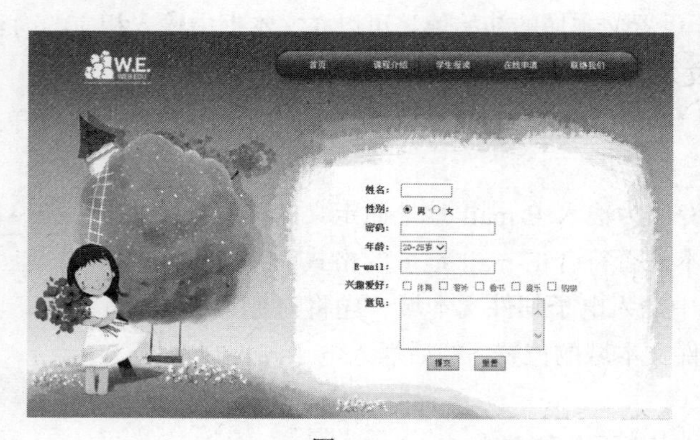

图 9-62

1．插入单选按钮

（1）选择“文件 > 打开”命令，在弹出的“打开”对话框中选择“光盘 > Ch09 > 素材 > 留言板网页 > index.html”文件，单击“打开”按钮打开文件，效果如图 9-63 所示。将光标置于如图 9-64 所示的单元格中。

图 9-63　　　　图 9-64

（2）在“插入”面板“表单”选项卡中单击“单选按钮”按钮，在光标所在位置插入一个单选按钮，效果如图 9-65 所示。选中英文“Radio Button”并将其更改为“男”，效果如图 9-66 所示。

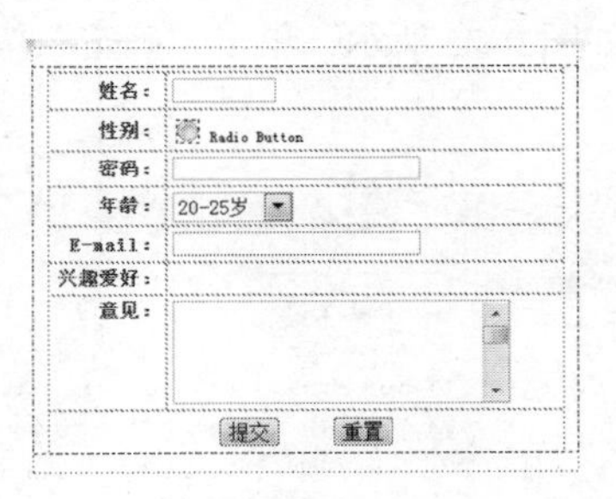

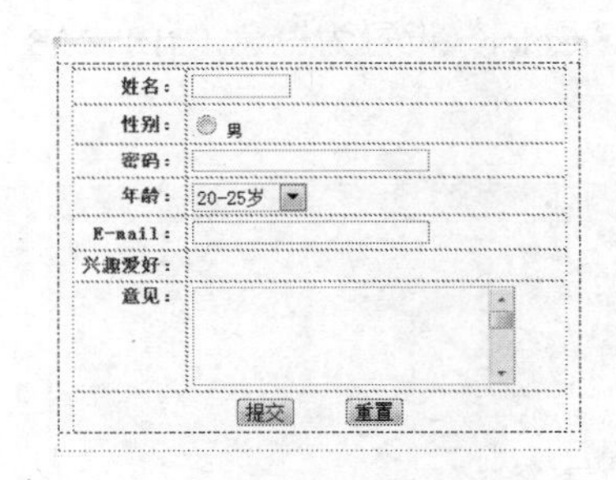

图 9-65　　　　图 9-66

（3）选中单选按钮，在“属性”面板中，选择“Checked”复选项，如图 9-67 所示。

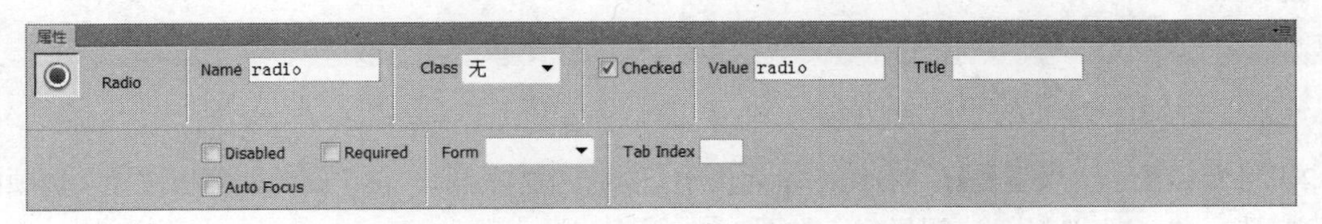

图 9-67

（3）保持单选按钮的选取状态，按 Ctrl+C 组合键，将其复制。将光标置于文字“男”的后面，按 Ctrl+V 组合键，将复制的单选按钮粘贴，效果如图 9-68 所示。并在光标所在的位置输入文字“女”，效果如图 9-69 所示。

（4）选中文字“女”前面的单选按钮，在“属性”面板中，取消选择“Checked”复选项，如图 9-70 所示。

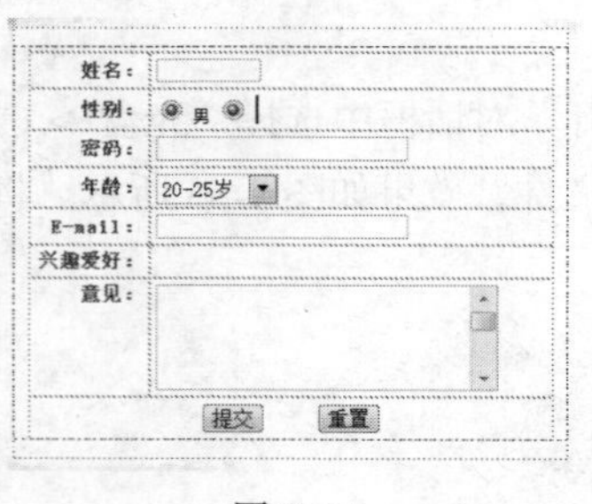

图 9-68

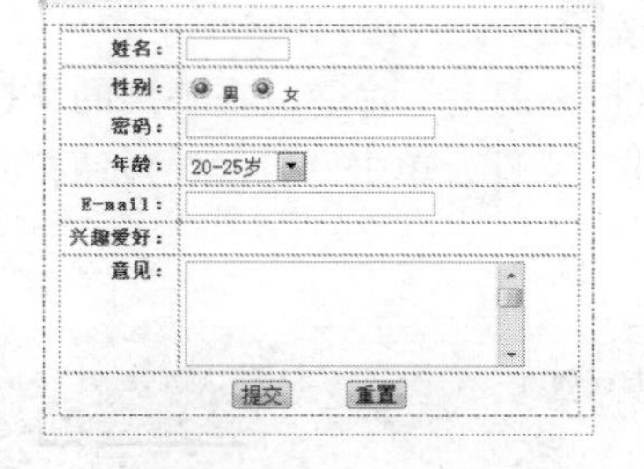

图 9-69

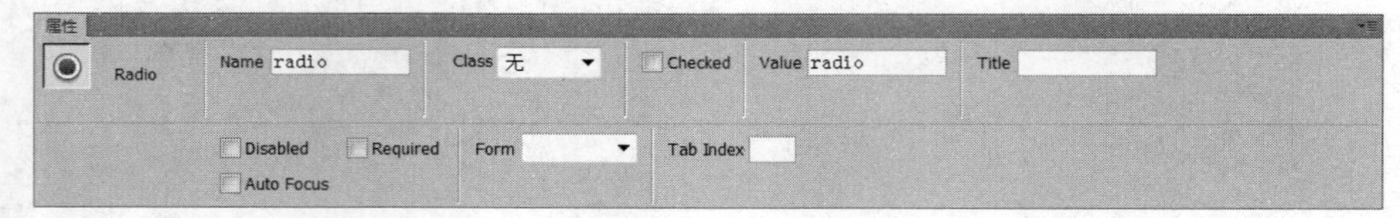

图 9-70

2. 插入复选框

（1）选择“窗口 > CSS 设计器”命令，弹出“CSS 设计器”面板，按 Ctrl+Shift+Alt+P 组合键切换到“CSS 样式”面板。单击面板下方的“新建 CSS 规则”按钮，在弹出的对话框中进行设置，如图 9-71 所示，单击“确定”按钮，弹出“.text 的 CSS 规则定义”对话框，选择“分类”选项列表中的“类型”，将“Color”设置为橙色（#F1521B），如图 9-72 所示，单击“确定”按钮，完成样式的创建。

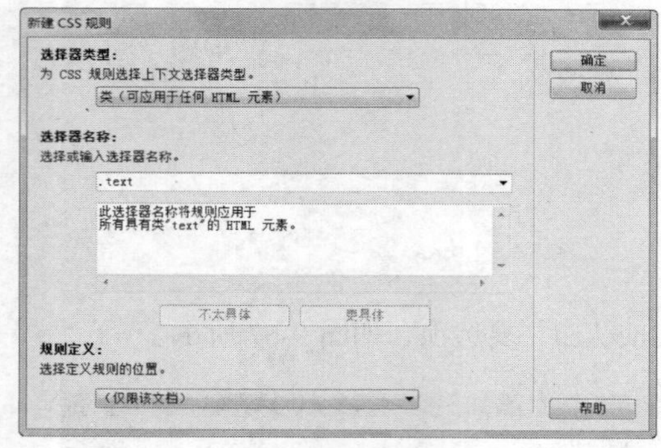

图 9-71

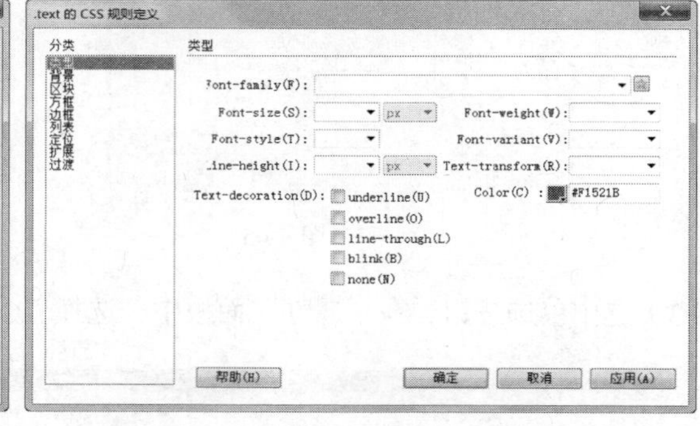

图 9-72

（2）将光标置于“兴趣爱好”右侧的单元格中，如图 9-73 所示，在“属性”面板“类”选项的下拉列表中选择“text”选项，应用样式，如图 9-74 所示。

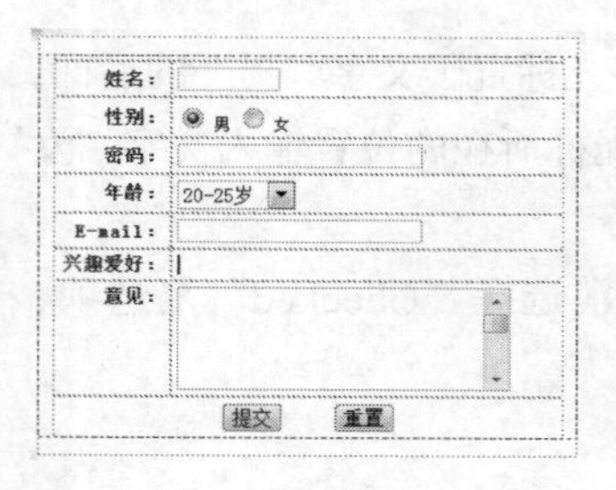

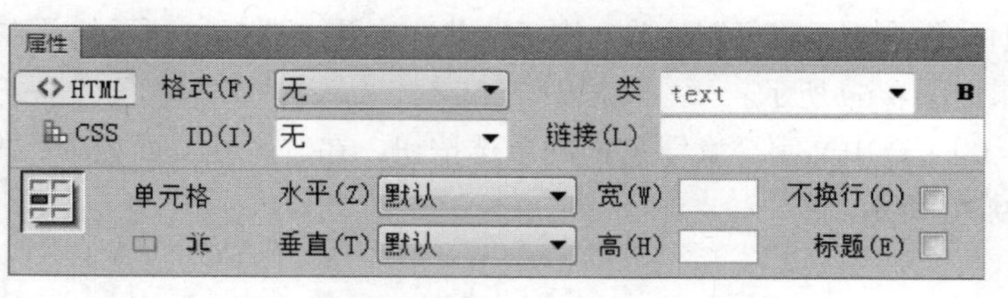

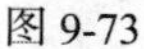

图 9-73

图 9-74

（3）单击“插入”面板“表单”选项卡中的“复选框”按钮☑，在单元格中插入一个复选框，效果如图 9-75 所示。选中英文“Checkbox”并将其更改为“体育”，效果如图 9-76 所示。用相同的方法制作出如图 9-77 所示的效果。

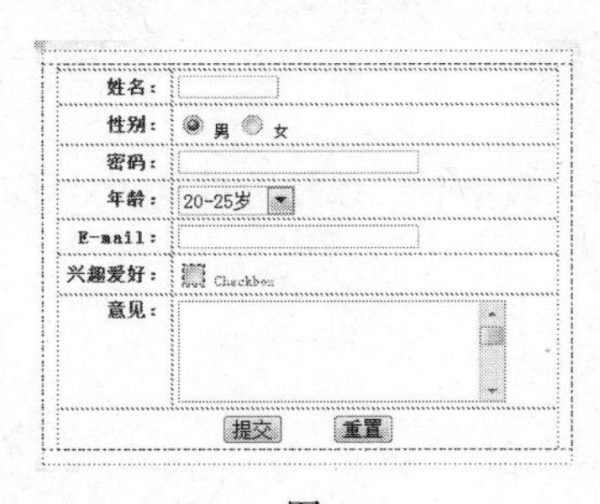

图 9-75

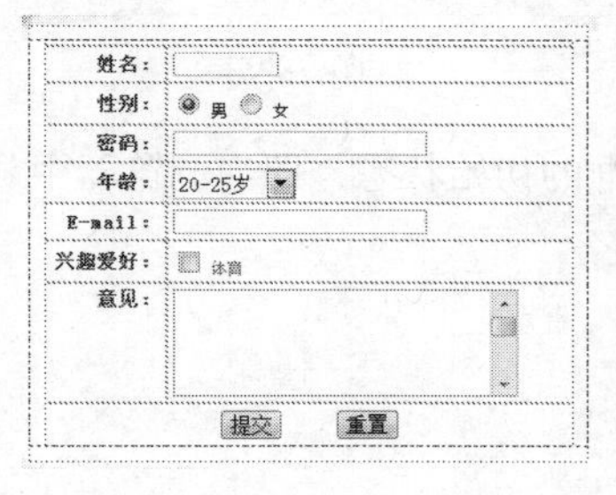

图 9-76

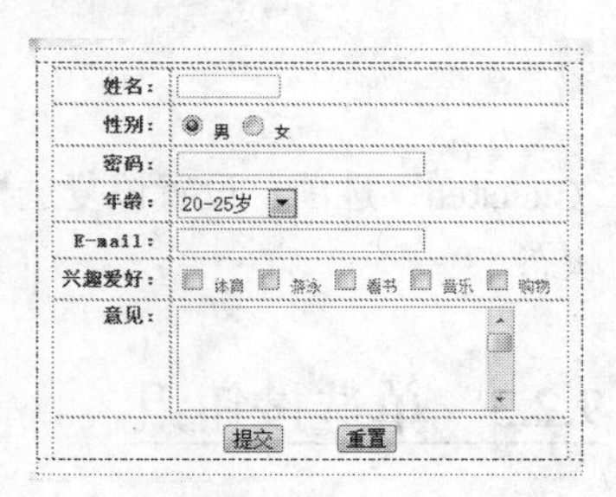

图 9-77

（4）保存文档，按 F12 键预览效果，如图 9-78 所示。

图 9-78

9.2.2 单选按钮

为了单选按钮的布局更加合理，通常采用逐个插入单选按钮的方式。若要在表单域中插入单选按钮，先将光标放在表单轮廓内需要插入单选按钮的位置，然后插入单选按钮，如图 9-79 所示。

图 9-79

插入单选按钮有以下几种方法。

（1）使用“插入”面板“表单”选项卡中的“单选按钮”按钮◉，在文档窗口的表单中出现一个单选按钮。

（2）选择“插入 > 表单 > 单选按钮”命令，在文档窗口的表单中出现一个单选按钮。

在“属性”面板中显示单选按钮的属性，如图 9-80 所示，可以根据需要设置该单选按钮的各项属性。

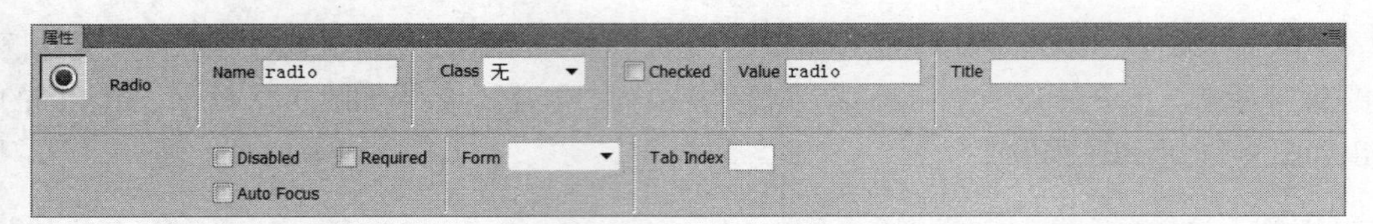

图 9-80

“Checked”选项：设置该复选框的初始状态，即当浏览器中载入表单时，该复选框是否处于被选中的状态。

9.2.3 单选按钮组

先将光标放在表单轮廓内需要插入单选按钮组的位置，然后弹出“单选按钮组”对话框，如图 9-81 所示。

图 9-81

弹出“单选按钮组”对话框有以下几种方法。

（1）单击“插入”面板“表单”选项卡中的“单选按钮组”按钮。

（2）选择“插入 > 表单 > 单选按钮组”命令。

“单选按钮组”对话框中的选项作用如下。

“名称”选项：用于输入该单选按钮组的名称，每个单选按钮组的名称都不能相同。

“加号”和“减号”按钮：用于向单选按钮组内添加或删除单选按钮。

“向上”和“向下”按钮：用于重新排序单选按钮。

“标签”选项：设置单选按钮右侧的提示信息。

“值”选项：设置此单选按钮代表的值，一般为字符型数据，即当用户选定该单选按钮时，表单指定的处理程序获得的值。

“换行符”或“表格”选项：使用换行符或表格来设置这些按钮的布局方式。

根据需要设置该按钮组的每个选项，单击“确定”按钮，在文档窗口的表单中出现单选按钮组，如图 9-82 所示。

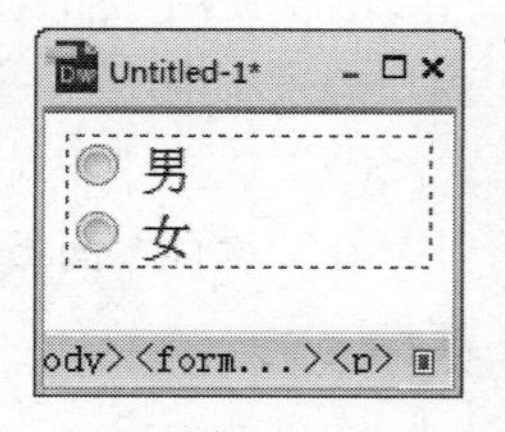

图 9-82

9.2.4 复选框

为了复选框的布局更加合理，通常采用逐个插入复选框的方式。若要在表单域中插入复选框，先将光标放在表单轮廓内需要插入复选框的位置，然后插入复选框，如图 9-83 所示。

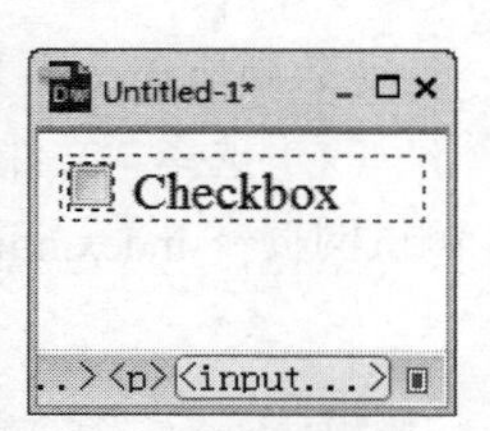

图 9-83

插入复选框有以下几种方法。

（1）单击“插入”面板“表单”选项卡中的“复选框”按钮，在文档窗口的表单中出现一个复选框。

（2）选择“插入 > 表单 > 复选框”命令，在文档窗口的表单中出现一个复选框。

在“属性”面板中显示复选框的属性，如图 9-84 所示，可以根据需要设置该复选框的各项属性。

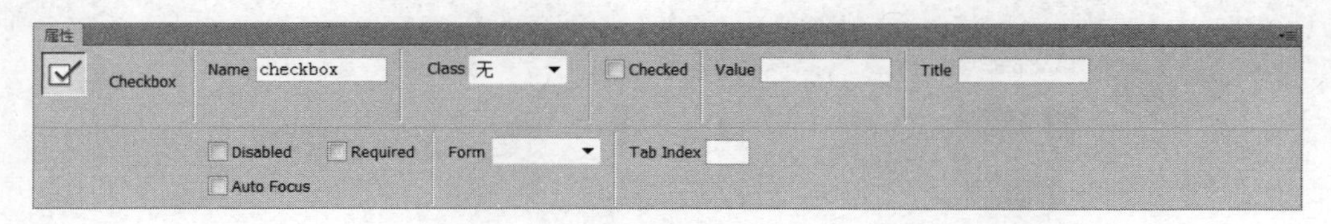

图 9-84

复选框组的操作与单选按钮组类似，故不再赘述。

9.3 创建列表和菜单

在表单中有两种类型的菜单，一个是下拉菜单，一个是滚动列表，如图 9-85 所示，它们都包含一个或多个菜单列表选择项。当用户需要在预先设定的菜单列表选项中选择一个或多个选项时，可使用“列表与菜单”功能创建下拉菜单或滚动列表。

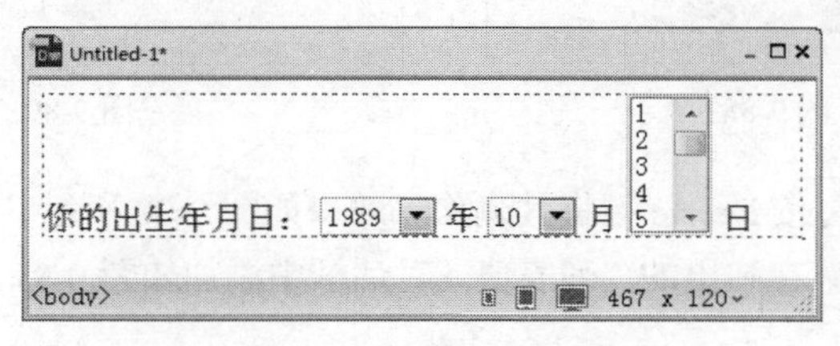

图 9-85

命令介绍

创建列表和菜单：一个列表可以包含一个或多个选项。当需要显示许多选项时，菜单就非常有用。表单中有两种类型的菜单：一种是单击菜单时出现下拉菜单，称为下拉菜单；另一种菜单则显示为一个列有选项的可滚动列表，用户可以从该列中选择选项，称为滚动列表。

9.3.1 课堂案例——健康测试网页

【案例学习目标】使用“表单”选项卡中的按钮，插入列表。

【案例知识要点】使用“列表/菜单”按钮，插入列表；使用“属性”面板，设置列表属性，如图 9-86 所示。

【效果所在位置】光盘/Ch09/效果/健康测试网页/ index.html。

（1）选择“文件 > 打开”命令，在弹出的“打开”对话框中选择“光盘 > Ch09 > 素材 > 健康测试网页 > index.html”文件，单击“打开”按钮打开文件，效果如图 9-87 所示。

图 9-86

图 9-87

（2）将光标置于如图 9-88 所示的位置，单击“插入”面板“表单”选项卡中的“选择”按钮，在光标所在的位置插入列表菜单，如图 9-89 所示。

图 9-88

图 9-89

（3）选中英文“Select:”按 Delete 键将其删除，效果如图 9-90 所示。选中列表菜单，在“属性”面板中单击“列表值”按钮，在弹出的“列表值”对话框中添加如图 9-91 所示的内容，添加完成后单击“确定”按钮。

图 9-90

图 9-91

（4）在“属性”面板的“Selected”选项中选择“- -”，如图 9-92 所示，效果如图 9-93 所示。用相同的方法在适当的位置插入列表菜单，并设置适当的值，效果如图 9-94 所示。

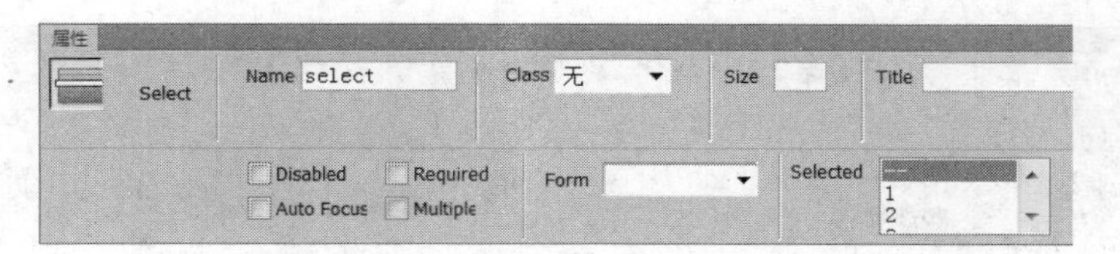

图 9-92

图 9-93

图 9-94

（5）保存文档，按 F12 键预览效果，如图 9-95 所示。单击“月”选项左侧的下拉列表，可以选择任意选项，如图 9-96 所示。

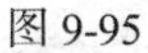
图 9-95

图 9-96

9.3.2 创建列表和菜单

1. 插入下拉菜单

若要在表单域中插入下拉菜单，先将光标放在表单轮廓内需要插入菜单的位置，然后插入下拉菜单，如图 9-97 所示。

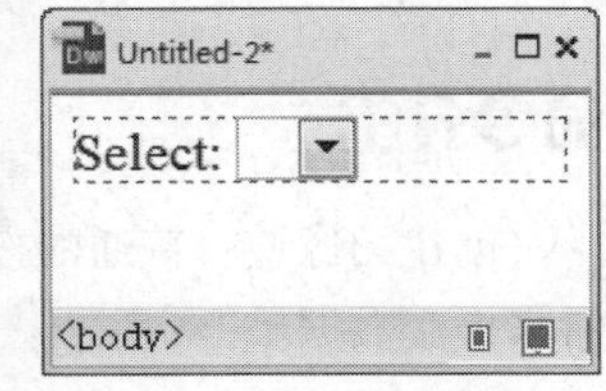

图 9-97

插入下拉菜单有以下几种方法。

（1）使用“插入”面板“表单”选项卡中的“选择”按钮，在文档窗口的表单中添加下拉菜单。

（2）选择“插入 > 表单 > 选择”命令，在文档窗口的表单中添加下拉菜单。

在“属性”面板中显示下拉菜单的属性，如图 9-98 所示，可以根据需要设置该下拉菜单。

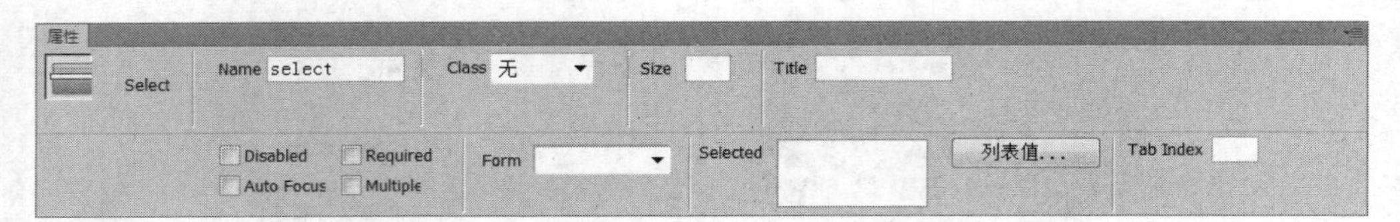

图 9-98

下拉菜单“属性”面板中各选项的作用如下。

“Size”选项：用来设置页面中显示的高度。

“Selected”选项：设置下拉菜单中默认选择的菜单项。

“列表值”按钮：单击此按钮，弹出一个如图 9-99 所示的“列表值”对话框，在该对话框中单击“加号”按钮 或“减号”按钮 向下拉菜单中添加或删除列表项。菜单项在列表中出现的顺序与在“列表值”对话框中出现的顺序一致。在浏览器载入页面时，列表中的第一个选项是默认选项。

2. 插入滚动列表

若要在表单域中插入滚动列表，先将光标放在表单轮廓内需要插入滚动列表的位置，然后插入滚动列表，如图 9-100 所示。

插入滚动列表有以下几种方法。

（1）单击“插入”面板“表单”选项卡的“选择”按钮 ，在文档窗口的表单中出现滚动列表。

（2）选择“插入 > 表单 > 选择”命令，在文档窗口的表单中出现滚动列表。

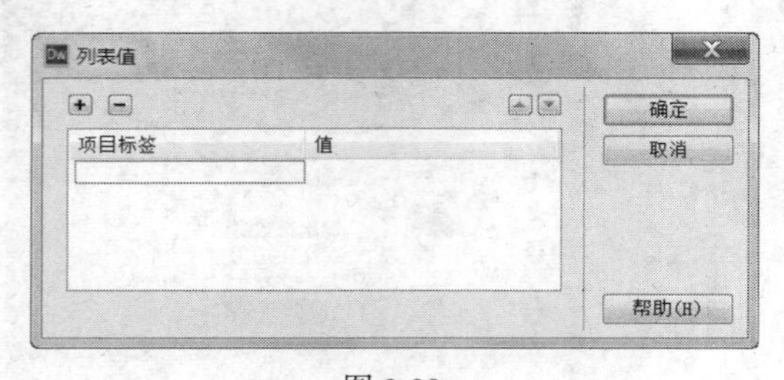

图 9-99

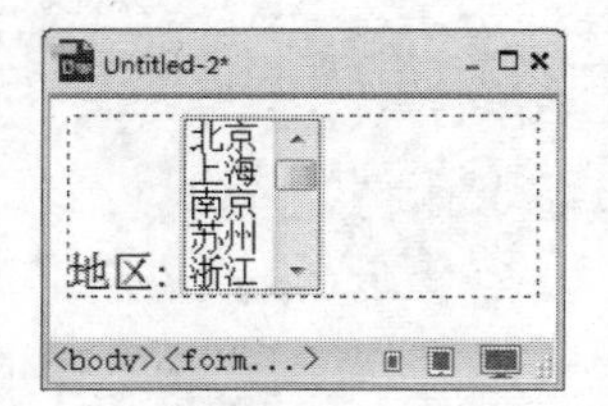

图 9-100

在“属性”面板中显示滚动列表的属性，如图 9-101 所示，可以根据需要设置该滚动列表。

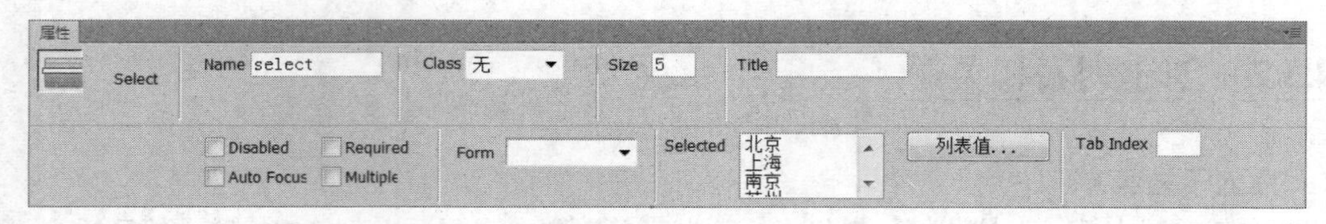

图 9-101

命令介绍

创建图像域：普通的按钮很不美观，为了设计需要，常使用图像代替按钮。通常使用“图像”按钮来提交数据。

提交、无、重置按钮：“提交”按钮的作用是，将表单数据提交到表单指定的处理程序中进行处理；“重置”按钮的作用是，将表单的内容还原为初始状态。

9.3.3 课堂案例——OA 登录系统页面

【案例学习目标】使用“表单”选项卡为网页添加文本字段、密码文本域和图像域。

【案例知识要点】使用“文本”按钮，插入文本字段；使用“密码”按钮，插入密码文本域；使用“图像”按钮，插入图像域，如图 9-102 所示。

【效果所在位置】光盘/Ch09/效果/ OA 登录系统页面/index.html。

1．插入表单和表格

（1）选择“文件 > 打开”命令，在弹出的“打开”对话框中选择“光盘 > Ch09 > 素材 > OA 登录系统页面 > index.html”文件，单击“打开”按钮打开文件，效果如图 9-103 所示。

图 9-102

图 9-103

（2）将光标置于如图 9-104 所示的单元格中。单击“插入”面板“表单”选项卡中的“表单”按钮，在单元格中插入表单，如图 9-105 所示。

（3）单击“插入”面板“常用”选项卡中的“表格”按钮，在弹出的“表格”对话框中，将“行数”设置为 6、“列”设置为 1、“表格宽度”设置为 250，在右侧的下拉列表中选择“像素”，“边框粗细”、“单元格边距”和“单元格间距”均设置为 0，单击“确定”按钮，完成表格的插入。保持表格的选取状态，在“属性”面板“Align”选项的下拉列表中选择“居中对齐”，效果如图 9-106 所示。

图 9-104

图 9-105

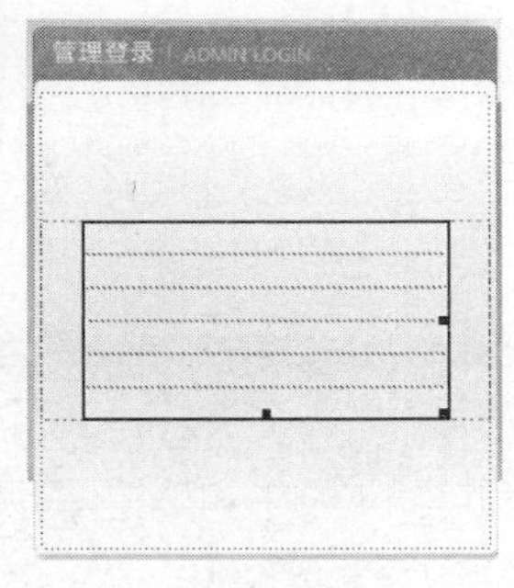

图 9-106

（4）将光标置于第 1 行单元格中，输入文字，如图 9-107 所示。用相同的方法在其他单元格中输入文字，效果如图 9-108 所示。

（5）将光标置于第 5 行单元格中，单击“插入”面板“常用”选项卡中的“图像”按钮，在弹出的“选择图像源文件”对话框中选择“光盘 > Ch09 > 素材 > OA 登录系统页面 > images”文件夹中的“img_14.jpg”，单击“确定”按钮完成图片的插入，效果如图 9-109 所示。

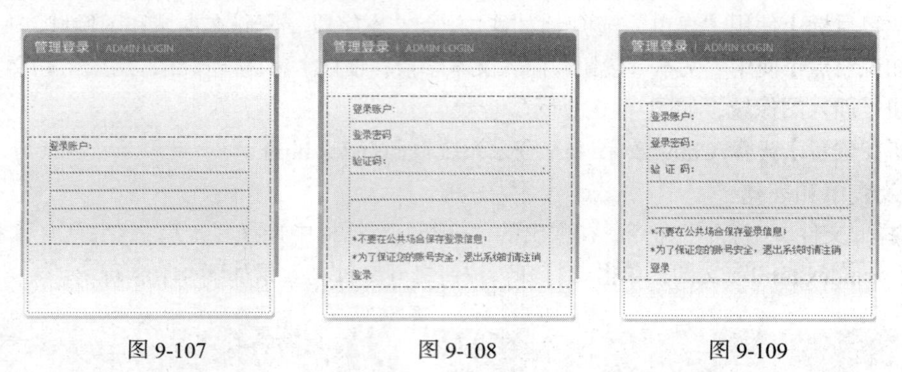

图 9-107　　图 9-108　　图 9-109

2．插入文本字段

（1）将光标置于第 1 行单元格中，如图 9-110 所示。单击“插入”面板“表单”选项卡中的“文本”按钮，在单元格中插入文本字段，如图 9-111 所示，选中英文“Text Field:”，按 Delete 键将其删除，效果如图 9-112 所示。

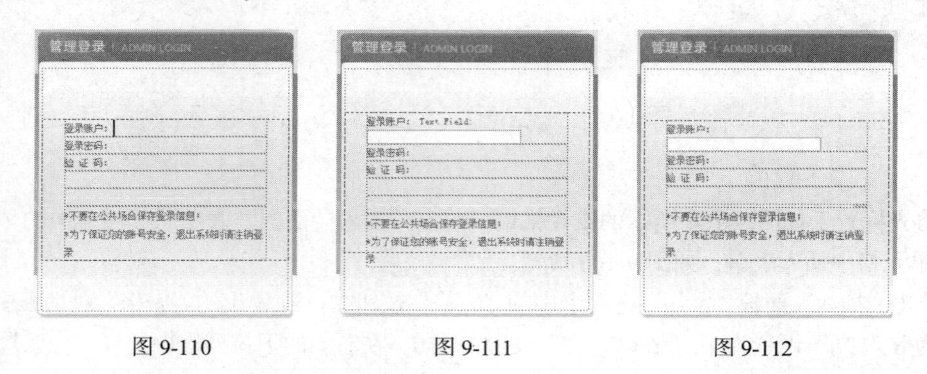

图 9-110　　图 9-111　　图 9-112

（2）选中文本字段，在“属性”面板中，将“Size”设置为 15，如图 9-113 所示，效果如图 9-114 所示。用相同的方法在其他单元格中插入文本字段，设置适当的字符宽度，效果如图 9-115 所示。

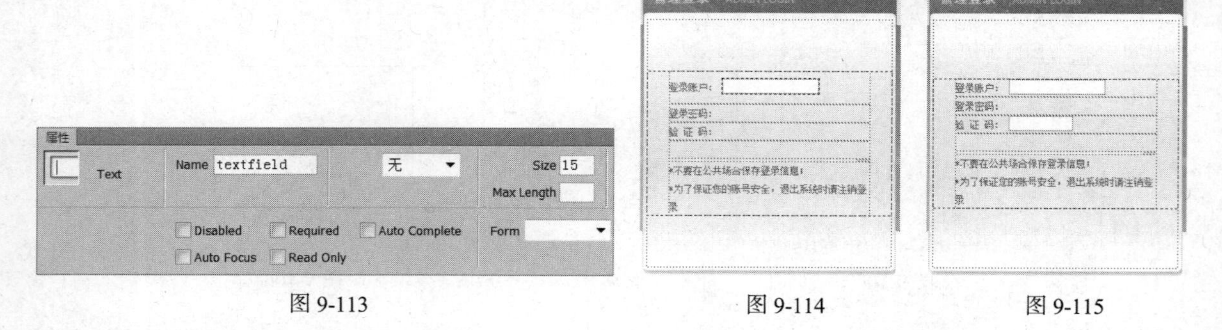

图 9-113　　图 9-114　　图 9-115

（3）将光标置于“登录密码”文字的右侧，如图 9-116 所示，单击“插入”面板“表单”选项卡中的“密码”按钮，在光标所在的位置插入一个密码文本域，效果如图 9-117 所示。

（4）保持密码文本域的选取状态，在“属性”面板中，将“Size”设置为 15，效果如图 9-118 所示。选中英文“Password:”并将其删除，效果如图 9-119 所示。

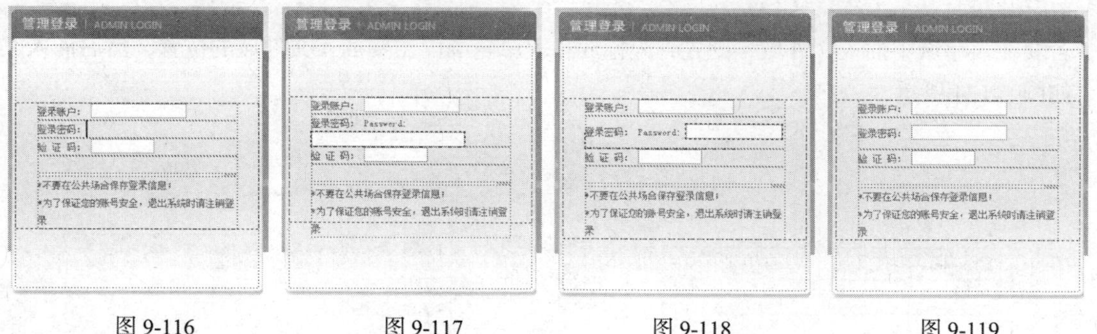

图 9-116　　图 9-117　　图 9-118　　图 9-119

3．插入图像域

（1）将光标置于第 4 行单元格中，在“属性”面板“水平”选项的下拉列表中选择“居中对齐”选项。单击“插入”面板“表单”选项卡中的“图像”按钮，在弹出的“选择图像源文件”对话框中选择“光盘 > Ch09 > 素材 > OA 登录系统页面 > images”文件夹中的“img_07.jpg”，单击“确定”按钮完成图片的插入，效果如图 9-120 所示。

（2）用相同的方法制作出如图 9-121 所示的效果。保存文档，按 F12 键预览效果，如图 9-122 所示。

图 9-120　　图 9-121　　图 9-122

9.3.4　创建文件域

网页中要实现上传文件的功能，需要在表单中插入文件域。文件域的外观与其他文本域类似，只是文件域还包含一个“浏览”按钮，如图 9-123 所示。用户浏览时可以手动输入要上传的文件路径，也可以使用“浏览”按钮定位并选择该文件。

提示 文件域要求使用 POST 方法将文件从浏览器传输到服务器上，该文件被发送至服务器的地址由表单的“操作”文本框所指定。

若要在表单域中插入文件域，则先将光标放在表单轮廓内需要插入文件域的位置，然后插入文件域，如图 9-124 所示。

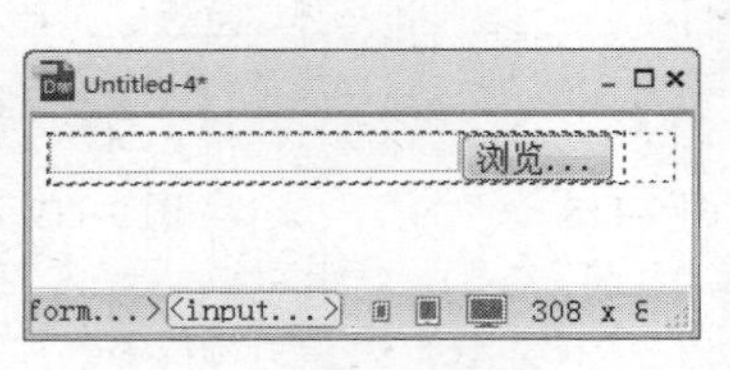

图 9-123

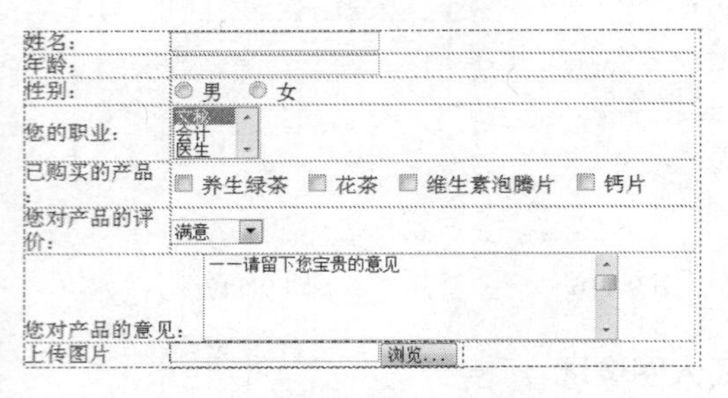

图 9-124

插入文件域有以下几种方法。

（1）将光标置于表单域中，单击“插入”面板“表单”选项卡中的“文件”按钮，在文档窗口中的单元格中出现一个文件域。

（2）选择“插入 > 表单 > 文件”命令，在文档窗口的表单中出现一个文件域。

在“属性”面板中显示文件域的属性，如图 9-125 所示，可以根据需要设置该文件域的各项属性。

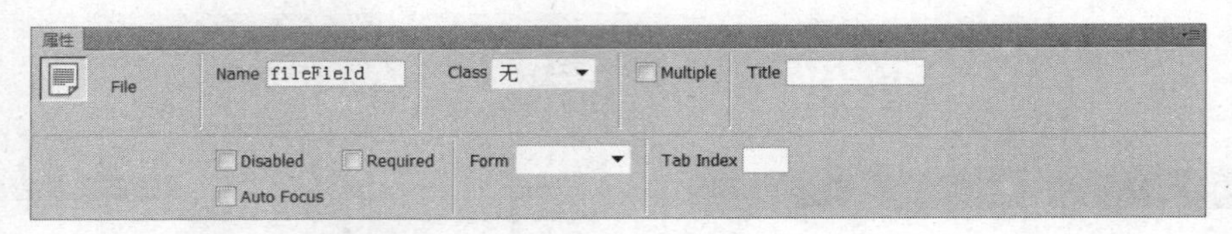

图 9-125

文件域“属性”面板各选项的作用如下。

“Multiple”选项：该属性为 Html 5 新增的表单元素属性，选中该复选项，表示该文件域可以直接接受多个值。

“Required”选项：该属性为 Html 5 新增的表单元素属性，选中该复选项，表示在提交表单之前必须设置相应的值。

在使用文件域之前，要与服务器管理员联系，确认允许使用匿名文件上传，否则此选项无效。

9.3.5 创建图像域

普通的按钮很不美观，为了设计需要，常使用图像代替按钮。通常使用图像按钮来提交数据。

插入图像按钮的具体操作步骤如下。

（1）将光标放在表单轮廓内需要插入的位置。

（2）弹出“选择图像源文件”对话框，选择作为按钮的图像文件，如图 9-126 所示。

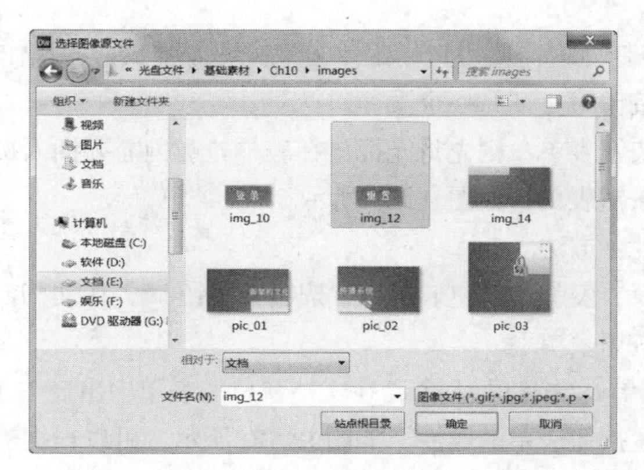

图 9-126

弹出“选择图像源文件”对话框有以下几种方法。

单击“插入”面板“表单”选项卡中的“图像”按钮。

选择“插入 > 表单 > 图像”命令。

（3）在“属性”面板中出现如图 9-127 所示图像按钮的属性，可以根据需要设置该图像按钮的各项属性。

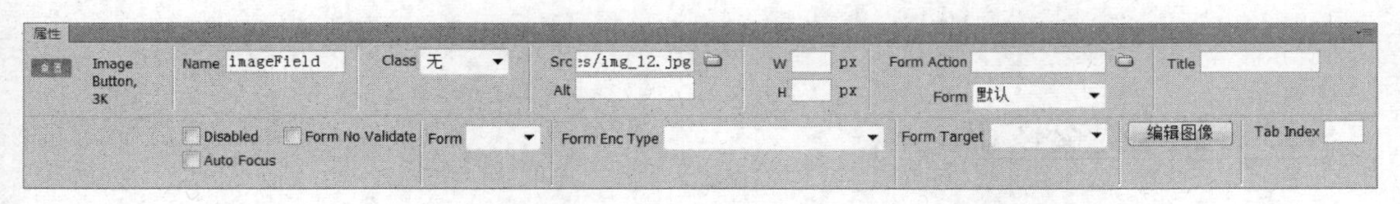

图 9-127

图像按钮“属性”面板中各选项的作用如下。

“Src”选项：用来显示该图像按钮所使用的图像地址。

“W”和“H”选项：设置图像按钮的宽和高。

“Form Action”选项：设置为按钮使用的图像。

“Form Method”选项：设置如何发送表单数据。

“编辑图像”按钮：单击该按钮，将启动外部图像编辑软件对该图像域所使用的图像进行编辑。

（4）若要将某个 JavaScript 行为附加到该按钮上，则选择该图像，然后在“行为”控制面板中选择相应的行为。

（5）完成设置后保存并预览网页，效果如图 9-128 所示。

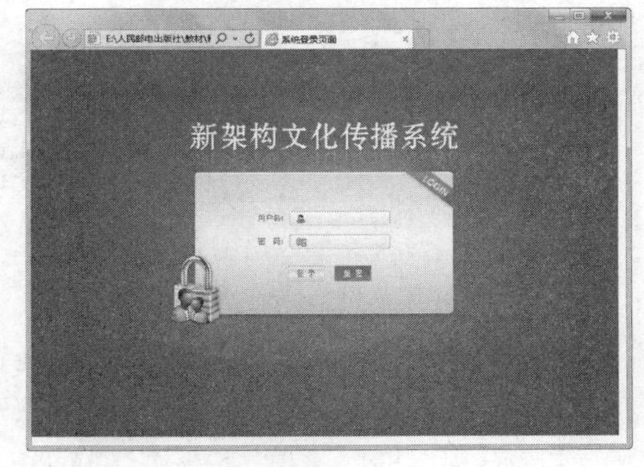

图 9-128

9.3.6　插入按钮

按钮的作用是控制表单的操作。一般情况下，表单中设有提交按钮、重置按钮和普通按钮等，浏览者在网上申请 QQ、邮箱或会员注册时会见到。在 Dreamweaver CC 将按钮分为 3 种类型，即按钮、提交按钮和重置按钮。其中，按钮元素需要用户指定单击该按钮时要执行的操作，例如添加一个 JavaScript 脚本，使得浏览者单击该按钮时打开另一个页面。

若要在表单域中插入按钮表单，则先将光标放在表单轮廓内需要插入按钮表单的位置，然后插入按钮表单，如图 9-129 所示。

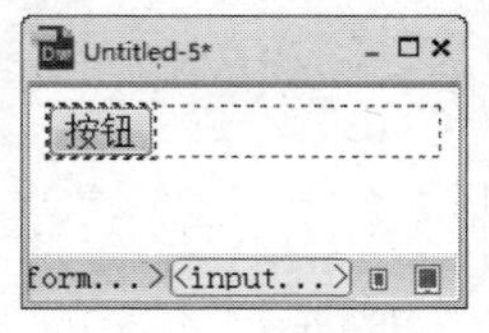

图 9-129

插入按钮表单有以下几种方法。

（1）单击"插入"面板"表单"选项卡中的"按钮"按钮，在文档窗口中的单元格中出现一个按钮表单。

（2）选择"插入 > 表单 > 按钮"命令，在文档窗口的表单中出现一个按钮表单。

在"属性"面板中显示按钮表单的属性，如图 9-130 所示，可以根据需要设置该按钮表单的各项属性。

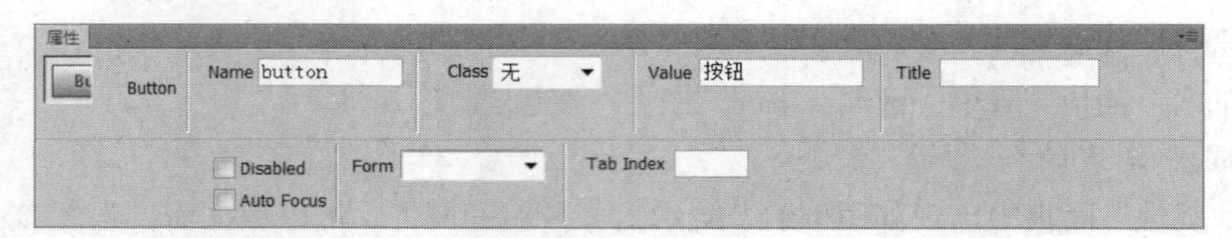

图 9-130

按钮相关属性的设置与前面介绍的表单元素属性的设置基本相同，这里就不再赘述。

9.3.7 插入提交按钮

提交按钮的作用是，在用户单击该按钮时将表单数据内容提交到表单域的 Action 属性中指定的处理程序中进行处理。

若要在表单域中插入提交按钮，先将光标放在表单轮廓内需要插入提交按钮的位置，然后插入提交按钮，如图 9-131 所示。

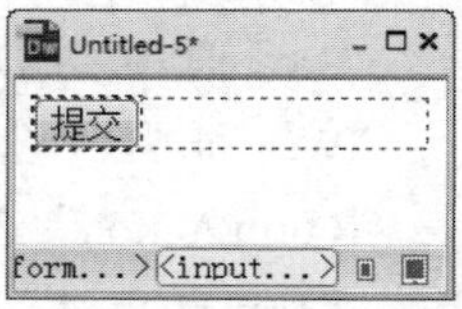

图 9-131

插入按钮表单有以下几种方法。

（1）单击"插入"面板"表单"选项卡中的"提交"按钮，在文档窗口中的单元格中出现一个提交按钮。

（2）选择"插入 > 表单 > '提交'按钮"命令，在文档窗口的表单中出现一个提交按钮。

在"属性"面板中显示提交按钮的属性，如图 9-132 所示，可以根据需要设置该按钮表单的各项属性。

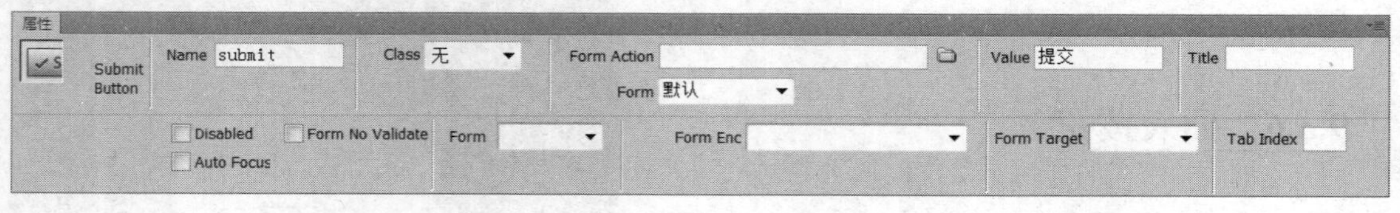

图 9-132

提交按钮相关属性的设置与前面介绍的表单元素属性的设置基本相同，这里就不再赘述。

9.3.8　插入重置按钮

重置按钮的作用是，在用户单击该按钮时将清除表单中所做的设置，恢复为默认的设置内容。

若要在表单域中插入重置按钮，先将光标放在表单轮廓内需要插入重置按钮的位置，然后插入重置按钮，如图 9-133 所示。

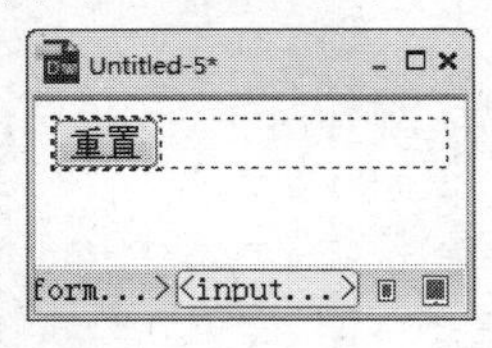

图 9-133

插入按钮表单有以下几种方法。

（1）单击“插入”面板“表单”选项卡中的“重置”按钮，在文档窗口中的单元格中出现一个重置按钮。

（2）选择“插入 > 表单 > “重置”按钮”命令，在文档窗口的表单中出现一个重置按钮。

在“属性”面板中显示重置按钮的属性，如图 9-134 所示，可以根据需要设置该按钮表单的各项属性。

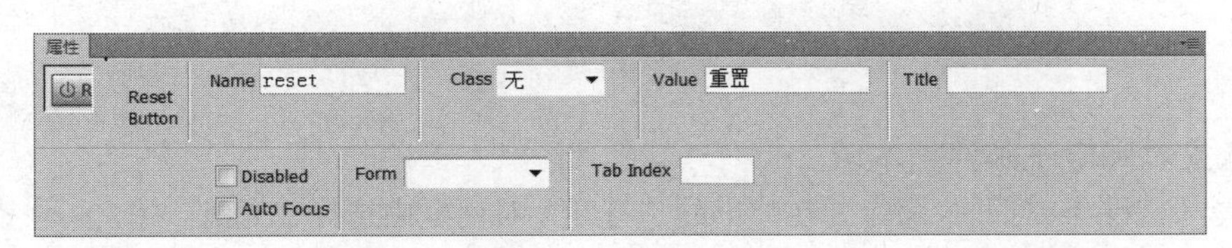

图 9-134

重置按钮相关属性的设置与前面介绍的表单元素属性的设置基本相同，这里就不再赘述。

9.4　创建 HTML5 表单元素

目前 HTML 5 的应用已经是越来越多，在 Dreamweaver CC 中为了适应 HTML 5 的发展增加了许多全新的 HTML 5 表单元素。HTML 5 不仅增加了一系列功能性的表单、表单元素和表单特性，还增加了自动验证表单的功能。

命令介绍

Url 按钮：专门为输入 Url 地址而定义的文本框。

Tel 按钮：专门为输入电话号码而定义的文本框。

插入搜索按钮：专门为输入搜索引擎关键词而定义的文本框。

插入数字按钮：专门为输入特定的数字而定义的文本框。

插入范围按钮：将输入框显示为滑动条，其作用是作为某一特定范围的数值选择器。

插入颜色按钮：默认提供一个颜色选择器。

9.4.1　课堂案例——放飞梦想留言板

【案例学习目标】使用“表单”选项卡中的按钮，插入电子邮件、Tel、Url。

【案例知识要点】使用“电子邮件”按钮，插入电子邮件文本域；使用“Tel”按钮，插入 Tel 文本域；使用“Url”按钮，插入 Url 文本域；使用“图像”按钮，插入图像域；使用“属性”面板，设置各表单文本域的属性，如图 9-135 所示。

【效果所在位置】光盘/Ch09/效果/放飞梦想留言板/ index.html。

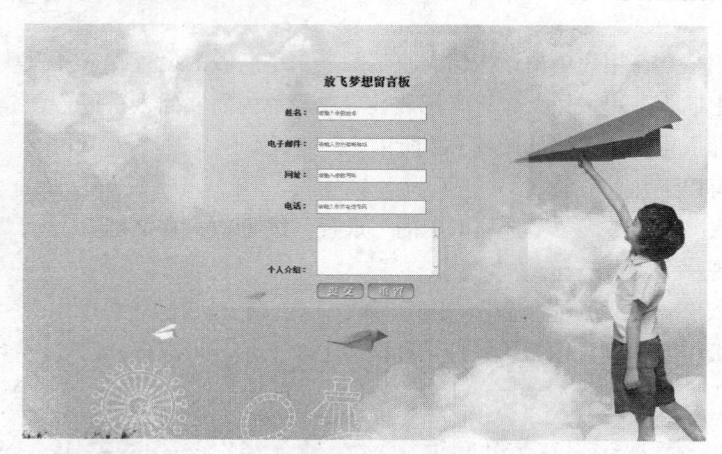

图 9-135

1．插入文本和电子邮件文本域

（1）选择“文件 > 打开”命令，在弹出的“打开”对话框中选择“光盘 > Ch09 > 素材 > 放飞梦想留言板 > index.html”文件，单击“打开”按钮打开文件，效果如图 9-136 所示。

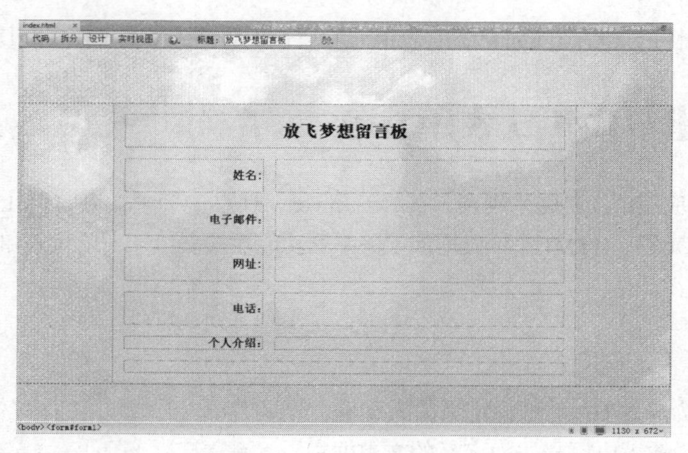

图 9-136

（2）将光标置于“姓名:”右侧的单元格中，单击“插入”面板“表单”选项卡中的“文本”按钮，在单元格中插入文本字段，效果如图 9-137 所示，选中英文“Text Field:”按 Delete 键将其删除，效果如图 9-138 所示。

图 9-137

图 9-138

（3）将光标置于“电子邮件:”右侧的单元格中，单击“插入”面板“表单”选项卡中的“电子邮件”按钮@，在单元格中插入电子邮件文本域，效果如图 9-139 所示，选中英文“Email:”，按 Delete 键将其删除，效果如图 9-140 所示。

图 9-139

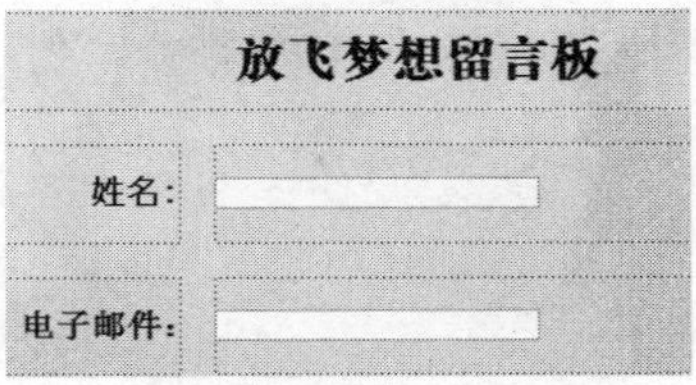

图 9-140

2．插入 Url 和 Tel 文本域

（1）将光标置于“网址:”右侧的单元格中，单击“插入”面板“表单”选项卡中的“Url”按钮，在单元格中插入 Url 文本域，效果如图 9-141 所示，选中英文“Url:”，按 Delete 键将其删除，效果如图 9-142 所示。

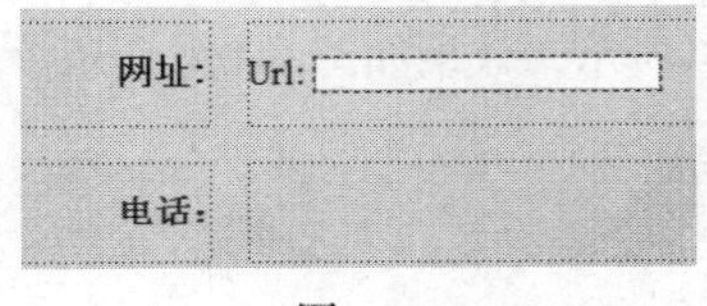

图 9-141

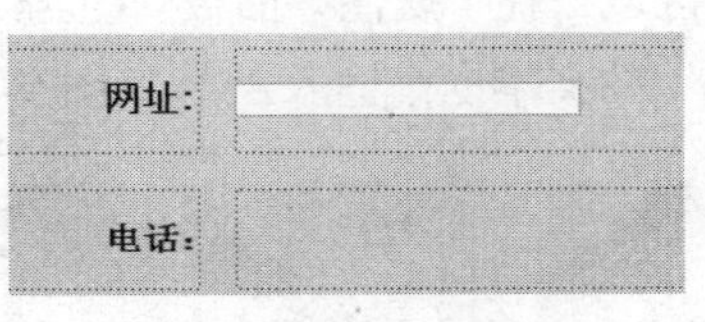

图 9-142

（2）将光标置于“电话:”右侧的单元格中，单击“插入”面板“表单”选项卡中的“Tel”按钮，在单元格汇总插入 Tel 文本域，效果如图 9-143 所示，选中英文“Tel:”，按 Delete 键将其删除，效果如图 9-144 所示。

图 9-143

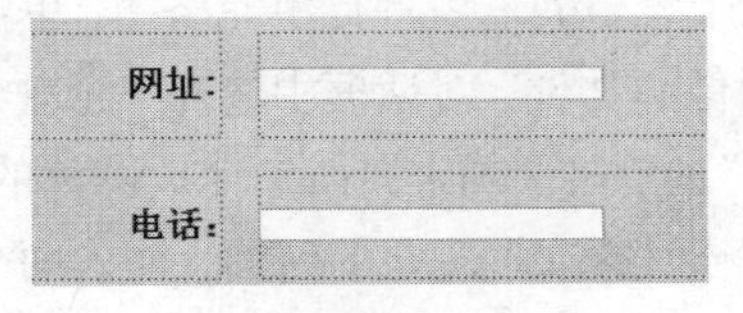

图 9-144

3．插入文本区域和图像域

（1）将光标置于“个人介绍”右侧的单元格中，单击“插入”面板“表单”选项卡中的“文本区域”按钮，在单元格中插入文本区域，效果如图 9-145 所示，选中英文“Text Area:”，按 Delete 键将其删除，效果如图 9-146 所示。

图 9-145

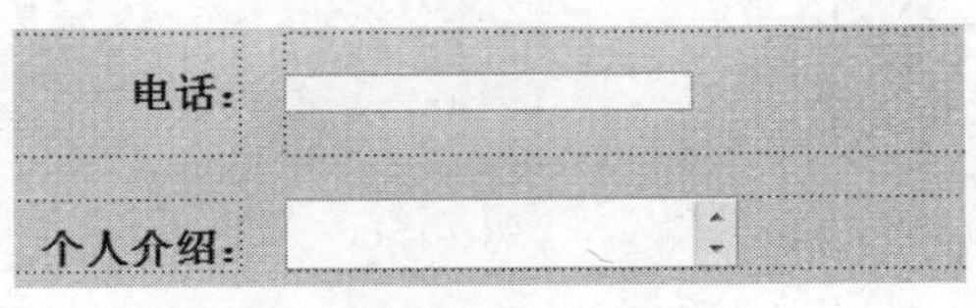

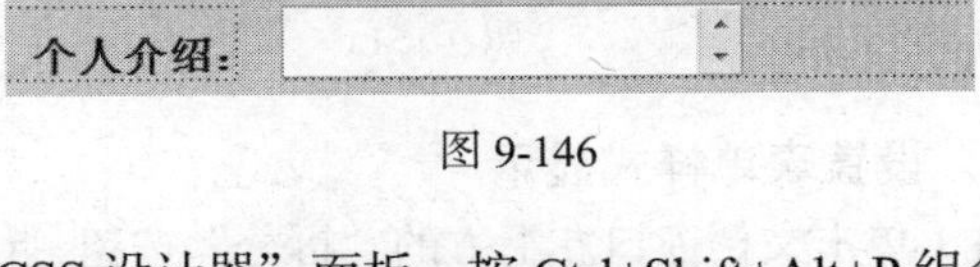

图 9-146

（2）选择“窗口 > CSS 设计器”命令，弹出“CSS 设计器”面板，按 Ctrl+Shift+Alt+P 组合键切换到“CSS 样式”面板。单击“面板”下方的“新建 CSS 样式”按钮，在弹出的“新建 CSS 规则”对话框中进行设置，如图 9-147 所示，单击“确定”按钮，弹出“.bk 的 CSS 规则定义”对话框，在左侧的“分类”选项列表中选择“边框”，设置“边框”属性如图 9-148 所示。

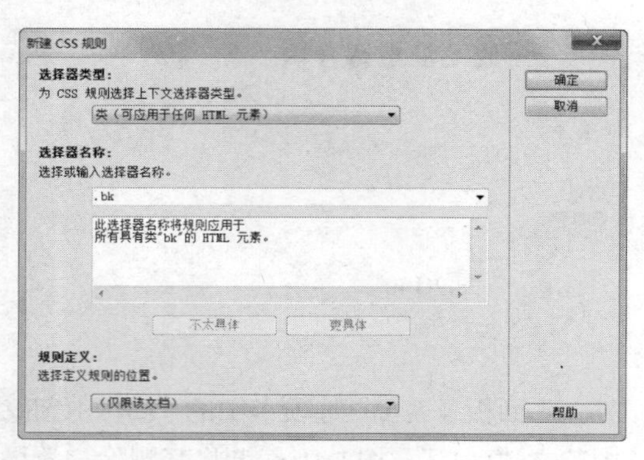

图 9-147

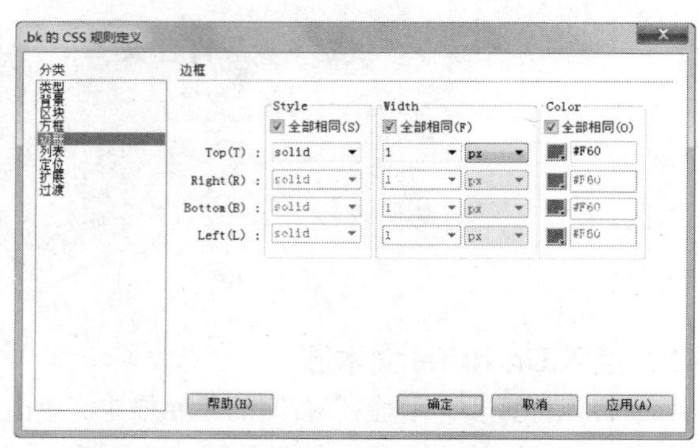

图 9-148

（3）选中文本区域，在“属性”面板“Class”选项的下拉列表中选择“bk”，在“Rows”的文本框中输入 8、“Cols”的文本框中输入 35，如图 9-149 所示，效果如图 9-150 所示。

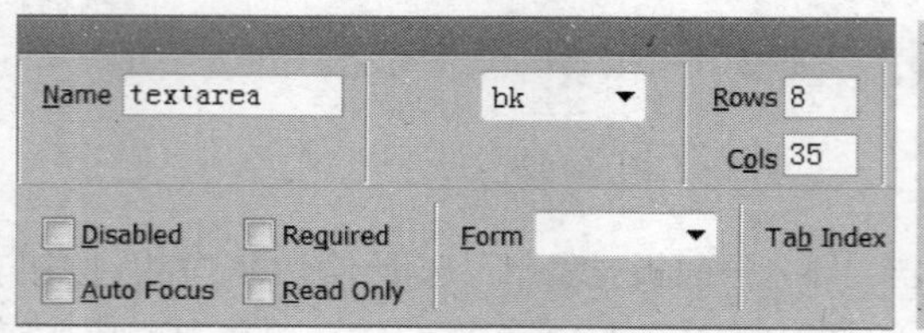

图 9-149

图 9-150

（4）将光标置于表格的最后一行单元格中，单击“插入”面板“表单”选项卡中的“图像”按钮，在弹出的“选择图像源文件”对话框中选择“光盘 > Ch09 > 素材 > 放飞梦想留言板 > images”文件夹中的“an_1.png”，单击“确定”按钮完成图片的插入，效果如图 9-151 所示。

（5）将光标置于“提交”按钮的后面，输入两个空格。单击“插入”面板“表单”选项卡中的“图像”按钮，在弹出的“选择图像源文件”对话框中选择“光盘 > Ch09 > 素材 > 放飞梦想留言板 > images”文件夹中的“an_2.png”，单击“确定”按钮完成图片的插入，效果如图 9-152 所示。

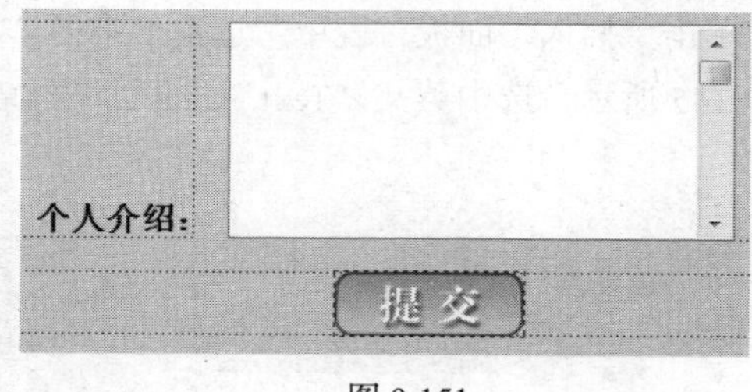

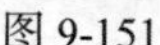

图 9-151

图 9-152

4．设置表单样式显示

（1）单击文档窗口左上方的“拆分”按钮 拆分 切换到“拆分”视图，在代码“<style> </style>”之间手动输入代码，如图 9-153 所示，单击文档窗口左上方的“设计”按钮，切换到“设计”视图。

（2）选中“姓名”右侧的文本字段，在“属性”面板“Class”选项的下拉列表中选择“bk1”，在“Size”的文本框中输入 40、“Place”的文本框中输入“请输入你的姓名”，如图 9-154 所示，效果如图 9-155 所示。用相同的方法为其他表单添加样式并在“属性”面板中设置相应的属性，效果如图 9-156 所示。

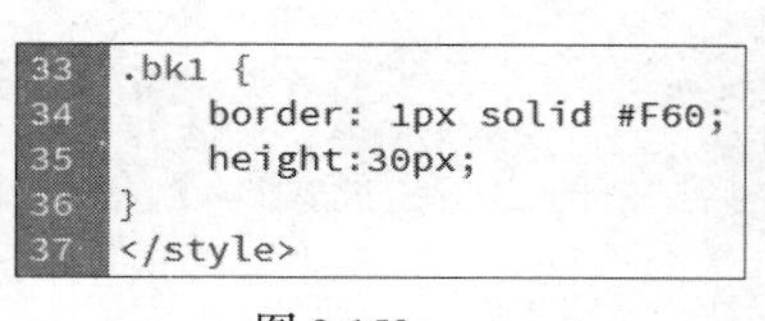

图 9-153

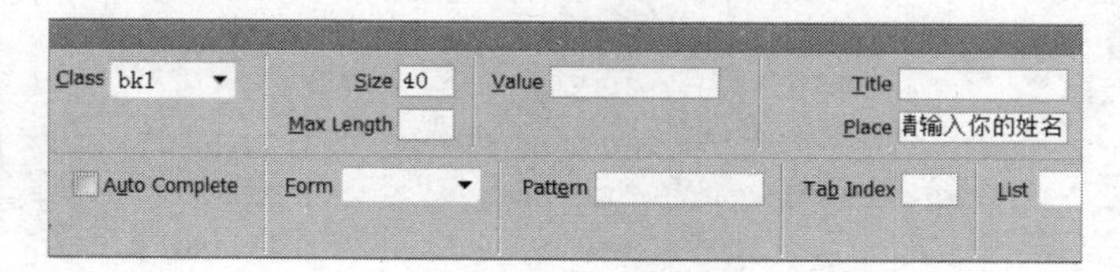

图 9-154

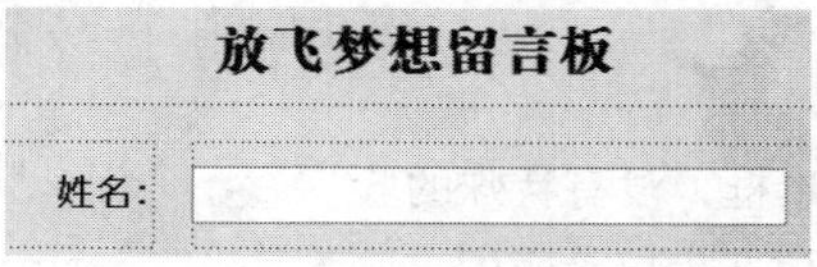

放飞梦想留言板

姓名：

图 9-155

图 9-156

（3）保存文档，按 F12 键预览效果，如图 9-157 所示。

图 9-157

9.4.2　插入 Url 文本域

Url 表单元素是专门为输入 Url 地址而定义的文本框，在验证输入的文本格式时，如果该文本框中的内容不符合 Url 地址的格式，则会提示验证错误。若要在表单域中插入 Url 文本域，先将光标放在表单轮廓内需要插入 Url 文本域的位置，然后插入 Url 文本域，如图 9-158 所示。

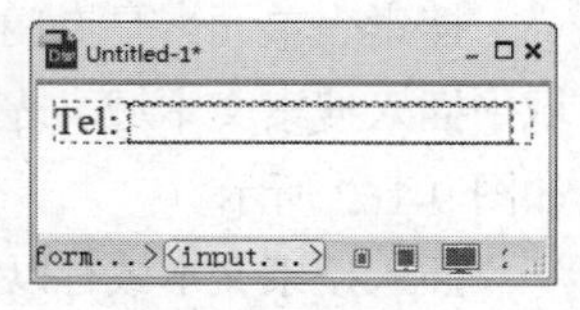

图 9-158

插入 Url 文本域有以下几种方法。

（1）使用“插入”面板“表单”选项卡中的“Url”按钮，在文档窗口的表单中出现一个 Url 文本域。

（2）选择“插入 > 表单 > Url”命令，在文档窗口的表单中出现一个 Url 文本域。

在“属性”面板中显示 Url 文本域的属性，如图 9-159 所示，可以根据需要设置该 Url 文本域的各项属性。

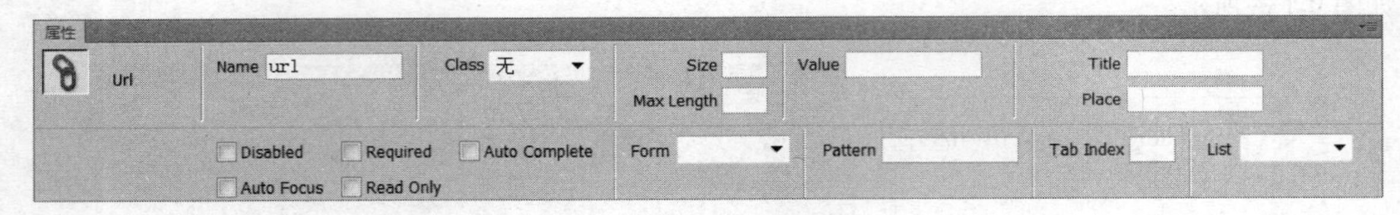

图 9-159

Url 文本域相关属性的设置与前面介绍的表单元素属性的设置基本相同，这里就不再赘述。

9.4.3 插入 Tel 文本域

Tel 表单元素是专门为输入电话号码而定义的文本框，没有特殊的验证规则。若要在表单域中插入 Tel 文本域，先将光标放在表单轮廓内需要插入 Tel 文本域的位置，然后插入 Tel 文本域，如图 9-160 所示。

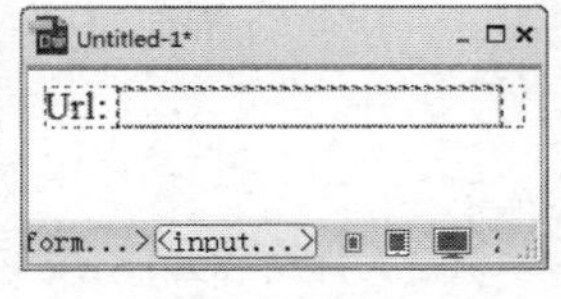

图 9-160

插入 Tel 文本域有以下几种方法。

（1）使用“插入”面板“表单”选项卡中的“Tel”按钮，在文档窗口的表单中出现一个 Tel 文本域。

（2）选择“插入 > 表单 > Tel”命令，在文档窗口的表单中出现一个 Tel 文本域。

在“属性”面板中显示 Tel 文本域的属性，如图 9-161 所示，可以根据需要设置该 Tel 文本域的各项属性。

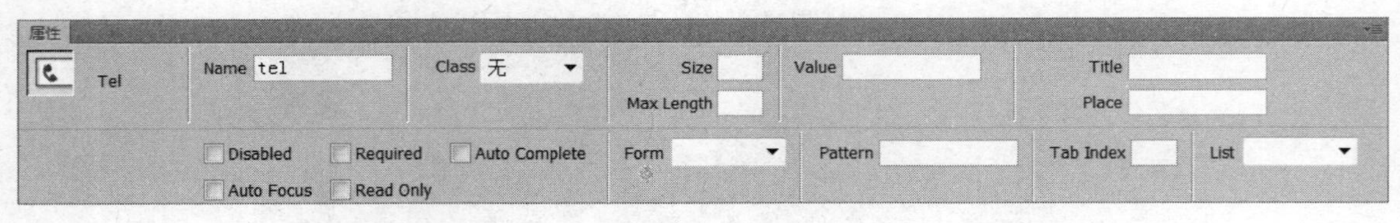

图 9-161

Tel 文本域相关属性的设置与前面介绍的表单元素属性的设置基本相同，这里就不再赘述。

9.4.4 插入搜索文本域

搜索表单元素是专门为输入搜索引擎关键词而定义的文本框，没有特殊的验证规则。若要在表单域中插入搜索文本域，先将光标放在表单轮廓内需要插入搜索文本域的位置，然后插入搜索文本域，如图 9-162 所示。

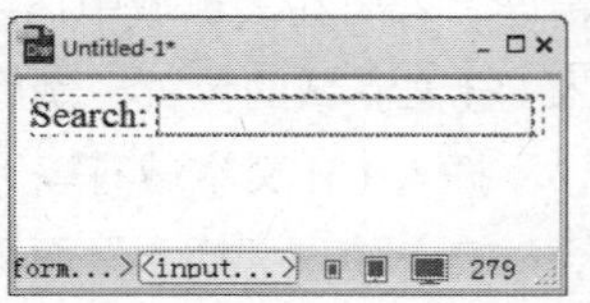

图 9-162

插入搜索文本域有以下几种方法。

（1）使用“插入”面板“表单”选项卡中的“搜索”按钮，在文档窗口的表单中出现一个搜索文本域。

（2）选择“插入 > 表单 > 搜索”命令，在文档窗口的表单中出现一个搜索文本域。

在“属性”面板中显示搜索文本域的属性，如图 9-163 所示，可以根据需要设置该搜索文本域的各项属性。

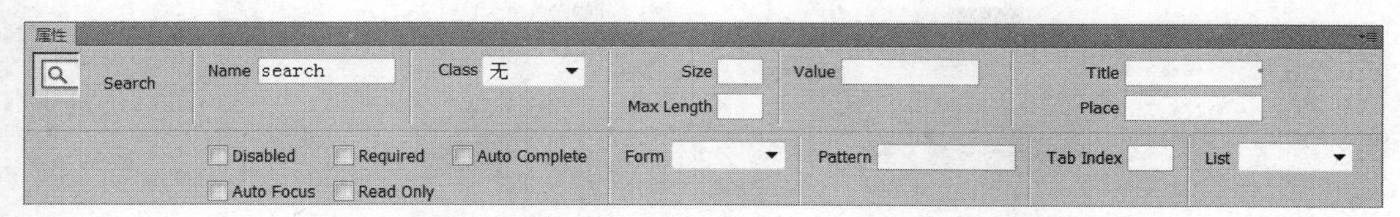

图 9-163

搜索文本域相关属性的设置与前面介绍的表单元素属性的设置基本相同，这里就不再赘述。

9.4.5　插入数字文本域

数字表单元素是专门为输入特定的数字而定义的文本框，具有 min、max 和 step 特性，表示允许范围的最小值、最大值和调整步长。若要在表单域中插入数字文本域，先将光标放在表单轮廓内需要插入数字文本域的位置，然后插入数字文本域，如图 9-164 所示。

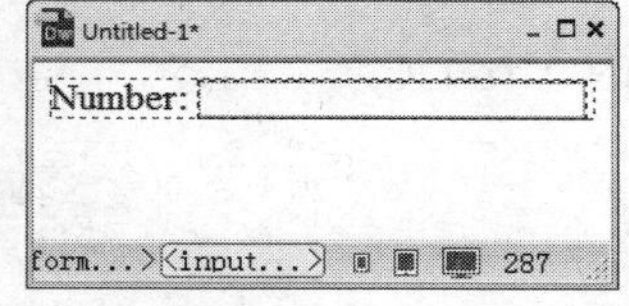

图 9-164

插入数字文本域有以下几种方法。

（1）使用“插入”面板“表单”选项卡中的“数字”按钮，在文档窗口的表单中出现一个数字文本域。

（2）选择“插入 > 表单 > 数字”命令，在文档窗口的表单中出现一个数字文本域。

在“属性”面板中显示数字文本域的属性，如图 9-165 所示，可以根据需要设置该数字文本域的各项属性。

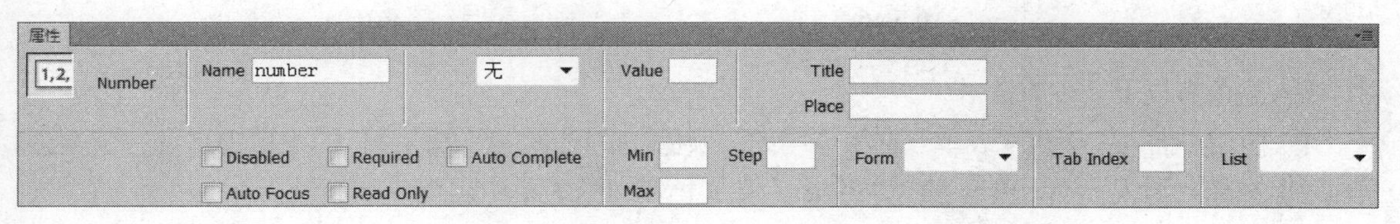

图 9-165

数字文本域相关属性的设置与前面介绍的表单元素属性的设置基本相同，这里就不再赘述。

9.4.6　插入范围文本域

范围表单元素是将输入框显示为滑动条，其作用是作为某一特定范围内的数值选择器。若要在表单域中插入范围文本域，先将光标放在表单轮廓内需要插入范围文本域的位置，然后插入范围文本域，如图 9-166 所示。

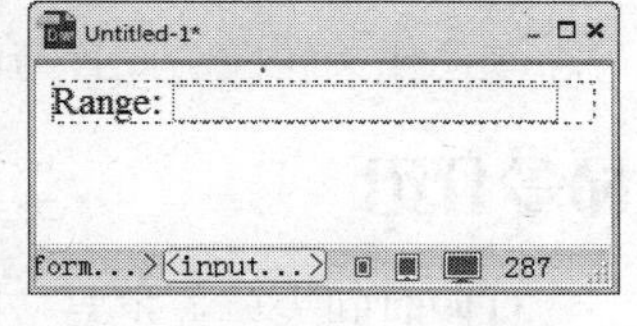

图 9-166

插入范围文本域有以下几种方法。

（1）使用“插入”面板“表单”选项卡中的“范围”按钮，在文档窗口的表单中出现一个范围文本域。

（2）选择“插入 > 表单 > 范围”命令，在文档窗口的表单中出现一个范围文本域。

在“属性”面板中显示范围文本域的属性，如图 9-167 所示，可以根据需要设置该范围文本域的各项属性。

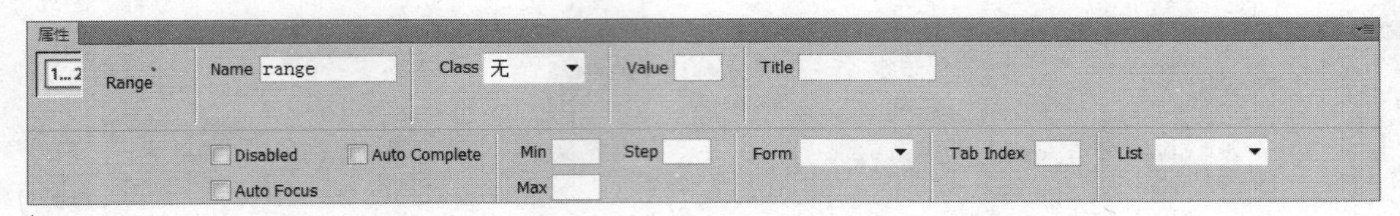

图 9-167

范围文本域相关属性的设置与前面介绍的表单元素属性的设置基本相同，这里就不再赘述。

9.4.7　插入颜色

颜色表单元素应用于网页时会默认提供一个颜色选择器，但在大部分浏览器中还不能实现效果，在 Chrome、火狐浏览器中都可以看到颜色表单元素的效果，如图 9-168 所示。

若要在表单域中插入颜色，先将光标放在表单轮廓内需要插入颜色的位置，然后插入颜色，如图 9-169 所示。

图 9-168

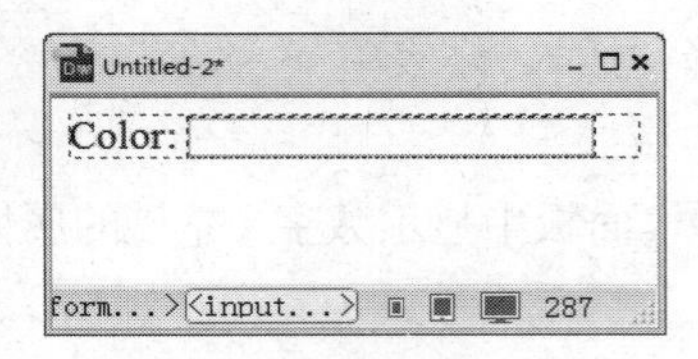

图 9-169

插入颜色有以下几种方法。

（1）使用“插入”面板“表单”选项卡中的“颜色”按钮，在文档窗口的表单中出现一个颜色。

（2）选择“插入 > 表单 > 颜色”命令，在文档窗口的表单中出现一个颜色。

在“属性”面板中显示颜色的属性，如图 9-170 所示，可以根据需要设置该颜色的各项属性。

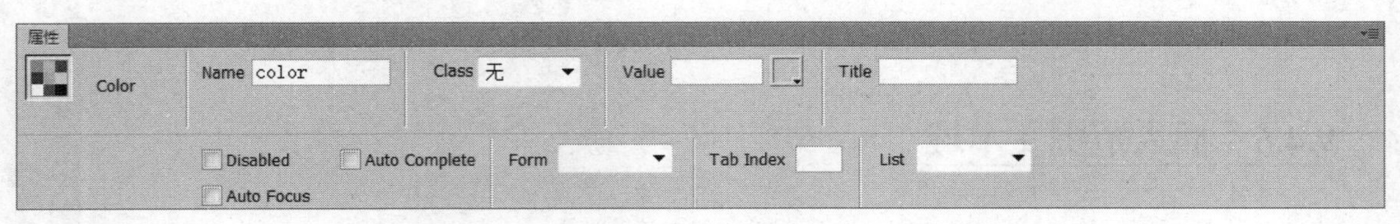

图 9-170

颜色相关属性的设置与前面介绍的表单元素属性的设置基本相同，这里就不再赘述。

命令介绍

日期时间表单：主要是用来插入日期或时间。

9.4.8　课堂案例——个人日志页面

【案例学习目标】使用“表单”选项卡中的按钮，插入时间日期。

【案例知识要点】使用“日期”按钮，插入日期元素；使用“时间”按钮，插入时间，如图 9-171 所示。

【效果所在位置】光盘/Ch09/效果/个人日志页面/index.html。

（1）选择“文件 > 打开”命令，在弹出的“打开”对话框中选择“光盘 > Ch09 > 素材 > 个人日志页面 > index.html”文件，单击“打开”按钮打开文件，效果如图 9-172 所示。

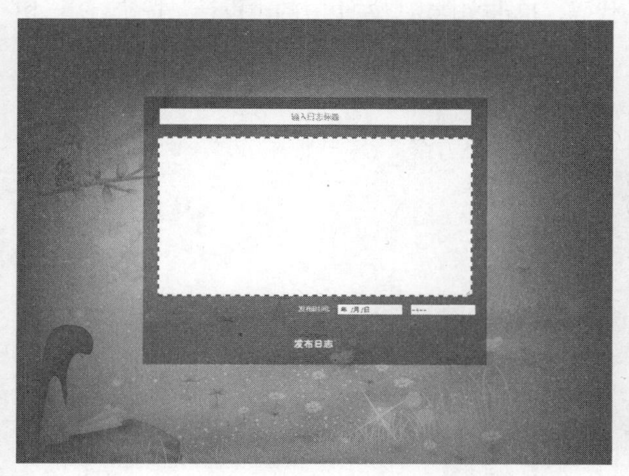

图 9-171

图 9-172

（2）将光标置于如图 9-173 所示的容器中，单击“插入”面板“表单”选项卡中的“表单”按钮，在光标所在的位置插入表单，如图 9-174 所示。

图 9-173

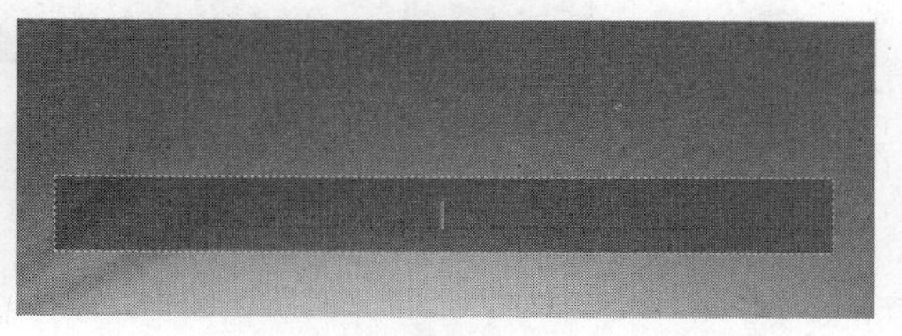

图 9-174

（3）单击“插入”面板“表单”选项卡中的“文本”按钮，插入文字字段，效果如图 9-175 所示，选中英文“Text Field:”，按 Delete 键将其删除，效果如图 9-176 所示。

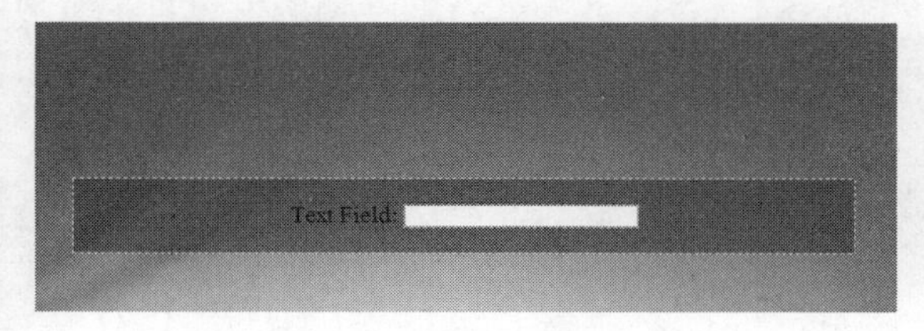

图 9-175

图 9-176

（4）选中文本字段，在“属性”面板中，将“Name”文本框中的“textfield”更改为“text”，勾选“Required”复选框，在“Place”文本框中输入“请输入标题”，如图 9-177 所示。

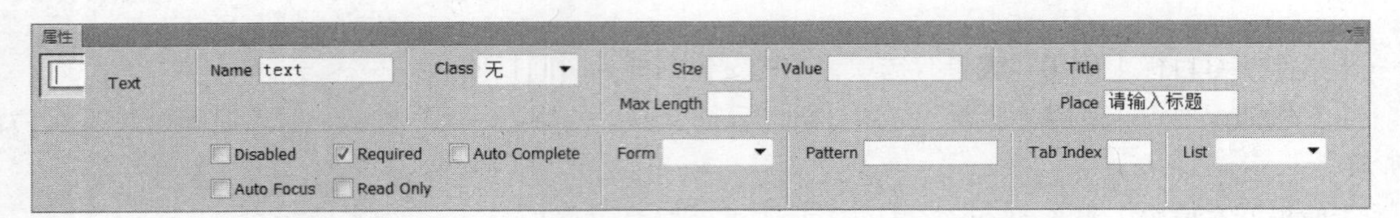

图 9-177

（5）单击文档窗口左上方的“style.css”按钮，切换到外部样式页面的“拆分”视图，如图 9-178 所示。在“代码”视图中输入如图 9-179 所示的代码，单击文档窗口左上方的“设计”按钮 设计 切换到“设计”视图，效果如图 9-180 所示。

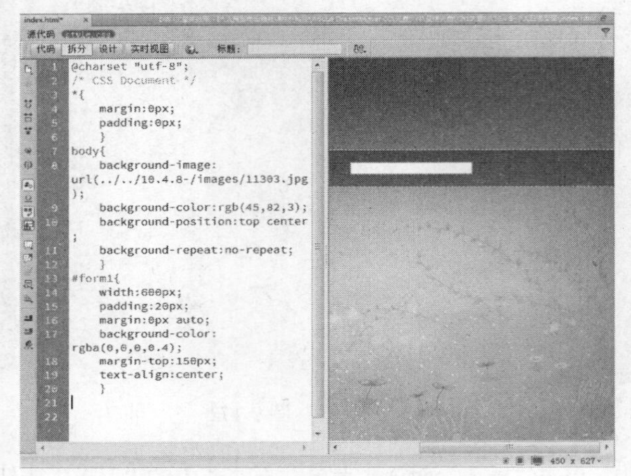

图 9-178

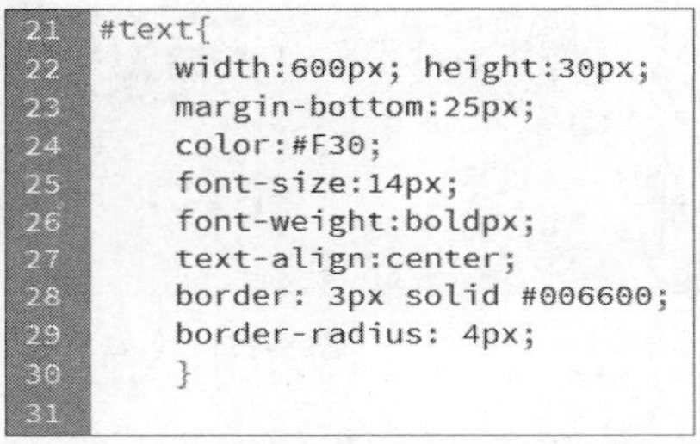

```
21 #text{
22     width:600px; height:30px;
23     margin-bottom:25px;
24     color:#F30;
25     font-size:14px;
26     font-weight:boldpx;
27     text-align:center;
28     border: 3px solid #006600;
29     border-radius: 4px;
30     }
31
```

图 9-179

图 9-180

（6）单击“插入”面板“表单”选项卡中的“文本区域”按钮，在文本字段的下面插入文本区域，效果如图 9-181 所示，选中英文“Text Area:”，按 Delete 键将其删除，效果如图 9-182 所示。

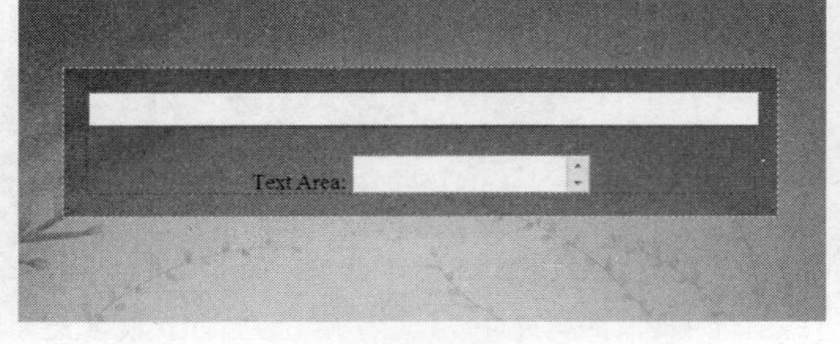

图 9-181

图 9-182

（7）选中文本区域，在“属性”面板中，将“Name”选项文本框中的“textarea”更改为“text1_1”，如图 9-183 所示。

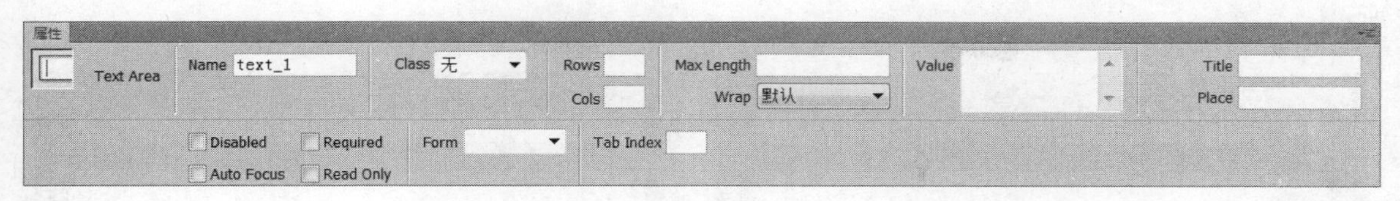

图 9-183

（8）单击文档窗口左上方的“style.css”按钮，切换到外部样式页面的“拆分”视图。在“代码”视图中输入如图 9-184 所示的代码，单击文档窗口左上方的“设计”按钮 设计 切换到“设计”视图，效果如图 9-185 所示。

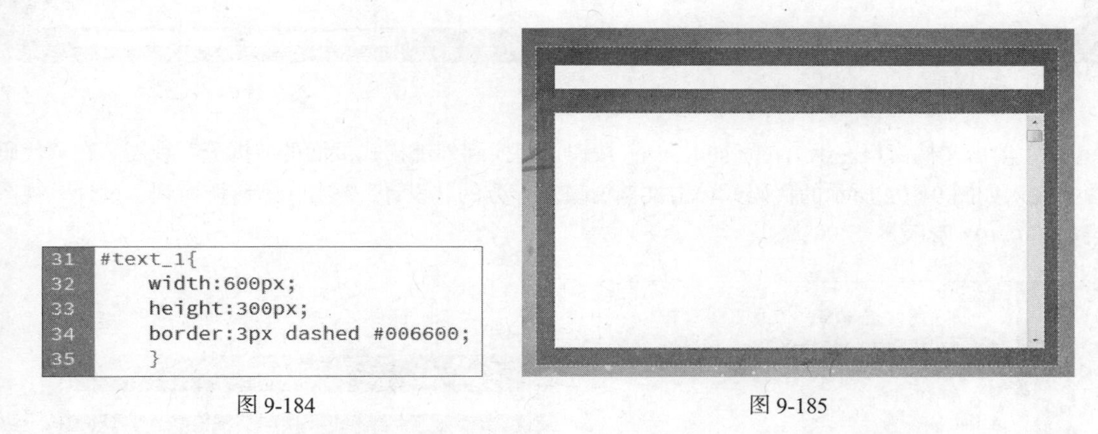

图 9-184　　图 9-185

（9）在文本区域的下面插入一个段落，如图 9-186 所示。单击“插入”面板“表单”选项卡中的“日期”按钮，在光标所在的位置插入一个日期表单，效果如图 9-187 所示。

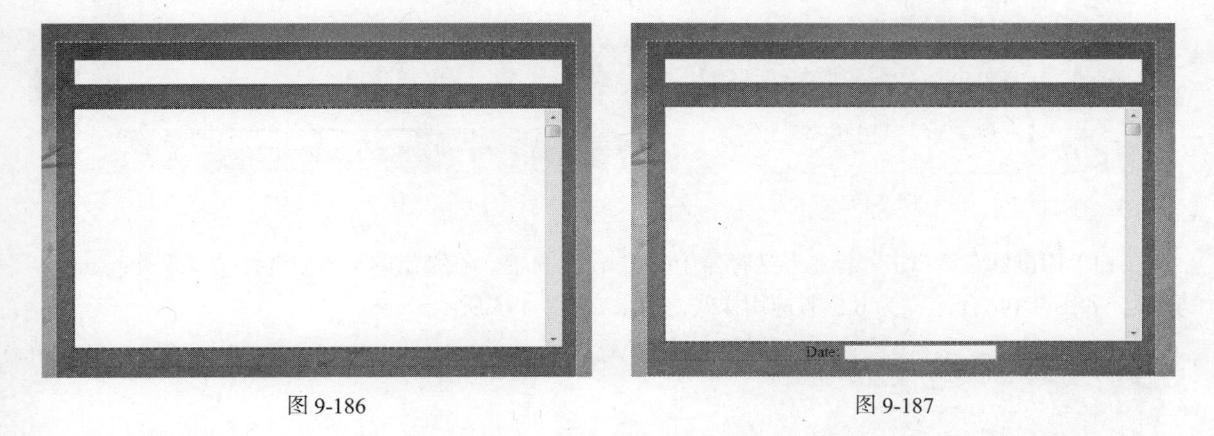

图 9-186　　图 9-187

（10）选中英文“Date”，如图 9-188 所示，将其更改为“发布时间”，效果如图 9-189 所示。

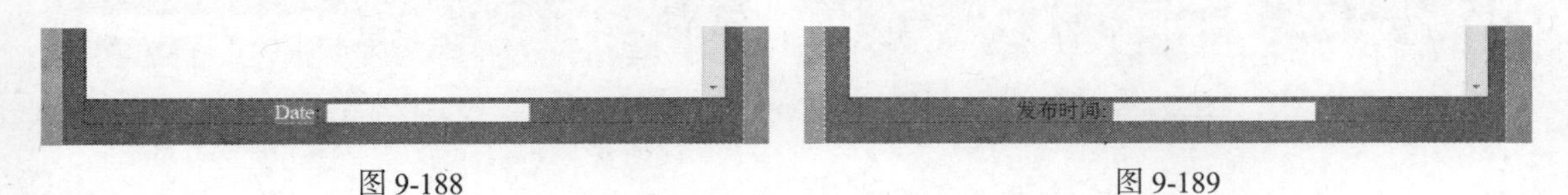

图 9-188　　图 9-189

（11）将光标置于日期表单的后面，单击“插入”面板“表单”选项卡中的“时间”按钮，插入一个时间表单，效果如图 9-190 所示，选中英文“Time:”，按 Delete 键将其删除，效果如图 9-191 所示。

图 9-190　　　　图 9-191

（12）单击文档窗口左上方的“style.css”按钮，切换到外部样式页面的“拆分”视图。在“代码”视图中输入如图 9-192 所示的代码，单击文档窗口左上方的“设计”按钮 设计 切换到“设计”视图，效果如图 9-193 所示。

```
36 p{
37     font-family:"方正大标宋简体";
38     font-size:16px;
39     color:#FFF;
40     }
41 .time{
42     margin-top:10px;
43     text-align:right;
44     }
45 #date,#time{
46     width:120px;
47     height:20px;
48     border:1px solid #006600;
49     border-radius:2px;
50     margin-left:10px;
51     }
```

图 9-192

图 9-193

（13）用鼠标右键单击“标签”选择器中的“<p>”标签，在弹出的菜单中选择“设置类 > time”选项，如图 9-194 所示，为 p 标签应用样式，效果如图 9-195 所示。

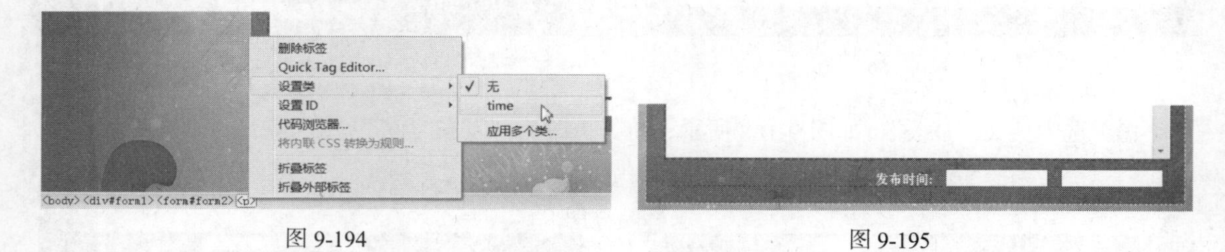

图 9-194　　　　图 9-195

（14）将光标置于时间表单的后面，按 Enter 键将光标切换到下一段，在“属性”面板“类”选项的下拉列表中选择“无”选项，如图 9-196 所示。

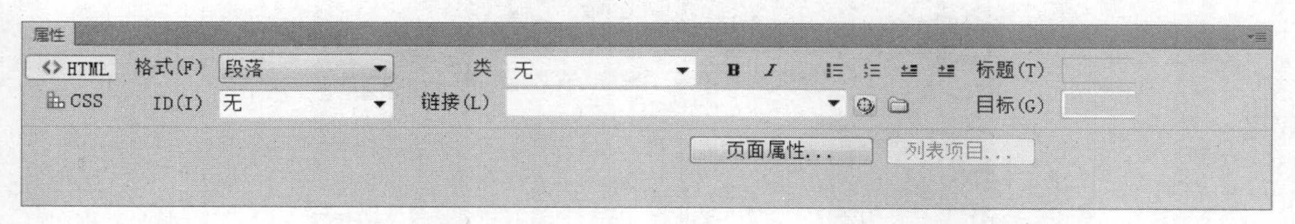

图 9-196

（15）单击“插入”面板“表单”选项卡中的“图像”按钮，在光标所在的位置插入图像域，效果如图 9-197 所示。

图 9-197

（16）选中图像域，在“属性”面板中，将“Name”文本框中的“imageField”更改为“anniu”，如图 9-198 所示。

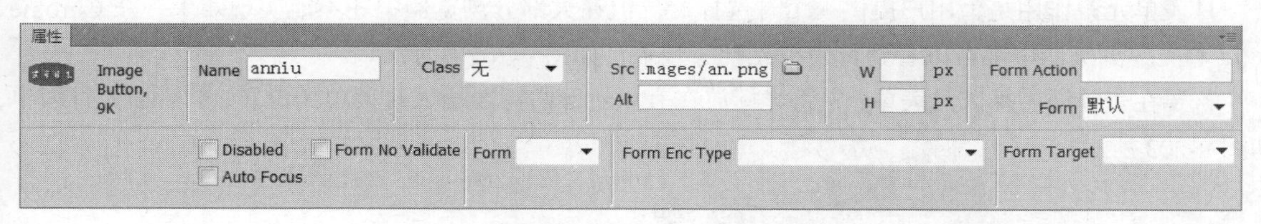

图 9-198

（17）单击文档窗口左上方的“style.css”按钮，切换到外部样式页面的“拆分”视图。在“代码”视图中输入如图 9-199 所示的代码，单击文档窗口左上方的“设计”按钮 设计 切换到“设计”视图，效果如图 9-200 所示。

```
52  #anniu{
53      margin-top:20px;
54      }
55
```


图 9-199　　　　图 9-200

（18）保存文档，按 F12 键预览效果。可以在日期和时间中选择需要的时间，如图 9-201 所示。

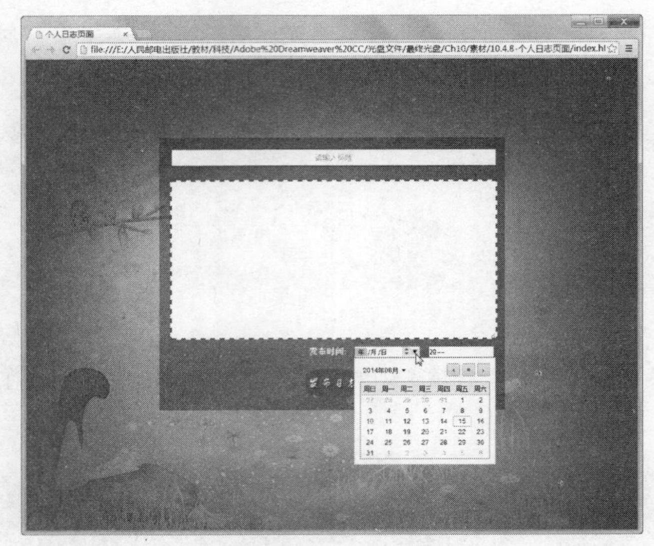

图 9-201

9.4.9 插入月表单

月表单元素作用是为用户提供一个月选择器。但在大部分浏览器中还不能实现效果，在 Chrome、360、Opera 浏览器中都可以看到月表单元素的效果，如图 9-202 所示。

若要在表单域中插入月表单，先将光标放在表单轮廓内需要插入月表单的位置，然后插入月表单，如图 9-203 所示。

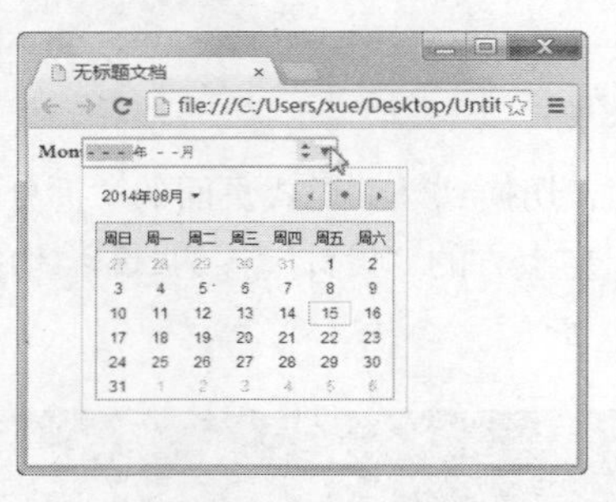

图 9-202

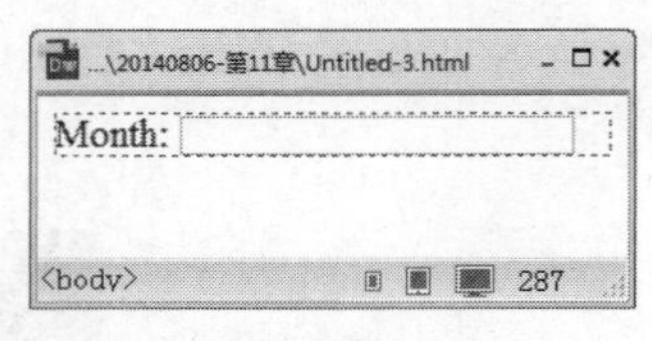

图 9-203

插入月表单有以下几种方法。

（1）使用“插入”面板“表单”选项卡中的“月”按钮，在文档窗口的表单中出现一个月表单。

（2）选择“插入 > 表单 > 月”命令，在文档窗口的表单中出现一个月表单。

在“属性”面板中显示月表单的属性，如图 9-204 所示，可以根据需要设置该月表单的各项属性。

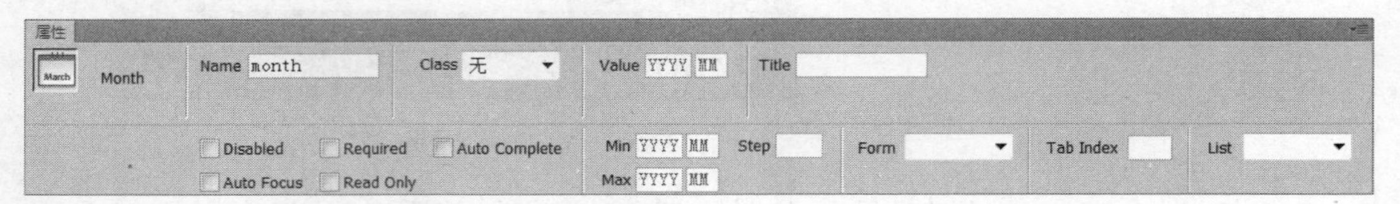

图 9-204

月表单相关属性的设置与前面介绍的表单元素属性的设置基本相同，这里就不再赘述。

9.4.10　插入周表单

周表单元素作用是为用户提供一个周选择器。但在大部分浏览器中还不能实现效果，在 Chrome、360、Opera 浏览器中都可以看到周表单元素的效果，如图 9-205 所示。

若要在表单域中插入周表单，先将光标放在表单轮廓内需要插入周表单的位置，然后插入周表单，如图 9-206 所示。

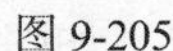
图 9-205

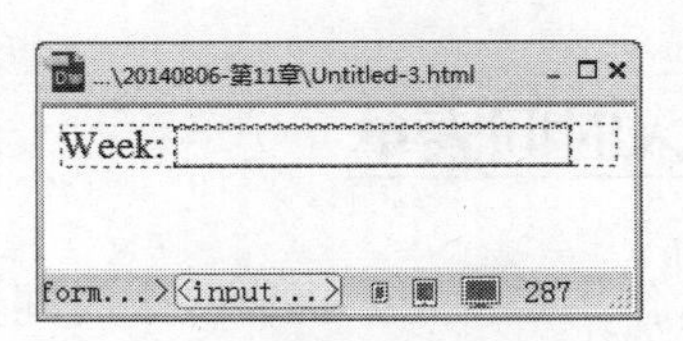

图 9-206

插入周表单有以下几种方法。

(1) 使用“插入”面板“表单”选项卡中的“周”按钮，在文档窗口的表单中出现一个周表单。

(2) 选择“插入 > 表单 > 周”命令，在文档窗口的表单中出现一个周表单。

在“属性”面板中显示周表单的属性，如图 9-207 所示，可以根据需要设置该周表单的各项属性。

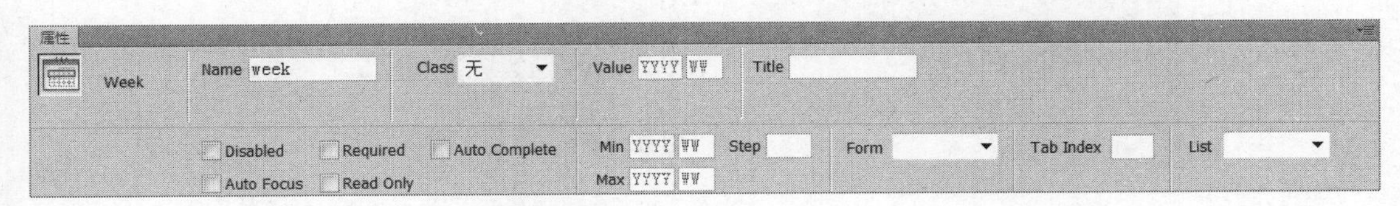

图 9-207

周表单相关属性的设置与前面介绍的表单元素属性的设置基本相同，这里就不再赘述。

9.4.11　插入日期表单

日期表单元素作用是为用户提供一个日期选择器。但在大部分浏览器中还不能实现效果，在 Chrome、360、Opera 浏览器中都可以看到日期表单元素的效果，如图 9-208 所示。

若要在表单域中插入日期表单，先将光标放在表单轮廓内需要插入日期表单的位置，然后插入日期表单，如图 9-209 所示。

插入日期表单有以下几种方法。

(1) 使用“插入”面板“表单”选项卡中的“日期”按钮，在文档窗口的表单中出现一个日期表单。

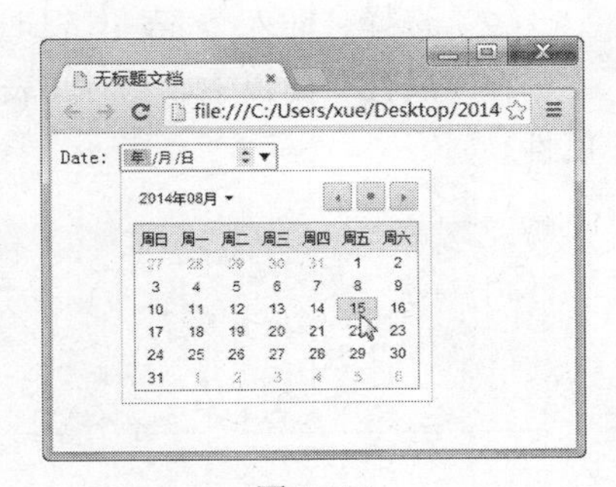

图 9-208

（2）选择“插入 > 表单 > 日期”命令，在文档窗口的表单中出现一个日期表单。

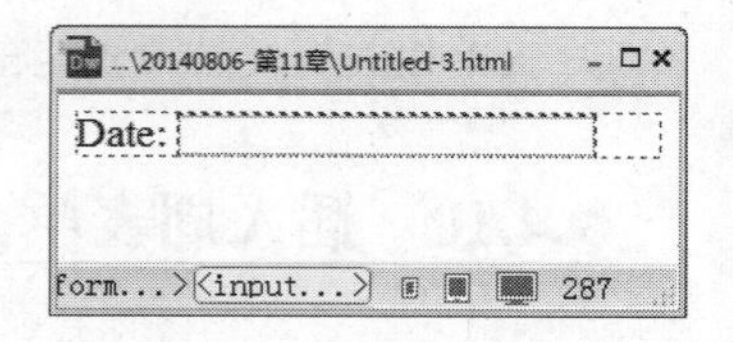

图 9-209

在“属性”面板中显示日期表单的属性，如图 9-210 所示，可以根据需要设置该日期表单的各项属性。

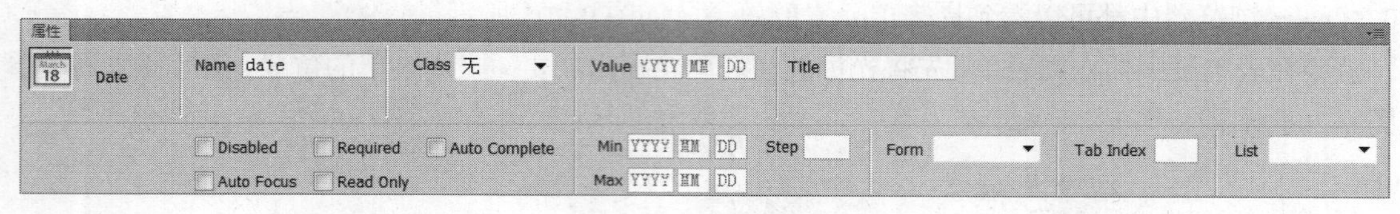

图 9-210

日期表单相关属性的设置与前面介绍的表单元素属性的设置基本相同，这里就不再赘述。

9.4.12 插入时间表单

时间表单元素作用是为用户提供一个时间选择器。但在大部分浏览器中还不能实现效果，在 Chrome、360、Opera 浏览器中都可以看到时间表单元素的效果，如图 9-211 所示。

若要在表单域中插入时间表单，先将光标放在表单轮廓内需要插入时间表单的位置，然后插入时间表单，如图 9-212 所示。

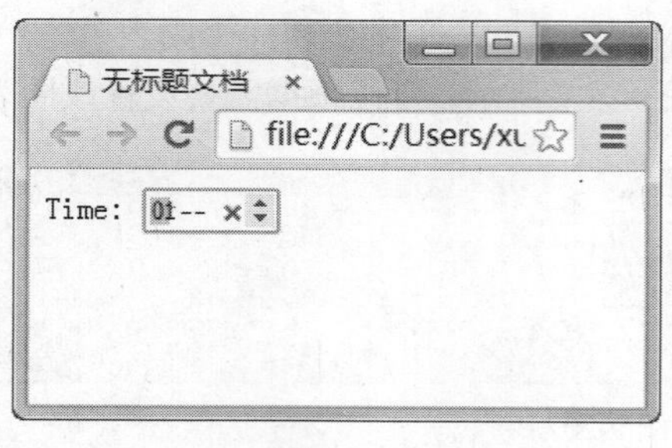

图 9-211

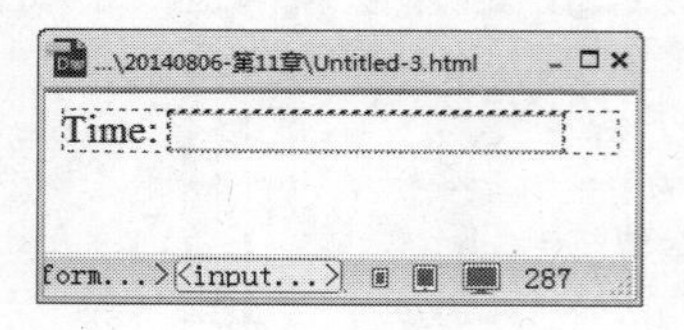

图 9-212

插入时间表单有以下几种方法。

（1）使用“插入”面板“表单”选项卡中的“时间”按钮，在文档窗口的表单中出现一个时间表单。

（2）选择“插入 > 表单 > 时间”命令，在文档窗口的表单中出现一个时间表单。

在“属性”面板中显示时间表单的属性，如图 9-213 所示，可以根据需要设置该时间表单的各项属性。

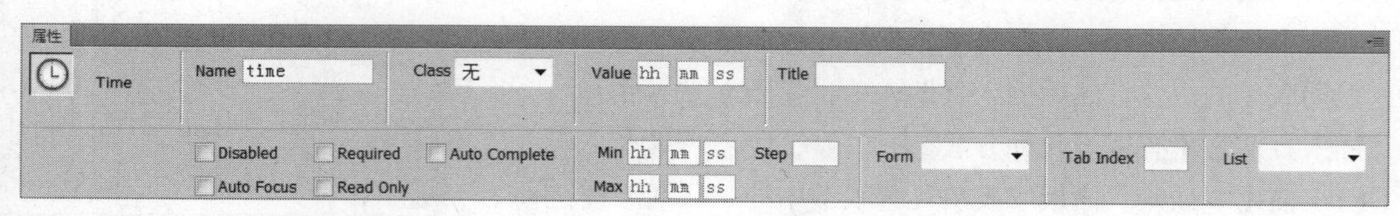

图 9-213

时间表单相关属性的设置与前面介绍的表单元素属性的设置基本相同，这里就不再赘述。

9.4.13　插入日期时间

日期时间表单元素作用是为用户提供一个完整的日期时间选择器。但在大部分浏览器中还不能实现效果，在 Chrome、360、Opera 浏览器中都可以看到日期时间表单元素的效果，如图 9-214 所示。

若要在表单域中插入日期时间表单，先将光标放在表单轮廓内需要插入日期时间表单的位置，然后插入日期时间表单，如图 9-215 所示。

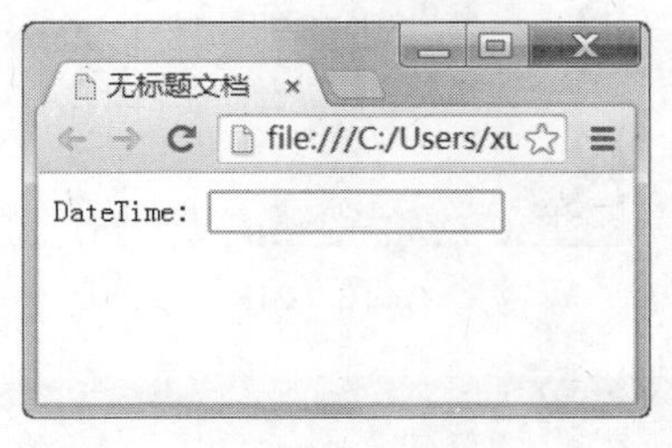

图 9-214

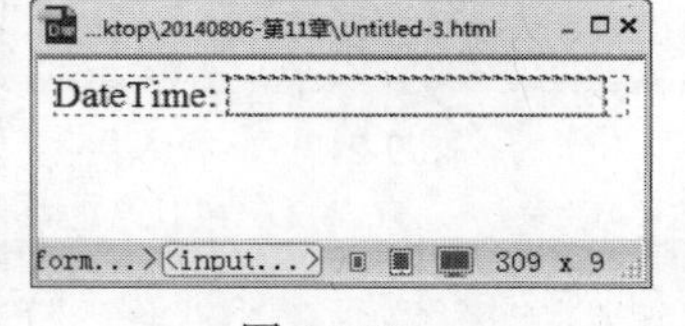

图 9-215

插入日期时间表单有以下几种方法。

（1）使用“插入”面板“表单”选项卡中的“日期时间”按钮，在文档窗口的表单中出现一个日期时间表单。

（2）选择“插入 > 表单 > 日期时间”命令，在文档窗口的表单中出现一个日期时间表单。

在“属性”面板中显示日期时间表单的属性，如图 9-216 所示，可以根据需要设置该日期时间表单的各项属性。

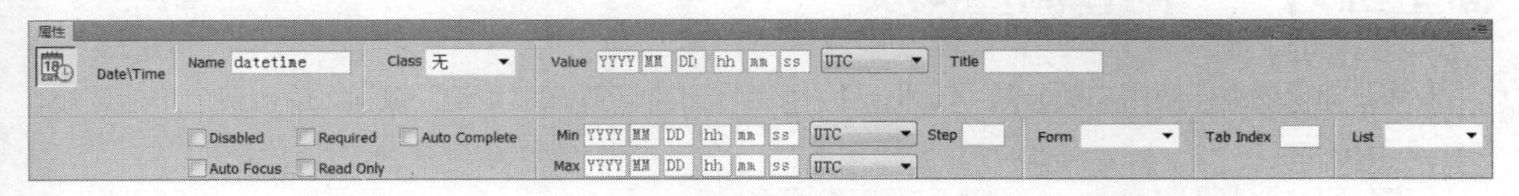

图 9-216

日期时间表单相关属性的设置与前面介绍的表单元素属性的设置基本相同，这里就不再赘述。

9.4.14　插入日期时间（当地）

日期时间（当地）表单元素作用是为用户提供一个完整的日期时间（不包含时区）选择器。但在大部分浏览器中还不能实现效果，在 Chrome、360、Opera 浏览器中都可以看到日期时间（当地）表单元素的效果，如图 9-217 所示。

若要在表单域中插入日期时间（当地）表单，先将光标放在表单轮廓内需要插入日期时间（当地）表单的位置，然后插入日期时间（当地）表单，如图 9-218 所示。

插入日期时间（当地）表单有以下几种方法。

（1）使用“插入”面板“表单”选项卡中的“日期时间（当地）”按钮，在文档窗口的表单中出现一个日期时间（当地）表单。

（2）选择“插入 > 表单 > 日期时间（当地）”命令，在文档窗口的表单中出现一个日期时间（当地）表单。

在“属性”面板中显示日期时间（当地）表单的属性，如图 9-219 所示，可以根据需要设置该日期时间（当地）表单的各项属性。

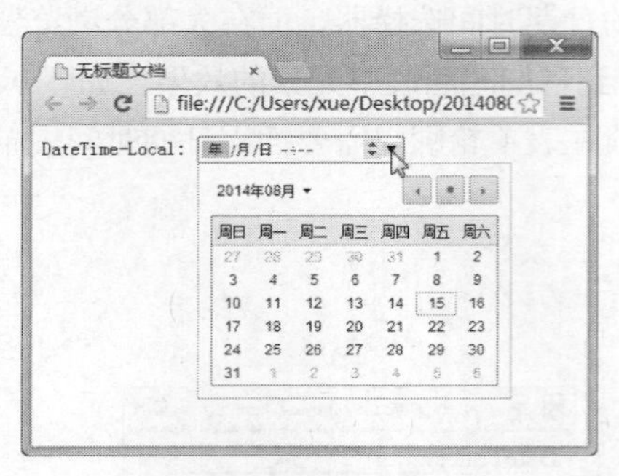

图 9-217

图 9-218

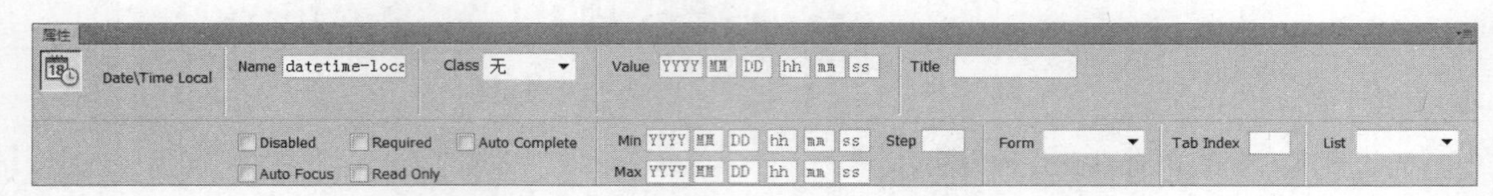

图 9-219

日期时间（当地）表单相关属性的设置与前面介绍的表单元素属性的设置基本相同，这里就不再赘述。

课堂练习——问卷调查网页

【练习知识要点】使用“复选框”按钮，插入多个复选框；使用“单选”按钮，插入多个单选按钮，如图 9-220 所示。

【素材所在位置】光盘/Ch09/素材/问卷调查网页/images。

【效果所在位置】光盘/Ch09/效果/问卷调查网页/index.html。

图 9-220

课后习题——会员登录界面

【习题知识要点】使用“文本”按钮，插入文本字段；使用“密码”按钮，插入密码文本字段，如图 9-221 所示。

【素材所在位置】光盘/Ch09/素材/会员登录界面/images。

【效果所在位置】光盘/Ch09/效果/会员登录界面/index.html。

图 9-221

第10章 行为

本章介绍

行为是 Dreamweaver 预置的 JaveScript 程序库，每个行为包括一个动作和一个事件。任何一个动作都需要一个事件激活，两者相辅相成。动作是一段已编辑好的 JaveScript 代码，这些代码在特定事件被激发时执行。本章主要讲解了行为和动作的应用方法，通过这些内容的学习，可以在网页中熟练应用行为和动作，使设计制作的网页更加生动精彩。

学习目标

- 掌握行为面板的使用
- 掌握 JavaScript、打开浏览器窗口和转到 URL 的创建方法
- 掌握检查插件、检查表单和交换图像的创建方法
- 掌握显示隐藏层的方法
- 掌握容器的文本、状态栏文本、和文本域文字的设置方法
- 掌握跳转菜单和跳转菜单开始的方法

技能目标

- 掌握“婚戒网页”的制作方法
- 掌握“全麦面包网页”的制作方法
- 掌握“佳佳生鲜网页”的制作方法

10.1 行为概述

行为可理解成是在网页中选择的一系列动作，以实现用户与网页间的交互。行为代码是 Dreamweaver CC 提供的内置代码，运行于客户端的浏览器中。

10.1.1 “行为”面板

用户习惯于使用“行为”面板为网页元素指定动作和事件。在文档窗口中，选择“窗口 > 行为”命令，或按 Shift+F4 组合键，弹出“行为”面板，如图 10-1 所示。

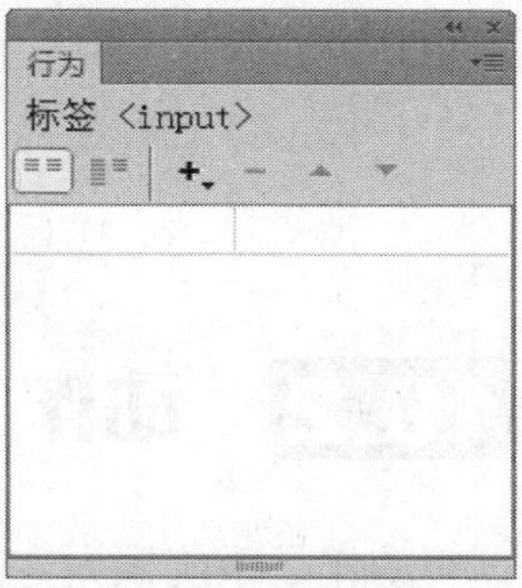

图 10-1

“行为”面板由以下几部分组成。

“添加行为”按钮 ：单击这些按钮，弹出动作菜单，添加行为。添加行为时，从动作菜单中选择一个行为即可。

“删除事件”按钮 ：在面板中删除所选的事件和动作。

“增加事件值”按钮 、“降低事件值”按钮 ：控制在面板中通过上、下移动所选择的动作来调整动作的顺序。在“行为”面板中，所有事件和动作按照它们在面板中的显示顺序选择，设计时要根据实际情况调整动作的顺序。

10.1.2 应用行为

1．将行为附加到网页元素上

（1）在文档窗口中选择一个元素，例如一个图像或一个链接。若要将行为附加到整个页，则单击文档窗口左下侧的标签选择器的 <body> 标签。

（2）选择“窗口 > 行为”命令，弹出“行为”面板。

（3）单击“添加行为”按钮 ，并在弹出的菜单中选择一个动作，如图 10-2 所示，将弹出相应的参数设置对话框，在其中进行设置后，单击“确定”按钮。

（4）在“行为”面板的“事件”列表中显示动作的默认事件，单击该事件，会出现箭头按钮 ，单击 按钮，弹出包含全部事件的事件列表，如图 10-3 所示，用户可根据需要选择相应的事件。

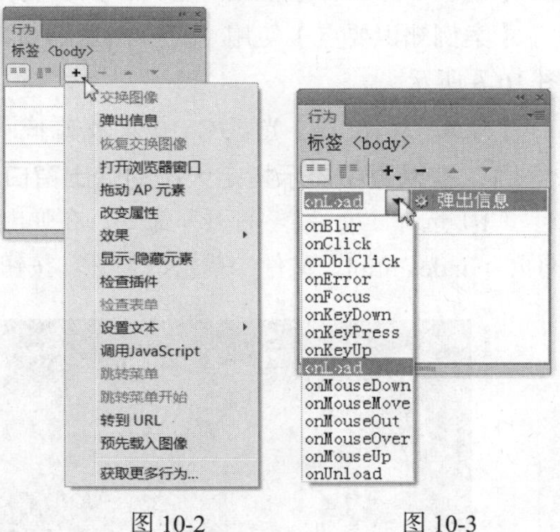

图 10-2　　图 10-3

2．将行为附加到文本上

将某个行为附加到所选的文本上，具体操作步骤如下。

（1）为文本添加一个空链接。

（2）选择“窗口 > 行为”命令，弹出“行为”面板。

（3）选中链接文本，单击“添加行为”按钮 ，从弹出的菜单中选择一个动作，如“弹出信息”

动作，并在弹出的对话框中设置该动作的参数，如图 10-4 所示。

（4）在“行为”面板的“事件”列表中显示动作的默认事件，单击该事件，会出现箭头按钮▾，单击▾按钮，弹出包含全部事件的事件列表，如图 10-5 所示。用户可根据需要选择相应的事件。

图 10-4

图 10-5

10.2 动作

动作是系统预先定义好的选择指定任务的代码。因此，用户需要了解系统所提供的动作，掌握每个动作的功能以及实现这些功能的方法。下面将介绍几个常用的动作。

命令介绍

设置状态栏文本：“设置状态栏文本”动作的功能是设置在浏览器窗口底部左侧的状态栏中显示消息。

10.2.1 课堂案例——婚戒网页

【案例学习目标】使用“行为”面板制作在网页中显示指定大小的弹出窗口。

【案例知识要点】使用“打开浏览器窗口”命令，制作在网页中显示指定大小的弹出窗口，如图 10-6 所示。

【效果所在位置】光盘/Ch10/效果/婚戒网页/index.html。

1. 在网页中显示指定大小的弹出窗口

（1）选择“文件 > 打开”命令，在弹出的“打开”对话框中选择“光盘 > Ch10 > 素材 > 婚戒网页 > index.html”文件，单击“打开”按钮打开文件，如图 10-7 所示。

图 10-6

图 10-7

（2）单击窗口下方“标签选择器”中的<body>标签，如图 10-8 所示，选择整个网页文档，效果如图 10-9 所示。

图 10-8

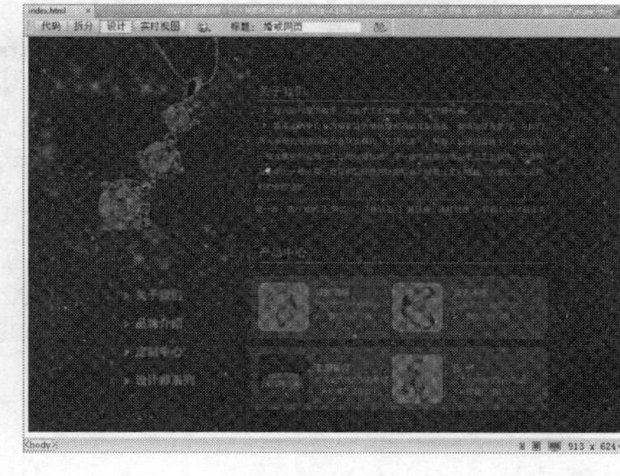
图 10-9

（3）按 Shift+F4 组合键，弹出“行为”面板，单击面板中的“添加行为”按钮，在弹出的菜单中选择“打开浏览器窗口”命令，弹出“打开浏览器窗口”对话框，如图 10-10 所示。

（4）单击“要显示的 URL”选项右侧的“浏览”按钮，在弹出的“选择文件”对话框中选择“光盘 > Ch10 > 素材 > 婚戒网页”文件夹中的“publicize.html”文件，如图 10-11 所示。

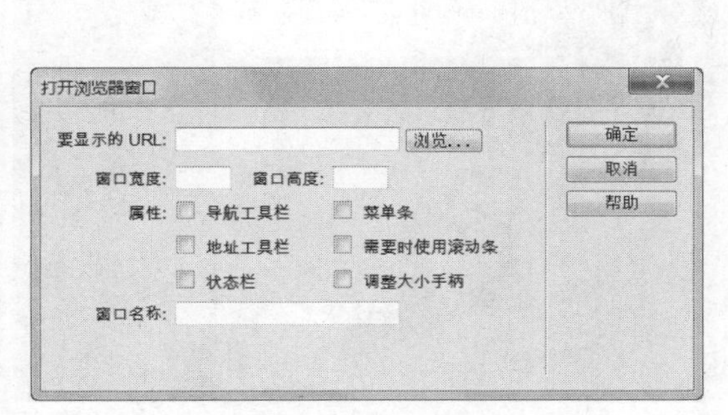

图 10-10

图 10-11

（5）单击“确定”按钮，返回到“打开浏览器窗口”对话框中，其他选项的设置如图 10-12 所示，单击“确定”按钮，“行为”面板如图 10-13 所示。

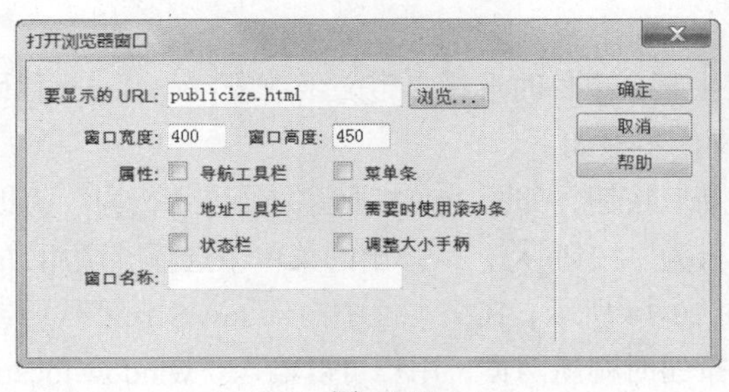

图 10-12

图 10-13

（6）保存文档，按 F12 键预览效果，加载网页文档的同时会弹出窗口，如图 10-14 所示。

图 10-14

2. 添加导航条和菜单栏

（1）返回到 Dreamweaver CC 界面中，双击动作“打开浏览器窗口”，弹出“打开浏览器窗口”对话框，选择“导航工具栏”和“菜单条”复选框，如图 10-15 所示，单击“确定”按钮完成设置。

（2）保存文档，按 F12 键预览效果，在弹出的窗口中显示所选的导航条和菜单栏，如图 10-16 所示。

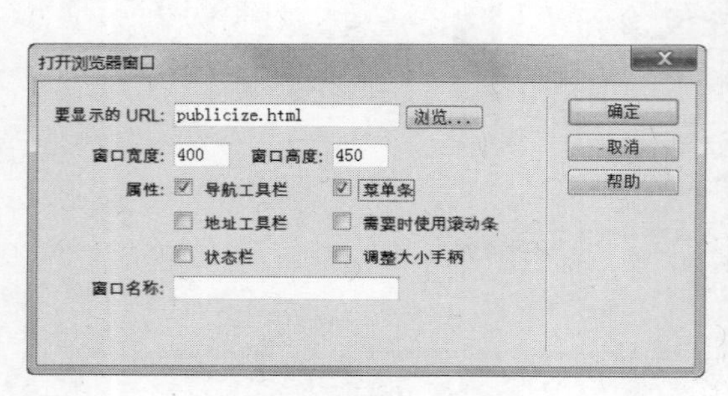

图 10-15

图 10-16

10.2.2 调用 JavaScript

“调用 JavaScript”动作的功能是当发生某个事件时选择自定义函数或 JavaScript 代码行。

使用“调用 JavaScript”动作的具体操作步骤如下。

（1）选择一个网页元素对象，如“刷新”按钮，如图 10-17 所示，弹出“行为”面板。

（2）在“行为”面板中，单击“添加行为”按钮 +，从弹出的菜单中选择“调用 JavaScript”动作，弹出“调用 JavaScript”对话框，如图 10-18 所示，在文本框中输入 JavaScript 代码或用户想要触发的函数名。例如，当用户单击“刷新”按钮时刷新网页，用户可以输入“window.location.reload()”；例如，当用户单击“关闭”按钮时关闭网页，用户可以输入“window.close()”。单击“确定”按钮完成设置。

图 10-17

图 10-18

（3）如果不是默认事件，则单击该事件，会出现箭头按钮▾，单击▾，弹出包含全部事件的事件列表，用户可根据需要选择相应的事件，如图 10-19 所示。

（4）按 F12 键浏览网页，当单击“关闭”按钮时，用户看到的效果如图 10-20 所示。

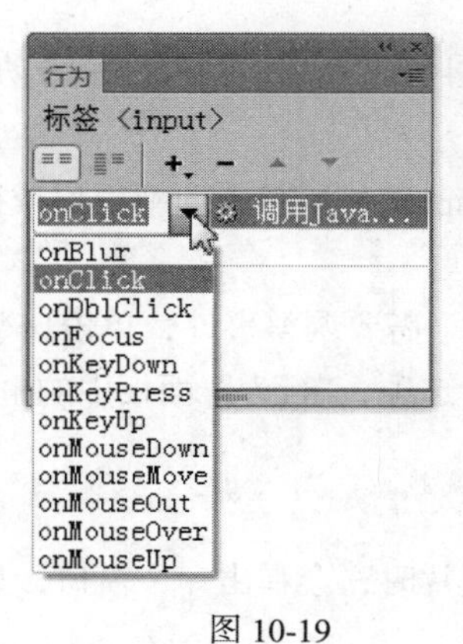
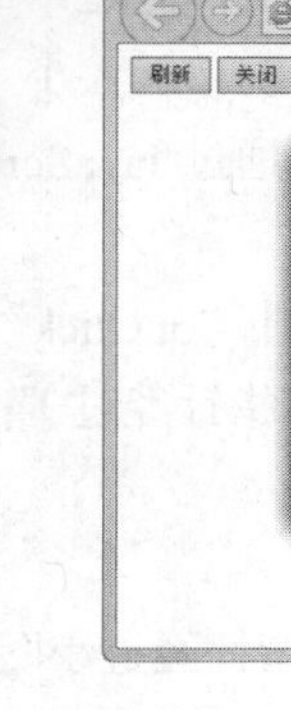

图 10-19

图 10-20

10.2.3 打开浏览器窗口

使用“打开浏览器窗口”动作在一个新的窗口中打开指定的 URL，还可以指定新窗口的属性、特征和名称，具体操作步骤如下。

（1）打开一个网页文件，选择一张图片，如图 10-21 所示。

（2）弹出“行为”面板，单击“添加行为”按钮+，并在弹出的菜单中选择“打开浏览器窗口”动作，弹出“打开浏览器窗口”对话框，在对话框中根据需要设置相应参数，如图 10-22 所示，单击“确定”按钮完成设置。

图 10-21

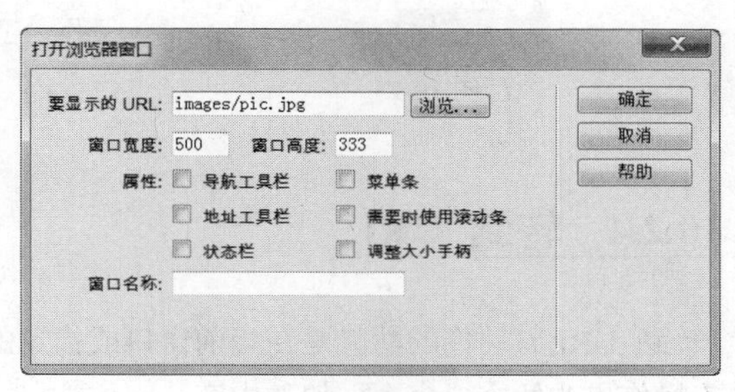

图 10-22

对话框中各选项的作用如下。

“要显示的 URL”选项：是必选项，用于设置要显示网页的地址。

“窗口宽度”和“窗口高度”选项：以像素为单位设置窗口的宽度和高度。

“属性”选项组：根据需要选择下列复选框以设定窗口的外观。

“导航工具栏”复选框：设置是否在浏览器顶部显示导航工具栏。导航工具栏包括“后退”、“前进”、“主页”和“重新载入”等一组按钮。

“地址工具栏”复选框：设置是否在浏览器顶部显示地址栏。

“状态栏”复选框：设置是否在浏览器窗口底部显示状态栏，用以显示提示、状态等信息。

“菜单条”复选框：设置是否在浏览器顶部显示菜单，包括“文件”、“编辑”、“查看”、“转到”和“帮助”等菜单项。

“需要时使用滚动条”复选框：设置在浏览器的内容超出可视区域时，是否显示滚动条。

“调整大小手柄”复选框：设置是否能够调整窗口的大小。

“窗口名称”选项：输入新窗口的名称。因为通过 JavaScript 使用链接指向新窗口或控制新窗口，所以应该对新窗口进行命名。

（3）添加行为时，系统自动为用户选择了事件“onClick”。需要调整事件，单击该事件，会出现箭头按钮▾，单击▾，选择“onMouseOver（鼠标指针经过）”选项，“行为”面板中的事件立即改变，如图 10-23 所示。

（4）使用相同的方法，为其他图片添加行为。

（5）保存文档，按 F12 键浏览网页，当鼠标指针经过小图片时，会弹出一个窗口，显示大图片，如图 10-24 所示。

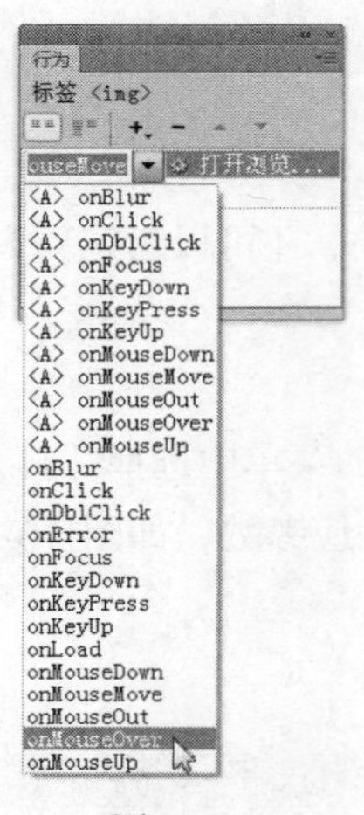

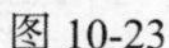
图 10-23

图 10-24

10.2.4 转到 URL

“转到 URL”动作的功能是在当前窗口或指定的框架中打开一个新页。此操作尤其适用于通过一次单击操作更改两个或多个框架的内容。

使用“转到 URL”动作的具体操作步骤如下。

（1）选择一个网页元素对象并打开“行为”面板。

（2）单击“添加行为”按钮 +，并从弹出的菜单中选择“转到 URL”动作，弹出“转到 URL”对话框，如图 10-25 所示。在对话框中根据需要设置相应选项，单击“确定”按钮完成设置。

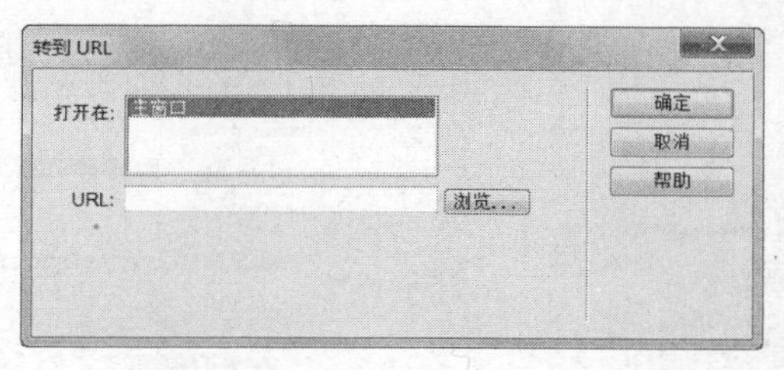

图 10-25

对话框中各选项的作用如下。

“打开在”选项：列表自动列出当前框架集中所有框架的名称以及主窗口。如果没有任何框架，则主窗口是唯一的选项。

“URL”选项：单击“浏览”按钮选择要打开的文档，或输入网页文件的地址。

（3）如果不是默认事件，则单击该事件，会出现箭头按钮，单击，弹出包含全部事件的事件列表，用户可根据需要选择相应的事件。

（4）按 F12 键浏览网页。

命令介绍

交换图像：“交换图像”动作通过更改<img>标签的 src 属性将一个图像和另一个图像进行交换。“交换图像”动作主要用于创建当鼠标指针经过时产生动态变化的按钮。

10.2.5 课堂案例——全麦面包网页

【案例学习目标】使用“行为”设置浏览器并设置图像的预先载入效果。

【案例知识要点】使用“交换图像”命令，制作鼠标经过图像发生变化效果，如图 10-26 所示。

【效果所在位置】光盘中的“Ch10 > 效果 > 全麦面包网页 > index.html”。

（1）选择“文件 > 打开”命令，在弹出的“打开”对话框中选择“光盘 > Ch10 > 素材 > 全麦面包网页 > index.html”文件，单击“打开”按钮打开文件，如图 10-27 所示。

图 10-26

图 10-27

（2）选择如图 10-28 所示的图片，选择“窗口 > 行为”命令，弹出“行为”面板，单击面板中的“添加行为”按钮 +，在弹出的菜单中选择“交换图像”命令，弹出“交换图像”对话框，如图 10-29 所示。

图 10-28

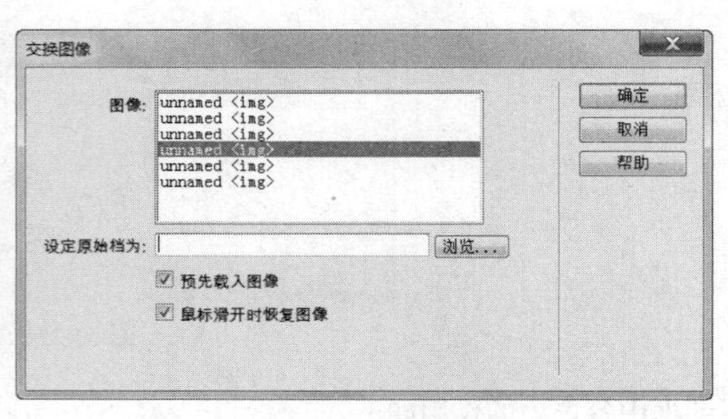

图 10-29

（3）单击“设定原始档为”选项右侧的“浏览”按钮，在弹出的“选择图像源文件”对话框中选择“光盘 > Ch10 > 素材 > 全麦面包网页> img_07.jpg”文件，如图 10-30 所示，单击“确定”按钮，返回到“交换图像”对话框中，如图 10-31 所示。

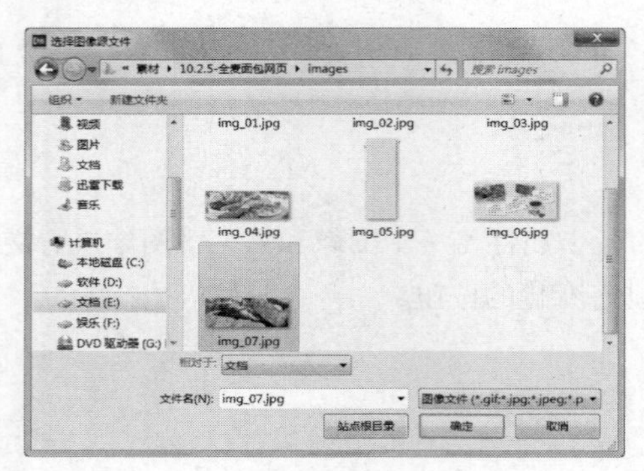

图 10-30

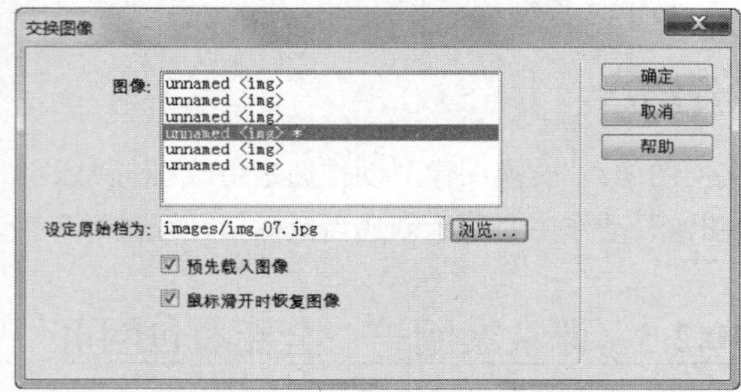

图 10-31

（4）单击“确定”按钮，“行为”面板如图 10-32 所示。

（5）保存文档，按 F12 键预览效果，如图 10-33 所示，当鼠标滑过图像，图像发生变化，如图 10-34 所示。

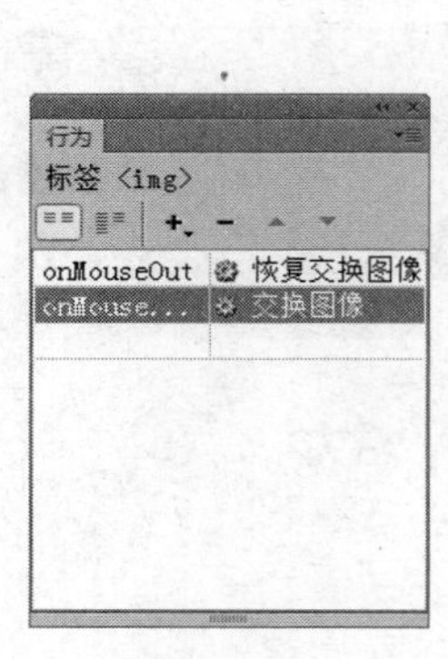

图 10-32

图 10-33

图 10-34

10.2.6 检查插件

“检查插件”动作的功能是根据判断用户是否安装了指定的插件，以决定是否将页面转到不同的页。使用“检查插件”动作的具体操作步骤如下。

（1）选择一个网页元素对象并打开“行为”面板。

（2）在“行为”面板中单击“添加行为”按钮 +，并从弹出的菜单中选择“检查插件”动作，弹出“检查插件”对话框，如图 10-35 所示。在对话框中根据需要设置相应选项，单击“确定”按钮完成设置。

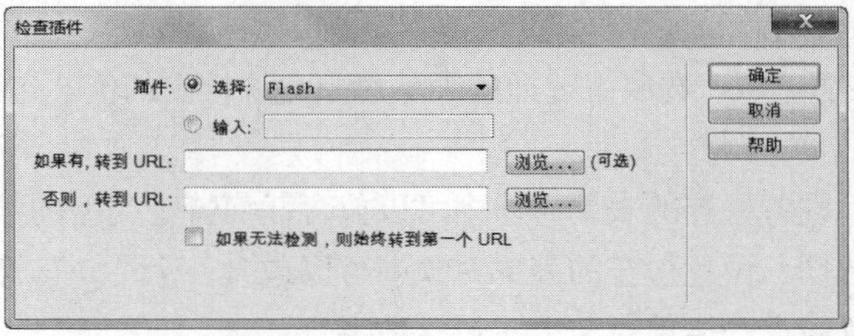

图 10-35

对话框中各选项的作用如下。

“插件”选项组：设置插件对象，包括选择和输入插件名称两种方式。若选择“选择”单选项，则从其右侧的弹出下拉菜单中选择一个插件。若选择“输入”单选项，则在其右侧的文本框中输入插件的确切名称。

“如果有，转到 URL”选项：为具有该插件的浏览者指定一个网页地址。若要让具有该插件的浏览者停留在同一页上，则将此选项空着。

“否则，转到 URL”选项：为不具有该插件的浏览者指定一个替代网页地址。若要让具有和不具有该插件的浏览者停留在同一网页上，则将此选项空着。默认情况下，当不能实现检测时，浏览者被发送到“否则，转到 URL”文本框中列出的 URL。

“如果无法检测，则始终转到第一个 URL”选项：当不能实现检测时，想让浏览者被发送到“如果有，转到 URL”选项指定的网页，则选择此复选框。通常，若插件内容对于用户的网页而言是不必要的，则保留此复选框的未选中状态。

（3）如果不是默认事件，则单击该事件，会出现箭头按钮▾，单击▾，弹出包含全部事件的事件列表，用户可根据需要选择相应的事件。

（4）按 F12 键浏览网页。

10.2.7 检查表单

“检查表单”动作的功能是检查指定文本域的内容以确保用户输入了正确的数据类型。若使用 onBlur 事件将“检查表单”动作分别附加到各文本域，则在用户填写表单时对域进行检查。若使用 onSubmit 事件将“检查表单”动作附加到表单，则在用户单击“提交”按钮时，同时对多个文本域进行检查。将“检查表单”动作附加到表单，能防止将表单中任何指定文本域内的无效数据提交到服务器。

使用“检查表单”动作的具体操作步骤如下。

（1）选择文档窗口下部的表单<form>标签，打开“行为”面板。

（2）在“行为”面板中单击“添加行为”按钮+，并从弹出的菜单中选择“检查表单”动作，弹出“检查表单”对话框，如图 10-36 所示。

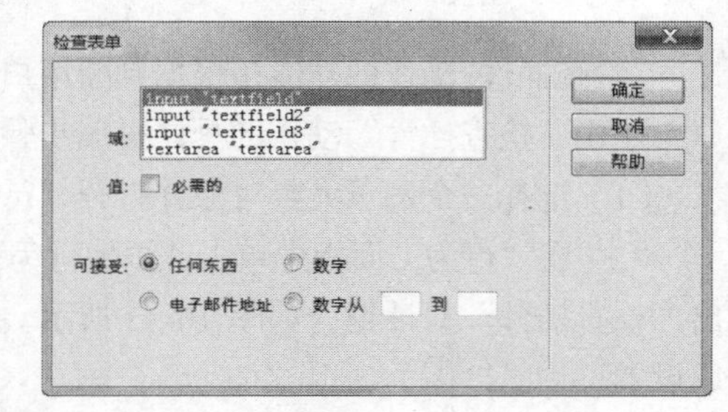

图 10-36

对话框中各选项的作用如下。

“域”选项：在列表框中选择表单内需要进行检查的其他对象。

“值”选项：设置在“域”选项中选择的表单对象的值是否在用户浏览表单时必须设置。

“可接受”选项组：设置“域”选项中选择的表单对象允许接受的值。允许接受的值包含以下几种类型。

“任何东西”单选项：设置检查的表单对象中可以包含任何特定类型的数据。

“电子邮件地址”单选项：设置检查的表单对象中可以包含一个“@”符号。

“数字”单选项：设置检查的表单对象中只包含数字。

“数字从…到…”单选项：设置检查的表单对象中只包含特定范围内的数字。

在对话框中根据需要设置相应选项，先在“域”选项中选择要检查的表单对象，然后在“值”选项中设置是否必须检查该表单对象，再在“可接受”选项组中设置表单对象允许接受的值，最后单击“确定”按钮完成设置。

（3）如果不是默认事件，则单击该事件，会出现箭头按钮▾，单击▾，弹出包含全部事件的事件列表，用户可根据需要选择相应的事件。

（4）按 F12 键浏览网页。

在用户提交表单时，如果要检查多个表单对象，则 onSubmit 事件自动出现在“行为”面板控制的“事件”弹出菜单中。如果要分别检查各个表单对象，则检查默认事件是否是 onBlur 或 onChange 事件。当用户从要检查的表单对象移开鼠标指针时，这两个事件都触发“检查表单”动作。它们之间的区别是 onBlur 事件不管用户是否在该表单对象中输入内容都会发生，而 onChange 事件只有在用户更改了该表单对象的内容时才发生。当表单对象是必须检查的表单对象时，最好使用 onBlur 事件。

10.2.8　交换图像

“交换图像”动作通过更改<img>标签的 src 属性将一个图像和另一个图像进行交换。“交换图像”动作主要用于创建当鼠标指针经过时产生动态变化的按钮。

使用“交换图像”行为的具体操作步骤如下。

（1）若文档中没有图像，则选择“插入 > 图像 > 图像”命令或单击“插入”面板“常用”选项卡中的“图像”按钮来插入一个图像。若当鼠标指针经过一个图像要使多个图像同时变换成相同的图像时，则需要插入多个图像。

（2）选择一个将交换的图像对象，并打开“行为”面板。

（3）在“行为”面板中单击“添加行为”按钮，并从弹出的菜单中选择“交换图像”动作，弹出“交换图像”对话框，如图 10-37 所示。

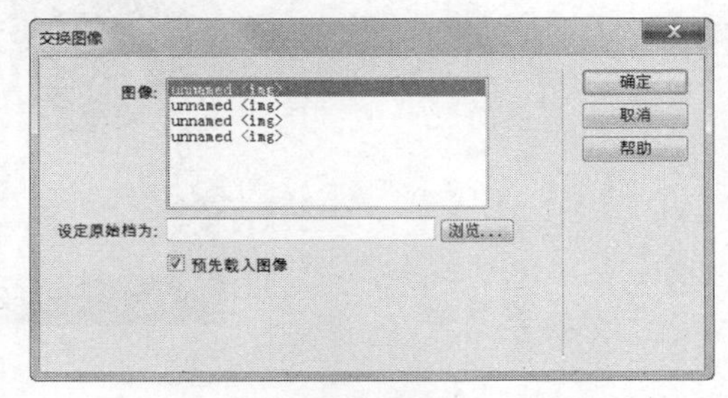

图 10-37

在对话框中各选项的作用如下。

“图像”选项：选择要更改其源的图像。

“设定原始档为”选项：输入新图像的路径和文件名或单击“浏览”按钮选择新图像文件。

“预先载入图像”复选框：设置是否在载入网页时将新图像载入到浏览器的缓存中。若选择此复选框，则防止由于下载而导致图像出现的延迟。

“鼠标滑开时恢复图像”复选框：设置是否在鼠标指针滑开时恢复图像。若选择此复选框，则会自动添加“恢复交换图像”动作，将最后一组交换的图像恢复为它们以前的源文件，这样，就会出现连续的动态效果。

根据需要从“图像”选项框中，选择要更改其源的图像；在“设定原始档为”文本框中输入新图像的路径和文件名或单击“浏览”按钮选择新图像文件；选择“预先载入图像”和“鼠标滑开时恢复图像”复选框，然后单击“确定”按钮完成设置。

（4）如果不是默认事件，则单击该事件，会出现箭头按钮，单击，弹出包含全部事件的事件列表，用户可根据需要选择相应的事件。

（5）按 F12 键浏览网页。

提示　因为只有 src 属性受此动作的影响，所以用户应该换入一个与原图像具有相同高度和宽度的图像。否则，换入的图像显示时会被压缩或扩展，以使其适应原图像的尺寸。

命令介绍

设置容器的文本：“设置容器的文本”动作的功能是用指定的内容替换网页上现有层的内容和格式。

设置状态栏文本：“设置状态栏文本”动作的功能是设置在浏览器窗口底部左侧的状态栏中显示消息。

设置文本域文字：“设置文本域文字”动作的功能是用指定的内容替换表单文本域的内容。

10.2.9 课堂案例——佳佳生鲜网页

【案例学习目标】使用“行为”命令设置状态栏显示的内容。

【案例知识要点】使用设置“状态栏文本”命令，设置在加载网页文档时在状态栏中显示的文字，如图 10-38 所示。

图 10-38

【效果所在位置】光盘/Ch10/效果/佳佳生鲜网页/index.html。

（1）选择“文件 > 打开”命令，在弹出的“打开”对话框中选择“光盘 > Ch10 > 素材 > 佳佳生鲜网 > index.html”文件，单击“打开”按钮，效果如图 10-39 所示。

（2）选择“窗口 > 行为”命令，弹出“行为”面板，在“行为”控制面板中单击“添加行为”按钮 +，并在弹出的菜单中选择“设置文本 > 设置状态栏文本”命令，弹出“设置状态栏文本”对话框，在对话框中进行设置，如图 10-40 所示。

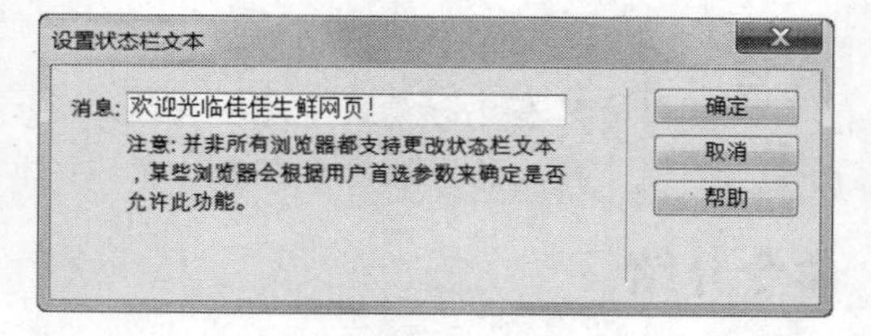

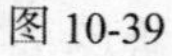

图 10-39　　图 10-40

（3）单击“确定”按钮，在“行为”面板中，单击▼，在弹出的下拉列表中选择“onLoad”事件，如图 10-41 所示。

（4）保存文档，按 F12 键预览网页，在浏览器的状态栏中会显示刚才设置的文本，效果如图 10-42 所示。

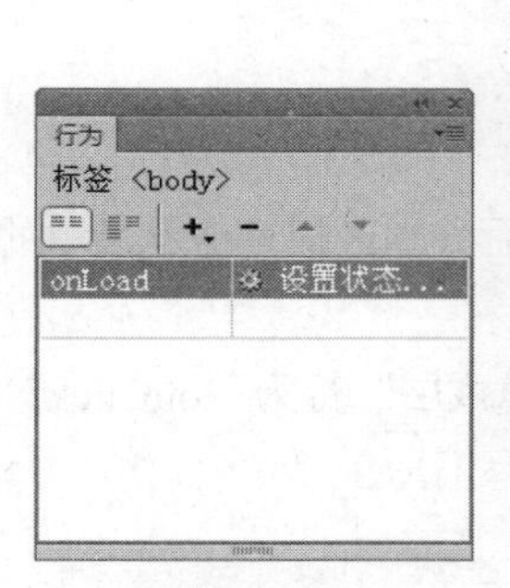

图 10-41

图 10-42

10.2.10　显示隐藏层

"显示-隐藏层"动作的功能是显示、隐藏或恢复一个或多个层的默认可见性。利用此动作可制作下拉菜单等特殊效果。

使用"显示-隐藏层"动作的具体操作步骤如下。

（1）打开一个网页，如图 10-43 所示。选择如图 10-44 所示的图像。

图 10-43

图 10-44

（2）在"行为"面板中，单击"添加行为"按钮 +，并从弹出的菜单中选择"显示-隐藏元素"命令，弹出"显示-隐藏元素"对话框，如图 10-45 所示。

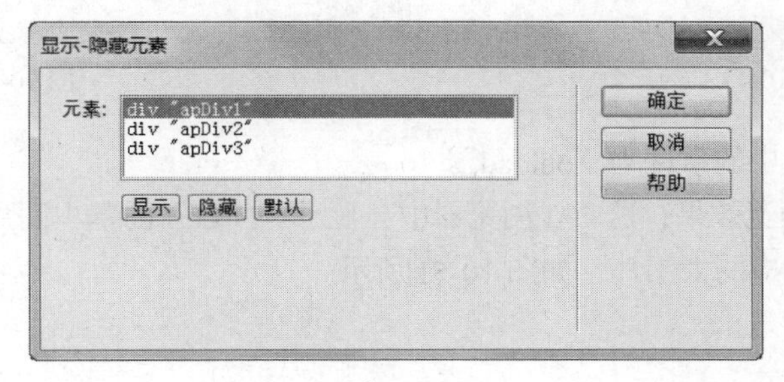

图 10-45

对话框中各选项的作用如下。

“元素”选项框：显示和选择要更改其可见性的层。

“显示”按钮：单击此按钮以显示在“元素”选项中选择的层。

“隐藏”按钮：单击此按钮以隐藏在“元素”选项中选择的层。

“默认”按钮：单击此按钮以恢复层的默认可见性。

（3）选择第一幅图片的大图所在的层，单击“显示”按钮，然后分别选择其他不显示的层并单击“隐藏”按钮将它们设为隐藏状态，如图 10-46 所示。

（4）单击“确定”按钮，在“行为”面板中即可显示“显示-隐藏层”行为“onClick”事件，如图 10-47 所示。

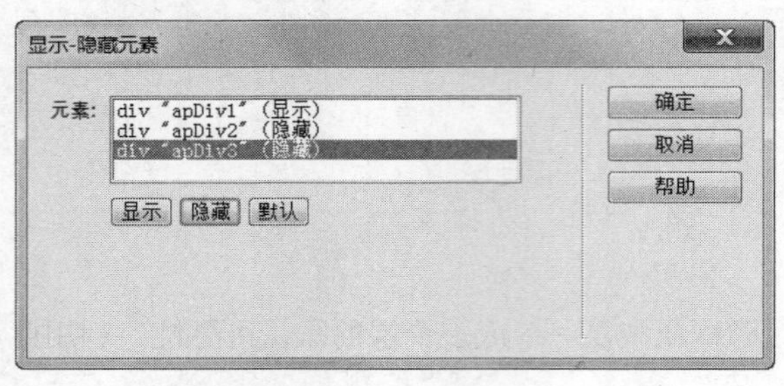

图 10-46

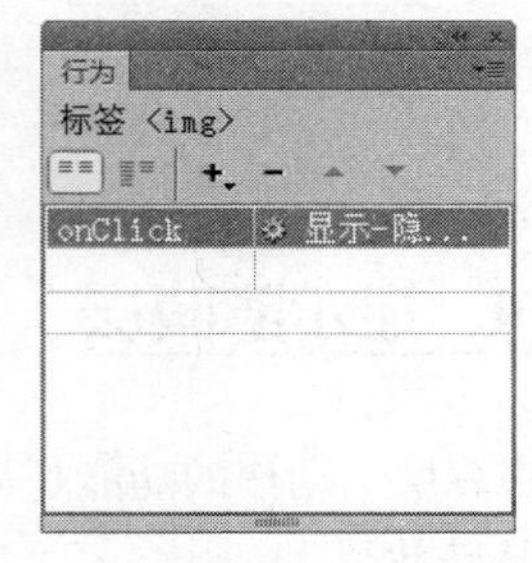

图 10-47

（5）重复步骤（2）~（4），将左侧小图片对应的大图片所在的层设置为“显示”，而将其他层“隐藏”，并设置其行为事件。

（6）为了在预览网页时显示基本图片，可选定<body>标记，如图 10-48 所示。

（7）在“行为”面板中打开“显示-隐藏元素”对话框，在对话框中进行设置，如图 10-49 所示，单击“确定”按钮完成设置。

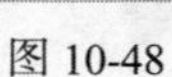

图 10-48

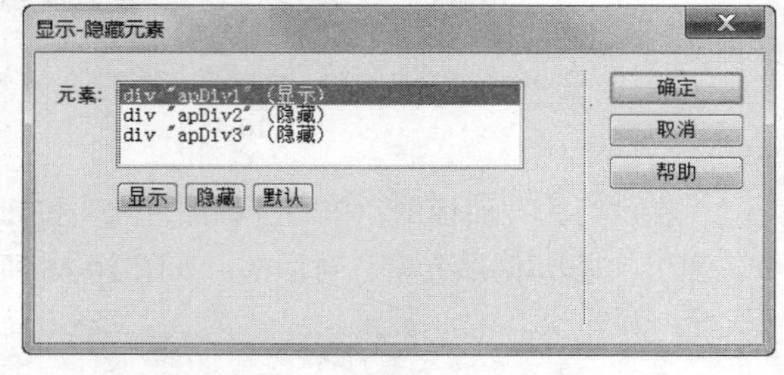

图 10-49

（8）在“行为”面板中的事件为“onload”。

（9）按 F12 键，可预览效果，这时在浏览器中会显示“Div1”的基本图片，如图 10-50 所示。单击其他小图片则可显示相应的大图片，如图 10-51 所示。

图 10-50

图 10-51

10.2.11　设置容器的文本

“设置容器的文本”动作的功能是用指定的内容替换网页上现有层的内容和格式。该内容可以包括任何有效的 HTML 源代码。

虽然“设置容器的文本”将替换层的内容和格式设置，但保留层的属性，包括颜色。通过在“设置容器的文本”对话框的“新建 HTML”选项的文本框中加入 HTML 标签，可对内容进行格式设置。

使用“设置层文本”动作的具体操作步骤如下。

（1）单击“插入”面板“结构”选项卡中的“Div”按钮，在文档窗口中生成一个 div 容器。选中窗口中的 div 容器，在“属性”面板的“Div ID”选项的文本框中输入一个名称。

（2）在文档窗口中选择一个对象，如文字、图像、按钮等，并打开“行为”面板。

（3）在“行为”面板中，单击“添加行为”按钮，并从弹出的菜单中选择“设置文本 > 设置容器的文本”命令，弹出“设置容器的文本”对话框，如图 10-52 所示。

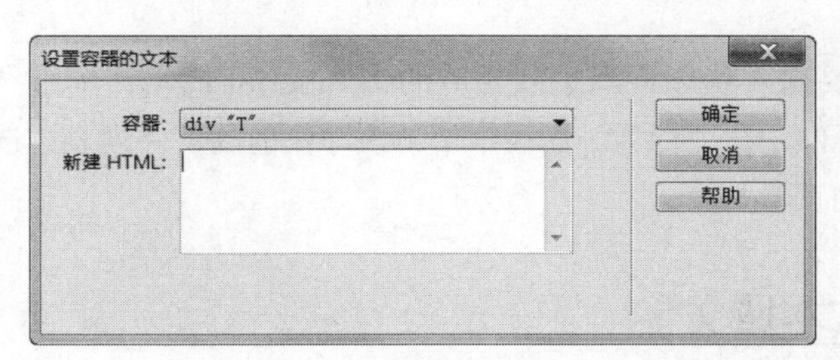

图 10-52

对话框中各选项的作用如下。

“容器”选项：选择目标层。

“新建 HTML”选项：输入层内显示的消息或相应的 JavaScript 代码。

在对话框中根据需要选择相应的层，并在“新建 HTML”选项中输入层内显示的消息，单击“确定”按钮完成设置。

（4）如果不是默认事件，则单击该事件，会出现箭头按钮，单击，弹出包含全部事件的事件列表，用户可根据需要选择相应的事件。

（5）按 F12 键浏览网页。

提示 可以在文本中嵌入任何有效的 JavaScript 函数调用、属性、全局变量或其他表达式，但要嵌入一个 JavaScript 表达式，则需将其放置在大括号（{}）中。若要显示大括号，则需在它前面加一个反斜杠（\{}）。例如，The URL for this page is {window.location}, and today is {new Date()}.。

10.2.12 设置状态栏文本

“设置状态栏文本”动作的功能是设置在浏览器窗口底部左侧的状态栏中显示的消息。访问者常常会忽略或注意不到状态栏中的消息，如果消息非常重要，还是考虑将其显示为弹出式消息或层文本。可以在文本中嵌入任何有效的 JavaScript 函数调用、属性、全局变量或其他表达式。若要嵌入一个 JavaScript 表达式，需将其放置在大括号（{}）中。

使用“设置状态栏文本”动作的具体操作步骤如下。

（1）选择一个对象，如文字、图像、按钮等，并打开“行为”面板。

（2）在“行为”面板中单击“添加行为”按钮 +，并从弹出的菜单中选择“设置文本 > 设置状态栏文本”命令，弹出“设置状态栏文本”对话框，如图 10-53 所示。对话框中只有一个“消息”选项，其含义是在文本框中输入要在状态栏中显示的消息。消息要简明扼要，否则，浏览器将把溢出的消息截断。

图 10-53

在对话框中根据需要输入状态栏消息或相应的 JavaScript 代码，单击“确定”按钮完成设置。

（3）如果不是默认事件，在“行为”面板中单击该动作前的事件列表，选择相应的事件。

（4）按 F12 键浏览网页。

10.2.13 设置文本域文字

“设置文本域文字”动作的功能是用指定的内容替换表单文本域的内容。可以在文本中嵌入任何有效的 JavaScript 函数调用、属性、全局变量或其他表达式。若要嵌入一个 JavaScript 表达式，将其放置在大括号（{}）中。若要显示大括号，在它前面加一个反斜杠（\{}）。

使用“设置文本域文字”动作的具体操作步骤如下。

（1）若文档中没有“文本域”对象，则要创建命名的文本域，先选择“插入 > 表单 > 文本区域”命令，在页面中创建文本区域。然后在“属性”面板的“文本区域”选项中输入该文本域的名称，并使该名称在网页中是唯一的，如图 10-54 所示。

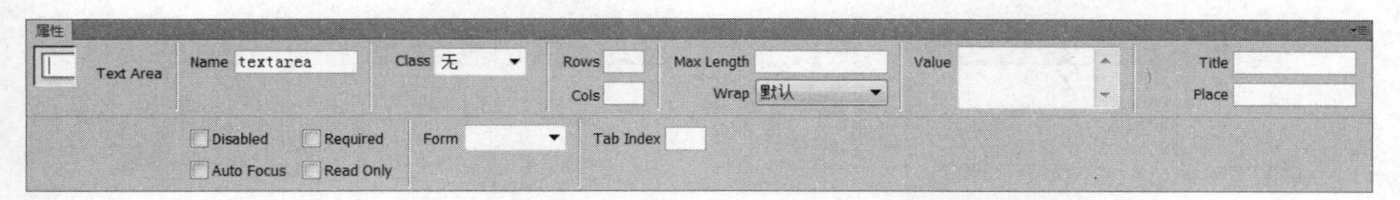

图 10-54

（2）选择文本域并打开“行为”面板。

（3）在“行为”面板中单击“添加行为”按钮 ，并从弹出的菜单中选择“设置文本 > 设置文本域文字”命令，弹出“设置文本域文字”对话框，如图 10-55 所示。

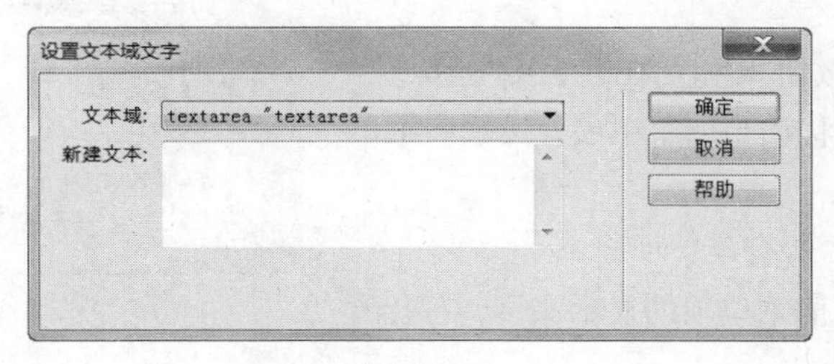

图 10-55

对话框中各选项的作用如下。

“文本域”选项：选择目标文本域。

“新建文本”选项：输入要替换的文本信息或相应的 JavaScript 代码。如要在表单文本域中显示网页的地址和当前日期，则在“新建文本”选项中输入“The URL for this page is {window.location}, and today is {new Date()}.”。

在对话框中根据需要选择相应的文本域，并在“新建文本”选项中输入要替换的文本信息或相应的 JavaScript 代码，单击“确定”按钮完成设置。

（4）如果不是默认事件，则单击该事件，会出现箭头按钮 ，单击 ，弹出包含全部事件的事件列表，用户可根据需要选择相应的事件。

（5）按 F12 键浏览网页。

10.2.14　跳转菜单

跳转菜单是创建链接的一种形式，与真正的链接相比，跳转菜单可以节省很大的空间。跳转菜单从表单中的菜单发展而来，通过“行为”面板中的“跳转菜单”选项进行添加。

使用“跳转菜单”动作的具体操作步骤如下。

（1）新建一个空白页面，并将其保存在适当的位置。单击“插入”面板“表单”选项卡中的“表单”按钮 ，在页面中插入一个表单，如图 10-56 所示。

（2）单击“插入”面板“表单”选项卡中的“选择”按钮 ，在表单中插入一个列表菜单，如图 10-57 所示。选中英文“Select:”并将其删除，效果如图 10-58 所示。

（3）在页面中选择列表菜单，打开“行为”面板，单击“添加行为”按钮 ，并从弹出的菜单中选择“跳转菜单”命令，弹出“跳转菜单”对话框，如图 10-59 所示。

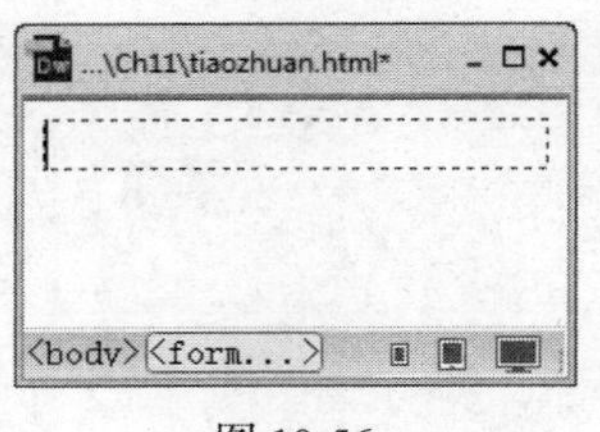

图 10-56

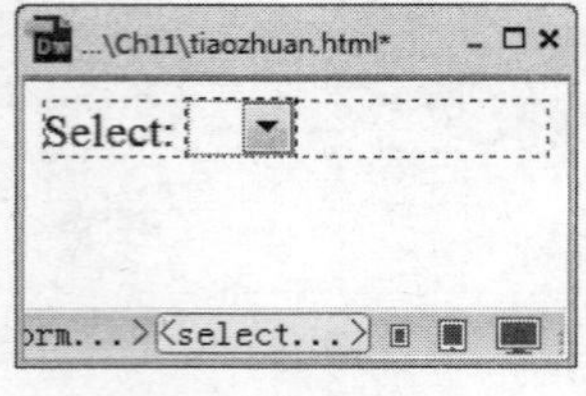

图 10-57

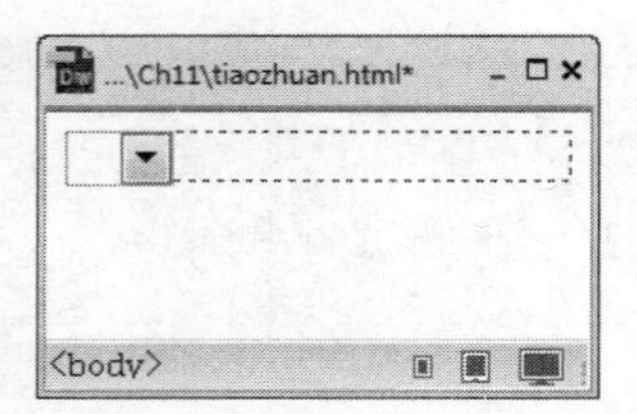

图 10-58

对话框中各选项的作用如下。

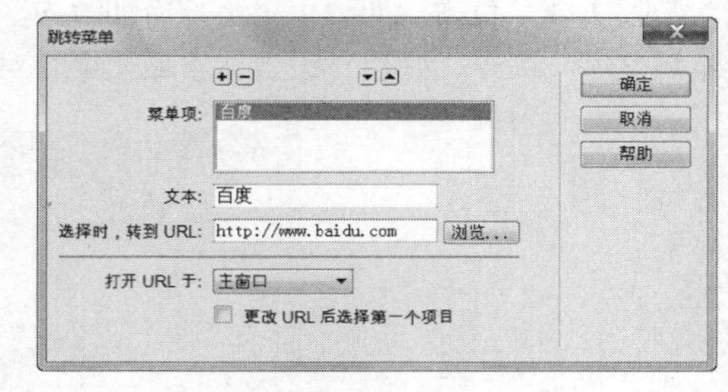

图 10-59

"添加项"按钮和"移除项"按钮：添加或删除菜单项。

"在列表中下移项"按钮和"在列表中上移项"按钮：在菜单项列表中移动当前菜单项，设置该菜单项在菜单列表中的位置。

"菜单项"选项：显示所有菜单项。

"文本"选项：设置当前菜单项的显示文字，它会出现在菜单列表中。

"选择时，转到 URL"选项：为当前菜单项设置当浏览者单击它时要打开的网页地址。

"打开 URL 于"选项：设置打开浏览网页的窗口类型，包括"主窗口"和"框架"两个选项。"主窗口"选项表示在同一个窗口中打开文件；"框架"选项表示在所选中的框架中打开文件，但选择该选项前应先给框架命名。

"更改 URL 后选择第一个项目"选项：设置浏览者通过跳转菜单打开网页后，该菜单项是否是第一个菜单项目。

在对话框中根据需要更改和重新排列菜单项、更改要跳转到的文件以及更改这些文件在其中打开的窗口，然后单击"确定"按钮完成设置。

（4）如果不是默认事件，则单击该事件，会出现箭头按钮，单击，弹出包含全部事件的事件列表，用户可根据需要选择相应的事件。

（5）按 F12 键浏览网页。

10.2.15 跳转菜单开始

"跳转菜单开始"动作与"跳转菜单"动作密切关联。"跳转菜单开始"将一个"前往"按钮和一个跳转菜单关联起来，单击"前往"按钮打开在该跳转菜单中选择的链接。通常情况下，跳转菜单不需要一个"前往"按钮。但是如果跳转菜单出现在一个框架中，而跳转菜单项链接到其他框架中的页，则通常需要使用"前往"按钮，以允许访问者重新选择已在跳转菜单中选择的项。

使用"跳转菜单开始"动作的具体操作步骤如下。

（1）打开刚才制作好的案例效果，如图 10-60 所示。选中列表菜单，在"属性"面板中单击"列表值"按钮，弹出"列表值"对话框，单击"添加项目"按钮，在添加一个项目，如图 10-61 所示，单击"确定"按钮，完成列表值得修改。

（2）将光标置于列表菜单的后面，单击"插入"面板"表单"选项卡中的"按钮"按钮，在表单中插入一个按钮，如图 10-62 所示。

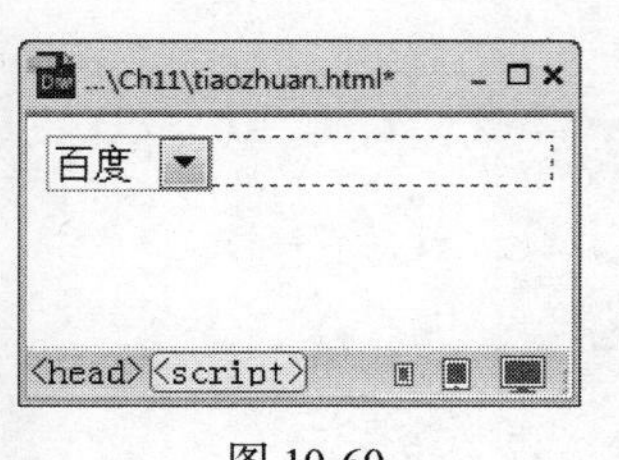

图 10-60

图 10-61

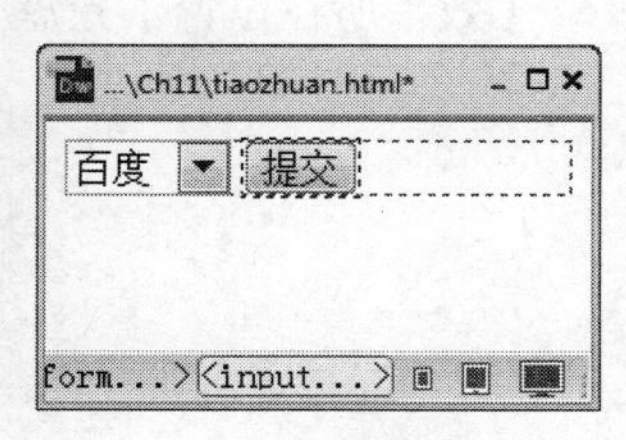

图 10-62

（3）选中按钮，在“行为”面板中单击“添加行为”按钮 +，并从弹出的菜单中选择“跳转菜单开始”命令，弹出“跳转菜单开始”对话框，如图 10-63 所示。在“选择跳转菜单”选项的下拉列表中，选择“前往”按钮要激活的菜单，然后单击“确定”按钮完成设置。

图 10-63

（4）如果不是默认事件，则单击该事件，会出现箭头按钮▼，单击▼，弹出包含全部事件的事件列表，用户可根据需要选择相应的事件。

（5）按 F12 键浏览网页，如图 10-64 所示，单击“提交”按钮，跳转到相应的页面，效果如图 10-65 所示。

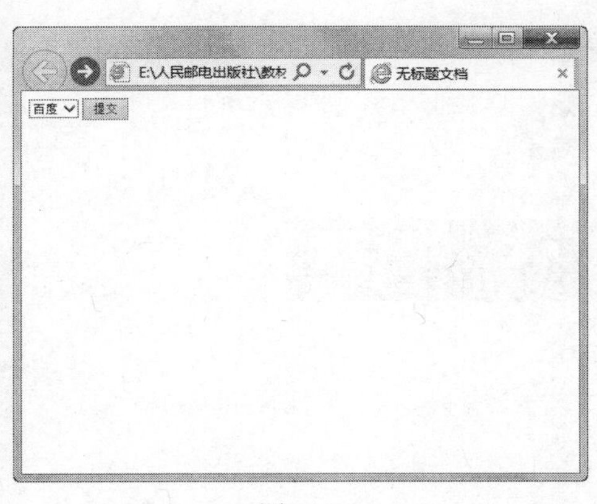

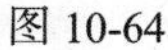

图 10-64

图 10-65

课堂练习——清凉啤酒网页

【练习知识要点】使用“设置状态栏文本”行为命令，制作在浏览器页面的状态栏显示的文字，如图 10-66 所示。

【素材所在位置】光盘/Ch10/素材/清凉啤酒网页/images。

【效果所在位置】光盘/Ch10 效果/清凉啤酒网页/index.html。

图 10-66

课后习题——海上运动杂志订阅

【习题知识要点】使用“晃动”行为命令，制作图像晃动效果，如图 10-67 所示。

【素材所在位置】光盘/Ch10/素材/海上运动杂志订阅/images。

【效果所在位置】光盘/Ch10/效果/海上运动杂志订阅/index.html。

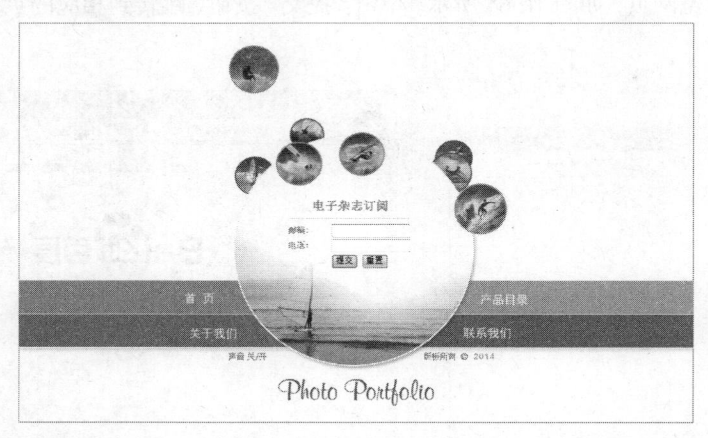

图 10-67

第11章 网页代码

本章介绍

Dreamweaver CC 提供代码编辑工具，方便用户直接编写或修改代码，实现 Web 页的交互效果。在 Dreamweaver CC 中插入的网页内容及动作都会自动转换为代码，因此，只有熟悉查看和编写代码的环境，了解源代码才能真正懂得网页的内涵。

学习目标

- 掌握新建标签库、标签、属性的方法
- 掌握常用 HTML 标签的使用
- 掌握响应 HTML 事件的方法

技能目标

- 掌握“商业公司网页”的制作方法

11.1 网页代码

虽然可以直接切换到“代码”视图查看和修改代码，但代码中很小的错误都会导致致命的错误，使网页无法正常地浏览。Dreamweaver CC 提供了标签库编辑器来有效地创建源代码。

命令介绍

用标签选择器插入标签：标签选择器不仅按类别显示所有标签，还提供该标签格式及功能的解释信息。

11.1.1 课堂案例——商业公司网页

【案例学习目标】使用“页面属性”命令改变背景图像；使用“插入标签”命令制作浮动框架效果。

【案例知识要点】使用“页面属性”命令，改变页面的颜色；使用“插入标签”命令制作浮动框架效果，如图 11-1 所示。

图 11-1

【效果所在位置】光盘/Ch11/效果/商业公司网页/index.html。

（1）打开 Dreamweaver CC 后，新建一个空白文档。新建页面的初始名称为“Untitled-1”。选择“文件 > 保存”命令，弹出“另存为”对话框。在“保存在”选项的下拉列表中选择当前站点目录保存路径；在“文件名”选项的文本框中输入“index”，单击“保存”按钮，返回网页编辑窗口。

（2）选择“修改 > 页面属性”命令，弹出“页面属性”对话框，单击“背景图像”选项右侧的“浏览”按钮，在弹出的“选择图像源文件”对话框中选择“光盘 > Ch11 > 素材 > 商业公司网页 > images”文件夹中的“12_01.jpg”文件，单击“确定”按钮，返回到“页面属性”面板，如图 11-2 所示，单击“确定”按钮，效果如图 11-3 所示。

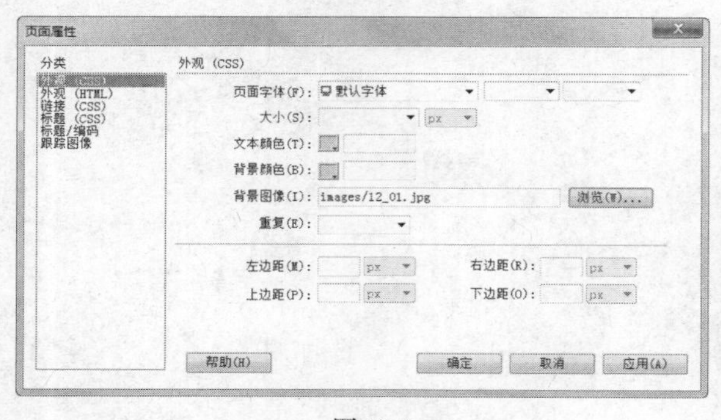

图 11-2

图 11-3

（3）单击文档窗口左上方的“拆分”按钮 拆分 ，切换到“拆分”视图，将光标置于<body>标签后面，如图 11-4 所示。单击“插入”面板“常用”选项卡中的“IFRAME”按钮，在<body>标签的后面自动生成代码，如图 11-5 所示。

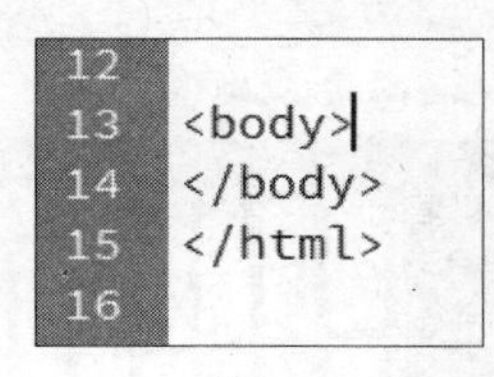

图 11-4

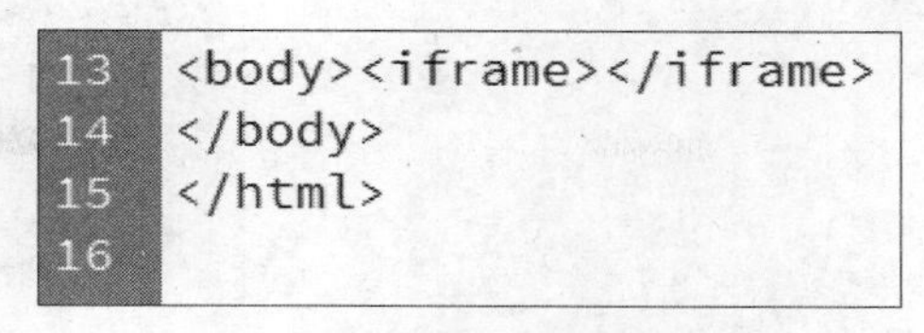

图 11-5

（4）将光标置于<iframe>标签中，按一次空格键，标签列表中出现该标签的属性参数，在其中选择属性“src”，如图 11-6 所示，出现“浏览”属性，如图 11-7 所示，用鼠标双击“浏览”，在弹出的“选择文件”对话框中选择“光盘 > Ch11 > 素材 > 商业公司网页”文件夹中的“01.html”文件，如图 11-8 所示，单击“确定”按钮，返回到文档窗口，代码如图 11-9 所示。

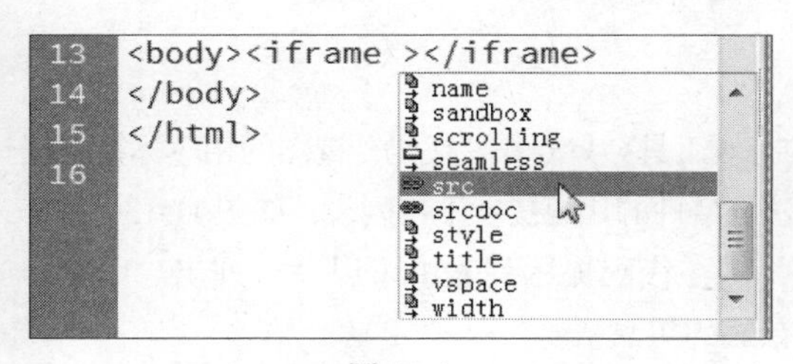

图 11-6

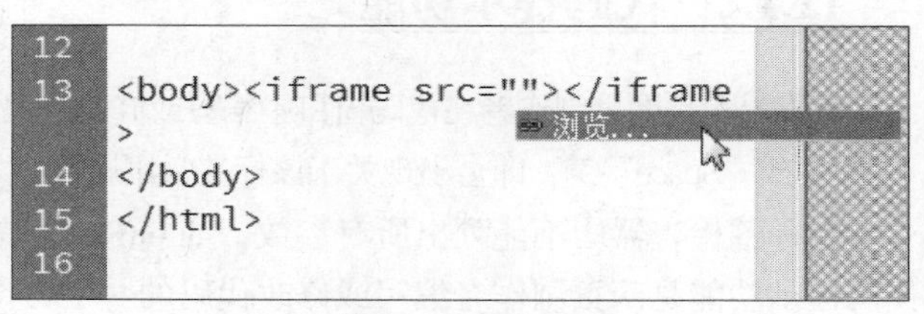

图 11-7

图 11-8

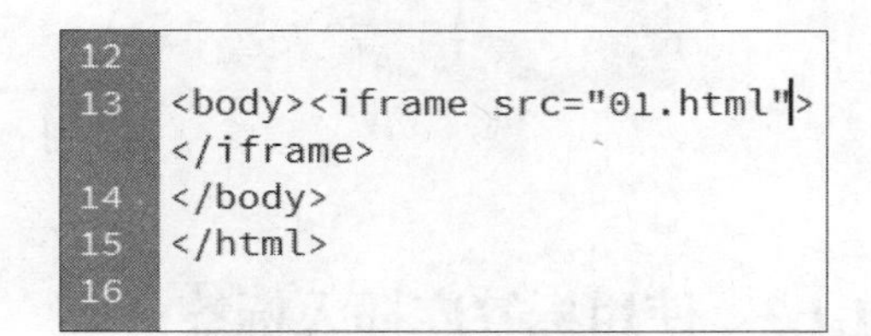

图 11-9

（5）在<iframe>标签中添加其他属性，如图 11-10 所示。

```
12
13  <body><iframe src="01.html" width="800" height="500"
    hspace="70" vspace="30" marginheight="0" marginwidth="0"
    scrolling="auto"></iframe>
14  </body>
```

图 11-10

（6）单击文档窗口左上方的“设计”按钮 设计 ，切换到“设计”视图，效果如图 11-11 所示。保存文档，按 F12 键预览效果，如图 11-12 所示。

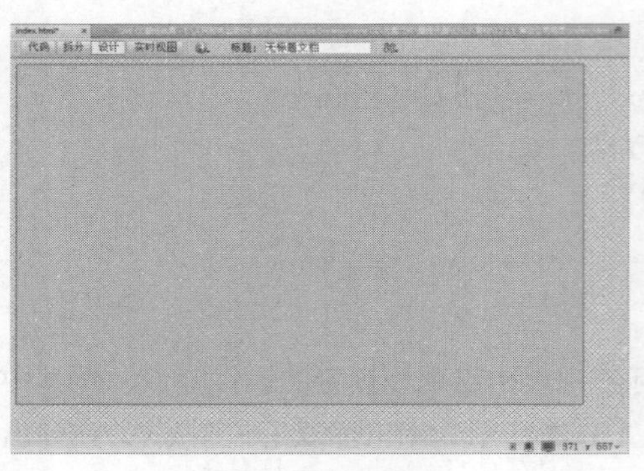

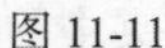

图 11-11

图 11-12

11.1.2　代码提示功能

代码提示是网页制作者在代码窗口中编写或修改代码的有效工具。只要在“代码”视图的相应标签间按下“<”或“Space”键，即会出现关于该标签常用属性、方法、事件的代码提示下拉列表，如图 11-13 所示。

在标签检查器中不能列出所有参数，如 onResize 等，但在代码提示列表中可以一一列出。因此，代码提示功能是网页制作者编写或修改代码的一个方便有效的工具。

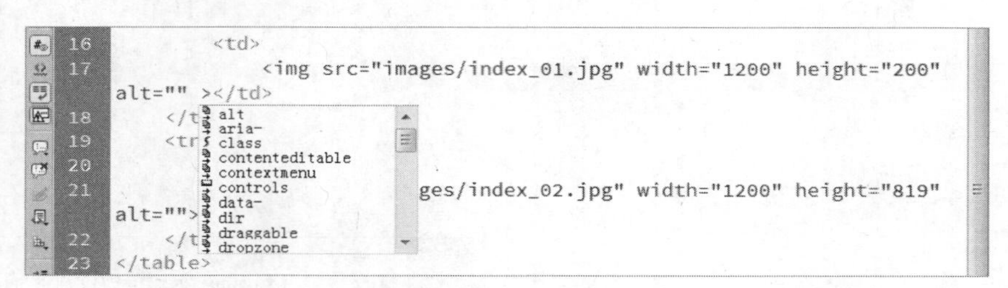

图 11-13

11.1.3　使用标签库插入标签

在 Dreamweaver CC 中，标签库中有一组特定类型的标签，其中还包含 Dreamweaver CC 应如何设置标签格式的信息。标签库提供了 Dreamweaver CC 用于代码提示、目标浏览器检查、标签选择器和其他代码功能的标签信息。使用标签库编辑器，可以添加和删除标签库、标签和属性，设置标签库的属性以及编辑标签和属性。

选择“编辑 > 标签库”命令，弹出“标签库编辑器”对话框，如图 11-14 所示。标签库中列出了绝大部分各种语言所用到的标签及其属性参数，设计者可以轻松地添加和删除标签库、标签和属性。

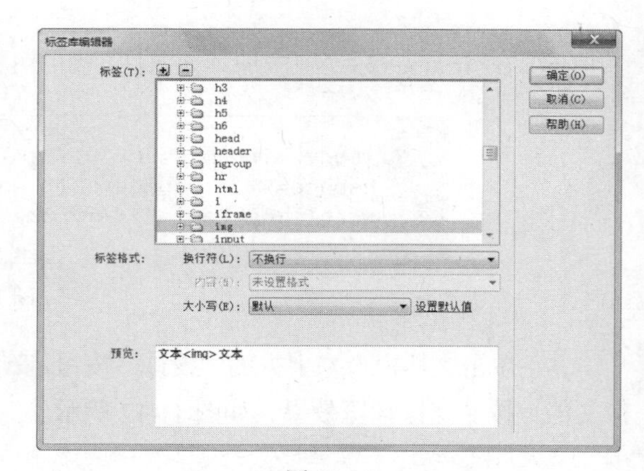

图 11-14

1．新建标签库

弹出“标签库编辑器”对话框，单击“加号”按钮[+]，在弹出的菜单中选择“新建标签库”命令，弹出“新建标签库”对话框，在“库名称”选项的文本框中输入一个名称，如图 11-15 所示，单击“确定”按钮完成设置。

2．新建标签

弹出“标签库编辑器”对话框，单击“加号”按钮[+]，在弹出的菜单中选择“新建标签”命令，弹出“新建标签”对话框，如图 11-16 所示。先在“标签库”选项的下拉列表中选择一个标签库，然后在“标签名称”选项的文本框中输入新标签的名称。若要添加多个标签，则输入这些标签的名称，中间以逗号和空格来分隔标签的名称，如“First Tags, Second Tags”。如果新的标签具有相应的结束标签（</...>），则选择“具有匹配的结束标签”复选框，最后单击“确定”按钮完成设置。

3．新建属性

“新建属性”命令为标签库中的标签添加新的属性。启用“标签库编辑器”对话框，单击“加号”按钮[+]，在弹出的菜单中选择“新建属性”命令，弹出“新建属性”对话框，如图 11-17 所示，设置对话框中的选项。一般情况下，在“标签库”选项的下拉列表中选择一个标签库，在“标签”选项的下拉列表中选择一个标签，在“属性名称”选项的文本框中输入新属性的名称。若要添加多个属性，则输入这些属性的名称，中间以逗号和空格来分隔标签的名称，如“width，height”，最后单击“确定”按钮完成设置。

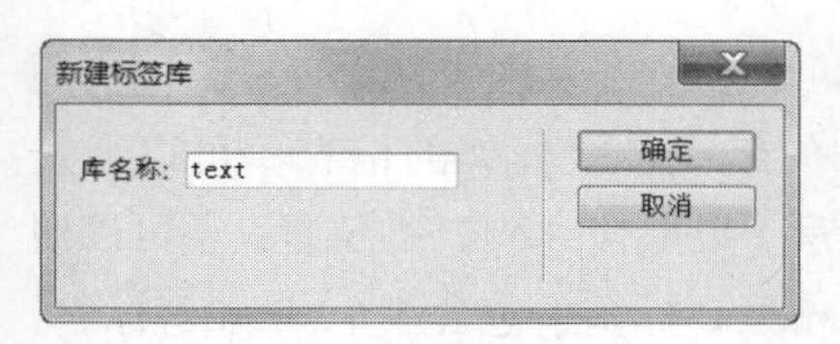

图 11-15

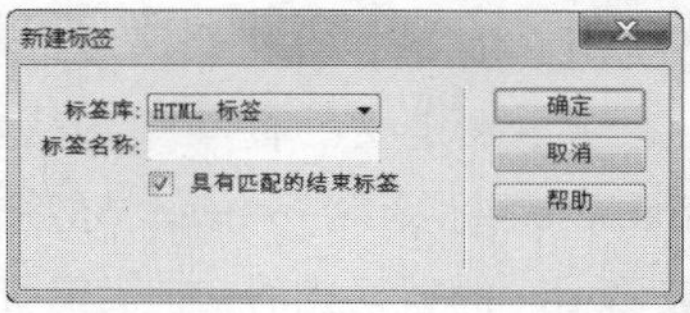

图 11-16

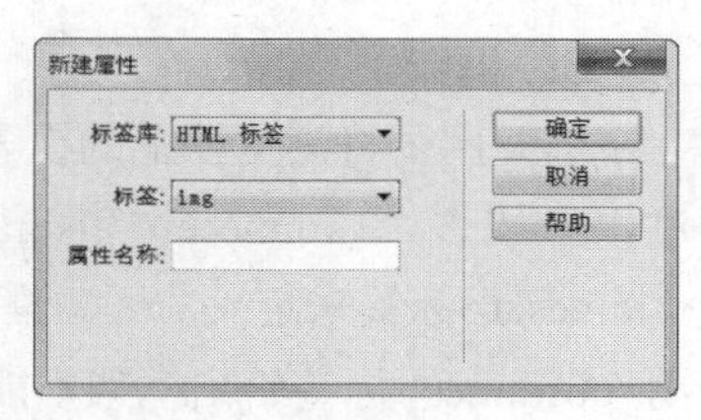

图 11-17

4．删除标签库、标签或属性

弹出“标签库编辑器”对话框。先在“标签”选项框中选择一个标签库、标签或属性，再单击“减号”按钮[−]，则将选中的项从“标签”选项框中删除，单击“确定”按钮关闭“标签库编辑器”对话框。

11.2 常用的 HTML 标签

HTML 是一种超文本标志语言，HTML 文件是被网络浏览器读取并产生网页的文件。常用的 HTML 标签有以下几种。

1．文件结构标签

文件结构标签包含<html>、<head>、<title>、<body>等。<html>标签用于标志页面的开始，它由文档头部分和文档体部分组成。浏览时只有文档体部分会被显示。<head>标签用于标志网页的开头部分，开头部分用以存载重要资讯，如注释、meta、和标题等。<title>标签用于标志页面的标题，浏览时在浏览器的标题栏上显示。<body>标签用于标志网页的文档体部分。

2．排版标签

在网页中有 4 种段落对齐方式：左对齐、右对齐、居中对齐和两端对齐。在 HTML 语言中，可以使用 ALIGN 属性来设置段落的对齐方式。

ALIGN 属性可以应用于多种标签，例如分段标签<p>、标题标签<hn>以及水平线标签<hr>等。ALIGN 属性的取值可以是：left（左对齐）、center（居中对齐）、right（右对齐）以及 justify（两边对齐）。两边对齐是指将一行中的文本在排满的情况下向左右两个页边对齐，以避免在左右页边出现锯齿状。

对于不同的标签，ALIGN 属性的默认值是有所不同的。对于分段标签和各个标题标签，ALIGN 属性的默认值为 left；对于水平线标签<hr>，ALIGN 属性的默认值为 center。若要将文档中的多个段落设置成相同的对齐方式，可将这些段落置于<div>和</div>标签之间组成一个节，并使用 ALIGN 属性来设置该节的对齐方式。如果要将部分文档内容设置为居中对齐，也可以将这部分内容置于<center>和</center>标签之间。

3．列表标签

列表分为无序列表、有序列表两种。<li>标签标志无序列表，如项目符号；<ol>标签标志有序列表，如标号。

4．表格标签

表格标签包括表格标签<table>、表格标题标签<caption>、表格行标签<tr>、表格字段名标签<th>、列标签<td>等几个标签。

5．框架

框架网页将浏览器上的视窗分成不同区域，在每个区域中都可以独立显示一个网页。框架网页通过一个或多个<frameset>和<frame>标签来定义。框架集包含如何组织各个框架的信息，可以通过<frameset>标签来定义。框架集<frameset>标签置于<head>标签之后，以取代<body>的位置，还可以使用<noframes>标签给出框架不能被显示时的替换内容。框架集<frameset>标签中包含多个<frame>标签，用以设置框架的属性。

6．图形标签

图形的标签为<img>，其常用参数是 src 和 alt 属性，用于设置图像的位置和替换文本。src 属性给出图像文件的 URL 地址，图像可以是 JPEG 文件、GIF 文件或 PNG 文件。alt 属性给出图像的简单文本说明，这段文本在浏览器不能显示图像时显示出来，或图像加载时间过长时先显示出来。

<img>标签不仅用于在网页中插入图像，也可以用于播放 Video for Windows 的多媒体文件（“*.avi”格式的文件）。若要在网页中播放多媒体文件，应在<img>标签中设置 dynsrc、start、loop、Controls 和 loopdelay 属性。

例如，将影片循环播放 3 次，中间延时 250 毫秒。

```
<img src="SAMPLE-S.GIF" dynsrc="SAMPLE-S.AVI" loop=3 loopdelay=250>
```

例如，在鼠标指针移到 AVI 播放区域之上时才开始播放 SAMPLE-S.AVI 影片。

```
<img src="SAMPLE-S.GIF" dynsrc="SAMPLE-S.AVI" start=mouseover>
```

7．链接标签

链接标签为<a>，其常用参数有，href 标志目标端点的 URL 地址，target 显示链接文件的一个窗口或框架，title 显示链接文件的标题文字。

8．表单标签

表单在 HTML 页面中起着重要作用，它是与用户交互信息的主要手段。一个表单至少应该包括说明性文字、用户填写的表格、提交和重填按钮等内容。用户填写了所需的资料之后，按下“提交”按钮，所填资料就会通过专门的 CGI 接口传到 Web 服务器上。网页的设计者随后就能在 Web 服务器上看到用户填写的资料，从而完成了从用户到作者之间的反馈和交流。

表单中主要包括下列元素：普通按钮、单选按钮、复选框、下拉式菜单、单行文本框、多行文本框、提交按钮、重填按钮。

9．滚动标签

滚动标签是<marquee>，它会将其文字和图像进行滚动，形成滚动字幕的页面效果。

10．载入网页的背景音乐标签

载入网页的背景音乐标签是<bgsound>，它可设定页面载入时的背景音乐。

11.3　脚本语言

脚本是一个包含源代码的文件，一次只有一行被解释或翻译成为机器语言。在脚本处理过程中，翻译每个代码行，并一次选择一行代码，直到脚本中所有代码都被处理完成。Web 应用程序经常使用客户端脚本，以及服务器端的脚本，本章讨论的是客户脚本。

用脚本创建的应用程序有代码行数的限制，一般小于 100 行。脚本程序较小，一般用“记事本”或在 Dreamweaver CC 的“代码”视图中编辑创建。

使用脚本语言主要有两个原因，一是创建脚本比创建编译程序快，二是用户可以使用文本编辑器快速、容易地修改脚本。而修改编译程序，必须有程序的源代码，而且修改了源代码以后，必须重新编译它，所有这些使得修改编译程序比脚本更加复杂而且耗时。

脚本语言主要包含接收用户数据、处理数据和显示输出结果数据 3 部分语句。计算机中最基本的操作是输入和输出，Dreamweaver CC 提供了输入和输出函数。InputBox 函数是实现输入效果的函数，它会弹出一个对话框来接收浏览者输入的信息。MsgBox 函数是实现输出效果的函数，它会弹出一个对话框显示输出信息。

有的操作要在一定条件下才能选择，这要用条件语句实现。对于需要重复选择的操作，应该使用循环语句实现。

11.4　响应 HTML 事件

前面已经介绍了基本的事件及其触发条件，现在讨论在代码中调用事件过程的方法。调用事件过程有 3 种方法，下面以在按钮上单击鼠标左键弹出欢迎对话框为例介绍调用事件过程的方法。

1．通过名称调用事件过程

```
<HTML>
    <HEAD>
    <TITLE>事件过程调用的实例</TITLE>
    <SCRIPT LANGUAGE=vbscript>
    <!--
    sub bt1_onClick()
      msgbox "欢迎使用代码实现浏览器的动态效果！"
    end sub
    -->
```

```
    </SCRIPT>
    </HEAD>
    <BODY>
      <INPUT name=bt1 type="button" value="单击这里">
    </BODY>
</HTML>
```

2. 通过 FOR/EVENT 属性调用事件过程

```
    <HTML>
    <HEAD>
    <TITLE>事件过程调用的实例</TITLE>
    <SCRIPT LANGUAGE=vbscript for="bt1" event="onclick">
    <!--
      msgbox "欢迎使用代码实现浏览器的动态效果！"
    -->
    </SCRIPT>
    </HEAD>
    <BODY>
      <INPUT name=bt1 type="button" value="单击这里">
    </BODY>
    </HTML>
```

3. 通过控件属性调用事件过程

```
    <HTML>
    <HEAD>
 <TITLE>事件过程调用的实例</TITLE>
 <SCRIPT LANGUAGE=vbscript >
 <!--
 sub msg()
 msgbox "欢迎使用代码实现浏览器的动态效果！"
 end sub
 -->
 </SCRIPT>
 </HEAD>
 <BODY>
 <INPUT name=bt1 type="button" value="单击这里" onclick="msg">
</BODY>
</HTML>
  <HTML>
  <HEAD>
  <TITLE>事件过程调用的实例</TITLE>
  </HEAD>
  <BODY>
      <INPUT name=bt1 type="button" value="单击这里" onclick='msgbox "欢
    迎使用代码实现浏览器的动态效果！"' language="vbscript">
  </BODY>
</HTML>
```

课后习题——精品房产网页

【习题知识要点】使用"页面属性"命令，改变页面的颜色，使用"IFRAME"按钮，制作浮动框架效果，如图 11-18 所示。

【素材所在位置】光盘/Ch11/素材/精品房产网页/images。

【效果所在位置】光盘/Ch11/效果/精品房产网页/index1.html。

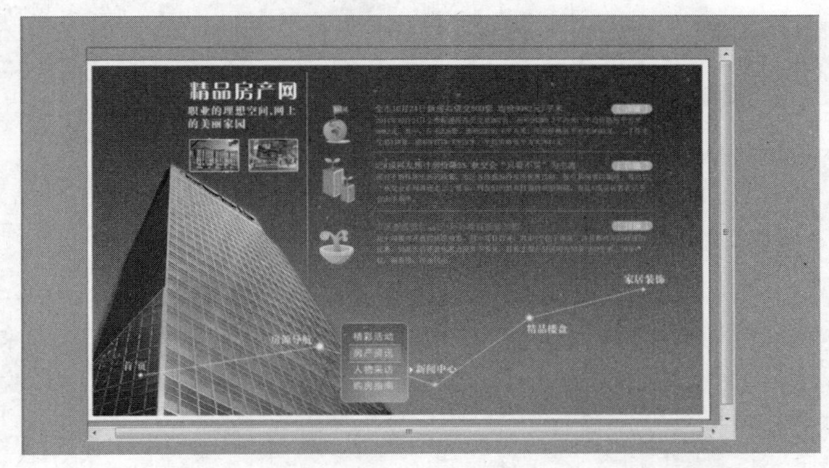

图 11-18

第12章 商业案例实训

本章介绍

本章的综合设计实训案例，是根据网页设计项目真实情境来训练学生如何利用所学知识完成网页设计项目。通过多个网页设计项目案例的演练，使学生进一步牢固掌握 Dreamweaver CC 的强大操作功能和使用技巧，并应用好所学技能制作出专业的网页设计作品。

学习目标

- 掌握表格布局的应用方法和技巧
- 掌握 CSS 样式命令的使用方法
- 掌握表单的创建方法和应用
- 掌握动画文件和图像文件的插入方法和应用
- 掌握超链接的方法和创建

技能目标

- 掌握个人网页——小飞飞的个人网页的制作方法。
- 掌握游戏娱乐——锋芒游戏网页的制作方法。
- 掌握休闲网页——户外运动网页的制作方法。
- 掌握房产网页——精品房产网页的制作方法。
- 掌握艺术网页——戏曲艺术网页的制作方法。

12.1 个人网页——小飞飞的个人网页

12.1.1　项目背景及要求

1．客户名称

小飞飞的父母。

2．客户需求

小飞飞父母要求根据小飞飞的成长轨迹制作个人网页，网页要求针对小飞飞成长过程中的点滴生活来进行设计制作，包含教育过程与成长知识等，内容全面，并且具有温馨的家庭气息，要求网页风格充满童真与童趣，以儿童的视角去进行设计与创作。

3．设计要求

（1）网页风格要求可爱、童真，表现出儿童的奇思妙想。

（2）由于家庭的喜好，网页要求多使用淡蓝色，使画面干净舒适。

（3）网页设计分类明确，注重细节的修饰。

（4）要符合儿童阳光向上、乐观开朗的特点。

（5）设计规格为 954 像素（宽）× 1043 像素（高）。

12.1.2　项目创意及流程

1．素材资源

图片素材所在位置："光盘/Ch12/素材/小飞飞的个人网页/images"。

文字素材所在位置："光盘/Ch12/素材/小飞飞的个人网页/text.txt"。

2．设计流程

本案例设计流程如图 12-1 所示。

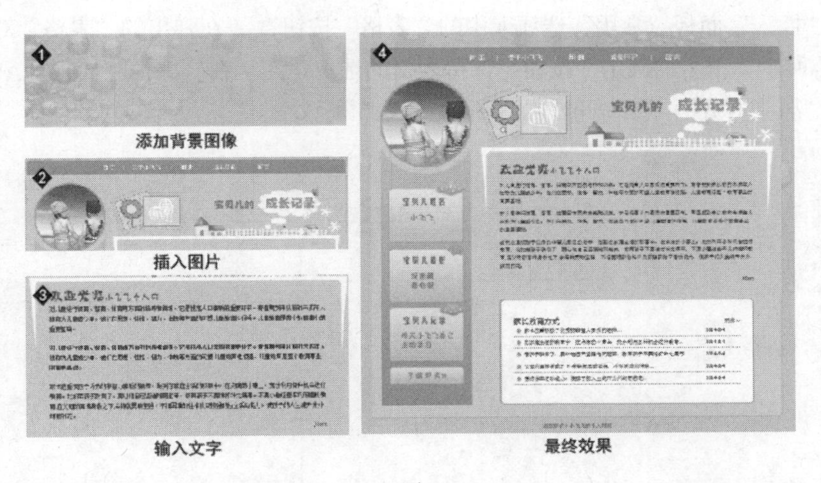

图 12-1

3．制作要点

使用“页面属性”命令，设置页面背景、边距和标题效果；使用“表格”按钮，插入表格进行页面布局；使用“CSS 样式”命令，美化页面效果。

12.1.3　案例制作及步骤

1．新建页面并插入表格

（1）按 Ctrl+N 组合键，新建一个空白页面。新建页面的初始名称为“Untitled-1.html”。选择“文件 > 保存”命令，弹出“另存为”对话框，在“保存在”选项的下拉列表中选择站点目录保存路径，在“文件名”选项的文本框中输入“index”，单击“保存”按钮，返回到编辑窗口。

（2）按 Ctrl+J 组合键，弹出“页面属性”对话框，在左侧“分类”选项列表中选择“外观（CSS）”，将“大小”设置为 12，单击“背景图像”选项右侧的“浏览”按钮，在弹出“选择图像源文件”对话框中选择“光盘 > Ch12 > 素材 > 小飞飞的个人网页 > images”文件夹中的“bg.jpg”文件，单击“确定”按钮，返回“页面属性”对话框，将“左边距”、“右边距”、“下边距”均设置为 0，“上边距”设置为 50，如图 12-2 所示。

（3）在左侧“分类”选项列表中选择“标题/编码”选项，在“标题”选项右侧的文本框中输入“小飞飞的个人网页”，如图 12-3 所示，单击“确定”按钮，完成页面属性的更改。

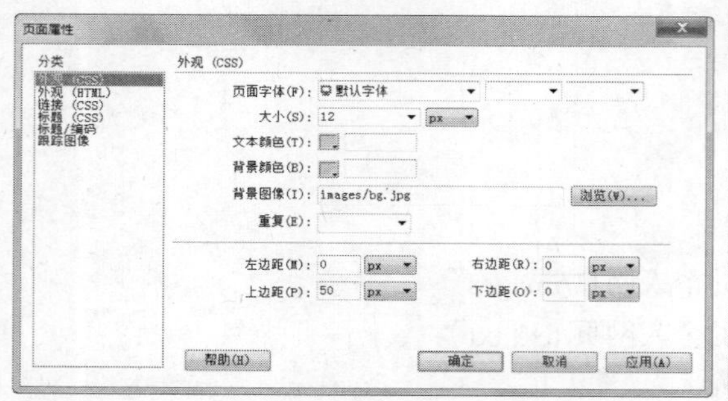

图 12-2

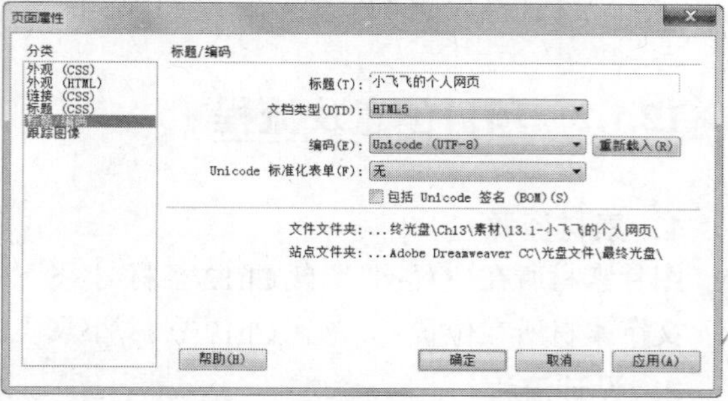

图 12-3

（4）单击“插入”面板“常用”选项卡中的“表格”按钮，在弹出的“表格”对话框中进行设置，如图 12-4 所示，单击“确定”按钮，保持表格的选取状态，在“属性”面板“Align”选项的下拉列表中选择“居中对齐”，效果如图 12-5 所示。

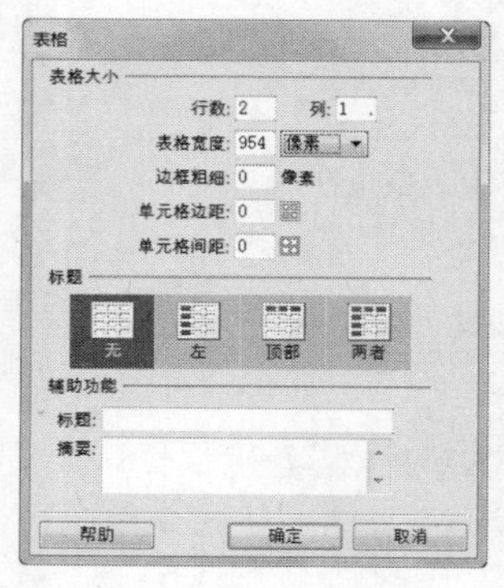

图 12-4

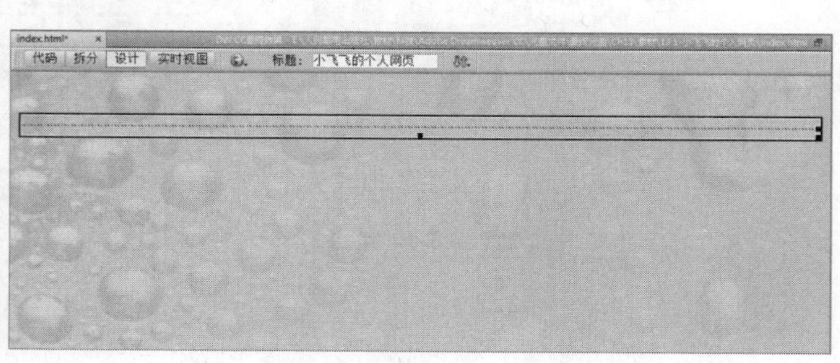

图 12-5

（5）选择“窗口 > CSS 设计器”命令，弹出“CSS 设计器”面板，按 Ctrl+Shift+Alt+P 组合键切换到“CSS 样式”面板。单击“新建 CSS 规则”按钮，在弹出的对话框中进行设置，如图 12-6 所示，单击“确定”按钮，弹出“.b1 的 CSS 规则定义”对话框，在左侧“分类”列表中选择“背景”，单击“Background-image”选项右侧的“浏览”按钮，在弹出的“选择图像源文件”对话框中选择“光盘 > Ch12 > 素材 > 小飞飞的个人网页 > images”文件夹中的“b_bg.png”文件，单击“确定”按钮，返回到对话框中，如图 12-7 所示，单击“确定”按钮完成设置。

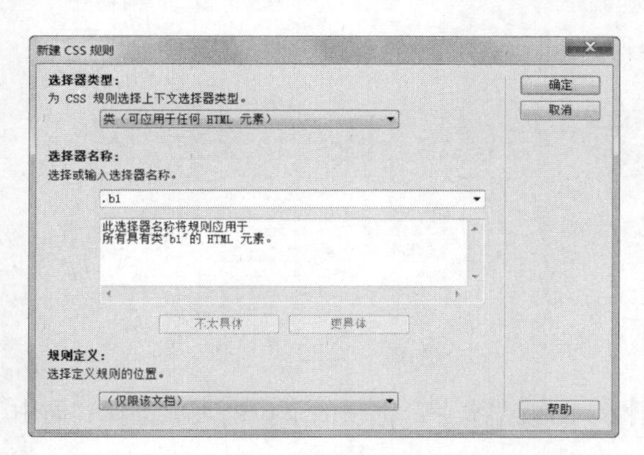

图 12-6

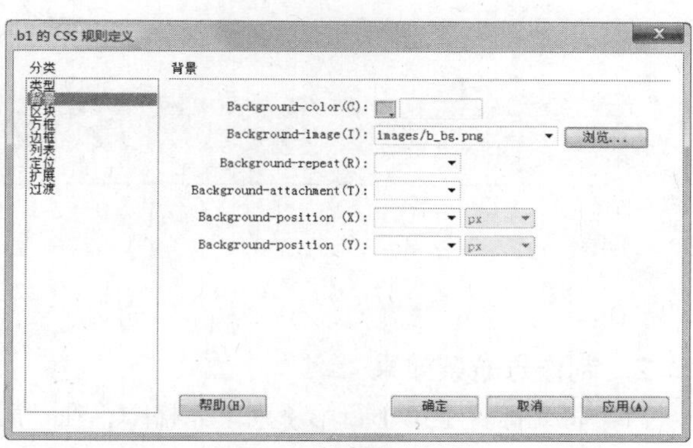

图 12-7

（6）将光标置于第 1 行单元格中，在“属性”面板“类”选项的下拉列表中选择“b1”，“垂直”选项的下拉列表中选择“顶端”，将“高”设置为 885，如图 12-8 所示，效果如图 12-9 所示。

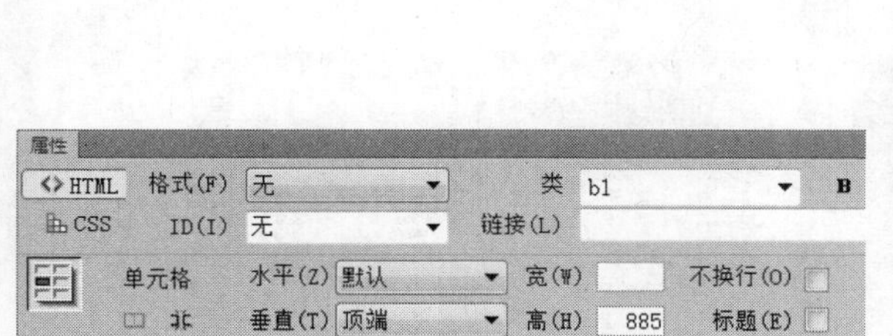

图 12-8

图 12-9

（7）单击“插入”面板“常用”选项卡中的“表格”按钮，弹出“表格”对话框，将“行数”设置为 5，“列”设置为 2，“表格宽度”设置为 953，“边框粗细”、“单元格边距”和“单元格间距”均设置为 0，完成表格的插入，效果如图 12-10 所示。

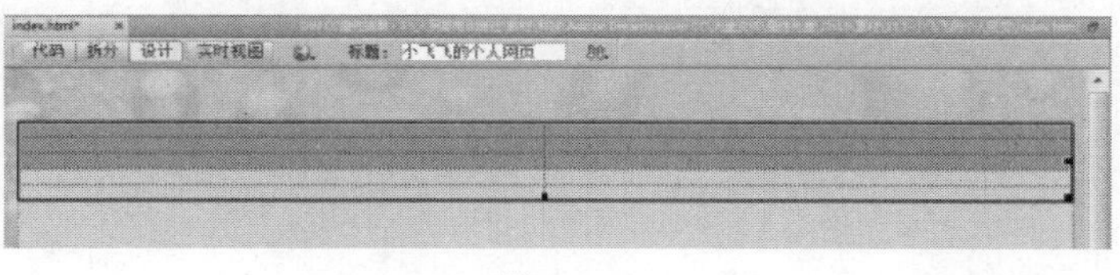

图 12-10

（8）选中如图 12-11 所示的单元格，单击“属性”面板中的“合并所选单元格，使用跨度”按钮，将选中的单元格合并。使用相同的方法制作出如图 12-12 所示的效果。

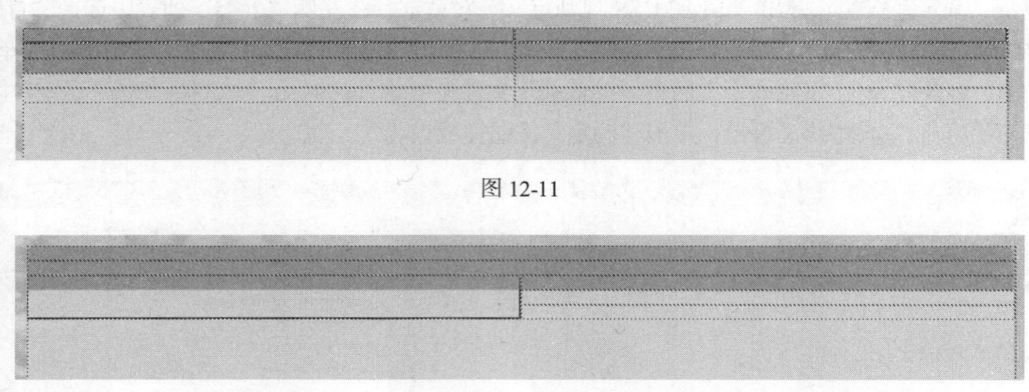

图 12-11

图 12-12

2．制作导航条效果

（1）将光标置于第 1 行第 1 列单元格中，在“属性”面板“水平”选项的下拉列表中选择“居中对齐”，将“高”设置为 45。

（2）在单元格中输入如图 12-13 所示的文字。选中如图 12-14 所示的文字，在“属性”面板“格式”选项的下拉列表中选择“段落”，如图 12-15 所示。

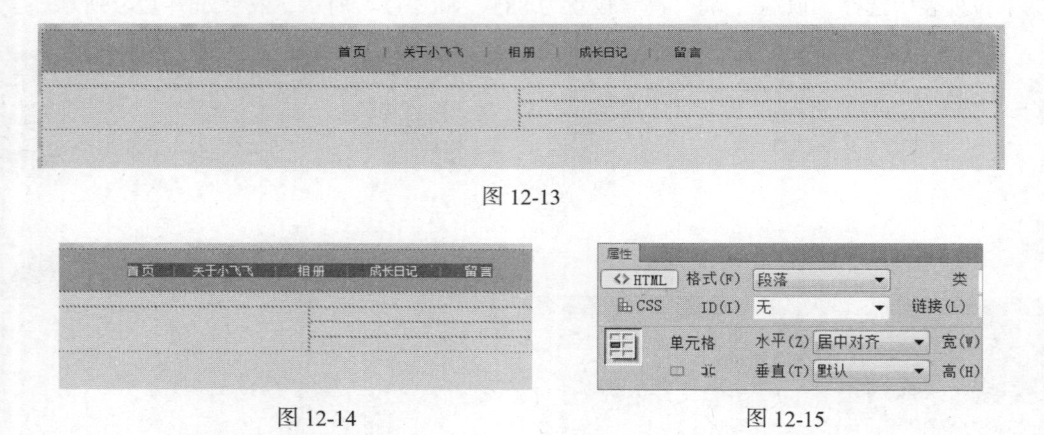

图 12-13

图 12-14　　图 12-15

（3）保持文字的选取状态，在“属性”面板“目标规则”选项的下拉列表中选择“<新内联样式>”，“大小”设置为 16、“Color”设置为白色，效果如图 12-16 所示。

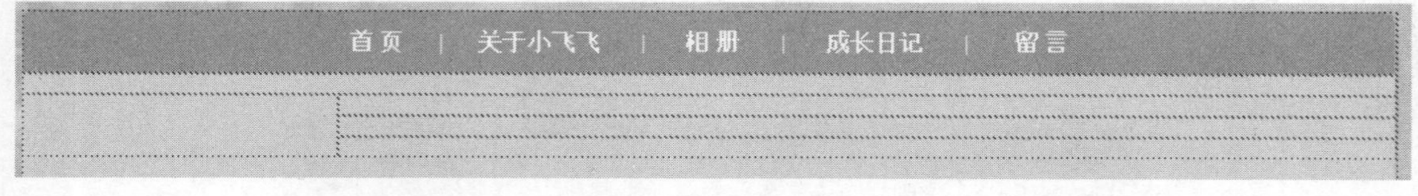

图 12-16

3．插入图片

（1）将光标置于第 2 行第 2 单元格中，在“属性”面板中，将“高”设置为 23。

（2）将光标置于第 3 行第 1 列单元格中，在“属性”面板“水平”选项的下拉列表中选择“右对齐”选项，将“宽”设置为 235。

（3）单击“插入”面板“常用”选项卡中的“图像”按钮，在弹出的“选择图像源文件”对话框中选择“光盘 > Ch12 > 素材 > 小飞飞的个人网页 > images”文件夹中的“left.jpg”文件，单击“确定”按钮，完成图像的插入，效果如图 12-17 所示。

（4）用相同的方法将图像“img_04.jpg”插入到其他单元格中，效果如图 12-18 所示。

图 12-17

图 12-18

（5）单击“新建 CSS 规则”按钮，在弹出的对话框中进行设置，如图 12-19 所示，单击“确定”按钮，弹出“.b2 的 CSS 规则定义”对话框，在左侧“分类”列表中选择“背景”选项，单击“Background-image”选项右侧的“浏览”按钮，在弹出的“选择图像源文件”对话框中选择“光盘 > Ch12 > 素材 > 小飞飞的个人网页 > images”文件夹中的“img_07.jpg”文件，单击“确定”按钮，返回到对话框中，如图 12-20 所示，单击“确定”按钮完成设置。

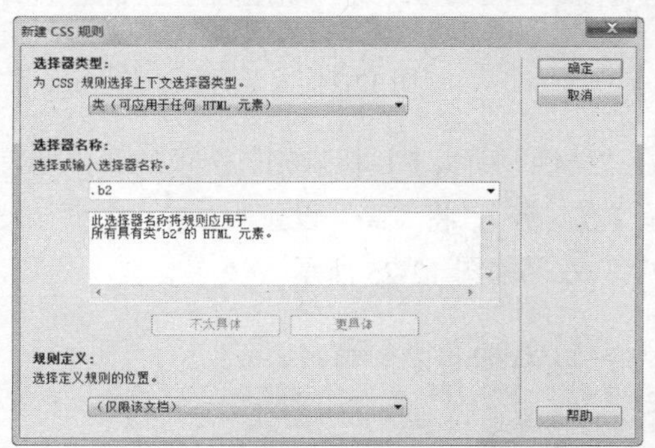

图 12-19

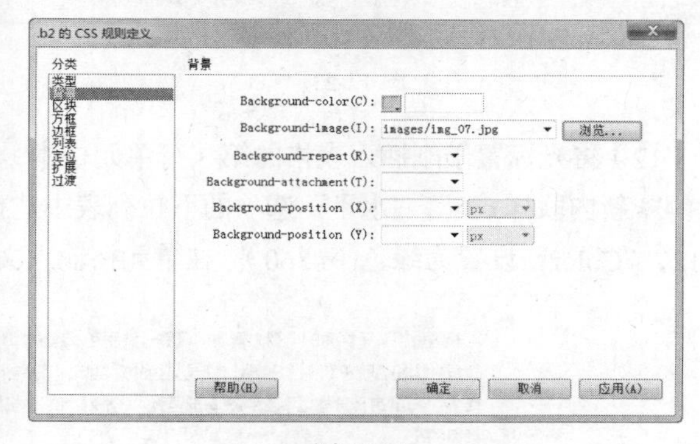

图 12-20

（6）将光标置于第 4 行第 2 列单元格中，在“属性”面板“类”选项的下拉列表中选择“b2”，将“高”设置为 360。

（7）单击“插入”面板“常用”选项卡中的“表格”按钮，弹出“表格”对话框，将“行数”设置为 3，“列”设置为 1，“表格宽度”设置为 590，“边框粗细”、“单元格边距”和“单元格间距”均设置为 0，单击“确定”按钮，完成表格的插入。保持表格的选取状态，在“属性”面板“Align”选项的下拉列表中选择“居中对齐”，效果如图 12-21 所示。

（8）将光标置于刚插入表格的第 1 行单元格中，单击“插入”面板“常用”选项卡中的“图像”按

钮 ，在弹出的“选择图像源文件”对话框中选择“光盘 > Ch12 > 素材 > 小飞飞的个人网页 > images”文件夹中的“title.jpg”文件，单击“确定”按钮，完成图像的插入，效果如图 12-22 所示。

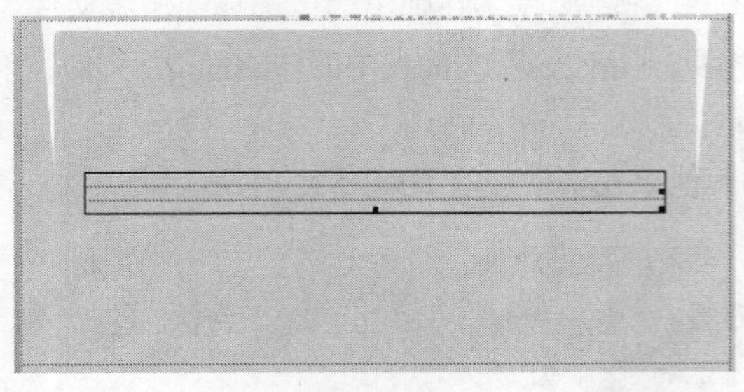

图 12-21

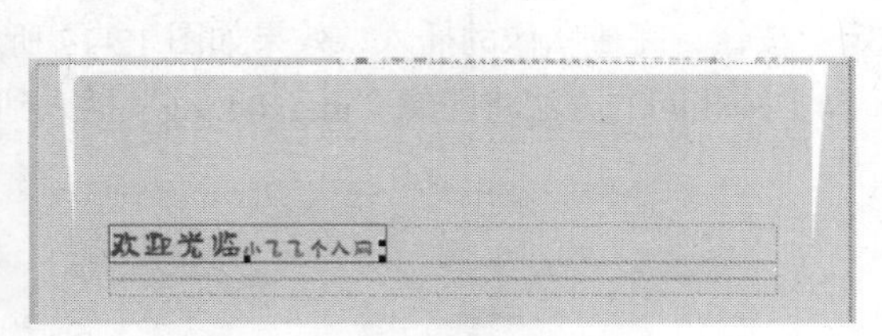

图 12-22

（9）将光标置于刚插入表格的第 2 行单元格中，输入文字，如图 12-23 所示。

（10）单击“新建 CSS 规则”按钮 ，在弹出的对话框中进行设置，单击“确定”按钮，弹出“.text1 的 CSS 规则定义”对话框，在左侧“分类”列表中选择“类型”，将“Line-heihth”设置为 150%，单击“确定”按钮完成设置。

（11）选中如图 12-24 所示的文字，在“属性”面板“类”选项的下拉列表中选择“text1”，应用样式。

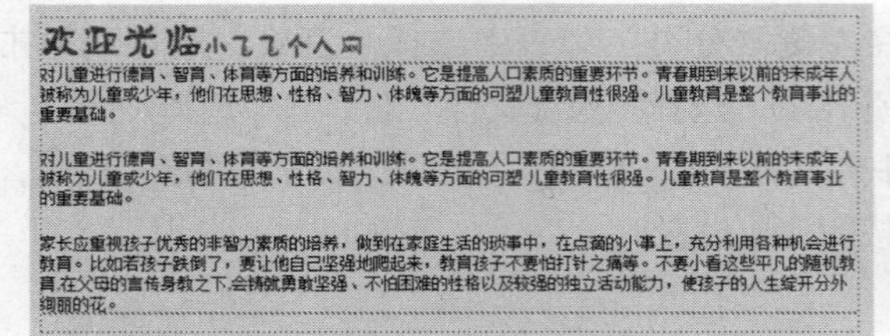

图 12-23

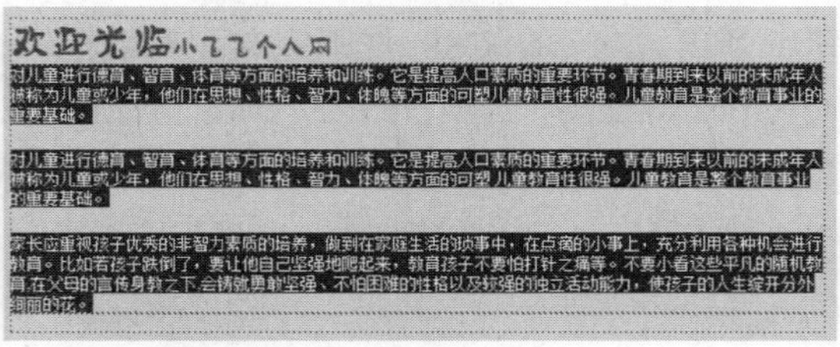

图 12-24

（12）将光标置于刚插入表格的第 3 行单元格中，在“属性”面板“目标规则”选项的下拉列表中选择“<新内联样式>”，“水平”选项的下拉列表中选择“右对齐”，将“高”设置为 20，“大小”设置为 12，“Color”设置为绿色（#360）。在单元格输入文字，效果如图 12-25 所示。

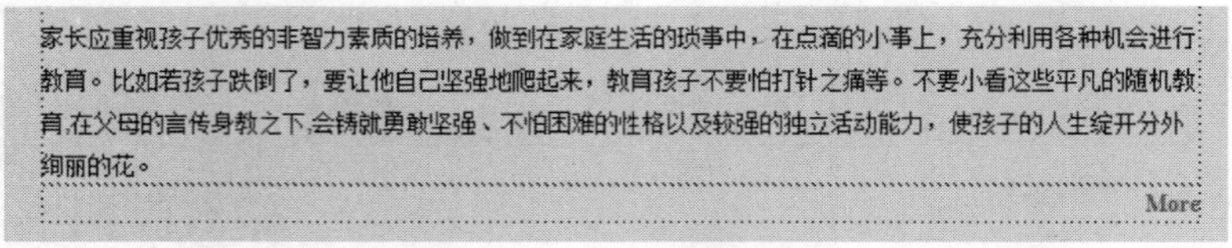

图 12-25

4．添加“家长教育方式”

（1）将光标置于第 5 行第 2 列的单元格中，在“属性”面板中将“高”设置为 257。

（2）单击“插入”面板“常用”选项卡中的“表格”按钮 ，在弹出的“表格”对话框中进行设置，如图 12-26 所示，单击“确定”按钮，完成表格的插入。保持表格的选取状态，在“属性”面板“Align”选项的下拉列表中选择“居中对齐”，效果如图 12-27 所示。

（3）单击“新建 CSS 规则”按钮 ，在弹出的对话框中进行设置，单击“确定”按钮，弹出“.b3

的 CSS 规则定义”对话框，在左侧“分类”列表中选择“背景”选项，单击“Background-image”选项右侧的“浏览”按钮，在弹出的“选择图像源文件”对话框中选择“光盘 > Ch12 > 素材 > 小飞飞的个人网页 > images”文件夹中的“img_12.jpg”文件，单击“确定”按钮，返回到对话框中，单击“确定”按钮完成设置。

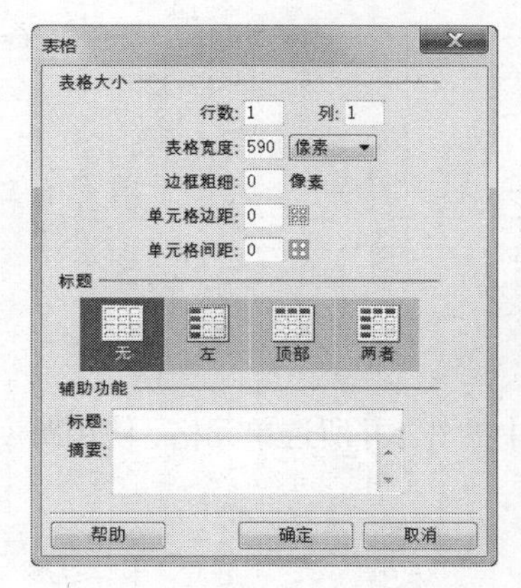

图 12-26

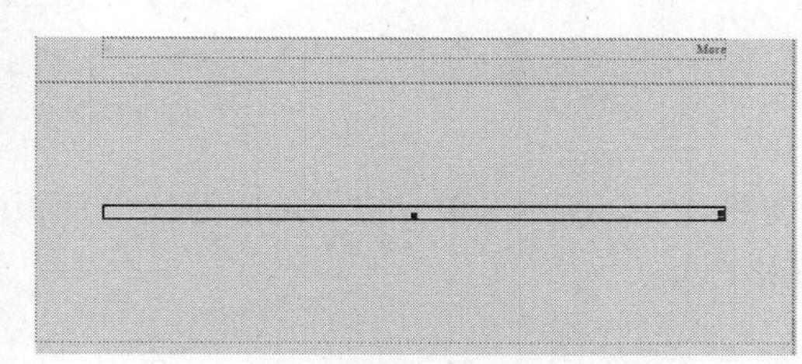

图 12-27

（4）将光标置于刚插入表格的第 1 行第 1 列单元格中，在“属性”面板“类”选项的下拉列表中选择“b3”，将“高”设置为 255，效果如图 12-28 所示。

（5）单击“插入”面板“常用”选项卡中的“表格”按钮，弹出“表格”对话框，将“行数”设置为 2，“列”设置为 2，“表格宽度”设置为 527，“边框粗细”、“单元格边距”和“单元格间距”均设置为 0，单击“确定”按钮，完成表格的插入。保持表格的选取状态，在“属性”面板“Align”选项的下拉列表中选择“居中对齐”，效果如图 12-29 所示。

图 12-28　　　　图 12-29

（6）单击“新建 CSS 规则”按钮，在弹出的对话框中进行设置，单击“确定”按钮，弹出“.text2 的 CSS 规则定义”对话框，在左侧“分类”列表中选择“类型”，将“Font-family”设置为“方正兰亭黑简体”、“Font-size”设置为 18，单击“确定”按钮完成样式的创建。

（7）将光标置于如图 12-30 所示的单元格中，在“属性”面板“类”选项的下拉列表中选择“text2”，应用样式。输入文字，效果如图 12-31 所示。

（8）将光标置于如图 12-32 所示的单元格中，在“属性”面板“目标规则”选项的下拉列表中选择“<新内联样式>”，“水平”选项的下拉列表中选择“右对齐”、“大小”设置为 12、“Color”设置为橙色（#f60）。在单元格中输入文字，效果如图 12-33 所示。

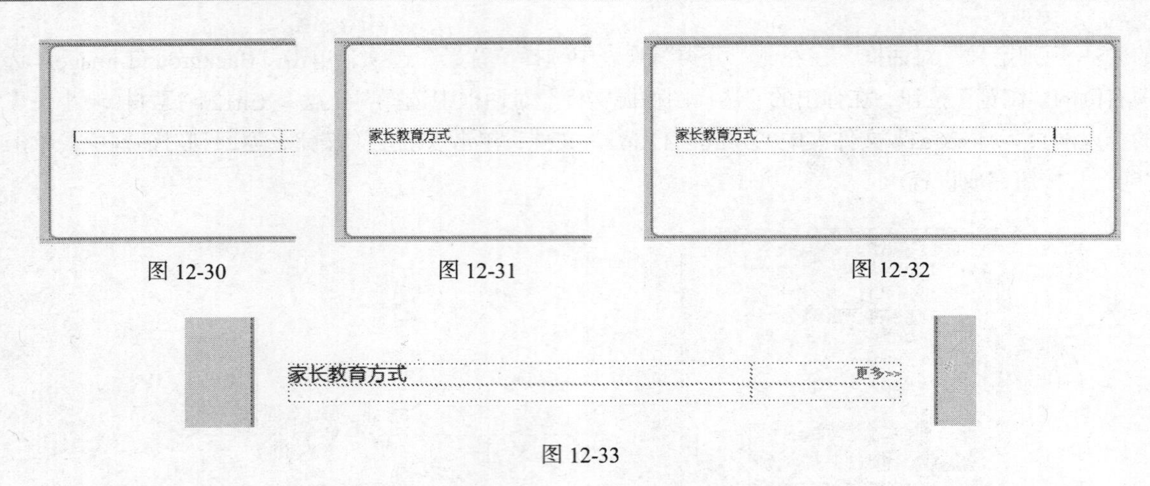

图 12-30　　图 12-31　　图 12-32

图 12-33

（9）选中如图 12-34 所示的单元格，单击“属性”面板中的“合并所选单元格，使用跨度”按钮，将选中的单元格合并。

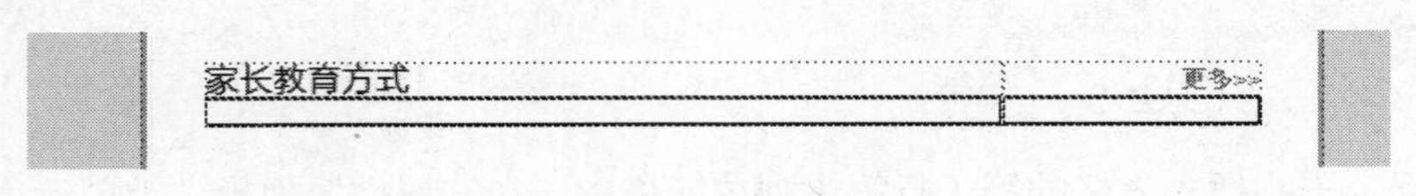

图 12-34

（10）将光标置于如图 12-35 所示的单元格中，单击“插入”面板“常用”选项卡中的“表格”按钮，在弹出的“表格”对话框中进行设置，如图 12-36 所示，单击“确定”按钮，完成表格的插入，效果如图 12-37 所示。

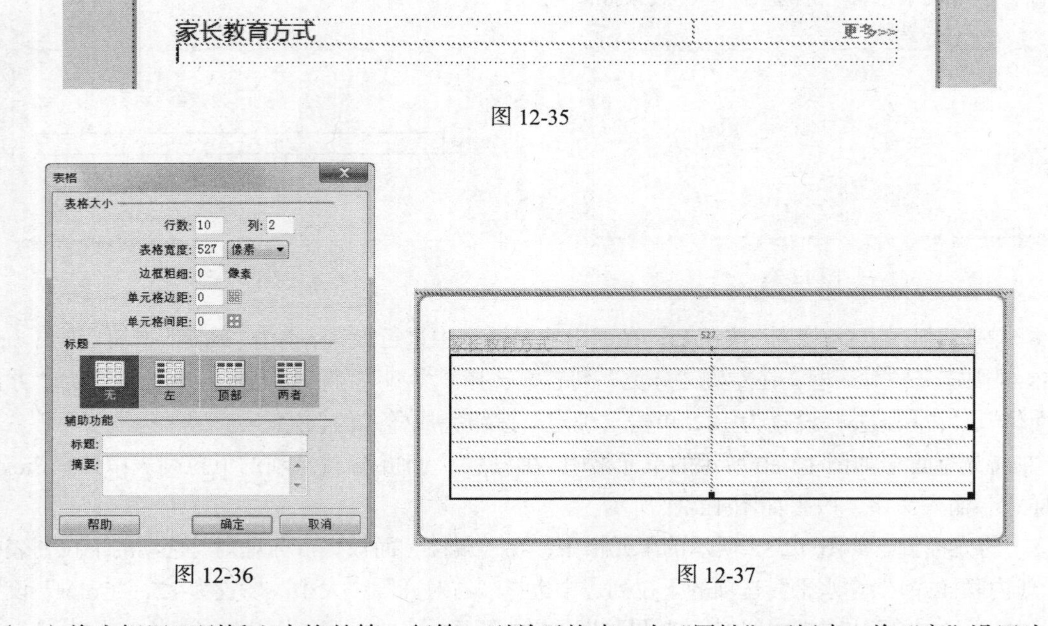

图 12-35

图 12-36　　图 12-37

（11）将光标置于刚插入表格的第 1 行第 1 列单元格中，在“属性”面板中，将“宽”设置为 427，按 Enter 键，确定文字的输入。

（12）将光标置于刚插入表格的第 1 行第 2 列单元格中，在“属性”面板中，将“宽”设置为 100，按 Enter 键，确定文字的输入。

（13）选中如图 12-38 所示的单元格，在“属性”面板“水平”选项的下拉列表中选择“水平居中”，如图 12-39 所示。

图 12-38

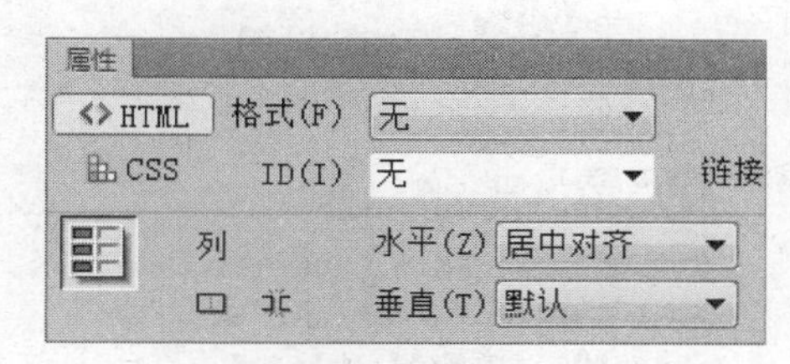

图 12-39

（14）将光标置于刚插入表格的第 1 行第 1 列单元格中，输入文字，如图 12-40 所示。用相同的方法在其他单元格中输入文字，效果如图 12-41 所示。

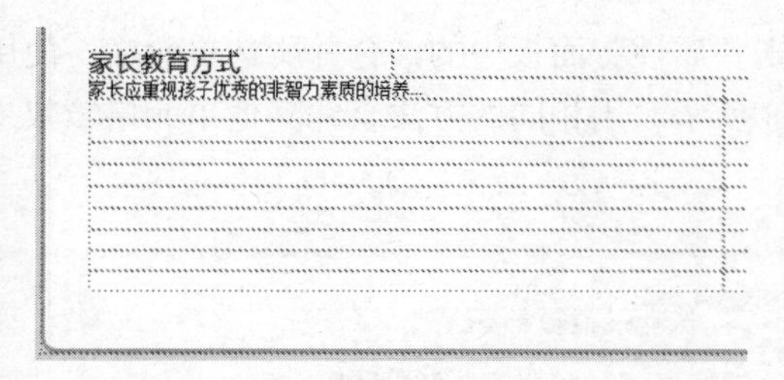

图 12-40

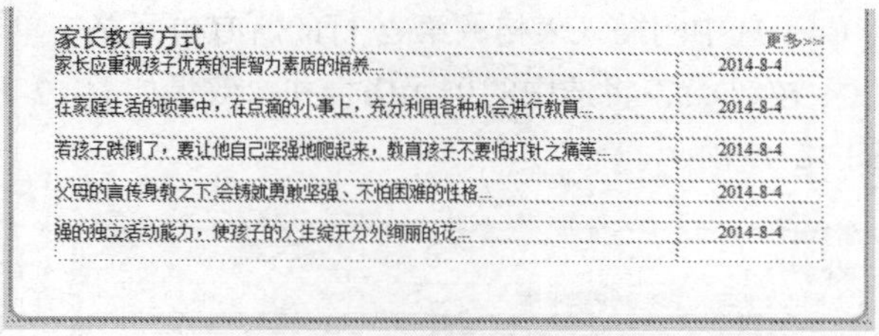

图 12-41

5．插入图像并设置图像的对齐方式

（1）将光标置于如图 12-42 所示的文字前面，单击“插入”面板“常用”选项卡中的“图像”按钮，在弹出的“选择图像源文件”对话框中选择“光盘 > Ch12 > 素材 > 小飞飞的个人网页 > images”文件夹中的“biao.jpg”文件，单击“确定”按钮，完成图像的插入，效果如图 12-43 所示。

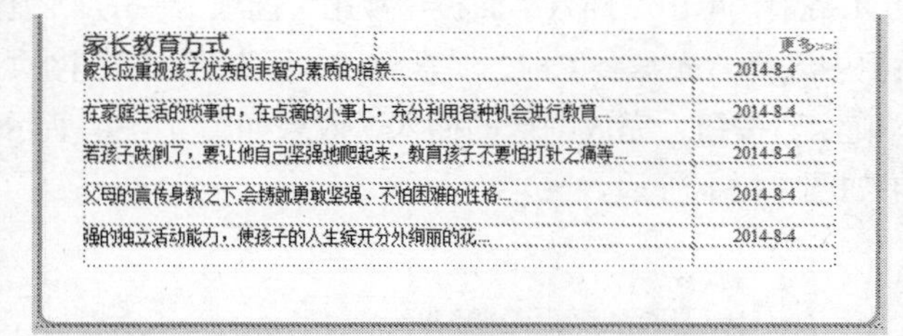

图 12-42

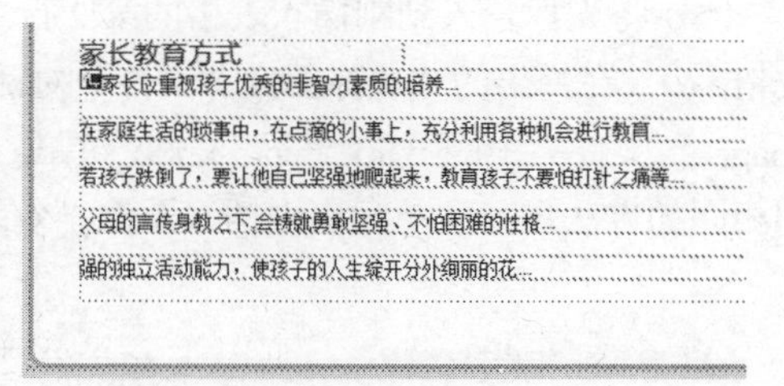

图 12-43

（2）单击文档窗口左上方的“拆分”按钮 拆分，在“拆分”视图窗口中的“alt=""”代码后面置入光标，如图 12-44 所示，手动输入“hspace="5" vspace="5" align="absmiddle"”代码，如图 12-45 所示。

（3）单击文档窗口左上方的“设计”按钮 设计，“设计”视图中的效果如图 12-46 所示。用相同的方法在其他文字的前面添加图像，效果如图 12-47 所示。

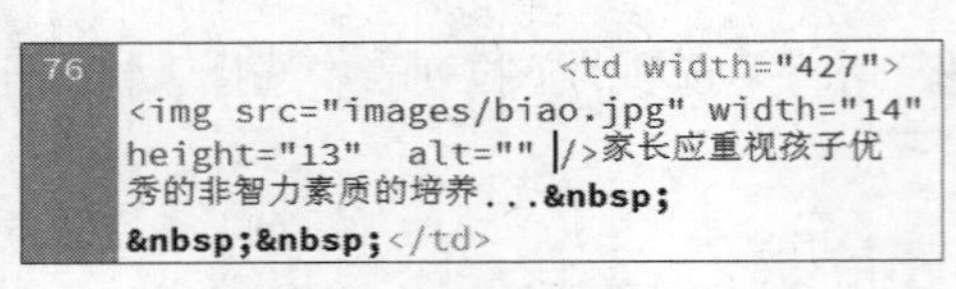

```
76              <td width="427">
<img src="images/biao.jpg" width="14"
height="13"  alt="" />家长应重视孩子优
秀的非智力素质的培养... 
  </td>
```

图 12-44

```
76                <td width="427">
<img src="images/biao.jpg" width="14"
height="13"  alt="" hspace="5" vspace=
"5" align="absmiddle"/>家长应重视孩子
优秀的非智力素质的培养... 
  </td>
```

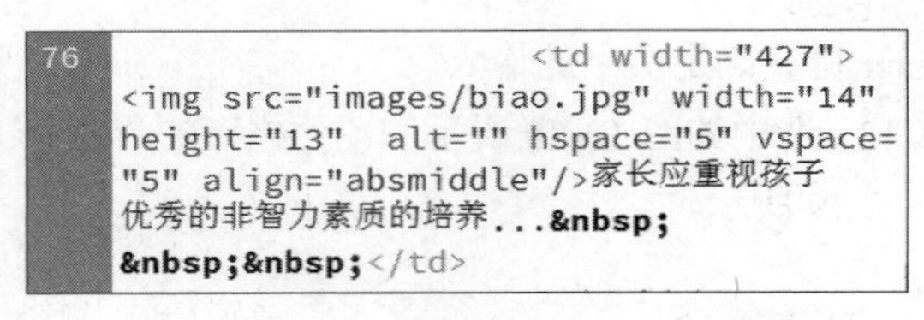

图 12-45

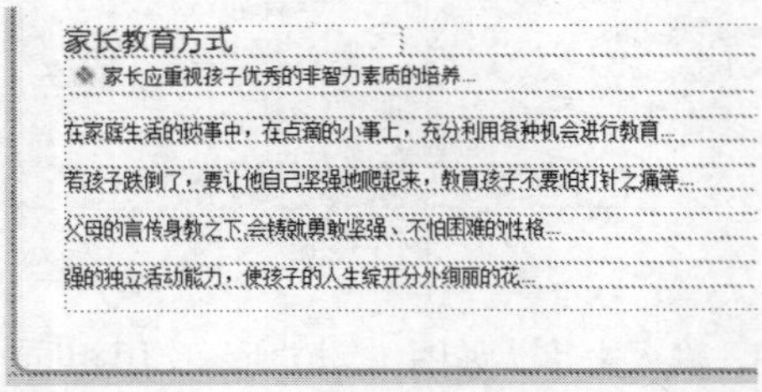

图 12-46

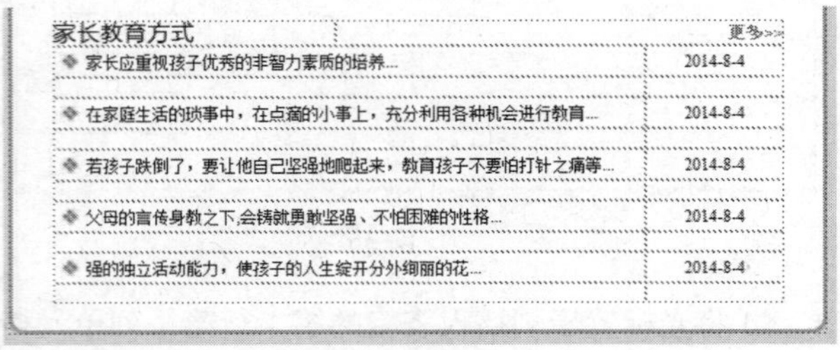

图 12-47

（4）选中刚插入表格的第 2 行的所有单元格，单击“属性”面板中的“合并所选单元格，使用跨度”按钮，将选中的单元格合并，效果如图 12-48 所示。用相同的方法合并其他单元格，效果如图 12-49 所示。

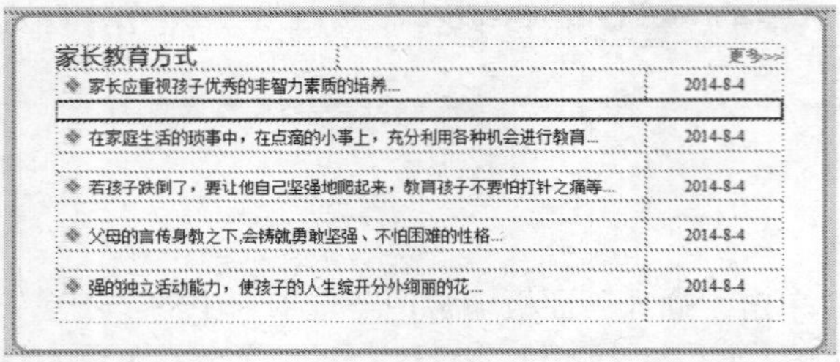

图 12-48

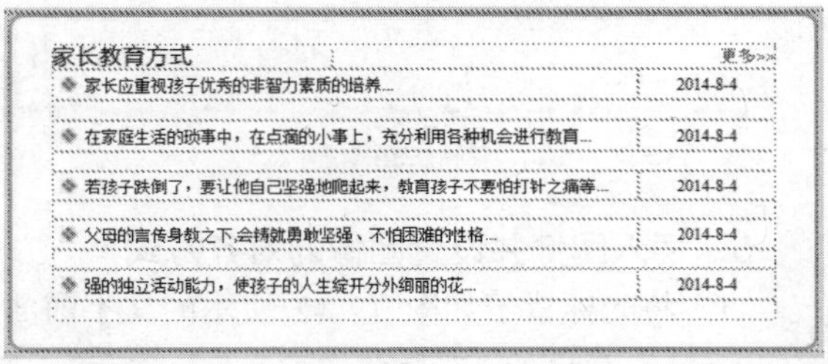

图 12-49

（5）将光标置入到刚插入表格的第 2 行单元格中，单击“插入”面板“常用”选项卡中的“图像”按钮，在弹出的“选择图像源文件”对话框中选择“光盘 > Ch12 > 素材 > 小飞飞的个人网页 > images”文件夹中的“line.jpg”文件，单击“确定”按钮，完成图像的插入，效果如图 12-50 所示。用相同的方法在其他单元格中插入图像，效果如图 12-51 所示。

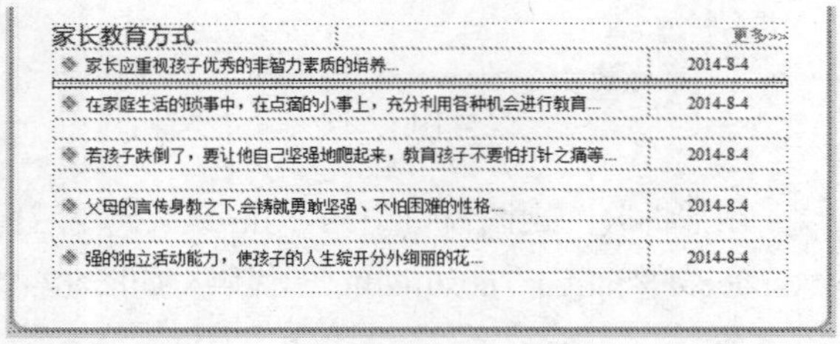

图 12-50

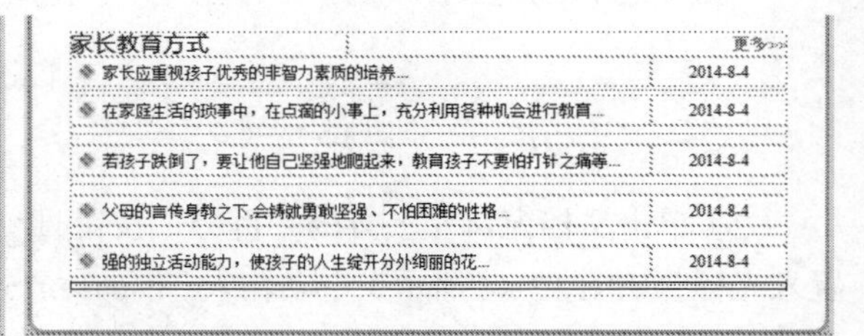

图 12-51

6．制作底部效果

（1）将光标置于主表格的最后一行单元格中，在“属性”面板“目标规则”选项的下拉列表中选择“<新内联样式>”，“水平”选项的下拉列表中选择“居中对齐”，“垂直”选项的下拉列表中选择“顶端”，将“高”设置为 100，“大小”设置为 12，“Color”设置为深绿色（#5f858d）。

（2）按 Shift+Enter 组合键，将光标切换到下一行，输入文字，效果如图 12-52 所示。

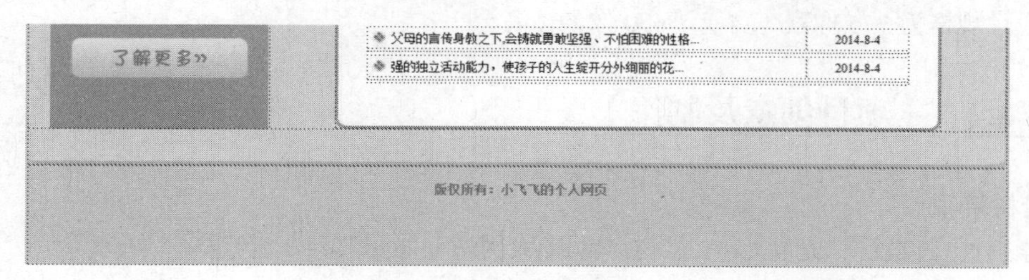

图 12-52

（3）保存文档，按 F12 键预览效果，如图 12-53 所示。

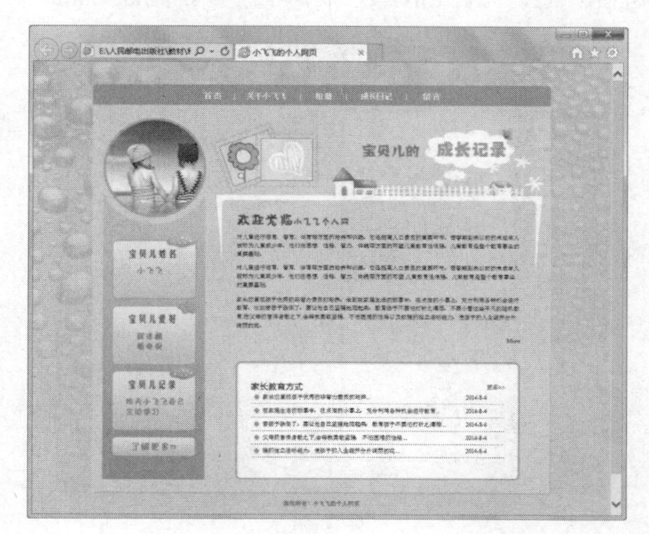

图 12-53

课堂练习 1——李明个人网站

练习 1.1　【项目背景及要求】

1．客户名称

李明。

2．客户需求

李明是一名专业的摄影师，为了使更多的人认识和了解他以及分享其摄影成果，需要制作一个个人网站，网站内容包括个人资料、个人作品、摄影日志等，内容全面，具有独特的个性和个人特色。

3．设计要求

（1）网页风格要求具有艺术与时尚感。

（2）设计要求具有张扬的设计，等够凸显个性。

（3）网页设计分类明确，注重细节的修饰。

（4）使用蓝绿黑三色进行搭配，并且摄影图片进行装饰。

（5）设计规格为 775 像素（宽）×670 像素（高）。

练习 1.2 【项目创意及制作】

1. 素材资源

图片素材所在位置："光盘/Ch12/素材/李明个人网站/images"。

文字素材所在位置："光盘/Ch12/素材/李明个人网站/text.txt"。

2. 作品参考

设计作品参考效果所在位置："光盘/Ch12/效果/李明个人网站/index.html"，效果如图 12-54 所示。

图 12-54

3. 制作要点

使用"页面属性"命令，设置页面字体大小、背景颜色和页面边距；使用"表格"按钮，插入表格；使用"图像"按钮，插入图像；使用"CSS 样式"命令，设置文字的颜色和行距的显示效果。

课堂练习 2——张美丽的个人网页

练习 2.1 【项目背景及要求】

1. 客户名称

张美丽。

2. 客户需求

张美丽是一名动画设计师，为了认识更多的朋友，并且分享自己的见闻，需要制作个人网站，网站内容包括个人的基本资料、日志、相册、留言等版面，内容丰富，体现出女生的活泼可爱的特点。

3．设计要求

（1）网页风格要求具有青春与活泼的感觉。

（2）网页的色彩搭配明快丰富。

（3）网页设计分类明确，注重细节的修饰。

（4）画面使用动画图案进行装饰，体现其个人特色。

（5）设计规格为 950 像素（宽）× 780 像素（高）。

练习 2.2 【项目创意及制作】

1．素材资源

图片素材所在位置："光盘/Ch12/素材/张美丽的个人网页/images"。

文字素材所在位置："光盘/Ch12/素材/张美丽的个人网页/text.txt"。

2．作品参考

设计作品参考效果所在位置："光盘/Ch12/效果/张美丽的个人网页/index.html"，效果如图 12-55 所示。

图 12-55

3．制作要点

使用"页面属性"命令，设置页面字体大小、背景颜色和页面边距；使用"表格"按钮，插入表格；使用"图像"按钮，插入图像；使用"表单"命令，插入文本字段、密码文本域和按钮。

课后习题 1——张发的个人网页

习题 1.1 【项目背景及要求】

1．客户名称

张发。

2．客户需求

张发是一名专业的摄影师，为了使更多的人认识和了解他以及分享其摄影成果，需要制作一个个人网站，网站内容包括个人资料、个人作品、摄影日志等，内容全面，具有独特的个性和个人特色。

3．设计要求

（1）网页风格要求具有艺术与时尚感。

（2）设计要求具有张扬的设计，能够凸显个性。

（3）网页设计分类明确，注重细节的修饰。

（4）使用黑白绿三色进行搭配，以及摄影图片进行装饰。

（5）设计规格为 982 像素（宽）× 940 像素（高）。

习题 1.2 【项目创意及制作】

1．素材资源

图片素材所在位置："光盘/Ch12/素材/张发的个人网页/images"。

文字素材所在位置："光盘/Ch12/素材/张发的个人网页/text.txt"。

2．作品参考

设计作品参考效果所在位置："光盘/Ch12/效果/张发的个人网页/index.html"，效果如图 12-56 所示。

3．制作要点

使用"页面属性"命令，设置页面边距；使用"表格"按钮，插入表格；使用"图像"按钮，插入图像；使用"CSS 样式"命令，设置文字的颜色。

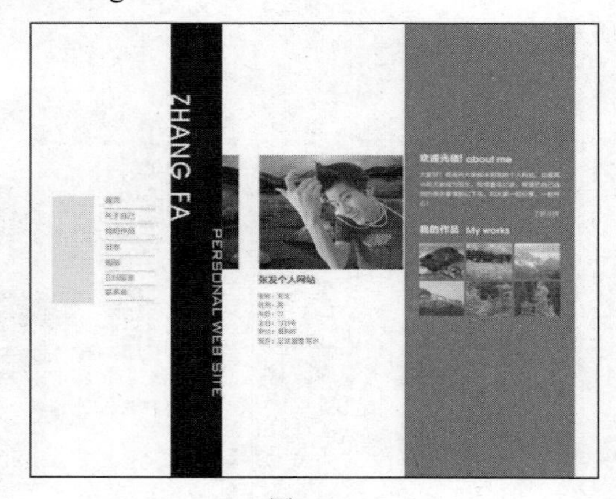

图 12-56

课后习题 2——李梅的个人网站

习题 2.1 【项目背景及要求】

1．客户名称

李梅。

2．客户需求

李梅是一名年轻时尚的女孩，她乐观开朗并且希望得到更多人的关注和喜爱，想要制作个人网站，网站内容包括个人资料、日记、相册等，能够体现她的特点，并且引人注目。

3．设计要求

（1）网页的风格能够体现年轻女性的活力与时尚的特色。

（2）主页设计具有创意，别具一格，能够吸引大众的视线。

（3）网页设计细节处理精细，使人感受到其心意。

（4）网页使用粉色作为画面的主色调，体现其少女感。

（5）设计规格为 1150 像素（宽）×1002 像素（高）。

习题 2.2　【项目创意及制作】

1．素材资源

图片素材所在位置："光盘/Ch12/素材/李梅的个人网站/images"。

文字素材所在位置："光盘/Ch12/素材/李梅的个人网站/text.txt"。

2．作品参考

设计作品参考效果所在位置："光盘/Ch12/效果/李梅的个人网站/index.html"，效果如图 12-57 所示。

3．制作要点

使用"页面属性"命令，设置页面边距及背景颜色；使用"表格"按钮，插入表格；使用"图像"按钮，插入图像；使用"CSS 样式"命令，设置文字的颜色及表格背景图像。

图 12-57

12.2　游戏娱乐——锋芒游戏网页

12.2.1　项目背景及要求

1．客户名称

锋芒游戏公司。

2．客户需求

锋芒游戏公司是一家新成立的互动娱乐软件公司，主要经营各种电子游戏的开发、出版以及销售业务。目前需要制作公司网站，为前期的宣传做准备，该网页主要内容为公司研发的几款小游戏，要求能够表现公司的特点，达到宣传效果。

3．设计要求

（1）网页的风格具有可爱清新的风格特色。

（2）画面使用卡通的图案进行搭配，体现小游戏的趣味与放松。

（3）色彩搭配清爽干净，让人感到舒适。

（4）使用卡通图案装饰画面，具有童趣。

（5）设计规格为 980 像素（宽）×980 像素（高）。

12.2.2　项目创意及流程

1．素材资源

图片素材所在位置："光盘/Ch12/素材/锋芒游戏网页/images"。

文字素材所在位置："光盘/Ch12/素材/锋芒游戏网页/text.txt"。

2．设计流程

本案例设计流程如图 12-58 所示。

图 12-58

3．制作要点

使用"页面属性"命令，设置页面背景和边距；使用"表格"按钮，插入表格进行页面布局；使用"CSS 样式"命令，美设置列表；使用"SWF"按钮，插入 flash 动画效果。

12.2.3　案例制作及步骤

1．制作网页背景效果并插入图像

（1）选择"文件 > 新建"命令，新建空白文档。选择"文件 > 保存"命令，弹出"另存为"对话框。在"保存在"选项的下拉列表中选择当前站点目录保存路径，在"文件名"选项的文本框中输入"index"，单击"保存"按钮，返回网页编辑窗口。

（2）选择"修改 > 页面属性"命令，弹出"页面属性"对话框，在左侧的"分类"选项列表中国选择"外观（CSS）"，将"大小"设置为 12，单击"背景图像"选项右侧的"浏览"按钮，在弹出的"选择图像源文件"对话框中选择"光盘 > Ch12 > 素材 > 锋芒游戏网页 > images"文件夹中的"bg.jpg"文件，单击"确定"按钮，返回到"页面属性"对话框，将"上边距"、"下边距"、"左边距"和"右边距"均设置为 0，单击"确定"按钮，完成页面属性的修改。

（3）在"插入"面板"常用"选项卡中单击"表格"按钮，弹出"表格"对话框中，将"行数"设置为 5，"列"设置为 1，"表格宽度"设置为 980，"边框粗细"、"单元格边距"和"单元格间距"均设置为 0，单击"确定"按钮，完成表格的插入。保持表格的选取状态，在"属性"面板"Align"

选项的下拉列表中选择“居中对齐”，效果如图 12-59 所示。

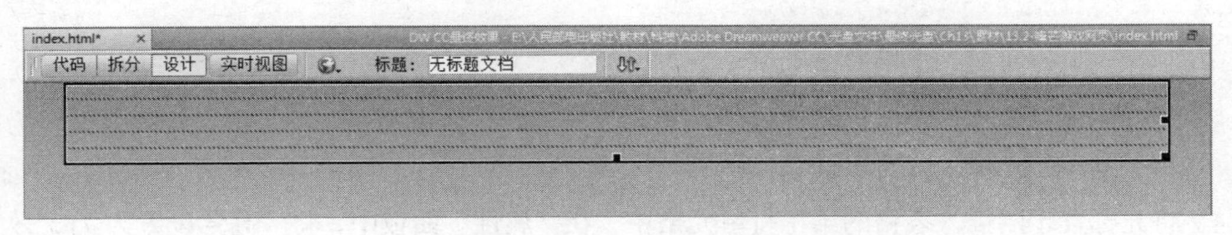

图 12-59

（4）将光标置于第 1 行单元格中，单击“插入”面板“常用”选项卡中的“图像”按钮，在弹出的“选择图像源文件”对话框中选择“光盘 > Ch12 > 素材 > 锋芒游戏网页 > images”文件夹中的“top.jpg”，单击“确定”按钮完成图片的插入，如图 12-60 所示。

（5）将“光盘 > Ch12 > 素材 > 锋芒游戏网页 > images”文件夹中的“center.jpg”文件插入到第 2 行单元格中，效果如图 12-61 所示。

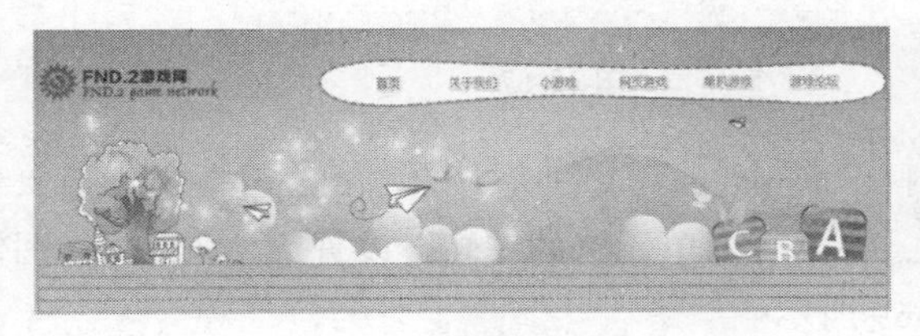

图 12-60

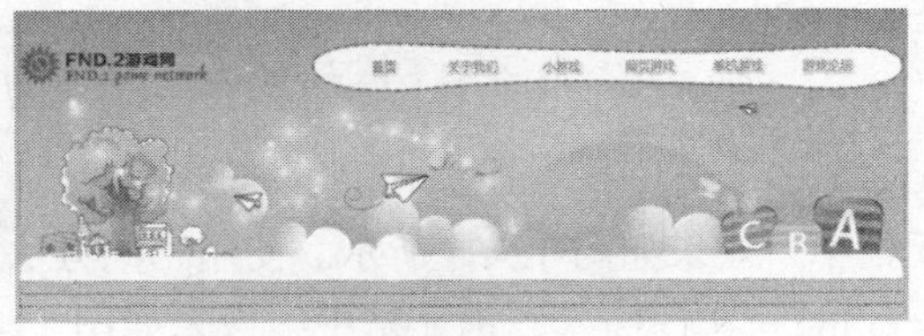

图 12-61

（6）同时选中第 3 行、第 4 行和第 5 行单元格，在“属性”面板中，将“背景颜色”设置为白色（#FFF），效果如图 12-62 所示。

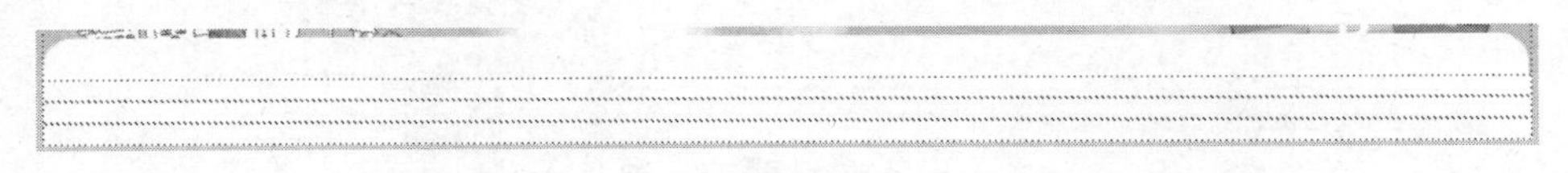

图 12-62

2. 制作项目列表图标

（1）将光标置于第 3 行单元格中，在“属性”面板中，单击“拆分单元格为行或列”按钮，在弹出的“拆分单元格”对话框中进行设置，如图 12-63 所示，单击“确定”按钮，第 3 行单元格被拆分为 3 列，效果如图 12-64 所示。

图 12-63　　　　图 12-64

（2）将光标置于第 3 行第 1 列单元格中，在“属性”面板“垂直”下拉列表中选择“顶部”，将“高”设置为 300；将第 2 列单元格宽度设置为 10，第 3 列单元格宽度设置为 670，效果如图 12-65 所示。

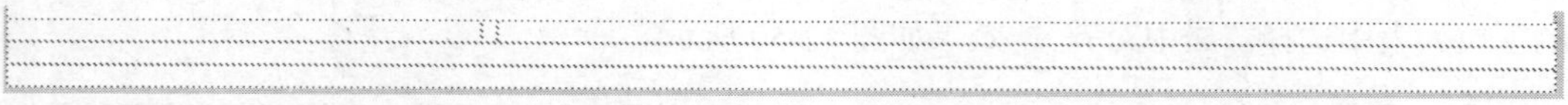

图 12-65

（3）将光标置于第 3 行第 1 列单元格中，插入 3 行 1 列，像素为 207 的表格，将表格设置为居中对齐，效果如图 12-66 所示。

（4）将光标置于刚插入表格的第 1 行单元格中，在“属性”面板中，将“高”设置为 71，效果如图 12-67 所示。

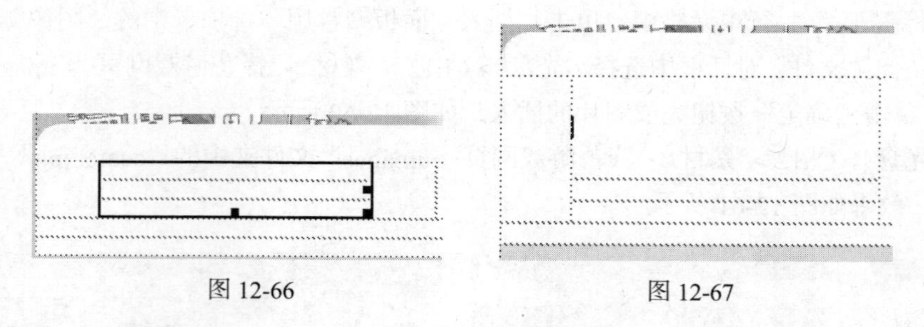

图 12-66　　图 12-67

（5）将“光盘 > Ch12 > 素材 > 锋芒游戏网页 > images”文件夹中的“title.jpg”文件插入到单元格中，效果如图 12-68 所示。使用相同方法，将第三行单元格的“高”设置为 145，并将图像“lxwm.jpg”文件插入到单元格中，效果如图 12-69 所示。

（6）将光标置于第 2 行单元格中，在“属性”面板“垂直”下拉列表中选择“顶部”，将“高”设置为 130，并在该行中输入段落文字，效果如图 12-70 所示。

图 12-68　　图 12-69　　图 12-70

（7）选择“窗口 > CSS 设计器”命令，弹出“CSS 设计器”面板，按 Ctrl+Shift+Alt+T 组合键切换到“CSS 样式”面板。单击面板下方的“新建 CSS 规则”按钮，在弹出的“新建 CSS 规则”对话框中进行设置，单击“确定”按钮，弹出“.lb 的 CSS 规则定义”对话框，在左侧的“分类”选项列表中选择“类型”，在“Font-weigth”选项的下拉列表中选择“bold”、将“Line-height”设置为 24px、将“Color”设置为灰色（#666666），如图 12-71 所示。

（8）在左侧的“分类”选项列表中选择“列表”，单击“List-style-image”选项右侧的“浏览”按钮，在弹出的“选择图像源文件”对话框中，选择“光盘 > Ch12 > 素材 > 锋芒游戏网页 > images”文件夹中的“li.jpg”文件，单击“确定”按钮，返回到“.lb 的 CSS 规则定义”对话框，如图 12-72 所示，单击“确定”按钮，完成样式的创建。

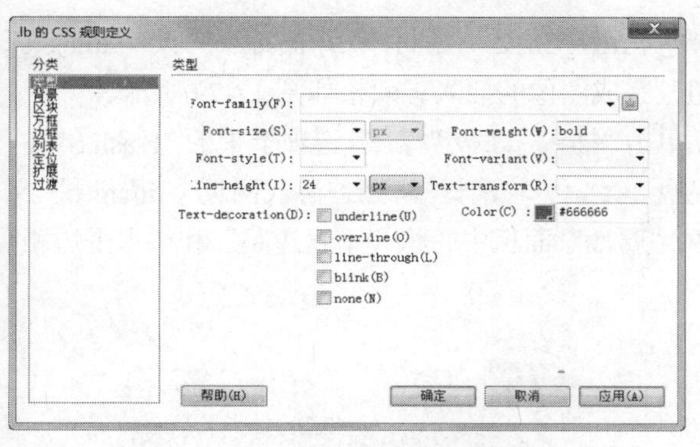

图 12-71

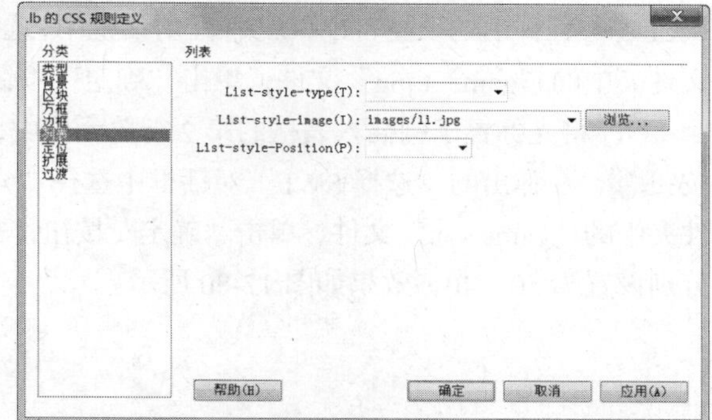

图 12-72

（9）选中如图 12-73 所示的文字，单击“属性”面板中的“项目列表”按钮，将选中的文字转为无需列表，效果如图 12-74 所示。

（10）保持文字的选取状态，在“属性”面板“类”选项的下拉列表中选择“lb”，应用样式，效果如图 12-75 所示。

图 12-73　　图 12-74　　图 12-75

3．为单元格添加滤镜样式

（1）将光标置于如图 12-76 所示的单元格中，单击“插入”面板“常用”选项卡中单击“图像”按钮，在弹出的“选择图像源文件”对话框中选择“光盘 > Ch12 > 素材 > 锋芒游戏网页 > images”文件夹中的“s_line.jpg”，单击“确定”按钮完成图片的插入，如图 12-77 所示。

（2）将光标置于第 3 列单元格中，单击“插入”面板“常用”选项卡中的“表格”按钮，插入一个 2 行 1 列、宽为 617 像素的表格，效果如图 12-78 所示。

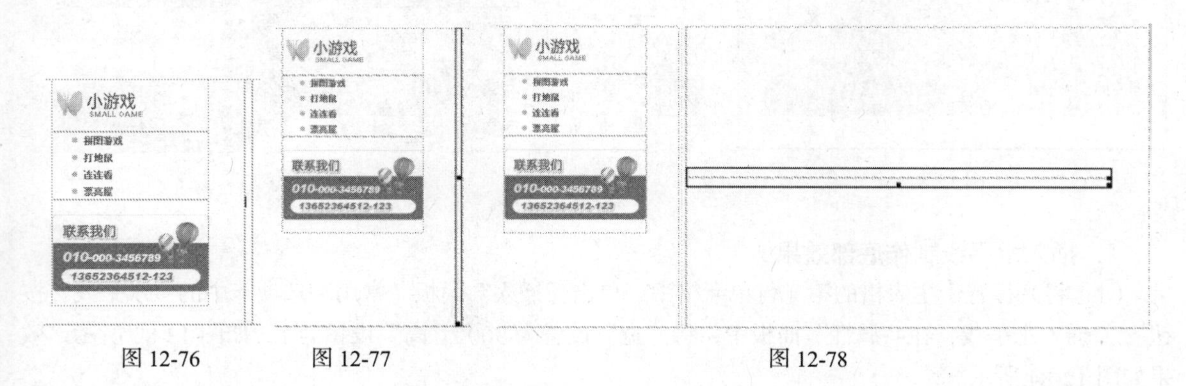

图 12-76　　图 12-77　　图 12-78

（3）将光标置于刚插入表格的第 1 行单元格中，单击“插入”面板“常用”选项卡中的“图像”

按钮，在弹出的“选择图像源文件”对话框中，选择“光盘> Ch12 > 素材 > 锋芒游戏网页 > images”文件夹中的“game_t.jpg”文件，单击“确定”按钮，完成图像的插入，效果如图 12-79 所示。

（4）将光标置于刚插入表格的第 2 行单元格中，单击“插入”面板“媒体”选项卡中的“Flash SWF”按钮，在弹出的“选择 SWF”对话框中选择“光盘 > Ch12 > 素材 > 锋芒游戏网页 > images”文件夹中的“game.swf”文件，单击“确定”按钮，在“属性”面板中，将“垂直边距”和“水平边距”分别设置为 50、40，效果如图 12-80 所示。

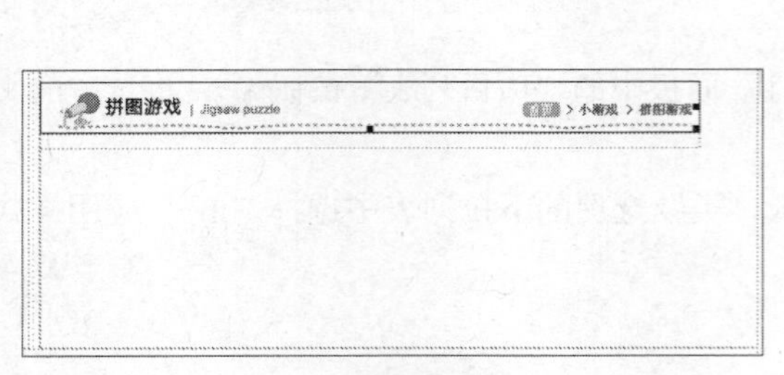

图 12-79

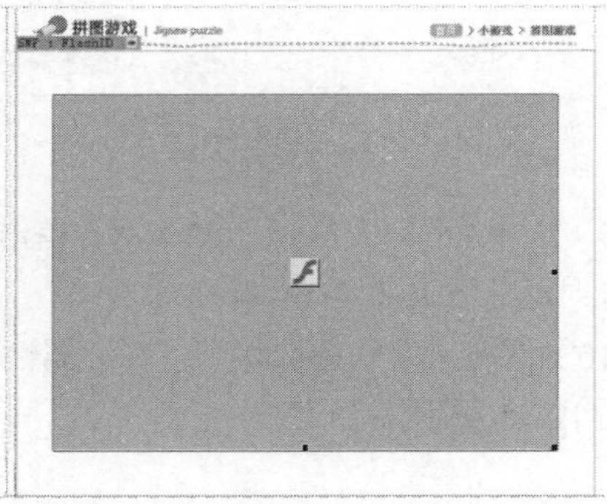

图 12-80

（5）单击“CSS 样式”面板下方的“新建 CSS 规则”按钮，在弹出“新建 CSS 样式”面板中进行设置，单击“确定”按钮，弹出“.ty 的 CSS 规则定义”对话框，在左侧“分类”列表中选择“扩展”，在“Filter”下拉列表中选择“Glow”滤镜，设置参数值为“Glow(Color= #999999, Strength=5)”单击“确定”按钮，完成样式的创建。

（6）按住 Ctrl 键的同时，单击动画文件所在的单元格，将单元格选中，如图 12-81 所示，在“属性”面板“类”选项的下拉列表中选择“ty”，如图 12-82 所示，应用 CSS 样式。

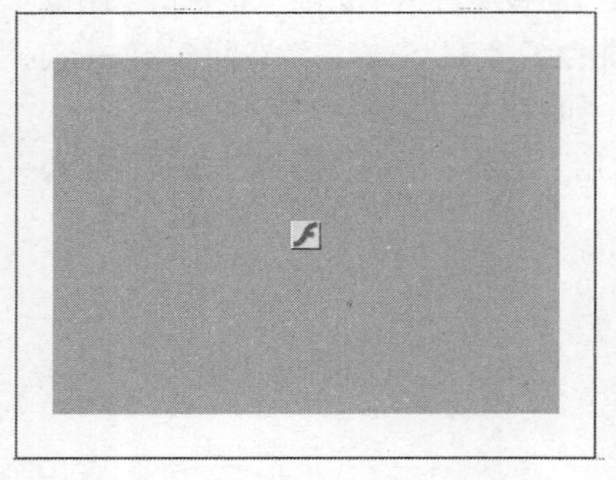

图 12-81

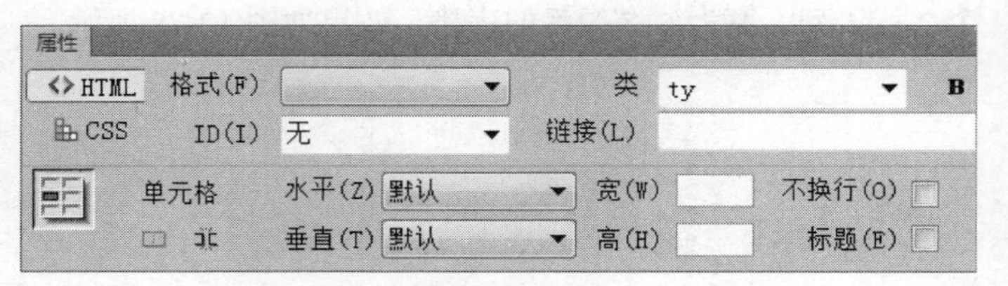

图 12-82

4．插入水平线制作底部效果

（1）将光标置于主表格的第 4 行单元格中，单击“插入”面板“常用”选项卡中的“水平线”按钮，插入水平线，在“属性”面板中，将“宽”设置为 900、“高”设置为 1，如图 12-83 所示，效果如图 12-84 所示。

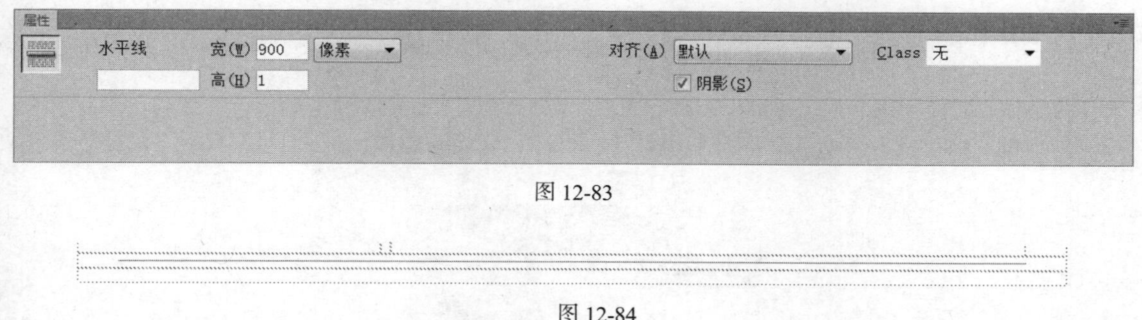

图 12-83

图 12-84

（2）将最后一行单元格的高度设置为 100，效果如图 12-85 所示。在该单元格中插入一个 3 行 2 列、宽为 756 像素的表格，将表格设置为居中对齐，效果如图 12-86 所示。

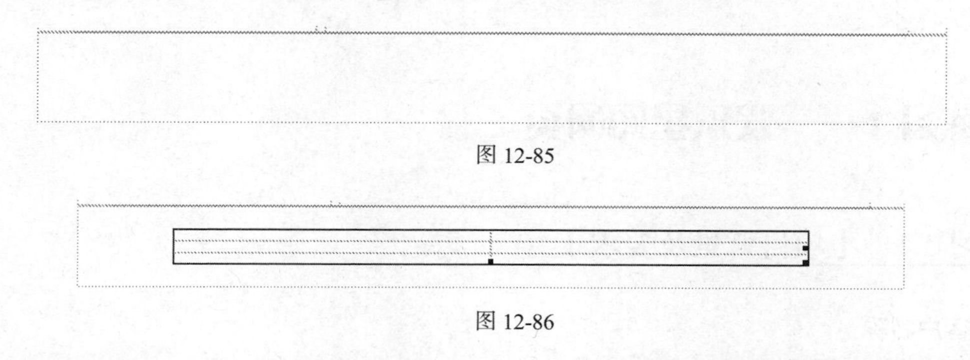

图 12-85

图 12-86

（3）同时选中第 1 列单元格，单击“合并所选单元格，使用跨度”按钮，合并所选单元格，将单元格宽度设置为 223，效果如图 12-87 所示。

（4）将“光盘 > Ch12 > 素材 > 锋芒游戏网页 > images”文件夹中的“biao.jpg”文件插入到合并的单元格中，效果如图 12-88 所示。

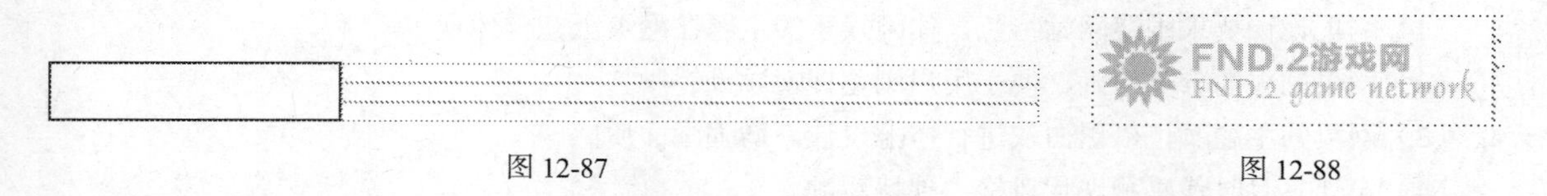

图 12-87　　图 12-88

（5）分别在第 1 行、第 2 行第 3 单元格中输入文字，分别选中输入的文字，在“属性”面板中的“目标规则”下拉列表中选择“<内联样式>”，颜色设置为骆色（#7c7465）、浅灰色（#b2b2b2），文字效果如图 12-89 所示。

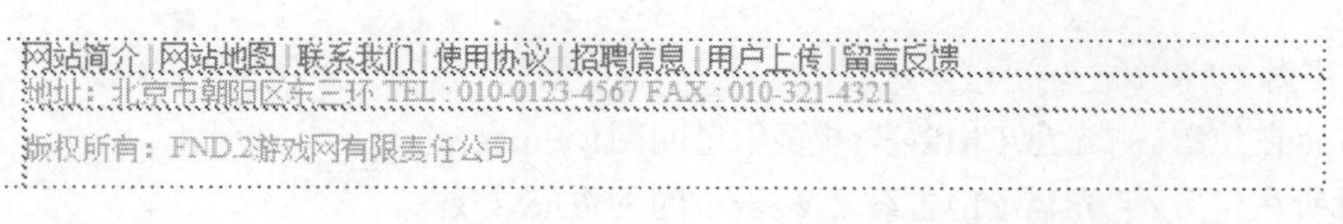

图 12-89

（6）锋芒游戏网页效果制作完成，保存文档，按 F12 键，预览网页效果，在动画中可以制作拼图游戏，如图 12-90 所示。

图 12-90

课堂练习 1——娱乐星闻网页

练习 1.1 【项目背景及要求】

1. 客户名称

娱乐星闻娱乐有限公司。

2. 客户需求

娱乐星闻娱乐有限公司是一家服务于中国及全球华人社群的网络媒体公司，目前特推出全新的娱乐新闻网站，网站内容主要是娱乐新闻以及明星的最新动态，网站要求具有时尚性与多元化。

3. 设计要求

（1）网页设计要求围绕网站特色，休闲娱乐的主题在网页上充分体现。

（2）网页的页面分类明确，便于用户浏览搜索。

（3）网页的主题颜色以黑白灰进行搭配设计，增强画面质感。

（4）设计具有时代感和现代风格，独特新颖。

（5）设计规格为 980 像素（宽）×1013 像素（高）。

练习 1.2 【项目创意及制作】

1. 素材资源

图片素材所在位置："光盘/Ch12/素材/娱乐星闻网页/images"。

文字素材所在位置："光盘/Ch12/素材/娱乐星闻网页/text.txt"。

2. 作品参考

设计作品参考效果所在位置："光盘/Ch12/效果/娱乐星闻网页/index.html"，效果如图 12-91 所示。

3. 制作要点

使用"页面属性"命令，设置页面边距及背景图像；使用"表格"按钮，插入表格；使用"图像"

按钮，插入图像；使用“CSS 样式”命令，设置文字的颜色。

图 12-91

课堂练习 2——综艺频道网页

练习 2.1　【项目背景及要求】

1．客户名称

休闲时光娱乐有限公司。

2．客户需求

休闲时光娱乐有限公司为打造国内最前沿的休闲娱乐专业网站，特推出全新的综艺频道网站，网站内容包括电影、电视剧、综艺、动漫、MV、游戏等内容，设计要求突出休闲时光网站综艺频道的特色，以轻松愉悦为网站设计主题，表现出时代感的网页设计风格。

3．设计要求

（1）网页设计首先要求围绕网站特色，轻松愉悦的主题在网页上充分体现。

（2）网页的页面简洁，分类明确细致，便于用户浏览搜索。

（3）网页的主题颜色以黑白灰进行搭配设计，增强网页质感。

（4）设计具有时代感和现代风格，独特新颖。

（5）设计规格为 994 像素（宽）× 863 像素（高）。

练习 2.2　【项目创意及制作】

1．素材资源

图片素材所在位置：“光盘/Ch12/素材/综艺频道网页/images”。

文字素材所在位置：“光盘/Ch12/素材/综艺频道网页/text.txt”。

2．作品参考

设计作品参考效果所在位置：“光盘/Ch12/效果/综艺频道网页/index.html”，效果如图 12-92 所示。

图 12-92

3. 制作要点

使用“页面属性”命令，设置页面边距、背景图像和页面标题；使用“表格”按钮，插入表格；使用“图像”按钮，插入图像；使用“CSS 样式”命令，设置文字的颜色；使用“表单”命令，插入文本字段和按钮。

课后习题 1——百货商城网

习题 1.1 【项目背景及要求】

1. 客户名称

百货商城网。

2. 客户需求

百货商城网是一家网购专业平台，是中国电子商务领域较受消费者欢迎和较具影响力的电子商务网站之一。为了更好地为广大消费者服务，现在需要重新设计网页页面，网页的设计要符合百货商城网的定位，能够更加吸引消费者。

3. 设计要求

（1）网页设计的背景使用白色，能够更好地突出产品。

（2）网页的页面分类明确细致，便于用户浏览搜索。

（3）网页的内容丰富，画面热闹，使用粉色进行装饰。

（4）整体设计更偏重于迎合女性消费者的喜好。

（5）设计规格为 1000 像素（宽）×1412 像素（高）。

习题 1.2 【项目创意及制作】

1. 素材资源

图片素材所在位置：“光盘/Ch12/素材/百货商城网/images”。

文字素材所在位置："光盘/Ch12/素材/百货商城网/text.txt"。

2．作品参考

设计作品参考效果所在位置："光盘/Ch12/效果/百货商城网/index.html"，效果如图 12-93 所示。

图 12-93

3．制作要点

使用"表单"按钮，插入表单；使用"表格"按钮，插入表格；使用"图像"按钮，插入图像；使用"代码"命令，调整图片的属性；使用"CSS 样式"命令，调整文字的颜色、大小和行距。

课后习题 2——星运奇缘网页

习题 2.1　【项目背景及要求】

1．客户名称

星座奇缘网站。

2．客户需求

星座奇缘网站是一个权威的星座频道，自创建以来竭诚提供星座查询、运势、心理测试、新闻资讯等最新内容，是集专业、趣味、互动于一体的星座网站。全方位为星座爱好者提供实用性星座娱乐产品服务，目前网站需要更新，要求设计体现星座的魅力。

3．设计要求

（1）网站设计具有时尚、活力的特色。

（2）网页的分类细致明确，内容丰富多样，等够吸引用户浏览。

（3）网页的色彩丰富，能吸引用户眼球。

（4）整体画面生动可爱，风格明确。

（5）设计规格为 979 像素（宽）× 1037 像素（高）。

习题 2.2　【项目创意及制作】

1．素材资源

图片素材所在位置："光盘/Ch12/素材/星运奇缘网页/images"。

文字素材所在位置："光盘/Ch12/素材/星运奇缘网页/text.txt"。

2．作品参考

设计作品参考效果所在位置："光盘/Ch12/效果/星运奇缘网页/index.html"，效果如图 12-94 所示。

3．制作要点

使用"表单"按钮，插入表单；使用"表格"按钮，插入表格；使用"图像"按钮，插入图像；使用"代码"命令，调整图片的属性；使用"CSS 样式"命令，调整文字的颜色、大小和行距。

图 12-94

12.3 休闲网页——户外运动网页

12.3.1 项目背景及要求

1. 客户名称

WAM 享运户外俱乐部。

2. 客户需求

WAM 享运户外是一家致力于组织各类户外运动，如登山、户外拓展、攀岩、野营、郊游等活动的专业俱乐部。活动内容丰富且有创新，同时销售户外运动相关产品，目前俱乐部为扩展其知名度，需要制作俱乐部网站，要求网站设计围绕户外这一主题，表现户外运动的精神与魅力。

3. 设计要求

（1）网页背景要求使用专业的户外运动摄影照片，使网页视野开阔。

（2）网页多使用清新干净的色彩搭配，为画面增添自然之感。

（3）俱乐部的标志要在画面中清晰突出，达到宣传效果。

（4）导航栏的设计要直观简洁，不要喧宾夺主。

（5）设计规格为 1000 像素（宽）×863 像素（高）。

12.3.2 项目创意及流程

1. 素材资源

图片素材所在位置："光盘/Ch12/素材/户外运动网页/images"。

文字素材所在位置："光盘/Ch12/素材/户外运动网页/text.txt"。

2．设计流程

本案例设计流程如图 12-95 所示。

图 12-95

3．制作要点

使用“页面属性”命令，设置页面背景、边距和标题；使用“表格”按钮，插入表格进行页面布局；使用“CSS 样式”命令，设为文字大小、颜色及单元格背景图像。

12.3.3　案例制作及步骤

1．新建页面并插入表格

（1）按 Ctrl+N 组合键，新建一个空白页面。新建页面的初始名称为“Untitled-1.html”。选择“文件 > 保存”命令，弹出“另存为”对话框，在“保存在”选项的下拉列表中选择站点目录保存路径，在“文件名”选项的文本框中输入“index”，单击“保存”按钮，返回到编辑窗口。

（2）按 Ctrl+J 组合键，弹出“页面属性”对话框，在左侧“分类”选项列表中选择“外观（CSS）”，将“大小”设置为 12，“左边距”、“右边距”、“下边距”、“上边距”均设置为 0，如图 12-96 所示。

（3）在左侧“分类”选项列表中选择“标题/编码”，在“标题”选项右侧的文本框中输入“户外运动网页”，如图 12-97 所示，单击“确定”按钮，完成页面属性的更改。

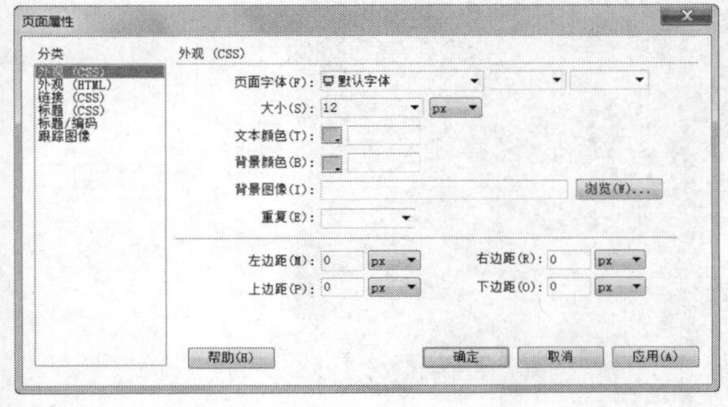

图 12-96

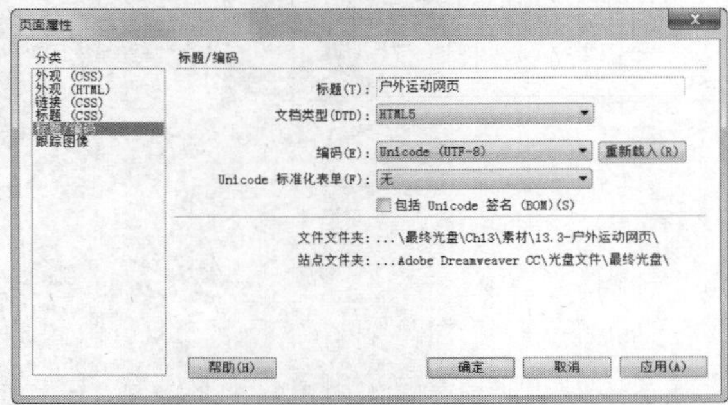

图 12-97

（4）单击“插入”面板“常用”选项卡中的“表格”按钮，弹出“表格”对话框，将“行数”设置为 3，“列”设置为 1，“表格宽度”设置为 1000，“边框粗细”、“单元格边距”和“单元格间距”均设置为 0，单击“确定”按钮，完成表格的插入。保持表格的选取状态，在“属性”面板“Align”选项的下拉列表中选择“居中对齐”，效果如图 12-98 所示。

图 12-98

（5）选择“窗口 > CSS 设计器”命令，弹出“CSS 设计器”面板，按 Ctrl+Shift+Alt+T 组合键切换到“CSS 样式”面板。单击“新建 CSS 规则”按钮，在弹出的“新建 CSS 规则”对话框中进行设置，如图 12-99 所示，单击“确定”按钮，弹出“.biao1 的 CSS 规则定义”对话框，在左侧的“分类”选项列表中选择“背景”，单击“Background-image”选项右侧的“浏览”按钮，在弹出的“选择图像源文件”对话框中，选择“光盘 > Ch12 > 素材 > 户外运动网页 > images”文件夹中的“img.jpg”文件，单击“确定”按钮，返回到“页.biao1 的 CSS 规则定义”对话框，如图 12-100 所示，单击“确定”按钮，完成样式的创建。

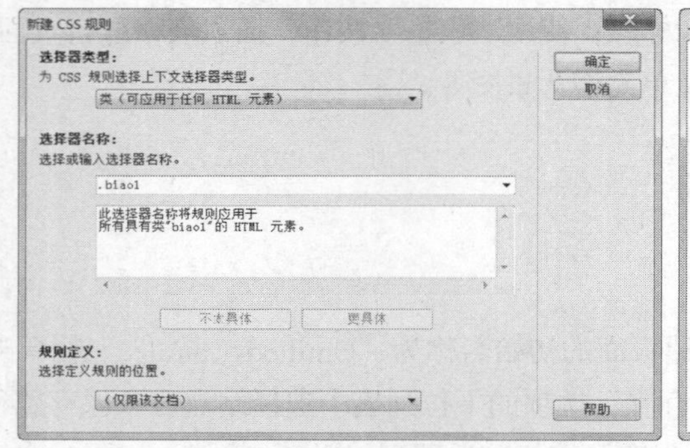

图 12-99

图 12-100

（6）将光标置于第 1 行单元格中，在“属性”面板“类”选项的下拉列表中选择“biao1”，“垂直”选项的下拉列表中选择“顶端”，将“高”设置为 496，效果如图 12-101 所示。

图 12-101

2. 制作导航条

（1）将光标置于第 1 行单元格中，按 Shift+Enter 组合键，将光标切换到下一行显示。单击“插入”面板“常用”选项卡中的“表格”按钮，弹出“表格”对话框，将“行数”设置为 2，“列”设置为 2，“表格宽度”设置为 943，“边框粗细”、“单元格边距”和“单元格间距”均设置为 0，单击“确定”按钮，保持表格的选取状态，在“属性”面板“Align”选项的下拉列表中选择“居中对齐”，效果如图 12-102 所示。

（2）将光标置于刚插入表格的第 1 行第 2 列单元格中，在“属性”面板“水平”选项的下拉列表中选择“右对齐”。单击“插入”面板“表单”选项卡中的“图像域”按钮，在弹出的“选择图像源文件”对话框中，选择“光盘 > Ch12 > 素材 > 户外运动网页 > images”文件夹中的“login.jpg”文件，单击“确定”按钮，完成图片的插入，效果如图 12-103 所示。

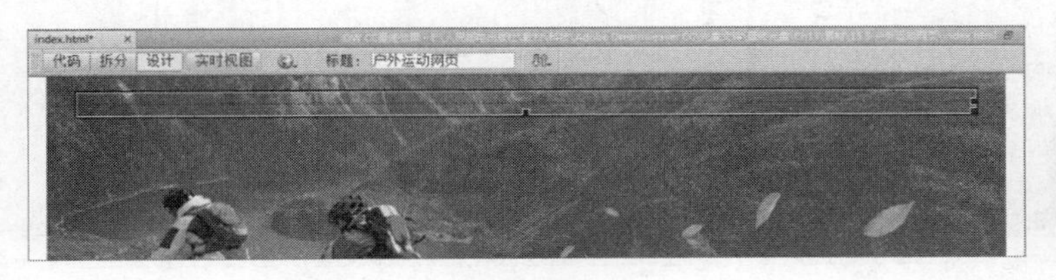

图 12-102

图 12-103

（3）单击窗口左上方的“拆分”按钮 拆分 ，在“拆分”视图的“alt=""”后面输入“hspace="2"”属性，如图 12-104 所示，“设计”视图中的效果如图 12-105 所示。

```
29          <td align="right"><img src=
"images/login.jpg" width="50" height="17"
  alt="" hspace="2"/></td>
```

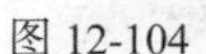
图 12-104

图 12-105

（4）用上述的方法将图像“Register.jpg”、“Favorite.jpg”插入单元格中，并设置适当的属性，效果如图 12-106 所示。将光标置于刚插入表格的第 2 行第 1 列单元格中。

（5）在“属性”面板中，将“高”设置为 56，效果如图 12-107 所示。单击“插入”面板“常用”选项卡中的“图像”按钮，在弹出的“选择图像源文件”对话框中，选择“光盘 > Ch12 > 素材 > 户外运动网页 > images”文件夹中的“logo.png”文件，单击“确定”按钮，完成图片的插入，效果如图 12-108 所示。

图 12-106

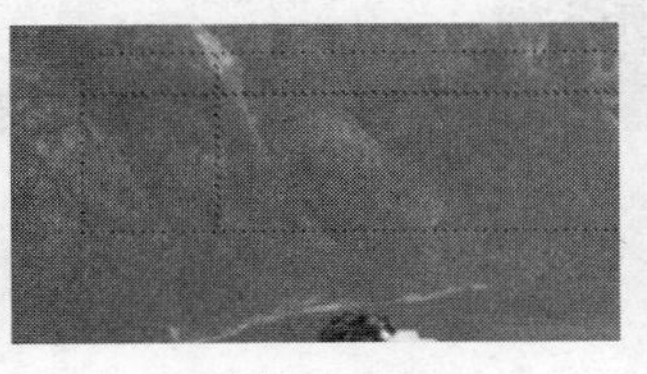
图 12-107

图 12-108

（6）单击“新建 CSS 规则”按钮，在弹出的“新建 CSS 规则”对话框中进行设置，单击“确定”按钮，弹出“.biao2 的 CSS 规则定义”对话框，在左侧的“分类”选项列表中选择“类型”，将

“Font-family”设置为“楷体”、“Font-size”设置为 16、“Font-weight”选项的下拉列表中选择“bold”、“Color”设置为白色（#FFF），如图 12-109 所示。

（7）在左侧的“分类”选项列表中选择“背景”，单击“Background-image”选项右侧的“浏览”按钮，在弹出的“选择图像源文件”对话框中选择“光盘 > Ch12 > 素材 > 户外运动网页 > images”文件夹中的“dh_bg.png”文件，单击“确定”按钮，返回到“.biao2 的 CSS 规则定义”对话框中，如图 12-110 所示，单击“确定”按钮，完成样式的创建。

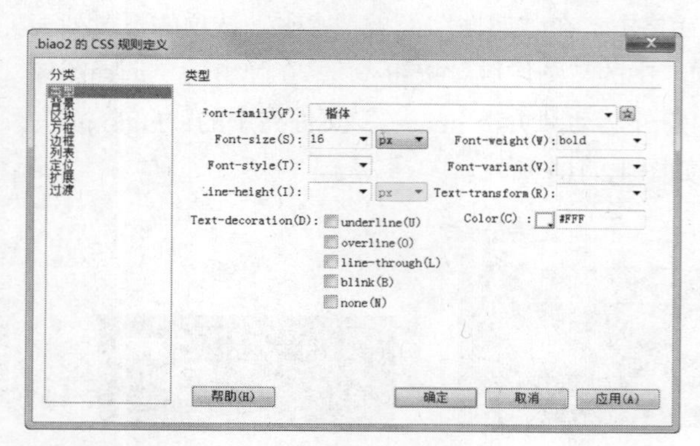

图 12-109

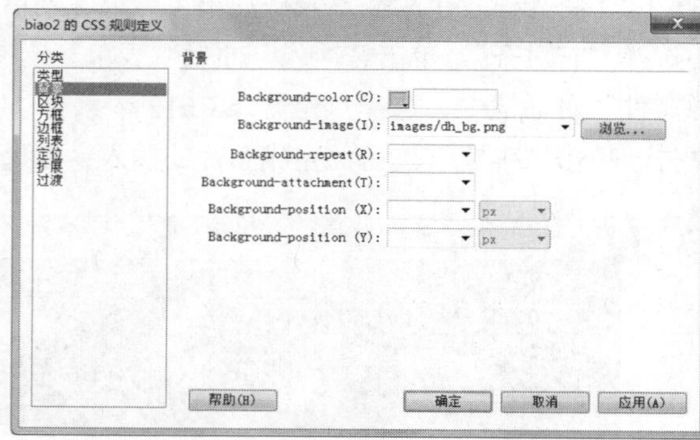

图 12-110

（8）将光标置于刚插入表格的第 2 行第 2 列单元格中，单击“插入”面板“常用”选项卡中的“表格”按钮，弹出“表格”对话框，将“行数”设置为 1，“列”设置为 1，“表格宽度”设置为 674，“边框粗细”、“单元格边距”和“单元格间距”均设置为 0，单击“确定”按钮，完成表格的插入。保持表格的选取状态，在“属性”面板“Align”选项的下拉列表中选择“右对齐”，效果如图 12-111 所示。

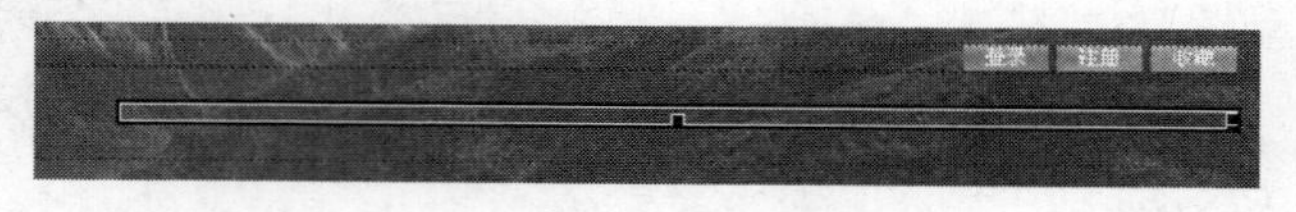

图 12-111

（9）将光标置于刚插入表格的单元格中，在“属性”面板“水平”选项的下拉列表中选择“居中对齐”，“类”选项的下拉列表中选择“biao2”，将“高”设置为 44。在单元格中输入文字，效果如图 12-112 所示。

图 12-112

3. 制作内容部分

（1）单击“新建 CSS 规则”按钮，在弹出的“新建 CSS 规则”对话框中进行设置，单击“确定”按钮，弹出“.biao3 的 CSS 规则定义”对话框，在左侧的“分类”选项列表中选择“背景”，单击“Background-image”选项右侧的“浏览”按钮，在弹出的“选择图像源文件”对话框中选择“光盘 > Ch12 > 素材 > 户外运动网页 > images”文件夹中的“rn_bg.jpg”文件，单击“确定”按钮，返回到

“.biao3 的 CSS 规则定义”对话框中，单击“确定”按钮，完成样式的创建。

（2）将光标置于主表格的第 2 行单元格中，在“属性”面板“类”选项的下拉列表中选择“biao3”，将“高”选项设为 262，效果如图 12-113 所示。

图 12-113

（3）单击“插入”面板“常用”选项卡中的“表格”按钮，在弹出的“表格”对话框中进行设置，如图 12-114 所示，单击“确定”按钮，完成表格的插入。保持表格的选取状态，在“属性”面板“Align”选项的下拉列表中选择“居中对齐”，效果如图 12-115 所示。

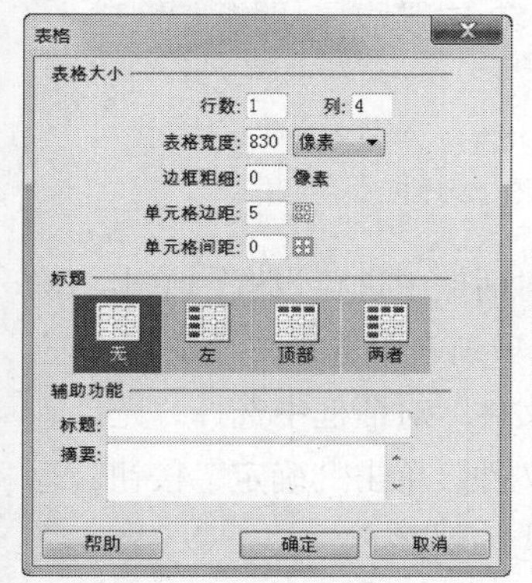

图 12-114

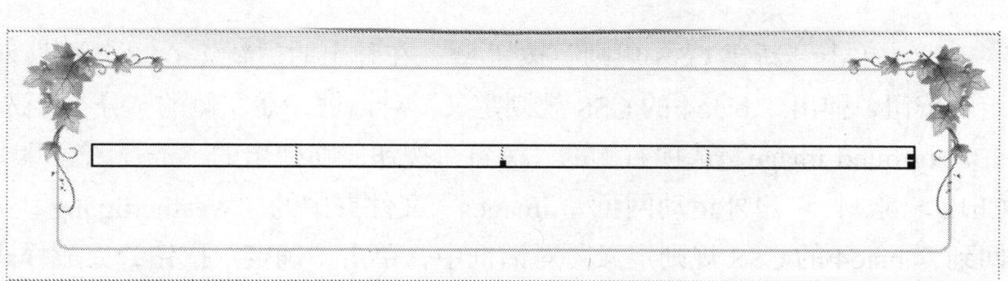

图 12-115

（4）将光标置于刚插入表格的第 1 列单元格中，单击“插入”面板“常用”选项卡中的“图像”按钮，在弹出的“选择图像源文件”对话框中选择“光盘 > Ch12 > 素材 > 户外运动网页 > images”文件夹中的“img-24.jpg”文件，单击“确定”按钮，完成图片的插入，效果如图 12-116 所示。用相同的方法将图像“Phone.jpg”、“hw-Title.jpg”、“more.jpg”插入到其他单元格中，效果如图 12-117 所示。

图 12-116

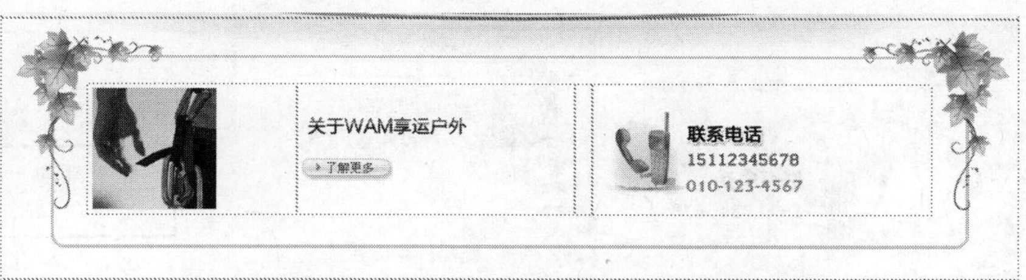

图 12-117

（5）将光标置于如图 12-118 所示的单元格中，按 Shift+Enter 组合键，将光标切换到下一行，并输入文字，效果如图 12-119 所示。

图 12-118

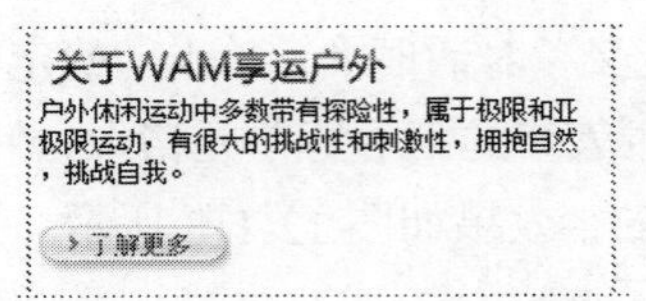

图 12-119

（6）用鼠标双击"CSS 样式"面板中的"body"样式，在弹出的"body 的 CSS 规则定义"对话框中进行设置，如图 12-120 所示，效果如图 12-121 所示。

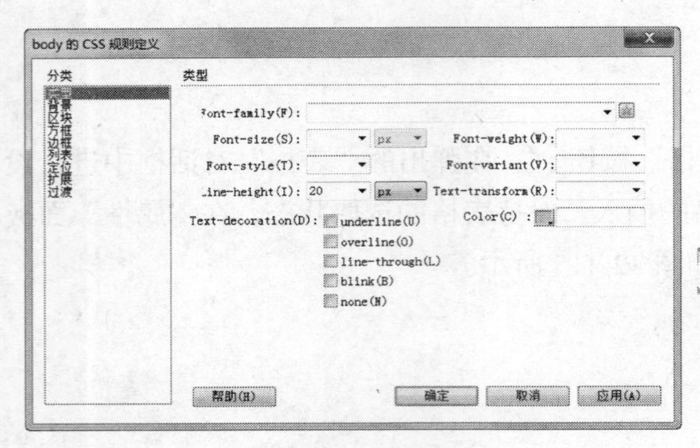

图 12-120

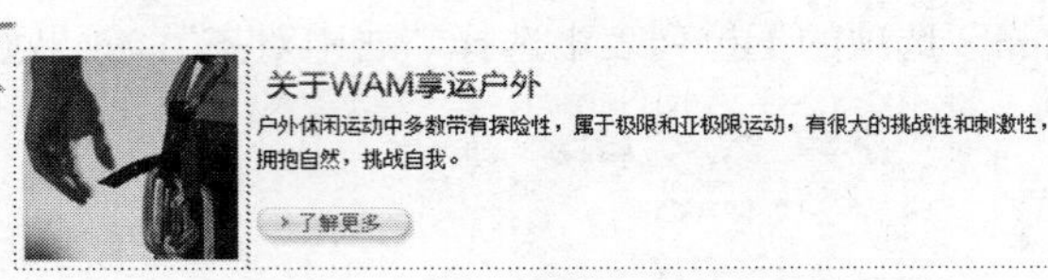

图 12-121

（7）单击"新建 CSS 规则"按钮，在弹出的"新建 CSS 规则"对话框中进行设置，单击"确定"按钮，弹出".biao4 的 CSS 规则定义"对话框，在左侧的"分类"选项列表中选择"背景"，单击"Background-image"选项右侧的"浏览"按钮，在弹出的"选择图像源文件"对话框中选择"光盘 > Ch12 > 素材 > 户外运动网页 > images"文件夹中的"Weatherbg.jpg"文件，单击"确定"按钮，返回到".biao4 的 CSS 规则定义"对话框中，单击"确定"按钮，完成样式的创建。

（8）将光标置于如图 12-122 所示的单元格中，单击"插入"面板"常用"选项卡中的"表格"按钮，在弹出的"表格"对话框中进行设置，如图 12-123 所示，单击"确定"按钮，完成表格的插入。保持表格的选取状态，在"属性"面板"类"选项的下拉列表中选择"biao4"，应用样式，效果如图 12-124 所示。

图 12-122

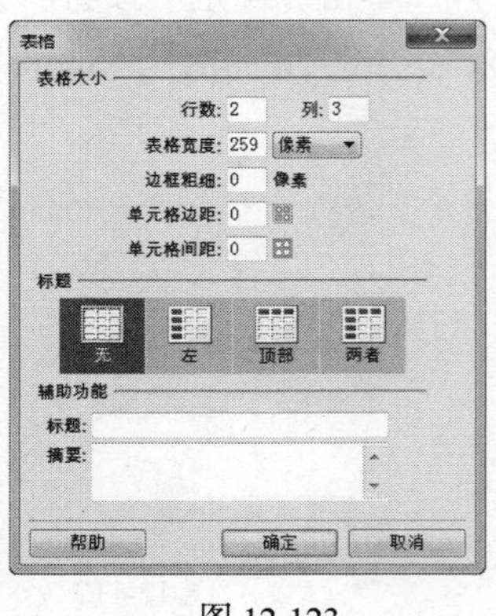

图 12-123

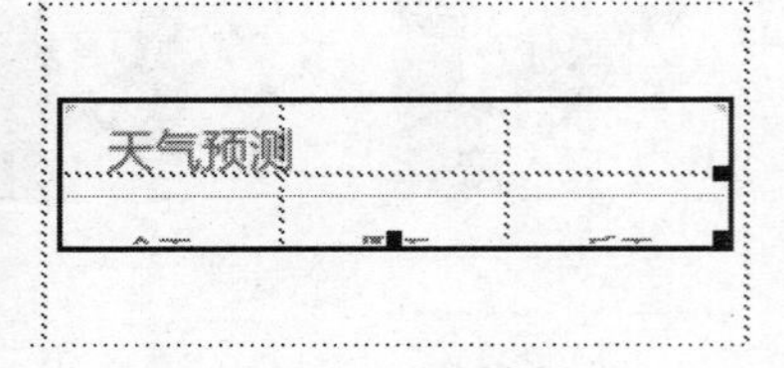

图 12-124

（9）将光标置于刚插入表格的第 1 行第 1 列单元格中，在"属性"面板中，将"高"设置为 60，效果如图 12-125 所示。

（10）选中第 2 行所有的单元格，在“属性”面板“水平”选项的下拉列表中选择“居中对齐”，将“高”设置为 92，效果如图 12-126 所示。

（11）将光标置于第 2 行第 1 列的单元格中，单击“插入”面板“常用”选项卡中的“图像”按钮，在弹出的“选择图像源文件”对话框中选择“光盘 > Ch12 > 素材 > 户外运动网页 > images”文件夹中的“yin.jpg”文件，单击“确定”按钮，完成图片的插入，效果如图 12-127 所示。

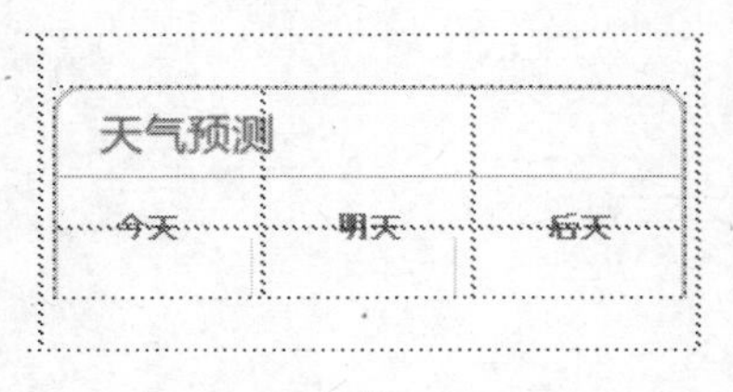

图 12-125

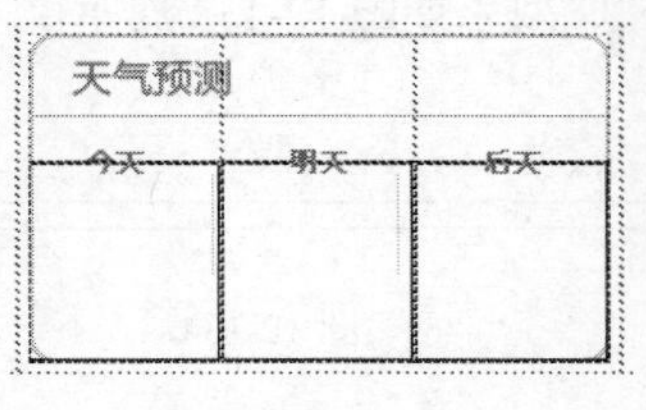

图 12-126

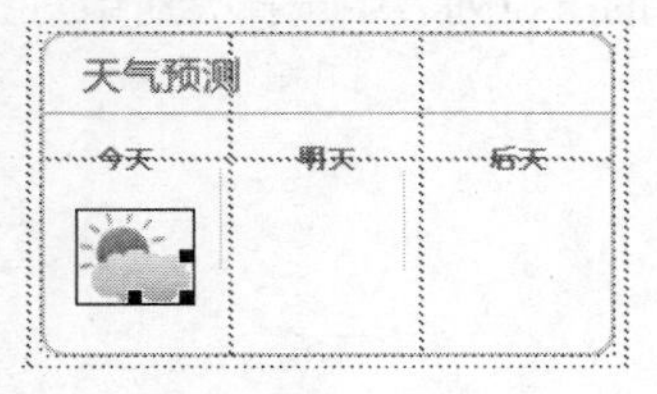

图 12-127

（12）单击窗口左上方的“拆分”按钮 拆分 ，在“拆分”视图的“height="45"”后面输入“vspace="10"”属性，如图 12-128 所示，“设计”视图中的效果如图 12-129 所示。

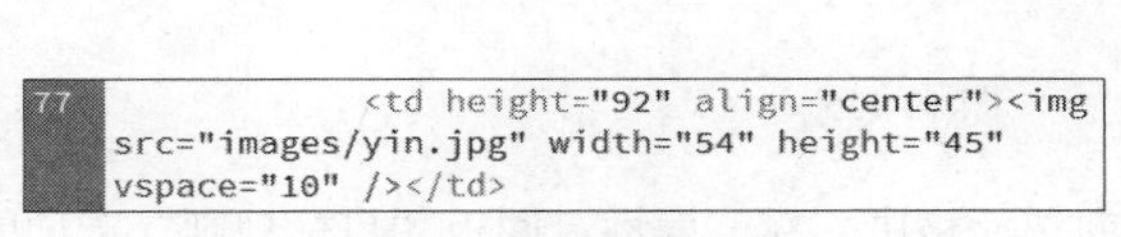

图 12-128

图 12-129

（13）将光标置于如图 12-130 所示的位置，按 Shift+Enter 组合键，将光标切换至下一行显示，并输入文字，效果如图 12-131 所示。

（14）用鼠标双击“CSS 样式”面板中的“.biao4”样式，弹出“.biao4 的 CSS 规则定义”对话框。在左侧的“分类”选项列表中选择“类型”，将“Font-family”设置为“宋体”；在“Font-weight”选项的下拉列表中选择“bold”，将“Color”设置为蓝色（#3CF），单击“确定”按钮，完成样式的修改，效果如图 12-132 所示。用上述的方法制作出如图 12-133 所示的效果。

图 12-130

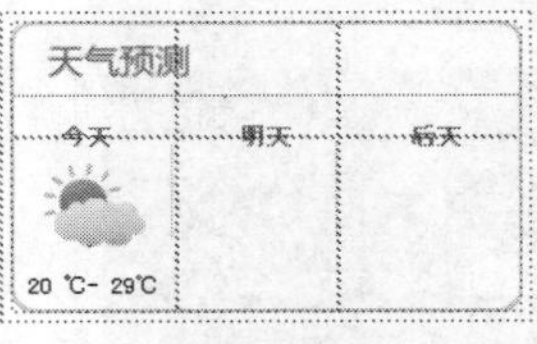

图 12-131

图 12-132

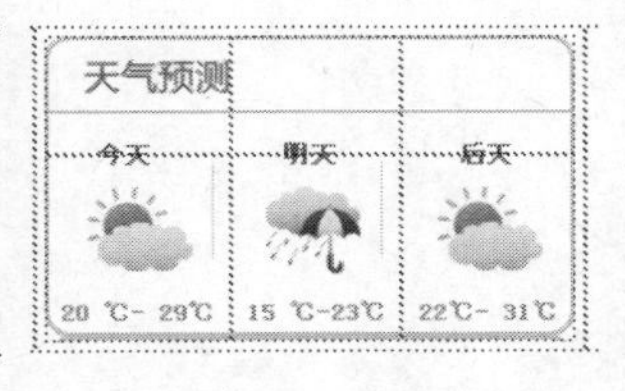

图 12-133

4．制作底部效果

（1）单击“新建 CSS 规则”按钮，在弹出的“新建 CSS 规则”对话框中进行设置，单击“确定”按钮，弹出“.biao5 的 CSS 规则定义”对话框，在左侧的“分类”选项列表中选择“背景”选项，单击“Background-image”选项右侧的“浏览”按钮，在弹出的“选择图像源文件”对话框中选择“光盘 > Ch12 > 素材 > 户外运动网页 > images”文件夹中的“bottom.jpg”文件，单击“确定”按钮，返回到“.biao5 的 CSS 规则定义”对话框中，单击“确定”按钮，完成样式的创建。

（2）将光标置于主表格的最后一行单元格中，在“属性”面板“类”选项的下拉列表中选择“biao5”，将“高”设置为 76。

（3）单击“插入”面板“常用”选项卡中的“表格”按钮，弹出“表格”对话框，将“行数”设置为 1，“列”设置为 2，“表格宽度”设置为 550，“边框粗细”、“单元格边距”和“单元格间距”均设置为 0，单击“确定”按钮，完成表格的插入。保持表格的选取状态，在“属性”面板“Align”选项的下拉列表中选择“居中对齐”，效果如图 12-134 所示。

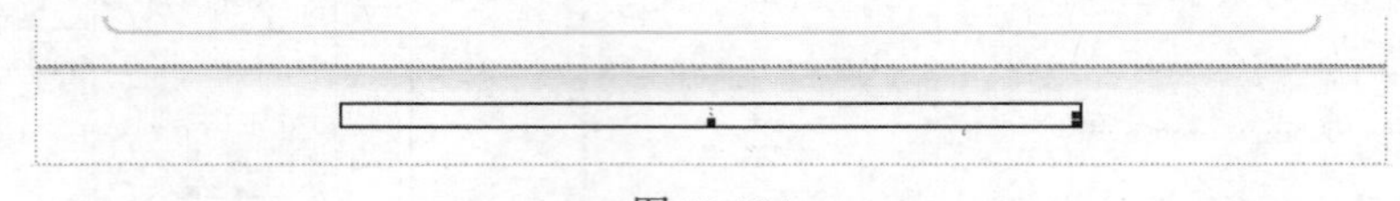

图 12-134

（4）将光标置于刚插入表格的第 1 列单元格中，单击“插入”面板“常用”选项卡中的“图像”按钮，在弹出的“选择图像源文件”对话框中选择“光盘 > Ch12 > 素材 > 户外运动网页 > images”文件夹中的“logo02.jpg”文件，单击“确定”按钮，完成图片的插入，效果如图 12-135 所示。

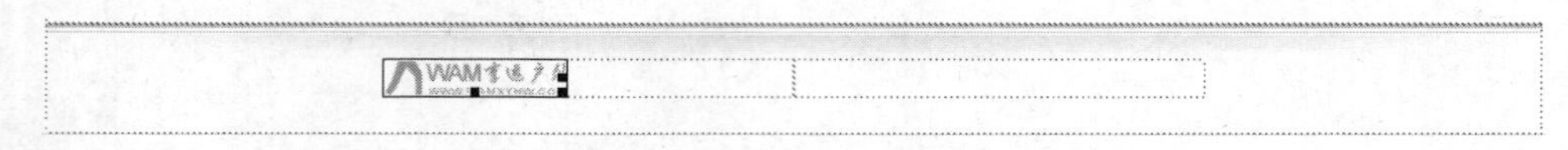

图 12-135

（5）将光标置于刚插入表格的第 2 列单元格中，在“属性”面板“目标规则”选项的下拉列表中选择“<新内联样式>”，将“大小”设置为 12、“Color”设置为灰色（#a1a1a1）。在单元格中输入文字，效果如图 12-136 所示。

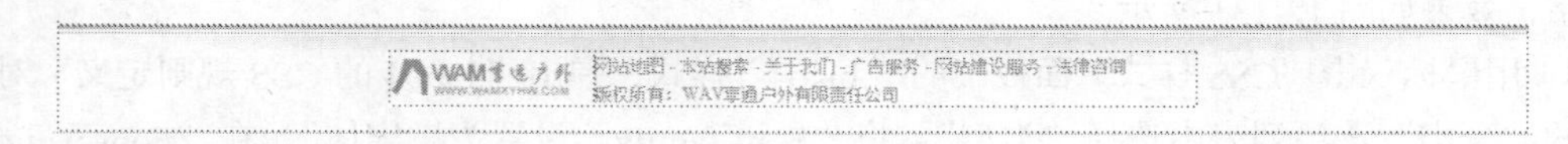

图 12-136

（6）保存文档，按 F12 键预览效果，如图 12-137 所示。

图 12-137

课堂练习 1——瑜伽休闲网页

练习 1.1　【项目背景及要求】

1. 客户名称

丹丹时刻瑜伽馆。

2. 客户需求

丹丹时刻瑜伽馆是一家设施齐全、教学项目全面、并且配有专业的教练进行指导教学，瑜伽馆氛围良好，能够得到很好的身心锻炼，目前瑜伽馆为扩大其知名度，需要制作瑜伽馆网站，网页设计要求能够达到宣传效果。

3. 设计要求

（1）网站设计风格具有瑜伽的特色。

（2）网站的色彩使用蓝色与白色进行搭配设计，能让人感到宁静舒适。

（3）淡雅的风格能够突出主题，达到宣传目的。

（4）整体画面搭配合理，具有创新。

（5）设计规格为 982 像素（宽）× 1017 像素（高）。

练习 1.2　【项目创意及制作】

1. 素材资源

图片素材所在位置："光盘/Ch12/素材/瑜伽休闲网页/images"。

文字素材所在位置："光盘/Ch12/素材/瑜伽休闲网页/text.txt"。

2. 作品参考

设计作品参考效果所在位置："光盘/Ch12/效果/瑜伽休闲网页/index.html"，效果如图 12-138 所示。

图 12-138

3. 制作要点

使用"页面属性"命令，设置页面文字大小和背景图像；使用"表格"按钮，插入表格；使用"图像"按钮，插入图像；使用"CSS 样式"命令，设置文字的颜色。

课堂练习 2——滑雪运动网页

练习 2.1　【项目背景及要求】

1. 客户名称

拉拉滑雪场。

2．客户需求

拉拉滑雪场是一家大型的专业滑雪场地，雪场现有高山滑雪场地、自由式滑雪场地、跳台滑雪场地越野滑雪场地和冬季两项滑雪场地等，形成了初、中、高级雪道相结合的雪场。目前滑雪场为扩展其知名度，需要制作网站，要求网站设计围绕化学这一主题，表现滑雪运动的精神与魅力。

3．设计要求

（1）网页背景要求使用专业的滑雪场地摄影照片，使网页视野开阔。

（2）网页多使用清新干净的色彩搭配，为画面增添自然之感。

（3）网页内容丰富，能够达到宣传效果。

（4）导航栏的设计要直观简洁，不要喧宾夺主。

（5）设计规格为 981 像素（宽）× 887 像素（高）。

练习 2.2 【项目创意及制作】

1．素材资源

图片素材所在位置："光盘/Ch12/素材/滑雪运动网页/images"。

文字素材所在位置："光盘/Ch12/素材/滑雪运动网页/text.txt"。

2．作品参考

设计作品参考效果所在位置："光盘/Ch12/效果/滑雪运动网页/index.html"，效果如图 12-139 所示。

图 12-139

3．制作要点

使用"页面属性"命令，设置页面文字大小、背景图像和页面边距；使用"表格"按钮，插入表格；使用"图像"按钮，插入图像；使用"CSS 样式"命令，设置文字的颜色。

课后习题 1——休闲生活网页

习题 1.1 【项目背景及要求】

1．客户名称

十分休闲网站。

2．客户需求

十分休闲网站是家全面提供新闻资讯、都市摄影、休闲生活、健康养生的专业门户网站，网站倡导休闲的生活方式，提供全面的生活讯息，目前网站需要为网页改版，要求围绕网站主题进行设计创意。

3．设计要求

（1）网页的设计以休闲生活为设计中心。

（2）设计独特具有创新，能够让人感受到放松的心情。

（3）导航设计直观，方便浏览。

（4）整体色彩搭配合理，符合大众的喜好。

（5）设计规格为 1084 像素（宽）×874 像素（高）。

习题 1.2　【项目创意及制作】

1．素材资源

图片素材所在位置：“光盘/Ch12/素材/休闲生活网页/images”。

文字素材所在位置：“光盘/Ch12/素材/休闲生活网页/text.txt”。

2．作品参考

设计作品参考效果所在位置：“光盘/Ch12/效果/休闲生活网页/index.html”，效果如图 12-140 所示。

3．制作要点

使用“页面属性”命令，设置页面的字号大小、背景颜色和边距；使用“表格”按钮，插入表格；使用“图像”按钮，插入图像；使用“CSS 样式”面板，设置文字的大小和颜色。

图 12-140

课后习题 2——篮球运动网页

习题 2.1　【项目背景及要求】

1．客户名称

VBFE 篮球网站。

2．客户需求

VBFE 是一家著名的网络公司，公司目前想要推出一个以篮球为主要内容的网站，以报道篮球相关最新资讯、篮球赛事转播、以及相关产品销售为一体的专业网站，网站内容明确，以篮球为主，设计要抓住重点，明确主题。

3．设计要求

（1）网页风格以篮球运动的活力激情为主。

（2）设计要时尚、简洁、大方，体现网站的质感。

（3）网页图文搭配合理，符合大众审美。

（4）色彩搭配使用红色，体现篮球运动的热情与活力。

（5）设计规格为 986 像素（宽）×1005 像素（高）。

习题 2.2 【项目创意及制作】

图 12-141

1．素材资源

图片素材所在位置："光盘/Ch12/素材/篮球运动网页/images"。

文字素材所在位置："光盘/Ch12/素材/篮球运动网页/text.txt"。

2．作品参考

设计作品参考效果所在位置："光盘/Ch12/效果/篮球运动网页/index.html"，效果如图 12-141 所示。

3．制作要点

使用"页面属性"命令，设置页面的字号大小、背景颜色和边距；使用"表格"按钮，插入表格；使用"图像"按钮，插入图像；使用"代码"命令，制作滚动条效果；使用"日期"按钮，插入日期时间；使用"CSS 样式"面板，设置文字的大小和颜色。

12.4 房产网页——精品房产网页

12.4.1 项目背景及要求

1．客户名称

域都精品房地产有限责任公司。

2．客户需求

域都精品房地产有限责任公司是一家经营房地产开发、物业管理、城市商品住宅、商品房销售等全方位的房地产公司。需要为该公司制作网站，网站要求简洁大方而且设计精美，体现企业的高端品质。

3．设计要求

（1）设计风格要求时尚大方，制作精美。

（2）要求网页设计的背景为纯白色，运用淡雅的风格和简洁的画面展现企业的品质。

（3）网站设计围绕房产的特色进行设计搭配，分类明确细致。

（4）要求融入一些中国传统文化的元素，提升企业的文化内涵。

（5）设计规格为 984 像素（宽）× 898 像素（高）。

12.4.2 项目创意及流程

1．素材资源

图片素材所在位置："光盘/Ch12/素材/精品房产网页/images"。

文字素材所在位置："光盘/Ch12/素材/精品房产网页/text.txt"。

2. 设计流程

本案例设计流程如图 12-142 所示。

图 12-142

3. 制作要点

使用“页面属性”命令，设置页面字号大小、边距和标题；使用“表格”按钮，插入表格进行页面布局；使用“CSS 样式”命令，设为文字大小、颜色及单元格背景图像。

12.4.3 案例制作及步骤

1. 制作导航效果

（1）选择“文件 > 新建”命令，新建空白文档。选择“文件 > 保存”命令，弹出“另存为”对话框。在“保存在”选项的下拉列表中选择当前站点目录保存路径，在“文件名”选项的文本框中输入“index”，单击“保存”按钮，返回网页编辑窗口。

（2）选择“修改 > 页面属性”命令，弹出“页面属性”对话框，在左侧的“分类”选项列表中选择“外观”，将“大小”设置为 12，“左边距”、“右边距”均设置为 0，“上边距”设置为 30，“下边距”设置为 20。

（3）在左侧的“分类”选项列表中选择“标题/编码”，在“标题”选项右侧的文本框中输入“精品房产网页”，单击“确定”按钮，完成页面属性的更改，

（4）单击“插入”面板“常用”选项卡中的“表格”按钮，在弹出的“表格”对话框中进行设置，如图 12-143 所示，单击“确定”按钮，完成表格的插入。保持表格的选取状态，在“属性”面板“Align”选项的下拉列表中选择“居中对齐”。

（5）将光标置于第一行单元格中，单击“属性”面板中的“拆分单元格为行或列”按钮，弹出“拆分单元格”对话框，选择“把单元格拆分成”选项组中的“列”单选按钮，将“列数”选项设为 2，单击“确定”按钮，将当前单元格拆分成 2 列，效果如图 12-144 所示。

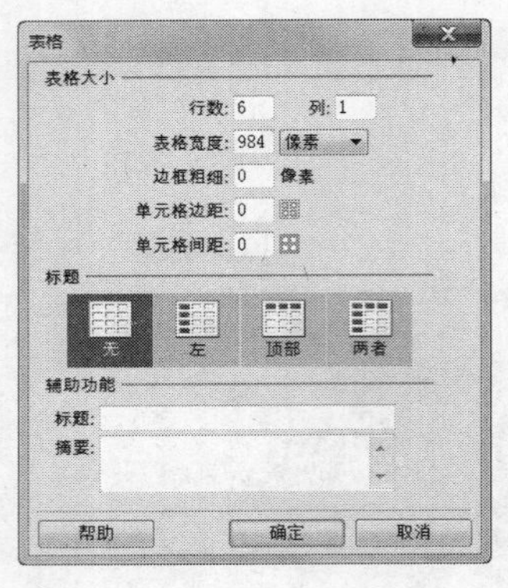

图 12-143

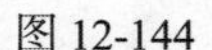

图 12-144

（6）将光标置于第 1 行第 1 列单元格中，单击“属性”面板中的“拆分单元格为行或列”按钮，弹出的“拆分单元格”对话框，选择“把单元格拆分成”选项组中的“行”单选按钮，将“行数”选项设为 2，单击“确定”按钮，将当前单元格拆分成 2 行，效果如图 12-145 所示。

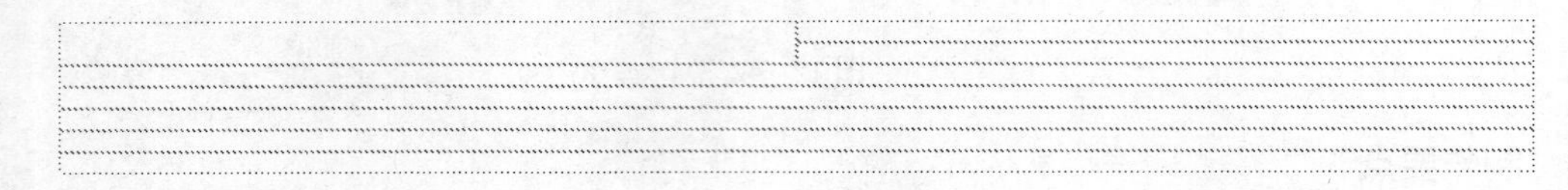

图 12-145

（7）将光标置于第 1 行第 1 列单元格中，单击“插入”面板“常用”选项卡中的“图像”按钮，在弹出的“选择图像源文件”对话框中选择“光盘 > Ch12 > 素材 > 精品房产网页 > images”文件夹中的“logo.jpg”文件，单击“确定”按钮，完成图片的插入，效果如图 12-146 所示。

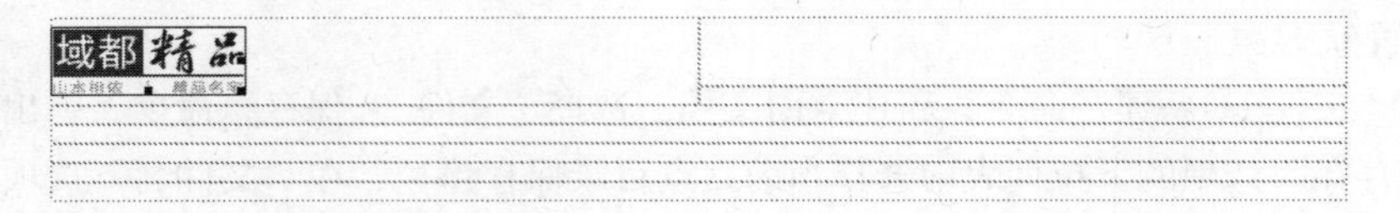

图 12-146

（8）将光标置于第 1 行第 2 列单元格中，在“属性”面板“水平”选项的下拉列表中选择“右对齐”，将“高”设置为 30。

（9）在单元格中输入文字，效果如图 12-147 所示。将光标置于第 2 行第 2 列单元格中，单击“插入”面板“常用”选项卡中的“表格”按钮，弹出“表格”对话框，将“行数”设置为 1，“列”设置为 1，“表格宽度”设置为 154，“边框粗细”、“单元格边距”和“单元格间距”均设置为 0，单击“确定”按钮，完成表格的插入。保持表格的选取状态，在“属性”面板“Align”选项的下拉列表中选择“右对齐”，效果如图 12-148 所示。

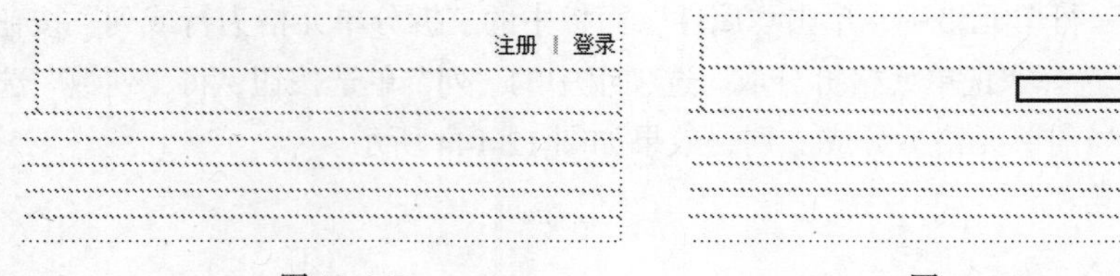

图 12-147　　图 12-148

（10）选择“窗口 > CSS 设计器”命令，弹出“CSS 设计器”面板，按 Ctrl+Shift+Alt+P 组合键切换到“CSS 样式”面板。单击“新建 CSS 规则”按钮，在弹出的“新建 CSS 规则”对话框中进行设置，单击“确定”按钮，弹出“.biao1 的 CSS 规则定义”对话框，在左侧的“分类”选项列表中选择“类型”，将“Color”设置为白色。

（11）在左侧的“分类”选项列表中选择“背景”选项，单击“Background-image”选项右侧的“浏览”按钮，在弹出的“选择图像源文件”对话框中选择“光盘 > Ch12 > 素材 > 精品房产网页 > images”文件夹中的“sj_bg.jpg”文件，单击“确定”按钮，返回到“.biao1 的 CSS 规则定义”对话框，单击“确定”按钮，完成样式的创建。

（12）将光标置于如图 12-149 所示的单元格中，在“属性”面板“类”选项的下拉列表中选择“biao1”，“水平”选项的下拉列表中选择“居中对齐”，将“高”设置为 18，效果如图 12-150 所示。在光标所在的单元格中输入文字，效果如图 12-151 所示。

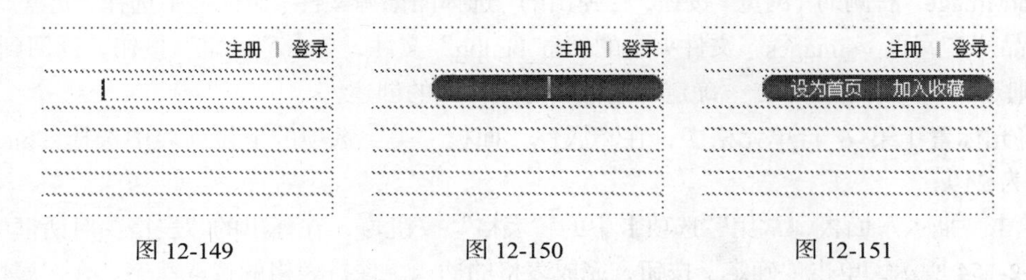

图 12-149　　图 12-150　　图 12-151

（13）单击“新建 CSS 规则”按钮，在弹出的“新建 CSS 规则”对话框中进行设置，单击“确定”按钮，弹出“.biao2 的 CSS 规则定义”对话框，在左侧的“分类”选项列表中选择“类型”，将“Font-family”设置为“华文中宋”、“Font-size”设置为 14 “Color”设置为浅灰色（#888888）。

（14）在左侧的“分类”选项列表中选择“背景”，单击“Background-image”选项右侧的“浏览”按钮，在弹出的“选择图像源文件”对话框中选择“光盘 > Ch12 > 素材 > 精品房产网页 > images”文件夹中的“dh_bg.jpg”文件，单击“确定”按钮，返回到“.biao2 的 CSS 规则定义”对话框，单击“确定”按钮，完成样式的创建。

（15）将光标置于第 4 行单元格中，在“属性”面板“类”选项的下拉列表中选择“biao2”，“水平”选项的下拉列表中选择“居中对齐”，将“高”设置为 43。在当前单元格中输入文字，效果如图 12-152 所示。

图 12-152

2. 添加新闻标题

（1）将光标置于第 5 行单元格中，单击“插入”面板“常用”选项卡中的“图像”按钮，在弹出的“选择图像源文件”对话框中选择“光盘 > Ch12 > 素材 > 精品房产网页 > images”文件夹中的“img.jpg”文件，单击“确定”按钮，完成图片的插入，效果如图 12-153 所示。

图 12-153

（2）单击“新建 CSS 规则”按钮，在弹出的“新建 CSS 规则”对话框中进行设置，单击“确定”按钮，弹出“.biao3 的 CSS 规则定义”对话框，在左侧的“分类”列表中选择“背景”，单击“Background-image”右侧的“浏览”按钮，在弹出的“选择图像源文件”对话框中选择“光盘 > Ch12 > 素材 > 精品房产网页 > images”文件夹中的“rn_bg.jpg”文件，单击“确定”按钮，返回到“.biao3 的 CSS 规则定义”对话框，单击“确定”按钮，完成样式的创建。

（3）将光标置于第 6 行单元格中，在“属性”面板“类”选项的下拉列表中选择“biao3”，将“高”设置为 219。

（4）单击“插入”面板“常用”选项卡中的“表格”按钮，在弹出的“表格”对话框中进行设置，如图 12-154 所示，单击“确定”按钮，完成表格的插入。保持表格的选取状态，在“属性”面板“Align”选项的下拉列表中选择“居中对齐”，效果如图 12-155 所示。

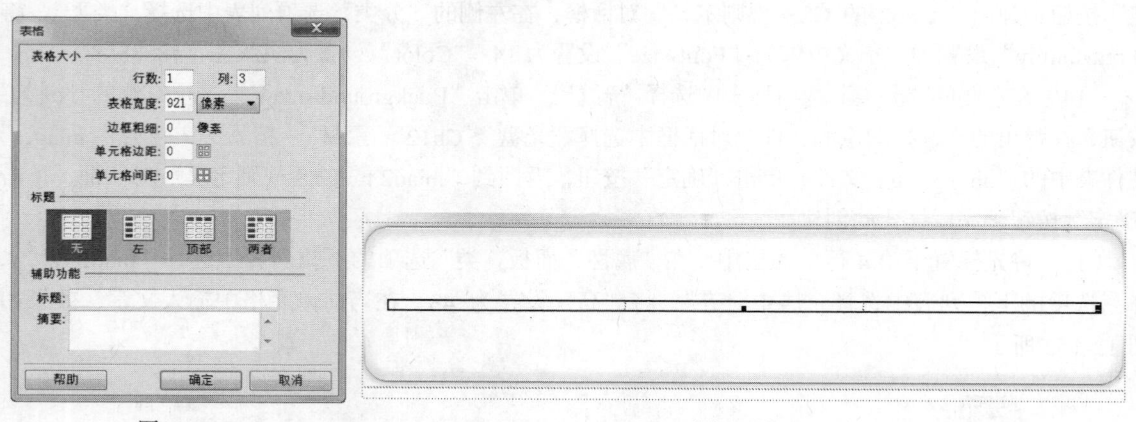

图 12-154　　图 12-155

（5）将光标置于刚插入表格的第 1 列单元格中，单击“插入”面板“常用”选项卡中的“表格”按钮，弹出“表格”对话框，将“行数”设置为 7，“列”设置为 2，“表格宽度”设置为 265，“边框粗细”和“单元格间距”均设置为 0，“单元格边距”设置为 2，单击“确定”按钮，完成表格的插入。

（6）将光标置于刚插入表格的第 1 行第 1 列单元格中，单击“插入”面板“常用”选项卡中的“图像”按钮，在弹出的“选择图像源文件”对话框中选择“光盘 > Ch12 > 素材 > 精品房产网页 > images”文件夹中的“news.jpg”文件，单击“确定”按钮，完成图片的插入，效果如图 12-156 所示。用相同的方法将图像“rn-img01.jpg”、“rn-img02.jpg”插入到其他单元格中，效果如图 12-157 所示。

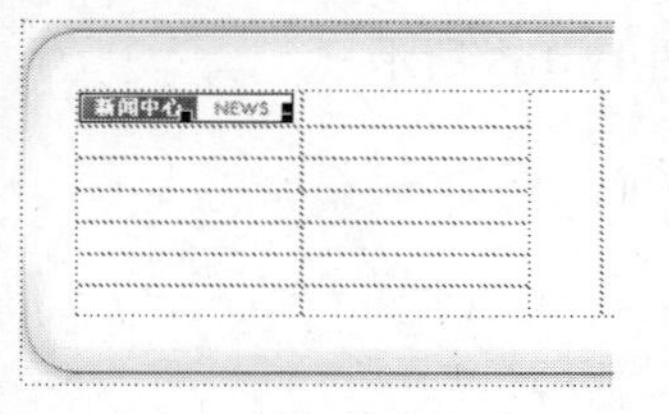

图 12-156

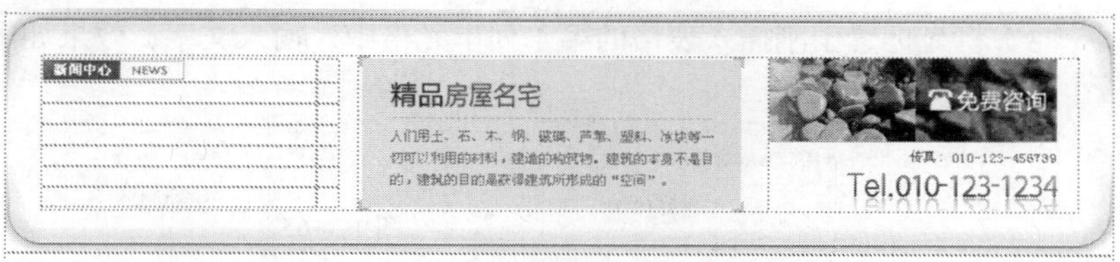

图 12-157

（7）选中如图 12-158 所示的单元格，在“属性”面板“水平”选项的下拉列表中选择“居中对齐”。

（8）将光标置于第 2 行第 1 列单元格中，输入文字，效果如图 12-159 所示。用相同的方法在其他单元格中输入文字，效果如图 12-160 所示。

图 12-158

图 12-159

图 12-160

（9）单击“新建 CSS 规则”按钮，在弹出的“新建 CSS 规则”对话框中进行设置，单击“确定”按钮，弹出“.text 的 CSS 规则定义”对话框，在左侧的“分类”选项列表中选择“类型”，将“Color”设置为灰色（#888），单击“确定”按钮，完成样式的创建。

（10）选中如图 12-161 所示的单元格，在“属性”面板“类”选项的下拉列表中选择“text”，应用样式，效果如图 12-162 所示。

图 12-161　　图 12-162

3．制作底部效果

（1）将光标置于主表格的最后一行单元格中，在“属性”面板中，将“高”设置为 40，效果如图 12-163 所示。

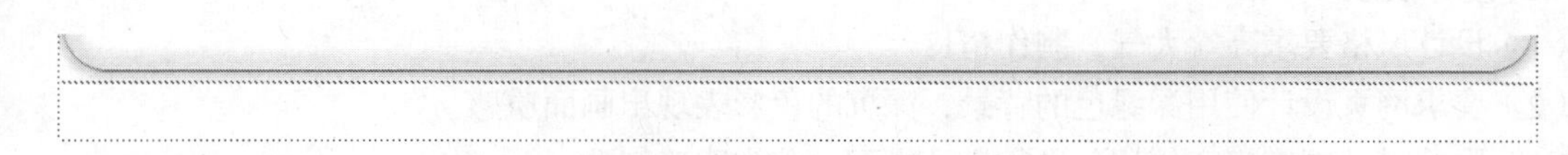

图 12-163

（2）单击“插入”面板“常用”选项卡中的“表格”按钮，弹出的“表格”对话框，将“行数”设置为 1，“列”设置为 2，“表格宽度”设置为 919，“边框粗细”、“单元格边距”和“单元格间距”均设置为 0，单击“确定”按钮，完成表格的插入。保持表格的选取状态，在“属性”面板“Align”选项的下拉列表中选择“居中对齐”，效果如图 12-164 所示。

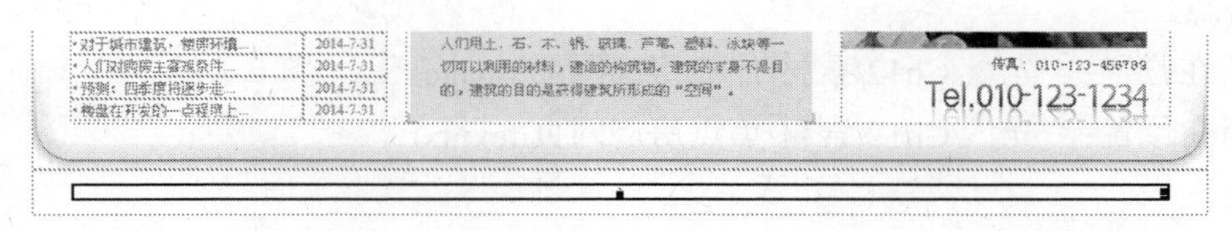

图 12-164

（3）将光标置于刚插入表格的第 1 列单元格中，输入文字，效果如图 12-165 所示。

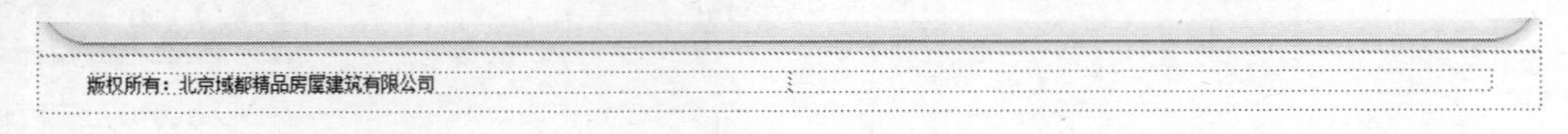

图 12-165

（4）将光标置于刚插入表格的第 2 列单元格中，在“属性”面板“水平”选项的下拉列表中选择“右对齐”，“类”选项的下拉列表中选择“text”，应用样式。在单元格中输入文字，效果如图 12-166 所示。

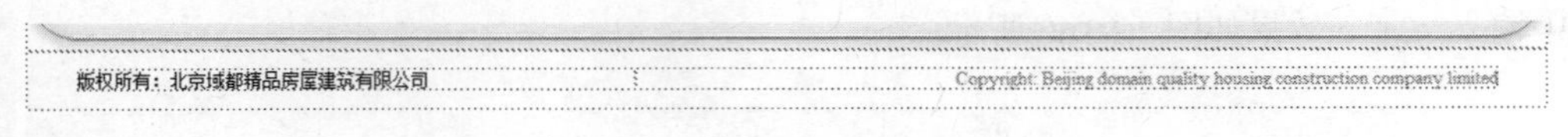

图 12-166

（5）保存文档，按 F12 键预览效果，如图 12-167 所示。

图 12-167

课堂练习 1——焦点房产网页

练习 1.1 【项目背景及要求】

1. 客户名称

焦点房产有限责任公司。

2. 客户需求

焦点房产是一家经营房地产开发、物业管理、城市商品住宅、商品房销售等全方位的房地产公司。公司为迎合市场需求，扩大知名度，需要制作网站，网站设计要求厚重沉稳，并且细致精美，体现企业的高端品质。

3. 设计要求

（1）设计风格要求高端大气，制作精良。

（2）要求网页设计使用深绿色的背景，深沉的色彩表现出画面质感。

（3）网站设计围绕房产的特色进行设计搭配，分类明确细致。

（4）整体风格沉稳大气，表现出企业的文化内涵。

（5）设计规格为 1000 像素（宽）×842 像素（高）。

练习 1.2 【项目创意及制作】

1. 素材资源

图片素材所在位置：“光盘/Ch12/素材/焦点房产网页/images”。

文字素材所在位置：“光盘/Ch12/素材/焦点房产网页/text.txt”。

2．作品参考

设计作品参考效果所在位置："光盘/Ch12/效果/焦点房产网页/index.html"，效果如图 12-168 所示。

3．制作要点

使用"页面属性"命令，设置页面文字大小、颜色、背景颜色和边距；使用"表格"按钮，插入表格；使用"图像"按钮，插入图像；使用"CSS 样式"命令，设置文字的颜色。

图 12-168

课堂练习 2——热门房产网页

练习 2.1 【项目背景及要求】

1．客户名称

BOJD 房地产有限责任公司。

2．客户需求

BOJD 房地产有限责任公司是一家经营房地产开发、物业管理、城市商品住宅、商品房销售等全方位的房地产公司。需要为该公司制作网站，网站要求简洁大方而且设计精美，体现企业的高端品质。

3．设计要求

（1）设计风格要求时尚大方，制作精美。

（2）要求网页设计运用淡雅的风格和简洁的画面展现企业的品质。

（3）网站设计围绕房产的特色进行设计搭配，分类明确细致。

（4）要求融入一些浪漫元素，提升企业的文化内涵。

（5）设计规格为 978 像素（宽）× 886 像素（高）。

练习 2.2 【项目创意及制作】

1．素材资源

图片素材所在位置："光盘/Ch12/素材/热门房产网页/images"。

文字素材所在位置："光盘/Ch12/素材/热门房产网页/text.txt"。

2．作品参考

设计作品参考效果所在位置："光盘/Ch12/效果/热门房产网页/index.html"，效果如图 12-169 所示。

3．制作要点

使用"页面属性"命令，设置页面文字大小、背景颜色和边距；使用"表格"按钮，插入表格；使用"图像"按钮，插入图像；使用"CSS 样式"命令，设置文字的颜色和表格的背景图像。

课后习题 1——房产信息网页

图 12-169

习题 1.1 【项目背景及要求】

1．客户名称

胜地房产信息网。

2．客户需求

胜地房产信息网为广大网友提供最全面最及时的房地产新闻资讯，为所有楼盘提供最齐全的浏览信息及业主论坛，是房地产媒体及业内外网友公认欢迎的专业网站和房地产信息库。网站要进行改版，要求设计体现行业特色。

3．设计要求

（1）设计风格要求内容丰富，体现信息网站的多样化。

（2）由于网站的内容多样，要求排版舒适合理。

（3）色彩搭配干净清爽，能够很好地衬托网站主体内容。

（4）图文穿插合理，使整个页面看起来整齐有序。

（5）设计规格为 980 像素（宽）× 1118 像素（高）。

习题 1.2 【项目创意及制作】

1．素材资源

图片素材所在位置："光盘/Ch12/素材/房产信息网页/images"。

文字素材所在位置："光盘/Ch12/素材/房产信息网页/text.txt"。

2．作品参考

设计作品参考效果所在位置："光盘/Ch12/效果/房产信息网页/index.html"，效果如图 12-170 所示。

3．制作要点

使用"页面属性"命令，设置页面文字大小、背景颜色和边距；使用"表格"按钮，插入表格；使用"图像"按钮，插入图像；使用"CSS 样式"命令，设置文字的颜色及大小。

图 12-170

课后习题 2——购房中心网页

习题 2.1　【项目背景及要求】

1. 客户名称

火速购房网。

2. 客户需求

火速购房网是一个提供最新房地产新闻资讯，为所有楼盘提供最齐全的浏览信息及业主论坛等内容，目前网站要更新网站内容，要重新设计网页，要求设计画面饱满，整齐统一。

3. 设计要求

（1）设计风格清新淡雅，主题突出，明确市场定位。

（2）信息内容全面，并传达出公司的品质与理念。

（3）设计要求简单大气，图文编排合理并且具有特色。

（4）以真实简洁的方式向浏览者传达信息内容。

（5）设计规格为 979 像素（宽）× 1143 像素（高）。

习题 2.2　【项目创意及制作】

1. 素材资源

图片素材所在位置："光盘/Ch12/素材/购房中心网页/images"。

文字素材所在位置："光盘/Ch12/素材/购房中心网页/text.txt"。

2. 作品参考

设计作品参考效果所在位置："光盘/Ch12/效果/购房中心网页/index.html"，效果如图 12-171 所示。

3. 制作要点

使用"页面属性"命令，设置页面文字大小和边距；使用"表格"按钮，插入表格；使用"图像"按钮，插入图像；使用"CSS 样式"命令，设置文字的颜色。

图 12-171

12.5 艺术网页——戏曲艺术网页

12.5.1　项目背景及要求

1. 客户名称

保家戏曲艺术团。

2. 客户需求

保家戏曲艺术团是一支活跃在全国并享有很高声望的民间专业艺术团体。该团集纳全国优秀艺术人才，为观众呈现出众多精彩纷呈的戏曲演出，为了更好地宣传剧团的演出信息并与热爱戏曲人的人士更方便的交流戏曲文化，剧团需要制作一个宣传网站，网站要求以戏曲为中心并且具有传统特色和创新感。

3．设计要求

（1）网页设计多体现中国戏曲文化的元素，增强网页的文化氛围。

（2）网页页面要“透气”，信息排列不要过于集中，以免文字编排太紧密。

（3）网页的背景颜色使用深红的底色，衬托主要信息，使画面具有层次感。

（4）将传统文化与现代元素相结合，使更多人接受和了解戏曲文化的魅力与特色。

（5）设计规格为 980 像素（宽）×1116 像素（高）。

12.5.2 项目创意及流程

1．素材资源

图片素材所在位置：“光盘/Ch12/素材/戏曲艺术网页/images”。

文字素材所在位置：“光盘/Ch12/素材/戏曲艺术网页/text.txt”。

2．设计流程

本案例设计流程如图 12-172 所示。

图 12-172

3．制作要点

使用“页面属性”命令，设置页面字号大小、背景颜色、边距和标题；使用“表格”按钮，插入表格进行页面布局；使用“CSS 样式”命令，设置文字大小、颜色及单元格背景图像。

12.5.3 案例制作及步骤

1．新建页面并插入表格

（1）按 Ctrl+N 组合键，新建一个空白页面。新建页面的初始名称为“Untitled-1.html”。选择“文件 > 保存”命令，弹出“另存为”对话框，在“保存在”选项的下拉列表中选择站点目录保存路径，在“文件名”选项的文本框中输入“index”，单击“保存”按钮，返回到编辑窗口。

（2）按 Ctrl+J 组合键，弹出“页面属性”对话框，在左侧“分类”选项列表中选择“外观（CSS）”，将“大小”设置为 12，“背景颜色”设置为深红色（#780d00），“左边距”、“右边距”、“下边距”、“上边距”均设置为 0。

（3）在左侧“分类”选项列表中选择“标题/编码”，在“标题”右侧的文本框中输入“戏曲艺术网页”，单击“确定”按钮，完成页面属性的更改。

（4）单击“插入”面板“常用”选项卡中的“表格”按钮，弹出“表格”对话框中，将“行数”设置为 5，“列”设置为 1，“表格宽度”设置为 980，“边框粗细”、“单元格边距”和“单元格间距”均设置为 0，单击“确定”按钮，完成表格的插入。保持表格的选取状态，在“属性”面板“Align”选项的下拉列表中选择“居中对齐”，效果如图 12-173 所示。

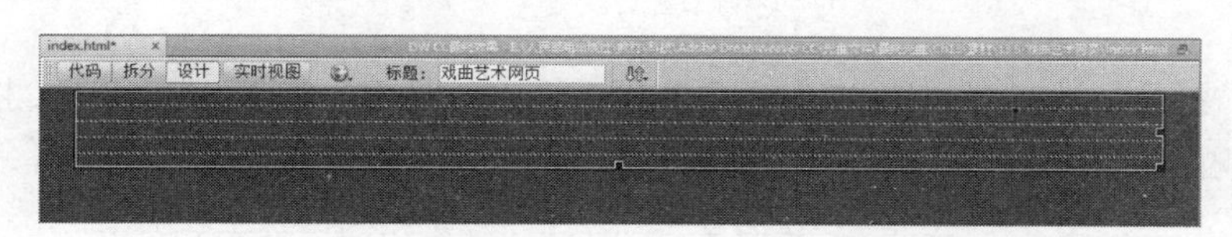

图 12-173

（5）将光标置于第 1 行单元格中，单击“插入”面板“常用”选项卡中的“图像”按钮，在弹出的“选择图像源文件”对话框中选择“光盘 > Ch12 > 素材 > 戏曲艺术网页 > images”文件夹中的“top.jpg”文件，单击“确定”按钮，完成图片的插入，效果如图 12-174 所示。

图 12-174

（6）选择“窗口 > CSS 设计器”命令，弹出“CSS 设计器”面板，按 Ctrl+Shift+Alt+P 组合键切换到“CSS 样式”面板。单击“新建 CSS 规则”按钮，在弹出的“新建 CSS 规则”对话框中进行设置，单击“确定”按钮，弹出“.daohang 的 CSS 规则定义”对话框，在左侧的“分类”选项列表中选择“类型”，将“Color”设置为白色。

（7）在左侧的“分类”选项列表中选择“背景”，将“Background-color”设置为黑色，单击“确定”按钮，完成样式的创建。

（8）将光标置于第 2 行单元格中，在“属性”面板“类”选项的下拉列表中选择“daohang”选项，“水平”选项的下拉列表中选择“居中对齐”，将“高”设置为 37。

（9）在第 2 行单元格中输入文字，效果如图 12-175 所示。

（10）将光标置于第 3 行单元格中，在“属性”面板中，将“高”设置为 3，“背景颜色”设置为橙色（#ed8900），如图 12-176 所示。

图 12-175

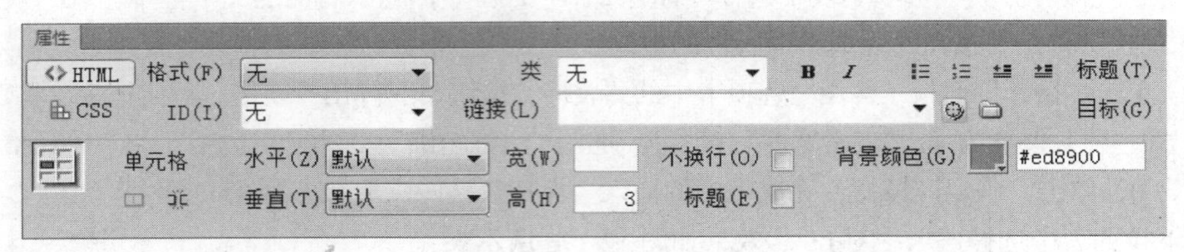

图 12-176

（11）单击“拆分”按钮 拆分 切换到拆分视图，选中如图 12-177 所示的代码，按 Delete 键删除代码，“设计”视图中的效果如图 12-178 所示。

```
32      <tr>
33        <td height="3" bgcolor="#ed8900"> </td>
34      </tr>
```

图 12-177

图 12-178

2．制作内容区域

（1）将光标置于第 4 行单元格中，在“属性”面板中，将“高”设置为 823、“背景颜色”设置为白色（#FFF）。

（2）单击“插入”面板“常用”选项卡中的“表格”按钮，弹出“表格”对话框中，将“行数”设置为 3，“列”设置为 2，“表格宽度”设置为 960，“边框粗细”和“单元格间距”均设置为 0、“单元格边距”设置为 5，单击“确定”按钮，完成表格的插入。保持表格的选取状态，在“属性”面板“Align”选项的下拉列表中选择“居中对齐”。

（3）选中刚插入表格的第 1 行所有单元格，单击“属性”面板中的“合并所选单元格，使用跨度”按钮，将选中的单元格合并。使用相同的方法制作出如图 12-179 所示的效果。

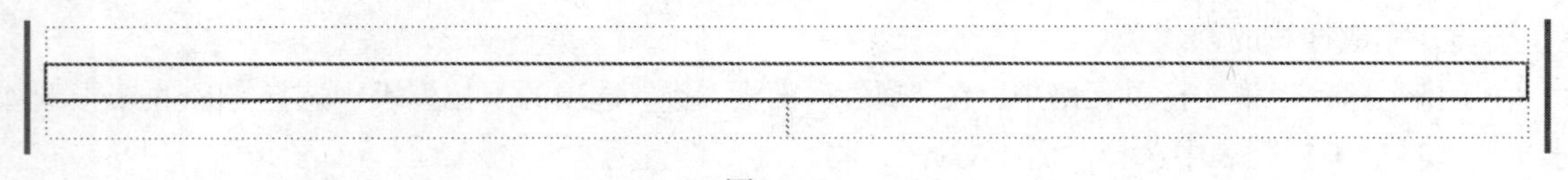

图 12-179

（4）将光标置于第 1 行单元格中，在“属性”面板“水平”选项的下拉列表中选择“居中对齐”。单击“插入”面板“常用”选项卡中的“图像”按钮，在弹出的“选择图像源文件”对话框中选择“光盘 > Ch12 > 素材 > 戏曲艺术网页 > images”文件夹中的“banner.jpg”文件，单击“确定”

按钮，完成图片的插入，效果如图 12-180 所示。

图 12-180

（5）将光标置于第 2 行单元格中，单击“插入”面板“常用”选项卡中的“表格”按钮，弹出“表格”对话框，将“行数”设置为 1，“列”设置为 3，“表格宽度”设置为 940，“边框粗细”、“单元格边距”、“单元格间距”均设置为 0，单击“确定”按钮，完成表格的插入。保持表格的选取状态，在“属性”面板“Align”选项的下拉列表中选择“居中对齐”，效果如图 12-181 所示。

图 12-181

（6）将光标置于刚插入表格的第 1 列单元格中，单击“插入”面板“常用”选项卡中的“图像”按钮，在弹出的“选择图像源文件”对话框中选择“光盘 > Ch12 > 素材 > 戏曲艺术网页 > images”文件夹中的“lp.jpg”文件，单击“确定”按钮，完成图片的插入，效果如图 12-182 所示。

图 12-182

（7）将光标置于如图 12-183 所示的单元格中，单击“插入”面板“常用”选项卡中的“表格”按钮，弹出“表格”对话框，将“行数”设置为 3，“列”设置为 1，“表格宽度”设置为 366，“边框粗细”、“单元格边距”、“单元格间距”均设置为 0，单击“确定”按钮，完成表格的插入。保持表格的选取状态，在“属性”面板“Align”选项的下拉列表中选择“居中对齐”，效果如图 12-184 所示。

图 12-183

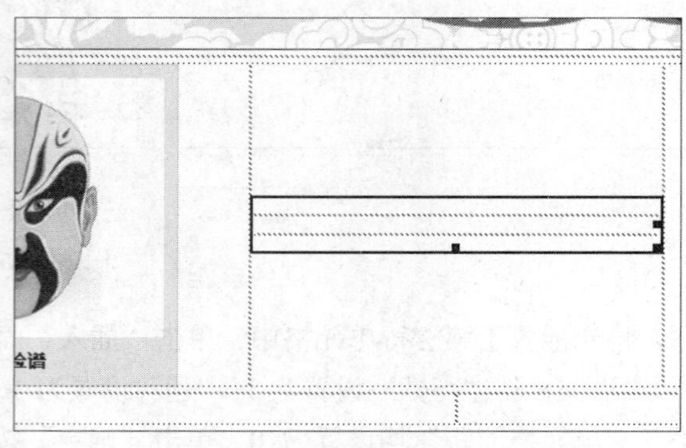

图 12-184

（8）单击“新建 CSS 规则”按钮，在弹出的“新建 CSS 规则”对话框中进行设置，单击“确定”按钮，弹出“.text 的 CSS 规则定义”对话框，在左侧的“分类”选项列表中选择“类型”选项，将“Font-size”设置为 14，“Font-weight”选项的下拉列表中选择“bold”，单击“确定”按钮，完成样式的创建。

（9）将光标置于刚插入表格的第 1 行单元格中，在“属性”面板“类”选项的下拉列表中选择“text”选项，应用样式。在单元格中输入文字，效果如图 12-185 所示。

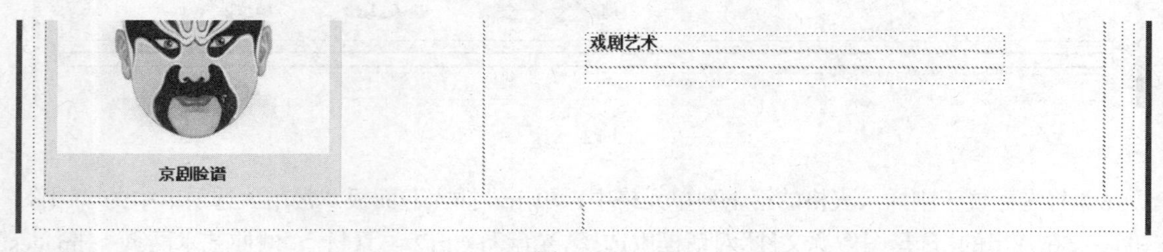

图 12-185

（10）将光标置于第 2 行单元格中，输入文字，效果如图 12-186 所示。

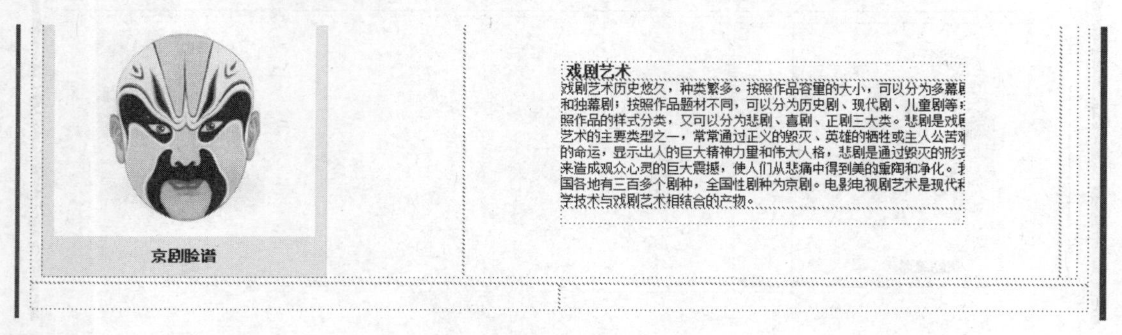

图 12-186

（11）单击“新建 CSS 规则”按钮，在弹出的“新建 CSS 规则”对话框中进行设置，单击“确定”按钮，弹出“.text1 的 CSS 规则定义”对话框，在左侧“分类”选项列表中选择“外观”，将“Line-height”设置为 150%，单击“确定”按钮，完成样式的创建。

（12）选中如图 12-187 所示的文字，在“属性”面板“类”选项的下拉列表中选择“texi1”选项，应用样式，效果如图 12-188 所示。

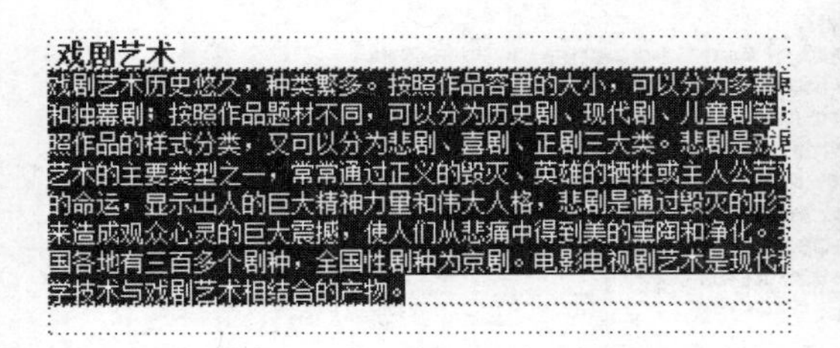

图 12-187

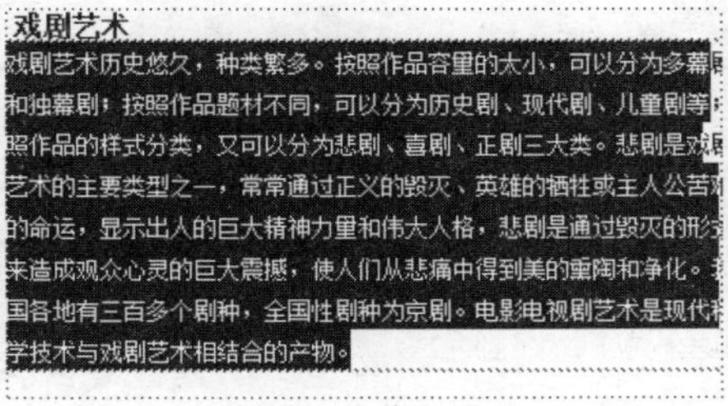

图 12-188

（13）单击“新建 CSS 规则”按钮，在弹出的“新建 CSS 规则”对话框中进行设置，单击“确定”按钮，弹出“.text2 的 CSS 规则定义”对话框，在左侧“分类”选项列表中选择“外观”，将“Color”设置为红色（#F00），单击“确定”按钮，完成样式的创建。

（14）将光标置于如图 12-189 所示的单元格中，在“属性”面板“水平”选项的下拉列表中选择“右对齐”、“类”选项的下拉列表中选择“text2”。在单元格中输入文字，效果如图 12-190 所示。

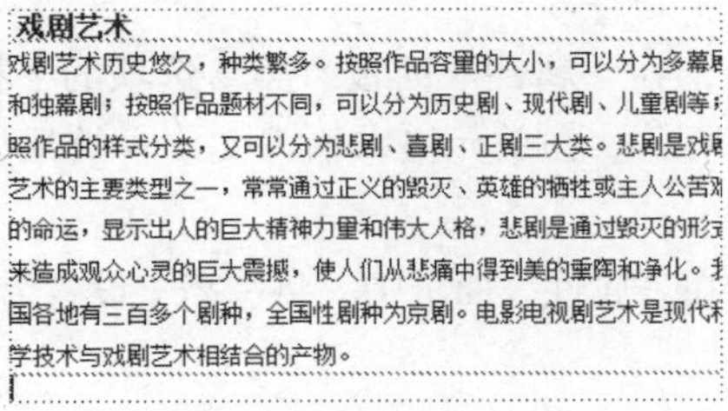

图 12-189

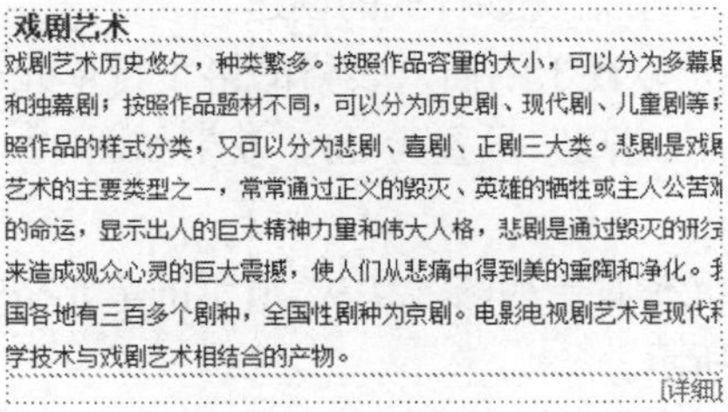

图 12-190

（15）单击“新建 CSS 规则”按钮，在弹出的“新建 CSS 规则”对话框中进行设置，如图 12-191 所示，单击“确定”按钮，弹出“.bk 的 CSS 规则定义”对话框，在左侧的“分类”选项列表中选择“边框”，设置“Style”、“Width”和“Color”的属性如图 12-192 所示。

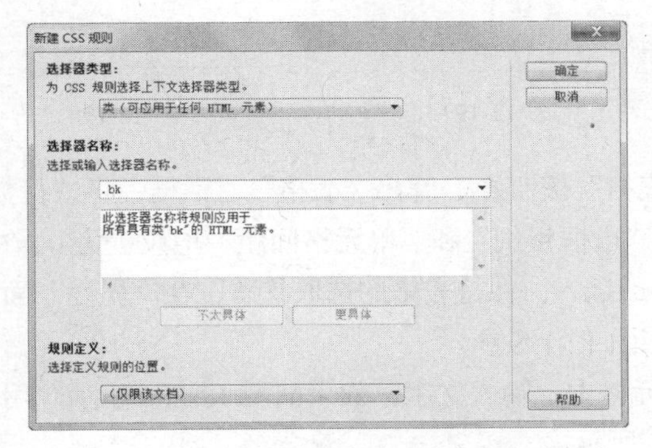

图 12-191

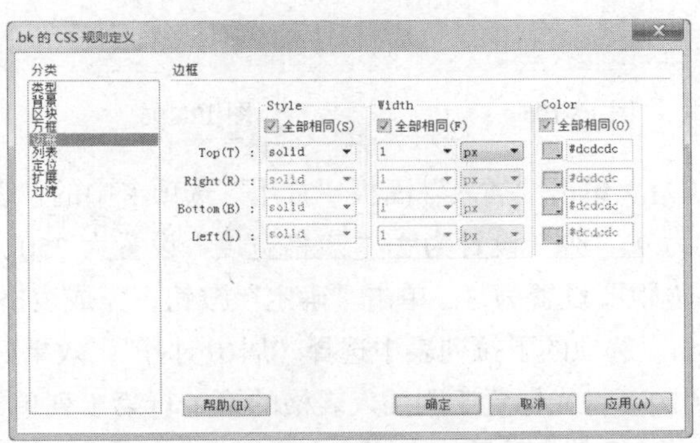

图 12-192

（16）将光标置于如图 12-193 所示的单元格中，单击“插入”面板“常用”选项卡中的“表格”按钮，弹出“表格”对话框，将“行数”设置为 2，“列”设置为 1，“表格宽度”设置为 270，“边框粗细”、“单元格边距”、“单元格间距”均设置为 0，单击“确定”按钮，完成表格的插入。保持表格的选取状态，在“属性”面板“Align”选项的下拉列表中选择“右对齐”，“类”选项的下拉列表中选择“bk”，应用样式，效果如图 12-194 所示。

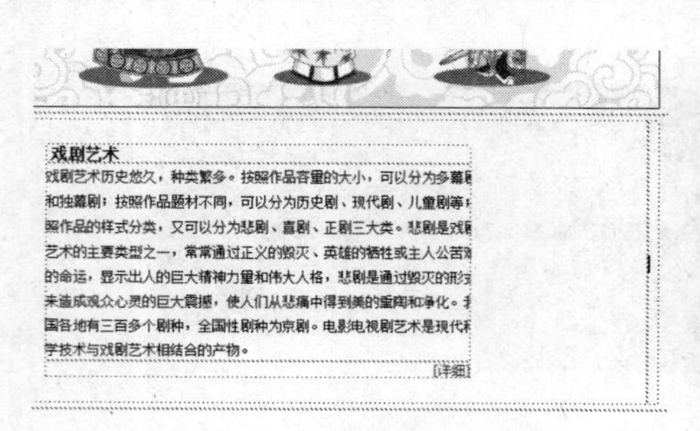

图 12-193

图 12-194

（17）单击“新建 CSS 规则”按钮，在弹出的“新建 CSS 规则”对话框中进行设置，单击“确定”按钮，弹出“.text3 的 CSS 规则定义”对话框，在左侧的“分类”选项列表中选择“类型”，将“Font-family”设置为“宋体”、“Font-size”设置为 18、“Font-weight”设置为“bold”、“Color”设置为白色（#FFF）。

（18）在左侧的“分类”选项列表中选择“背景”，将“Background-color”设置为深红色（#780d00），单击“确定”按钮，完成样式的创建。

（19）将光标置于刚插入表格的第 1 行单元格中，在“属性”面板“类”选项的下拉列表中选择“text3”，将“高”设置为 40，效果如图 12-195 所示。在单元格中输入文字，效果如图 12-196 所示。

（20）将光标置于如图 12-197 所示的单元格中，在“属性”面板中，将“高”设置为 211，效果如图 12-198 所示。

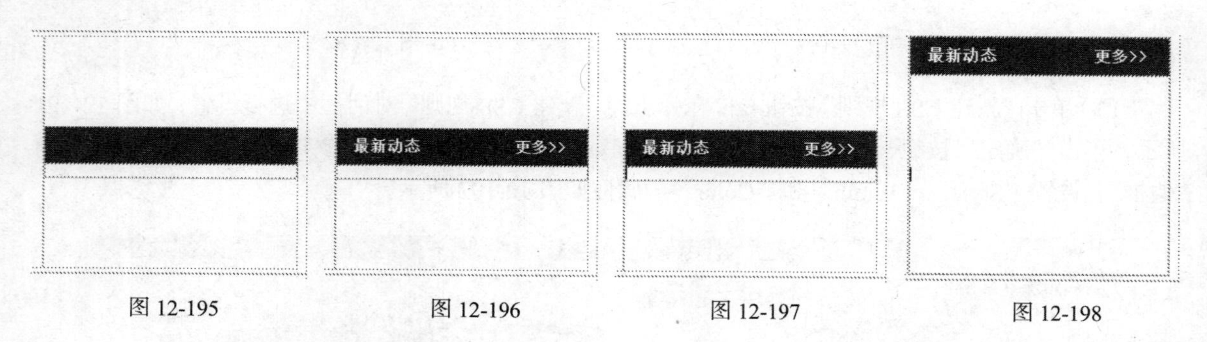

图 12-195　　图 12-196　　图 12-197　　图 12-198

（21）单击“插入”面板“常用”选项卡中的“表格”按钮，弹出“表格”对话框，将“行数”设置为 9、“列”设置为 2、“表格宽度”设置为 250、“边框粗细”和“单元格间距”均设置为 0、“单元格边距”设置为 3，单击“确定”按钮，完成表格的插入。保持表格的选取状态，在“属性”面板“Align”选项的下拉列表中选择“居中对齐”，效果如图 12-199 所示。

（22）将光标置于刚插入表格的第 1 行第 1 列单元格中，输入文字，效果如图 12-200 所示。用相同的方法在其他单元格中输入文字，效果如图 12-201 所示。

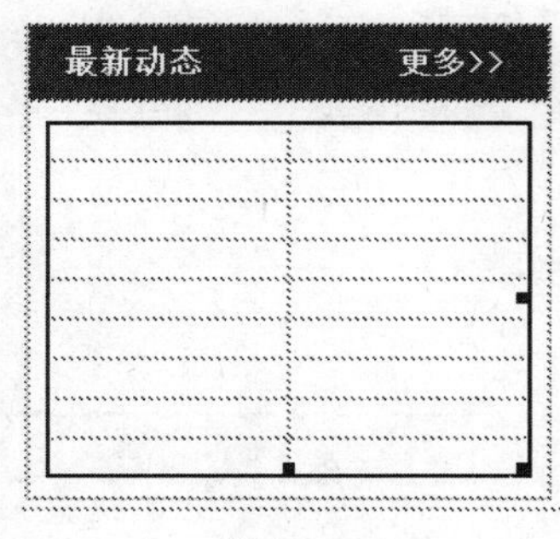

图 12-199

图 12-200

图 12-201

3．制作戏曲新闻

（1）将光标置于如图 12-202 所示的单元格中，单击“插入”面板“常用”选项卡中的“表格”按钮，在弹出的“表格”对话框中，将“行数”设置为 2，“列”设置为 1，“表格宽度”设置为 464 像素，“边框粗细”、“单元格边距”、“单元格间距”均设置为 0，单击“确定”按钮，完成表格的插入。保持表格的选取状态，在“属性”面板“Align”选项的下拉列表中选择“右对齐”，“类”选项的下拉列表中选择“bk”，效果如图 12-203 所示。

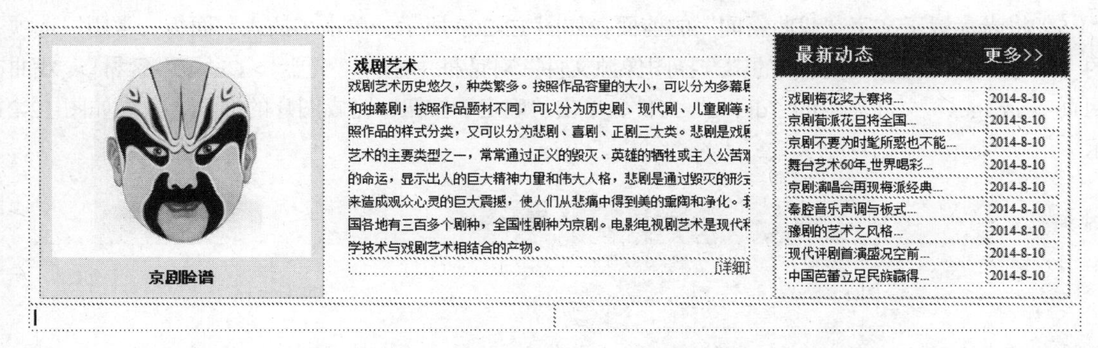

图 12-202

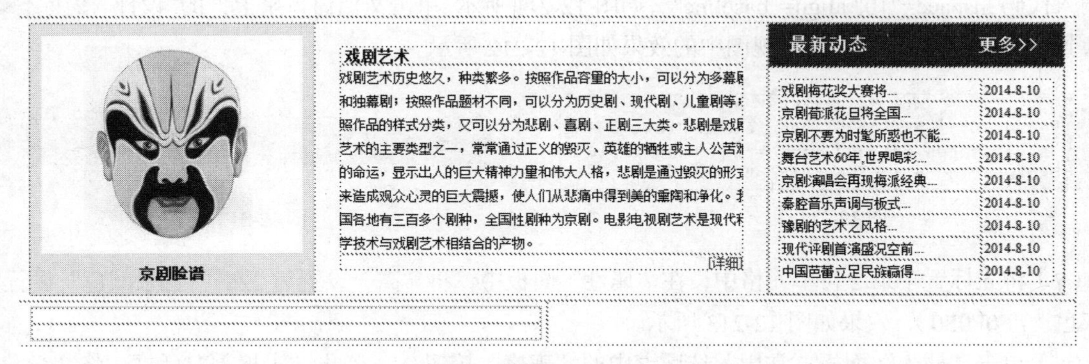

图 12-203

（2）将光标置于刚插入表格的第 1 行单元格中，在“属性”面板中，将“高”设置为 38、“背景颜色”设置为灰色（#dddddd）。在单元格中输入文字，效果如图 12-204 所示。

（3）选中如图 12-205 所示的文字，在“属性”面板“类”选项的下拉列表中选择“text”，应用样式，效果如图 12-206 所示。

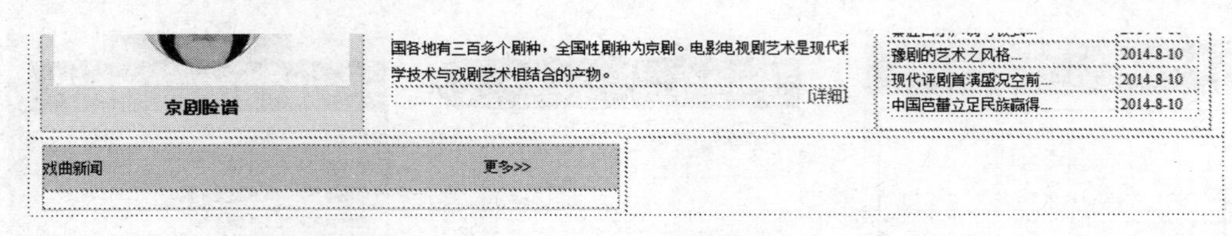

图 12-204

图 12-205 　　图 12-206

（4）选中如图 12-207 所示的文字，在“属性”面板“类”选项的下拉列表中选择“text2”，应用样式，效果如图 12-208 所示。

图 12-207　　图 12-208

（5）将光标置于文字“戏曲新闻”的前面，如图 12-209 所示，单击“插入”面板“常用”选项卡中的“图像”按钮，在弹出的“选择图像源文件”对话框中选择“光盘 > Ch12 > 素材 > 戏曲艺术网页 > images”文件夹中的“di.jpg”文件，单击“确定”按钮，完成图片的插入，效果如图 12-210 所示。

图 12-209　　图 12-210

（6）单击文档窗口左上方的“拆分”按钮 拆分 切换到“拆分”视图，在代码“height="16"”后面输入代码“hspace="10" align="baseline"”，如图 12-211 所示。单击文档窗口坐上方的“设计”按钮 设计 切换到“设计”视图，“设计”视图中的效果如图 12-212 所示。

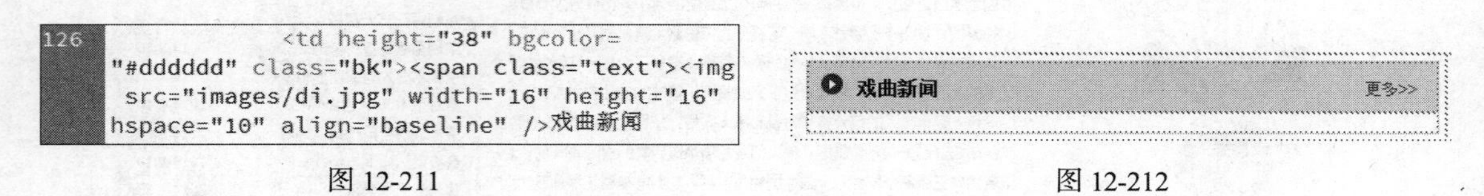

```
126        <td height="38" bgcolor=
    "#dddddd" class="bk"><span class="text"><img
     src="images/di.jpg" width="16" height="16"
    hspace="10" align="baseline" />戏曲新闻
```


图 12-211　　图 12-212

（7）将光标置于第 2 行单元格中，在“属性”面板中，将“高”设置为 226、“背景颜色”设置为浅灰色（#F0F0F0），效果如图 12-213 所示。

（8）单击“插入”面板“常用”选项卡中的“表格”按钮，弹出“表格”对话框，将“行数”设置为 11，“列”设置为 2，“表格宽度”设置为 405 像素，“边框粗细”、“单元格边距”和“单元格间距”均设置为 0，单击“确定”按钮，完成表格的插入。保持表格的选取状态，在“属性”面板“Align”选项的下拉列表中选择“居中对齐”，效果如图 12-214 所示。

（9）选中第 2 行的所有单元格，单击“属性”面板中的“合并所选单元格，使用跨度”按钮，将选中的单元格合并，效果如图 12-215 所示。用相同的方法合并其他单元格，效果如图 12-216 所示。

图 12-213

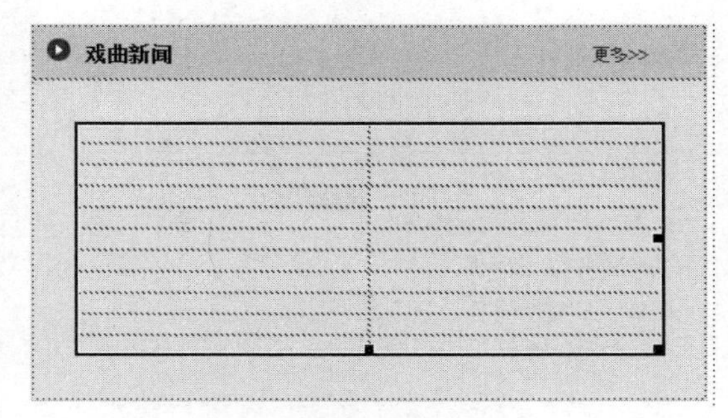

图 12-214

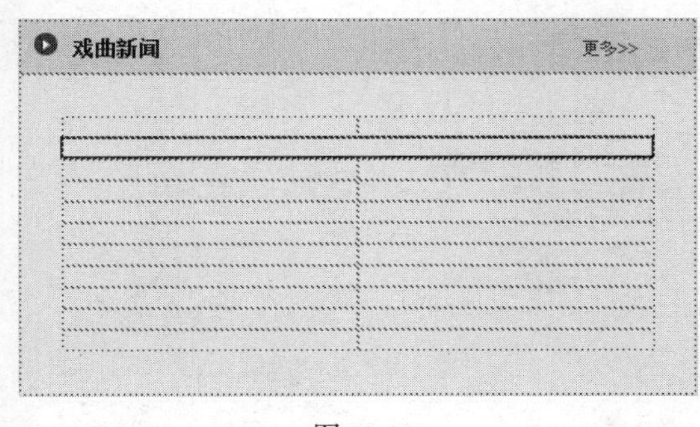

图 12-215

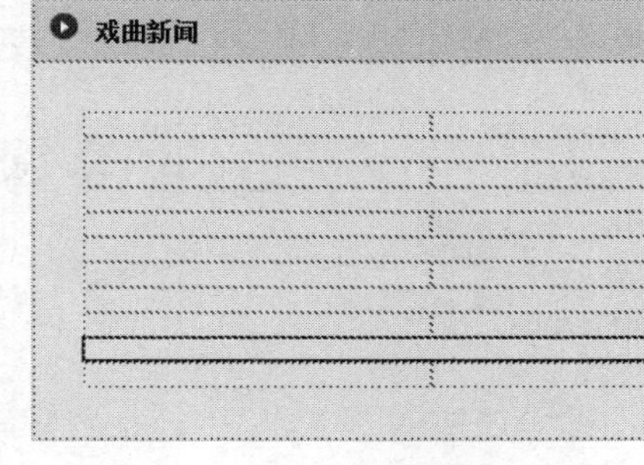

图 12-216

（10）将光标置于第 1 行第 1 列单元格中，在“属性”面板中，将“宽”设置为 335。将光标置于第 1 行第 2 列单元格中，在“属性”面板中，将“宽”设置为 70。

（11）将光标置于第 1 行第 1 列单元格中，输入文字，效果如图 12-217 所示。用相同的方法在其他单元格中输入文字，效果如图 12-218 所示。

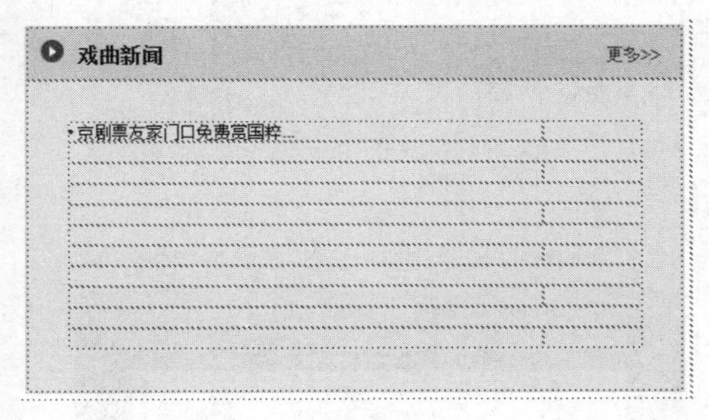

图 12-217

图 12-218

（12）将光标置于第 2 行单元格中，单击“插入”面板“常用”选项卡中的“图像”按钮，在弹出的“选择图像源文件”对话框中选择“光盘 > Ch13 > 素材 > 戏曲艺术网页 > images”文件夹中的“line.jpg”文件，单击“确定”按钮，完成图片的插入，效果如图 12-219 所示。用相同的方法在其他单元格中插入图像，效果如图 12-220 所示。

（13）用上述的方法制作如图 12-221 所示的效果。

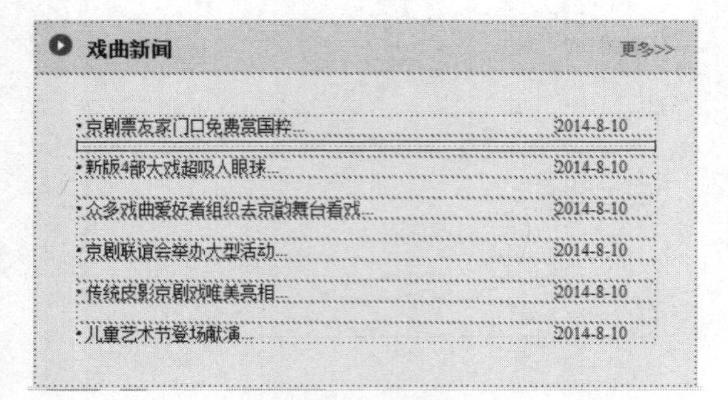

图 12-219

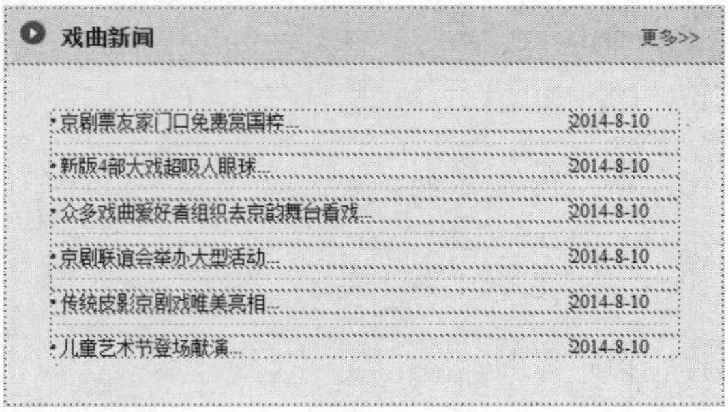

图 12-220

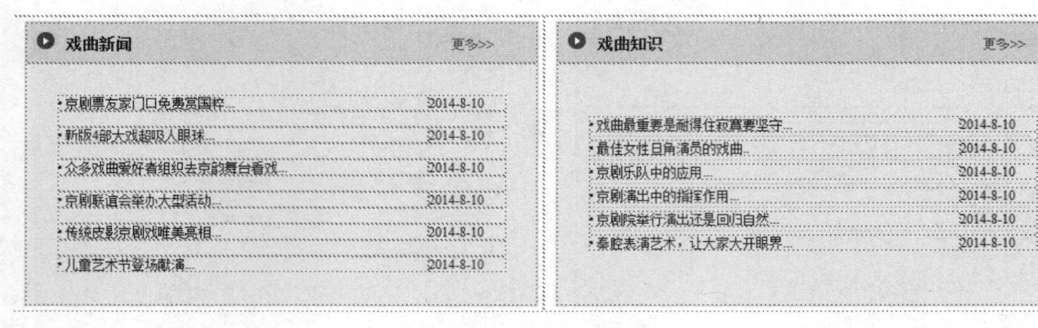

图 12-221

（14）将光标置于主表格的最后一行单元格中，在“属性”面板中进行设置，如图 12-222 所示。在单元格中输入文字，效果如图 12-223 所示。

（15）保存文档，按 F12 键预览效果，如图 12-224 所示。

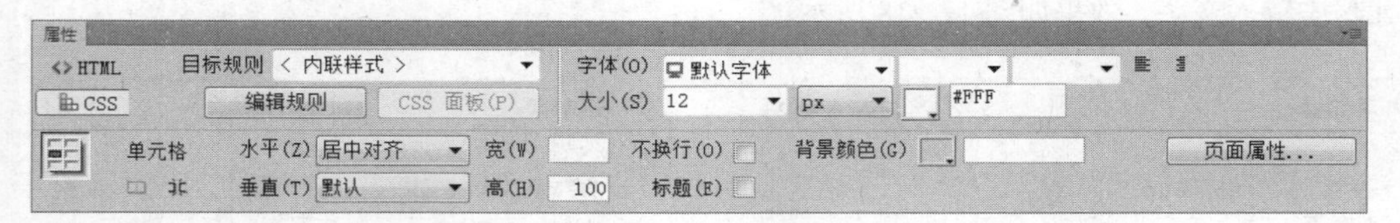

图 12-222

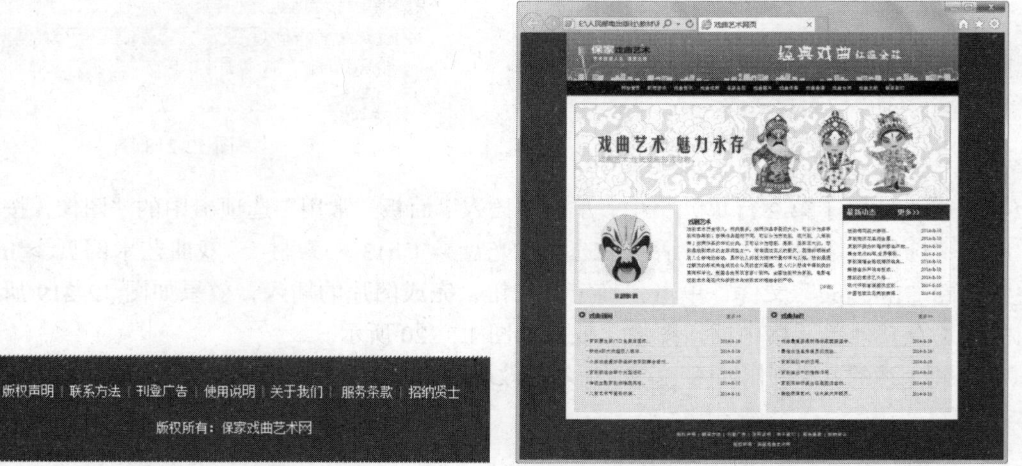

图 12-223

图 12-224

课堂练习 1——国画艺术网页

练习 1.1　【项目背景及要求】

1．客户名称

飞源国画网。

2．客户需求

飞源国画网是专业的书画艺术家资讯门户网站，目前网站开设书画新闻、网上展厅、美术培训机构、书画销售、美术大赛等多个频道，为艺术行业工作者、艺术爱好者及艺术界相关机构，提供便捷高效的推广、交流的综合性网络平台。网站设计要求具有艺术特色，使人感受到国画的风采。

3．设计要求

（1）网页整体风格大气，体现国画的艺术与品质。

（2）网页的主题是以国画为主，画面和谐，具有特色。

（3）将传统文化在画面中很好地表现出来。

（4）画面表现出空间感与层次感，图文搭配协调。

（5）设计规格为 998 像素（宽）×942 像素（高）。

练习 1.2　【项目创意及制作】

1．素材资源

图片素材所在位置："光盘/Ch12/素材/国画艺术网页/images"。

文字素材所在位置："光盘/Ch12/素材/国画艺术网页/text.txt"。

2．作品参考

设计作品参考效果所在位置："光盘/Ch12/效果/国画艺术网页/index.html"，效果如图 12-225 所示。

3．制作要点

使用"页面属性"命令，设置页面文字大小、颜色、背景颜色和边距；使用"表格"按钮，插入表格；使用"图像"按钮，插入图像；使用"CSS 样式"命令，设置文字的颜色。

图 12-225

课堂练习 2——古乐艺术网页

练习 2.1　【项目背景及要求】

1．客户名称

轻轻古月艺术网。

2．客户需求

轻轻古月艺术网是一个提供中国古典音乐的试听和下载，以及古筝、笛子、二胡、琵琶、葫芦丝、民歌、戏曲的相关视频、曲谱、新闻和相关内容的知识的网站，网站为能够吸引更多的古乐爱好者，需要为网站重新改版，要求网站设计以古乐为主题，表现充满魅力的古乐文化。

3．设计要求

（1）网站画面典雅质朴，衬托古乐古色古香的气质。

（2）网页以古琴的照片为装饰，凸显主题。

（3）整体设计注重细节，通过网页的独特韵味来吸引古乐爱好者的注意。

（4）设计规格为 1002 像素（宽）×1051 像素（高）。

练习 2.2 【项目创意及制作】

1．素材资源

图片素材所在位置："光盘/Ch12/素材/古乐艺术网页/images"。

文字素材所在位置："光盘/Ch12/素材/古乐艺术网页/text.txt"。

2．作品参考

设计作品参考效果所在位置："光盘/Ch12/效果/古乐艺术网页/index.html"，效果如图 12-226 所示。

3．制作要点

使用"页面属性"命令，设置页面文字大小、颜色、背景颜色和边距；使用"表格"按钮，插入表格；使用"图像"按钮，插入图像；使用"CSS 样式"命令，设置文字的颜色；使用"表单"命令，插入表单效果。

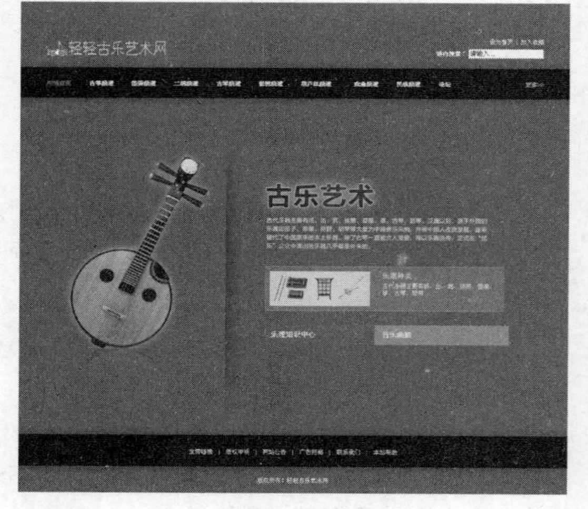

图 12-226

课后习题 1——书法艺术网页

习题 1.1 【项目背景及要求】

1．客户名称

青竹书法网。

2．客户需求

青竹书法网以书法资讯、书家机构推介、作品展示及交易和业内交流为主要服务项目的书法综合性网站。为了扩大网站的知名度，网站需要重新设计，设计要求表现书法特色，使人一目了然。

3．设计要求

（1）网页设计多体现中国书法文化的元素，增强网页的文化氛围。

（2）网页页面要大气，信息排列合理恰当。

（3）网页的背景颜色使用沉稳的颜色衬托主要信息。

（4）将传统文化在网页的设计上全面体现。

（5）设计规格为1003像素（宽）×919像素（高）。

习题1.2 【项目创意及制作】

1. 素材资源

图片素材所在位置："光盘/Ch12/素材/书法艺术网页/images"。

文字素材所在位置："光盘/Ch12/素材/书法艺术网页/text.txt"。

2. 作品参考

设计作品参考效果所在位置："光盘/Ch12/效果/书法艺术网页/index.html"，效果如图12-227所示。

3. 制作要点

使用"页面属性"命令，设置页面文字大小、背景颜色和边距；使用"表格"按钮，插入表格；使用"图像"按钮，插入图像；使用"CSS样式"命令，设置文字的颜色及大小。

图12-227

课后习题2——太极拳健身网页

习题2.1 【项目背景及要求】

1. 客户名称

听闻太极拳网站。

2. 客户需求

听闻太极拳网站以传承发展中国非物质文化遗产太极拳为己任，建立世界性的太极拳传播交流平台，成为拳师及爱好者沟通交流的平台，为弘扬传播太极拳做贡献。网站需要改版，设计要求将太极拳的健康理念融合在页面中。

3. 设计要求

（1）网页设计简洁大方，体现太极拳的特色魅力。

（2）网页的文字安排合理，分类明确细致，便于用户浏览搜索。

（3）色彩搭配舒适淡雅，让人印象深刻。

（4）整体风格能够体现太极拳的艺术特色。

（5）设计规格为985像素（宽）×874像素（高）。

习题2.2 【项目创意及制作】

1. 素材资源

图片素材所在位置："光盘/Ch12/素材/太极拳健身网页/images"。

文字素材所在位置："光盘/Ch12/素材/太极拳健身网页/text.txt"。

2．作品参考

设计作品参考效果所在位置："光盘/Ch12/效果/太极拳健身网页/index.html"，效果如图 12-228 所示。

3．制作要点

使用"页面属性"命令，设置页面文字大小、背景颜色和边距；使用"表格"按钮，插入表格；使用"图像"按钮，插入图像；使用"CSS 样式"命令，设置文字的颜色及大小。

图 12-228